Nicole Pfoser **Bauwerksbegrünung im Bestand**

Bauwerksbegrünung im Bestand

Fassaden und Dächer nachträglich begrünen

mit 279 Abbildungen und 5 Tabellen

Prof. Dr.-Ing. Nicole Pfoser

Professorin für Objektplanung im Studiengang Landschaftsarchitektur an der Hochschule für Wirtschaft und Umwelt Nürtingen-Geislingen (HfWU)

RM Rudolf Müller

Bibliografische Information der Deutschen Nationalbibliothek

Die Deutsche Nationalbibliothek verzeichnet diese Publikation in der Deutschen Nationalbibliografie; detaillierte bibliografische Daten sind im Internet über http://dnb.d-nb.de abrufbar.

Maßgebend für das Anwenden von Regelwerken, Richtlinien, Merkblättern, Hinweisen, Verordnungen usw. ist deren Fassung mit dem neuesten Ausgabedatum, die bei der jeweiligen herausgebenden Institution erhältlich ist. Zitate aus Normen, Merkblättern usw. wurden, unabhängig von ihrem Ausgabedatum, in neuer deutscher Rechtschreibung abgedruckt.

Aus Gründen der besseren Lesbarkeit wird bei Personenbezeichnungen und personenbezogenen Hauptwörtern die männliche Form verwendet. Entsprechende Begriffe gelten im Sinne der Gleichbehandlung grundsätzlich für alle Geschlechter. Die verkürzte Sprachform hat nur redaktionelle Gründe und beinhaltet keine Wertung.

Das vorliegende Werk wurde mit größter Sorgfalt erstellt. Verlag, Herausgeber und Autoren können dennoch für die inhaltliche und technische Fehlerfreiheit, Aktualität und Vollständigkeit des Werkes keine Haftung übernehmen.

Wir freuen uns, Ihre Meinung über dieses Fachbuch zu erfahren. Bitte teilen Sie uns Ihre Anregungen, Hinweise oder Fragen per E-Mail: fachmedien.architektur@rudolf-mueller.de

Lektorat: Dr. Doris Kliem, Urbach
Satz und Umschlaggestaltung: WMTP Wendt-Media Text-Processing GmbH, Birkenau
Druck und Bindearbeiten: Westermann Druck Zwickau GmbH, Zwickau
Printed in Germany

ISBN 978-3-481-04789-4 (Buch-Ausgabe), Produktionscharge *001
ISBN 978-3-481-04790-0 (E-Book-Ausgabe als PDF)
ISBN 978-3-481-04791-7 (Buch mit E-Book als PDF), Produktionscharge *001

PEFC
PEFC/04-31-3513
PEFC-zertifiziert
Dieses Produkt stammt aus nachhaltig bewirtschafteten Wäldern, Recycling und kontrollierten Quellen
www.pefc.co.uk

Vorwort

Die zunehmende Verdichtung und die spürbaren Auswirkungen des Klimawandels stellen Städte weltweit vor wachsende Herausforderungen und erfordern neue Konzepte für eine nachhaltige Stadtentwicklung. In diesem Kontext hat sich die Begrünung von Bestandsgebäuden als zentrale Strategie etabliert. Sie verbindet ökologische und klimatische Vorteile mit sozialen und ökonomischen Mehrwerten, die nicht nur einzelne Gebäude, sondern ganze Stadtquartiere aufwerten können.

Dieses Buch rückt die Begrünung von Bestandsgebäuden in den Mittelpunkt und bietet eine ganzheitliche Betrachtung dieses Themas. Es beleuchtet, wie begrünte Dächer und Fassaden zu einem verbesserten Mikroklima beitragen, indem sie Temperaturschwankungen ausgleichen, die Energieeffizienz von Gebäuden steigern und den urbanen Wasserhaushalt regulieren. Neben diesen unmittelbaren Vorteilen schaffen sie auch wertvolle Lebensräume für Pflanzen und Tiere, fördern die Biodiversität und tragen somit zur ökologischen Resilienz urbaner Räume bei.

Ein weiterer Schwerpunkt liegt in der praktischen Umsetzung: Von der Planung über die Auswahl geeigneter Pflanzen und Materialien bis hin zur langfristigen Pflege von Begrünungen bietet dieses Buch konkrete Handlungsempfehlungen. Es zeigt, wie bestehende Gebäudestrukturen effizient genutzt und in multifunktionale Flächen verwandelt werden können, die sowohl ästhetisch ansprechend als auch funktional sind. Dabei kommen auch innovative Ansätze wie die Integration von Photovoltaik und Regenwassermanagement zur Sprache, die zusätzliche Synergien ermöglichen und die Nachhaltigkeit der Projekte weiter erhöhen.

Besonderes Augenmerk wird auf die wirtschaftlichen und rechtlichen Rahmenbedingungen gelegt. Neben den zahlreichen Fördermöglichkeiten und steuerlichen Anreizen, die Bauwerksbegrünungen für private wie öffentliche Bauherrschaften attraktiv machen, werden auch die relevanten gesetzlichen Vorgaben detailliert erläutert. Diese Aspekte sind von zentraler Bedeutung, um die Planung und Umsetzung solcher Projekte rechtssicher und effizient zu gestalten.

Das Buch richtet sich an eine breite Zielgruppe: Planende und bauausführende Fachleute, Architekturschaffende, Vertreterinnen und Vertreter der öffentlichen Verwaltung sowie private und kommunale Bauherrschaften. Es bietet die theoretischen Grundlagen und die praxisorientierten Lösungen und Best-Practice-Beispiele aus der Praxis. Sie illustrieren, wie Begrünungsmaßnahmen erfolgreich umgesetzt werden können. Die gestalterischen und funktionalen Potenziale von Begrünungen reichen weit über den Klimaschutz hinaus. Sie leisten einen wichtigen Beitrag zur Steigerung der Aufenthaltsqualität in Städten, indem sie ästhetische Akzente setzen, Lärmbelastungen reduzieren und neue Erholungsräume schaffen. In Kombination mit einer nachhaltigen Stadtplanung eröffnen sie vielfältige Möglichkeiten, urbane Räume lebenswerter zu machen und zugleich den Wert bestehender Immobilien zu steigern.

Mit diesem Buch möchte ich allen Beteiligten Werkzeuge und Inspiration an die Hand geben, um die Potenziale von Bauwerksbegrünungen auszuschöpfen. Es ist mein Ziel, einen aktiven Beitrag zur nachhaltigen Transformation urbaner Lebensräume zu leisten und einen Anstoß zu geben, die Herausforderungen des Klimawandels gemeinsam anzugehen. Lassen Sie uns die Städte von morgen nicht nur widerstandsfähiger, sondern auch grüner und lebenswerter gestalten.

Während vorangegangene Publikationen, wie „Vertikale Begrünung“ (Verlag Eugen Ulmer) und „Grüne Fassaden“ (Detail Verlag) einen breiteren Kontext der Fassadenbegrünung fokussieren, zielt dieses Buch darauf ab, eine umfassende und praxisnahe Perspektive auf die Bauwerksbegrünung im Bestand (Dach- und Fassadenbegrünung) zu vermitteln.

Der Leitfaden „Gebäude Begrünung Energie“, gefördert mit Mitteln der Forschungsinitiative Zukunft Bau des Bundesministeriums für Bau-, Stadt- und Raumforschung diente diesem Fachbuch als weitere Grundlage, um auch Potenziale und Wechselwirkungen von Begrünungen im Bestand zu beleuchten.

Darmstadt, Februar 2025 Dr. Nicole Pfoser

Inhalt

1 Einleitung

Der gerade in Siedlungsräumen nicht nachlassende bauliche Flächenbedarf und unsere Wertschätzung noch verbleibender innerstädtischer Grünflächen stehen in stetiger Konkurrenz. Das sommerliche Klima in der Stadt ist infolge der städtischen Speichermasse überhitzt, Stadträume werden akustisch vom Verkehr dominiert, die Atemluft ist mit Emissionsgiften und Stäuben belastet. Die Gestaltung der Stadträume lässt ein erkennbares übergeordnetes Vegetationskonzept vermissen.

Der Druck, Bauflächen zu entwickeln, führt in vielen Fällen zu einer fortschreitenden Ausweitung und Verdichtung des Stadtraums mit negativen Folgen, wie der Zunahme der Bebauungsdichte (sommerliche Hitzespeicherung, Emissionen der Wärme- und Kälteversorgung) und des Individualverkehrs (Flächenversiegelung, Schall, Emissionen). Darüber hinaus nimmt infolgedessen auch der natürliche Wasserrückhalt ab. Im Zusammenwirken dieser Faktoren kommt es in der Regel zu erheblichen klimatischen, lufthygienischen und akustischen Belastungen. Versiegelte Bodenflächen wie auch Fassaden und Dächer leiten das Regenwasser unvermindert und nahezu unverzögert der Kanalisastion zu. Der Klimabeitrag der Verdunstung ist deshalb minimal, die Belastung der Kanalisation jedoch erheblich, was bei Starkregenereignissen zu Rückstau und damit zu urbanen Überflutungen führen kann. Die Schallabsorption ist geringfügig, schallharte Flächen reflektieren und überlagern Verkehrsgeräusche zu Dauerlärm. Die ungefilterte direkte und reflektierte Sonnenstrahlung heizt die städtischen Oberflächen auf. Die Materialbeanspruchung ist infolge mechanischer Kräfte durch wechselnde Temperaturextreme und vorzeitige Alterung, verursacht durch Witterungseinflüsse und UV-Strahlung, hoch. Heiße Thermik baut sich auf, die natürliche Fensterlüftung kühlt die Innenräume nicht genügend ab. Der Überhitzung der Flächen kann die verminderte nächtliche Abkühlung nicht mehr ausreichend entgegenwirken. Es bilden sich städtische Hitzeinseln. Vollklimatisierung mit maschineller Kühlung präsentiert sich als vordergründige Lösung, verstärkt jedoch infolge der vermehrten Abwärme durch die Umwandlung elektrischer Energie den Effekt der städtischen Aufheizung.

Die Frage nach zukunftsweisenden Ansätzen zur Linderung dieser Defizite stellt sich mit Nachdruck. Naheliegend wäre die alleinige Betrachtung der baulichen Nachverdichtung oder des resilienten Stadtgrüns – strategisches Ziel sollte jedoch eine effiziente Stärkung der städtischen Resilienz insgesamt sein. Dies erfordert Konzepte zur Anpassung an die Klimaveränderungen mit Themen wie multifunktionalen Flächennutzungen, ökologischen Bewässerungslösungen, zielführenden Flächenbegrünungen sowie Lösungen zur dezentralen Energieversorgung und Verbrauchsminimierung, zu Mobilität und stadtgestalterischen Aspekten. Mit der doppelten Innenentwicklung (bauliche Verdichtung und zugleich Erhaltung, Weiterentwicklung und Qualifizierung des urbanen Grüns) rücken die bauliche Entwicklung – im besten Fall ohne weiteren Flächenverbrauch – sowie die gleichzeitige Aktivierung bestehender Flächen zur Stadtbegrünung in den Fokus. „Bauwerksbegrünung im Bestand“ bietet in großem Umfang klimaaktive Vegetationsflächen. Durch die Aktivierung dieser ungenutzten Flächen lässt sich enormes Potenzial hinsichtlich städtebaulicher und freiraumplanerischer Kriterien, wasserwirtschaftlicher Aspekte, Lösungen zu Klimaschutz und Klimaanpassung, naturschutzfachlicher Aspekte sowie einer Reduktion des Energiebedarfs, Leistungssteigerung aktiver Energiegewinnung, Materialschutz/Materialökonomie und der Wertsteigerung von Immobilien nutzen, wie dieses Fachbuch aufzeigt.

Bedeutung der Bauwerksbegrünung in der heutigen Stadtentwicklung

Die Bauwerksbegrünung nimmt eine zentrale Rolle ein, da sie Lösungen in Bezug auf die aktuellen Herausforderungen der zunehmenden Urbanisierung bereitstellt. In besiedelten Bereichen verschärfen dichte Bebauung, versiegelte Flächen und der Mangel an Grünräumen städtische Klimaprobleme wie den Urban-Heat-Island-Effekt. Bauwerksbegrünungen, wie Dach- und Fassadenbegrünungen, bieten dafür eine nachhaltige Lösung, indem sie das Mikroklima verbessern, den Energieverbrauch senken und städtische Lebensräume ästhetisch und ökologisch aufwerten. Begrünte Flächen speichern Regenwasser, was das städtische Abwassersystem entlastet und das Risiko von Überschwemmungen mindert. Darüber hinaus fördern sie die Biodiversität, indem sie notwendige Lebensräume für Insekten, Vögel und Pflanzen in ansonsten versiegelten urbanen Gebieten schaffen. Die Begrünung von Bauwerken bietet nicht nur ökologische Vorteile, sondern trägt auch zur Steigerung der Lebensqualität der Bewohner bei: Sie wirkt lärm- und luftreinigend, schafft ästhetisch ansprechende Umgebungen und bietet potenzielle Erholungsräume inmitten der Stadt. Darüber hinaus gewinnen Bauwerksbegrünungen an wirtschaftlicher Bedeutung: „Grüne Gebäude“ sind energieeffizienter, und ihre Begrünungen schützen Flächen vor Temperaturextremen, was die Heiz- und Kühlkosten reduziert. Gleichzeitig erhöhen sie den Wert von Immobilien und verbessern das städtische Erscheinungsbild. Bauwerksbegrünung bietet die Möglichkeit, bestehende städtische Strukturen ökologisch zu optimieren. In der heutigen Stadtplanung und -entwicklung ist sie daher ein unverzichtbarer Bestandteil einer nachhaltigen, lebenswerten und zukunftsfähigen Stadt.

Relevanz der Begrünung bestehender Gebäude

Die Begrünung bestehender Gebäude spielt eine entscheidende Rolle bei der Anpassung an die Folgen des Klimawandels. Die Auswirkungen der Klimakrise sind deutlich spürbar – mit häufigeren Hitzewellen, Starkregenereignissen und anhaltender Trockenheit. Begrünte Gebäude sind ein wirkungsvoller Beitrag zur Minderung dieser Effekte. Gerade da, wo dichter Baubestand und Flächenversiegelung zu erheblichen klimatischen Belastungen führen, beeinflussen Gebäudebegrünungen das Mikroklima positiv.

Die Vegetation auf Dächern und Fassaden (siehe Abb. 1.1) puffert Temperaturschwankungen und reduziert Temperaturspitzen im Gebäudeinneren. Dies senkt den Energiebedarf für Heizung im Winter und Kühlung im Sommer und trägt damit zur Energieeffizienz und zur Verringerung von CO_2-Emissionen bei. Darüber hinaus bieten „grüne" Stadträume, so auch begrünte Gebäude, eine nachhaltige Lösung für das städtische Wassermanagement: Sie speichern Regenwasser, verdunsten und leiten das Wasser verzögert ab, was die Belastung städtischer Abwassersysteme reduziert und das Risiko von Überflutungen verringert. Diese Funktion ist in Zeiten vermehrt auftretender Starkregenereignisse von zentraler Bedeutung.

Auch in Bezug auf den Artenschutz bieten begrünte Bestandsgebäude erhebliche Vorteile. Sie schaffen wertvolle Lebensräume für Vögel, Insekten und Pflanzen und tragen so zur ökologischen Vielfalt in städtischen Gebieten bei. Dies ist besonders in dicht bebauten und versiegelten Bereichen wichtig, wo natürliche Grünflächen rar sind.

Durch die Begrünung bestehender Gebäude lassen sich zudem positive soziale und wirtschaftliche Effekte realisieren. Die verbesserte Lebensqualität durch Lärmreduktion und Verbesserung der Luftqualität sowie auch das Gestaltungspotenzial durch „Grün" und die damit erhöhte Aufenthaltsqualität steigern den Wert von Immobilien und werten ganze Stadtviertel auf.

Die Begrünung von Bestandsgebäuden macht Städte widerstandsfähiger gegenüber den Folgen des Klimawandels und leistet zugleich einen wesentlichen Beitrag zur Nachhaltigkeit. Sie ist ein zentrales Element einer ganzheitlichen und zukunftsfähigen Stadtentwicklung.

Zielsetzung des Buches

Die Zielsetzung dieses Buches liegt im Wissenstransfer und in der praxisorientierten Anleitung zur Bauwerksbegrünung im Bestand. Angesichts der zunehmenden Bedeutung von Maßnahmen zur ökologischen und klimatischen Anpassung in der Stadtentwicklung bietet dieses Werk eine fundierte Grundlage für Fachleute, Bauherren, Planer und Kommunen, um das Potenzial von Dach- und Fassadenbegrünungen im Gebäudebestand auszuschöpfen.

Die Inhalte dieses Werkes vermitteln neben theoretischem Wissen praxisnahe Lösungsansätze. Das Buch zeigt auf, wie Bestandsgebäude durch Begrünungsmaßnahmen nachhaltig aufgewertet werden können und welche positiven Auswirkungen dies auf das Mikroklima, die Energieeffizienz und die Lebensqualität im urbanen Raum hat. Durch eine detaillierte Darstellung technischer, gestalterischer und ökologischer Aspekte bietet es eine umfassende Anleitung, die von der Planung über die Umsetzung bis hin zur Instandhaltung von Begrünungsprojekten reicht.

Darüber hinaus werden rechtliche Rahmenbedingungen, finanzielle Fördermöglichkeiten und die Integration von Bauwerksbegrünungen in bestehende Stadtplanungsprozesse beleuchtet. Anhand von Best-Practice-Beispielen und Fallstudien wird gezeigt, wie Begrünungskonzepte im Bestand erfolgreich realisiert werden können. Das Buch dient somit als praxisnahes Werkzeug, um die Umsetzung von Begrünungsprojekten zu erleichtern und gleichzeitig das Bewusstsein für die Bedeutung der Bauwerksbegrünung als integralem Bestandteil nachhaltiger Stadtentwicklung zu stärken.

Bauwerksbegrünungen werden zukünftig immer mehr eine Schlüsselrolle bei der Gestaltung nachhaltiger und klimaresilienter Städte einnehmen. Die noch vielfach ungenutzte Lösung der multifunktionalen Flächennutzung, wie der Kombination von Begrünung mit Solarenergie, dem Umgang mit Regen-/Betriebswasser, der Integration von vertikalen Gärten und von Lebensräumen auf dem Dach sowie der Verbindung mit urbaner Landwirtschaft, zeigt, dass die Potenziale der Bauwerksbegrünung noch lange nicht ausgeschöpft sind.

Ziel ist es, Planenden, Bauherren, Studierenden und Lehrenden der betroffenen Disziplinen, ausführenden Fachunternehmen sowie privaten, öffentlichen und kommunalen Auftraggebern und interessierten Laien die notwendigen Kenntnisse und Werkzeuge an die Hand zu geben, um bestehende Gebäude effektiv zu begrünen, das Flächenpotenzial optimal auszuschöpfen und gleichzeitig die zahlreichen ökologischen, ökonomischen und gestalterischen Vorteile zu nutzen.

Abb. 1.1: Dach- und Fassadenbegrünungen am Genossenschaftswohnbau Wagnis 4 in München

2 Beweggründe zur Gebäudebegrünung im Bestand

Zunächst gilt es, der fortschreitenden Zersiedelung des peripheren städtischen Umfelds entgegenzuwirken, um Lebensräume und Biodiversität sowie wesentliche Ressourcen, wie Nahrungsmittel- und Rohstoffproduktion und die für das Klima wichtige natürliche Verdunstungsleistung, zu erhalten. Das städtische Qualitätskriterium öffentlich nutzbarer und stadtbildprägender Grünräume fällt zunehmend dem erheblichen Bedarf an baulicher Nachverdichtung zum Opfer.

Die Herausforderung liegt zukünftig darin, die anhaltende bzw. zunehmende Nachfrage nach qualitativ hochwertigem städtischem Wohn- und Arbeitsraum in Innenstädten weitgehend ohne weiteren Flächenverbrauch zu akzeptablen Preisen zu erfüllen. Es gilt dafür zunächst, mittels Innenverdichtung durch eine Aktivierung von Bestandsreserven (z. B. Ausbau leerstehender Dachgeschosse) und durch Bestandserweiterungen (Aufstockungen) Raumgewinne zu erzielen, bevor bauliche Ergänzungen (Neubauten, Anbauten) auf unversiegelten Bodenflächen umgesetzt werden, die danach für städtisches Leben und Stadtgrün auf lange Sicht nicht mehr zur Verfügung stehen.

Die zunehmende bauliche Dichte erfordert also alternative Lösungswege. Einen beachtlichen Ausgleich und umso höheren Stellenwert erreichen neben Dachbegrünungen im Bestand als begrüntes Flachdach mit neuen Bereichen für Aufenthalt, Erholung, Sport und Spiel auch Flächen für regenerative Energiegewinnung und innovative Begrünungslösungen von Fassaden sowie Kombinationen dieser Elemente. Intensive Dachbegrünungen bieten neben ihren stadtklimatischen Vorteilen neue Nutzungsmöglichkeiten als Gemeinschafts- oder Privatgärten bzw. über öffentlichen Nutzungen (wie z. B. Hoch- oder Tiefgaragenbauten) als städtische Grünanlagen (siehe Abb. 2.1). Dächer können zudem auch zur Nahrungsmittelproduktion (städtische bzw. private Gewächshäuser/Aquaponik) und zur Betriebs-/Grauwasserklärung dienen. Integrierte Wasserkonzepte fordern Flächen zur Speicherung des Grau- und Niederschlagwassers, die zudem das Stadtklima durch sommerliche Verdunstungskühlung verbessern und Wasserreserven für Trockenperioden bereitstellen.

In den 1980er- und frühen 1990er-Jahren standen vor allem ökologische Beweggründe bei der Realisierung von Gebäudebegrünungen im Vordergrund. Die mögliche Senkung von Heizwärme- oder Kühlbedarfen spielte zu dieser Zeit nur eine untergeordnete Rolle. Auch bei der Reduktion von Luftschadstoffen boten technische Innovationen noch ein größeres Einsparpotenzial.

Heute steht bei der Entscheidung für eine Gebäudebegrünung ein breites Spektrum an Leistungsfaktoren im Vordergrund, zu denen auch die ökologischen Funktionen gehören. Bei der Benennung möglicher Leistungsfaktoren muss einerseits zwischen der Art des Bestandsgebäudes unterschieden werden (Privathaus, Geschosswohnungsbau oder Sonder-, Gewerbe- und Industriebauten), andererseits zwischen Leistungsfaktoren, die direkt auf das Gebäude einwirken, und jenen, die eher das Gebäudeumfeld stärken. In der Regel spielen sowohl die Potenziale zur gestalterischen, baulichen (z. B Materialschutz hinsichtlich UV-Strahlung und Alterung) und energetischen Optimierung der Gebäude als auch die Potenziale zur Verbesserung des Gebäudeumfelds – insbesondere der Aufenthaltsqualität im öffentlichen Raum – eine Rolle.

Abb. 2.1: Der MFO-Park Zürich / Neu Oerlikon als Beispiel für eine städtische Grünanlage, entstanden durch Fassadenbegrünung eines ehemaligen Fabrikgebäudes

Die Leistungsfaktoren lassen sich grob in drei Kategorien einteilen: Ökologie/Umweltaspekte, Aufenthaltsqualität (unterteilt in Umfeldverbesserung und Gestaltung/Corporate Identity) sowie Kostenvorteile.

Ökologie-/Umweltaspekte | Aufenthaltsqualität | Kostenvorteile

Die Kategorie Ökologie und Umweltaspekte hat in den vergangenen Jahren unter dem Druck des Klimawandels, der damit verbundenen Vergrößerung stadtklimatischer Probleme (Überhitzung, Zunahme von Starkregenereignissen

Abb. 2.2: Bildausschnitt der Fassaden des Bosco verticale in Mailand

Abb. 2.4: Fassadenbegrünung der Magistratsabteilung MA 48, Wien

Abb. 2.3: Stadthaus M1, Freiburg i. Br.: senkrechte Aufleitung der Begrünung an nicht rostenden Stahlseilen

Abb. 2.5: Fassadenbegrünung der Magistratsabteilung MA 31, Wien

usw.) und der infolgedessen erforderlichen Anpassung urbaner Gebiete an die neuen Herausforderungen erheblich an Bedeutung gewonnen. Auch wenn begrünte Einzelgebäude nicht in der Lage sind, ein ganzes Viertel stadtklimatisch zu „retten", so führt eine konsequente Anwendung passender Begrünungskonzepte in einem Quartier doch zu einer deutlichen und kurzfristigen Reduktion negativer Effekte. Der Aspekt der Aufenthaltsqualität ist in jüngster Zeit durch Gebäudebegrünungen in den Fokus der Öffentlichkeit gerückt. Dach- und Fassadenbegrünungen werden an Wohnneubauten heute zum Image- und Identifikationsfaktor (vgl. Abb. 2.2 und 2.3).

Resultat aktueller Stadtentwicklungen ist zudem zunehmend die Begrünung von Bestandsgebäuden, z. B. die Fassadenbegrünungen des Abfallwirtschaftsamts MA 48 und des Verwaltungsgebäudes MA 31 in Wien (siehe Abb. 2.4 und 2.5), das nachträglich begrünte und jüngst prämierte Technische Rathaus in Friedrichshafen (siehe Abb. 2.6) sowie die Dach- und Fassadenbegrünungen des Green DESY in Hamburg-Bahrenfeld (siehe Abb. 8.1) und des Bunkers in Hamburg St. Pauli (siehe Abb. 2.7).

Abb. 2.6: Technisches Rathaus, Friedrichshafen: nachträgliche Fassadenbegrünung mit integrierter Photovoltaik (raderschallpartner, FreiraumSüd, Pfoser) (Quelle: Guido Kasper Photograph, Konstanz)

Abb. 2.7: Begrünter Bunker Hamburg St. Pauli

Abb. 2.8: Grünes Zimmer: temporäre Begrünung im Stadtraum

Auch das in den Innenstädten an wechselnden Orten zu findende sogenannte Grüne Zimmer wird gerne eingerichtet, um bestehende versiegelte Freiräume aufzuwerten (siehe Abb. 2.8). Diese Projekte vereinen die Suche nach einer zukunftsfähigen, ökologisch bewussten Lebensweise mit einem Gestaltungs- und Bildungsanspruch.

Gebäudebegrünungen tragen inzwischen nachgewiesenermaßen auch zur Senkung der Betriebskosten (meist im Bereich Gebäudekühlung) bei. Die Höhe dieser Betriebskostenreduktion ist dabei jedoch stark von den baulichen Rahmenbedingungen (Dämmung, Passivhausstandard usw.) eines Gebäudes abhängig und teils entsprechend vernachlässigbar. Gebäudebegrünungen führen aber auf jeden Fall zu einer Umfeldverbesserung mit erheblichen gesamtgesellschaftlichen Kosteneinsparungen, denn jeder Hitzetag kostet Deutschland 40 Mio. € (Karlsson/Ziebarth, 2018). Hohe Erwartungen werden daher an die Potenziale von Gebäudebegrünungen zur Gebäude- und Umgebungskühlung sowie auch zur Reduktion von Luftschadstoffen und Lärm gehegt. Die Gebäudebegrünung kann auch bei Luft- und Lärmschutz einen wichtigen Beitrag leisten.

2.1 Institutionelle Vorgaben und Hintergründe

Wesentlich ist die strategische Förderung punktueller Entwicklungen in ausgewählten Stadtquartieren unter Berücksichtigung des Klimas und von vorhandenen Flächenpotenzialen.

Entwicklungsbedarf besteht z. B. je nach örtlicher Gegebenheit aufgrund stadtklimatischen Problemstellungen, hohem Instandsetzungsbedarf, erhöhter Luftbelastung, störendem Umgebungslärm und/oder der Notwendigkeit einer Verbesserung der ökologischen Funktionen. Ein gezielter Förderansatz kann Quartiere mit vielfältigem Handlungsbedarf optimieren.

Dabei ist kaum die verbreitete stadtweite Förderung, sondern vor allem die Unterstützung von quartiers- und/oder gebäudebezogenen Planungen zielführend. Die Förderung kann im Rahmen von Programmen zur Anpassung an den Klimawandel, zur Entwicklung von grünen Infrastrukturen oder zur Quartiersentwicklung erfolgen. Die Förderbestimmungen setzen ein integriertes Handlungskonzept voraus, das die Auswahl der Gebiete bzw. der Handlungs- und Förderschwerpunkte begründet. Das Ergebnis sind Best-Practice-Quartiere, die der Verbreitung einer zukunftsweisenden Stadtentwicklung und der Erweiterung des Wissens zu neuen Aufgaben sowie der Erfahrung einer zunehmend erforderlichen Interdisziplinarität auf allen Ebenen dienen. Der Einsatz eines sogenannten Gebietsmanagers zur Netzwerkbildung (Eigentümer untereinander, Eigentümer und kommunale Fachabteilungen) zur Unterstützung der energetischen und klimatischen Optimierung der Stadtteile sowie zur Begleitung von Antragstellung/Genehmigung hat sich bereits als Vorteil erwiesen.

Neben Ortssatzungen und informellen Maßnahmen, die vor allem auf eine Überzeugung der Eigentümer setzen, ist eine Verankerung in Bebauungsplanverfahren das geeignete Mittel, die Umsetzung nötiger Maßnahmen im Stadtraum zu sichern. Zusätzlich sind Festsetzungen in Bebauungsplänen stadtweit zu vereinheitlichen und im Vorfeld interdisziplinär mit ämterübergreifend koordinierten baulichen Regelungen (z. B. zu Abstandsflächen, Eigentumsrecht, Denkmalschutz) abzustimmen.

In Einzelfällen wird es erforderlich sein, das Baurecht auf eine konsequente Innenverdichtung (effizientere Nutzung und Ergänzung des Baubestands) und zur weitgehenden Erhaltung noch bestehender, stadtökologisch wertvoller, unversiegelter Grün- und Freiflächen anzupassen.

Informationsveranstaltungen und -medien, Simulationssoftware und – besonders wirkungsvoll – motivierende Demonstrationsvorhaben zur Darstellung von Gestaltungsmöglichkeiten und Nutzungsvorteilen von Gebäudebegrünungen dienen einer anschaulichen öffentlichen Präsentation und somit einer maximalen Verbreitung.

Zukunftsgerechte Quartiersentwicklungen mit kurzen Wegen, einer guten Durchlüftung, einem verantwortungsvollen Umgang mit Wasser und Energie, einer konsequenten Durchgrünung und Entsiegelung zur Maximierung der Verdunstungsleistung, um städtischer Überhitzung und Starkregenereignissen entgegenzuwirken, sowie die Verwendung intelligenter und ressourcenschonender Materialien und Bauweisen sollten das Leitbild zukünftiger Planungen sein.

Allein durch die Anwendung des lange vorhandenen Wissens zu ökologischen, wirtschaftlichen und sozialen Lösungen erschließen sich wegweisende Perspektiven für zukünftiges Planen und Bauen, vom Einzelgebäude bis hin zur großflächigen Nachverdichtung der Innenstädte. Die städtische Innenverdichtung und die Begrünung des Bestands bieten eine Chance, Themen wie die Anpassung an den Klimawandel, die Stärkung der Artenvielfalt sowie den Ressourcenschutz punktuell zu unterstützen.

2.1.1 EU-Taxonomie

Die EU-Taxonomie ist ein Klassifikationssystem, das von der Europäischen Union entwickelt wurde, um wirtschaftliche Aktivitäten als umweltfreundlich oder nachhaltig zu kennzeichnen. Sie ist ein zentrales Instrument im Rahmen des EU-Aktionsplans zur Finanzierung nachhaltigen Wachstums und soll dazu beitragen, Investitionen in nachhaltige Projekte und Aktivitäten zu lenken. Sie ist 2020 in Kraft getreten.

Die Hauptziele der EU-Taxonomie sind:

1. Transparenz: Bereitstellung klarer Definitionen für Investoren und Unternehmen, was als nachhaltige Wirtschaftstätigkeit gilt.
2. Vergleichbarkeit: Erleichterung des Vergleichs von Finanzprodukten und Investitionen hinsichtlich ihrer Nachhaltigkeit.
3. Risikomanagement: Unterstützung von Finanzinstituten bei der Identifizierung und dem Management von Umwelt- und Klimarisiken.
4. Förderung grüner Investitionen: Anreize für Investitionen in nachhaltige Projekte und Technologien.

Die EU-Taxonomie definiert sechs Umweltziele:

- Klimaschutz,
- Anpassung an den Klimawandel,
- nachhaltige Nutzung und Schutz von Wasser- und Meeresressourcen,
- Übergang zu einer Kreislaufwirtschaft,
- Vermeidung und Verminderung der Umweltverschmutzung,
- Schutz und Wiederherstellung der Biodiversität und der Ökosysteme.

Um als nachhaltig eingestuft zu werden, muss eine wirtschaftliche Tätigkeit wesentlich zu einem oder mehreren dieser Ziele beitragen, dabei keinen signifikanten Schaden an den anderen Zielen verursachen (Do-no-significant-Harm-Prinzip) und bestimmte soziale Mindeststandards erfüllen. So stärkt die EU-Taxonomie den Einsatz von Dach- und Fassadenbegrünung an Bestandsbauten im Sinne der blau-grünen Infrastruktur (Blue-Green Infrastructure [BGI]) in mehrerer Hinsicht. Blau-grüne Infrastruktur kombiniert Wasser- und Vegetationsmanagement und bietet so ökologische, wirtschaftliche und soziale Vorteile. Im Folgenden werden die Themenfelder aufgeführt, in denen die EU-Taxonomie Dach- und Fassadenbegrünung im Bestand fördert.

Wassereffizienz

Bestandsbauten können Maßnahmen zur Verbesserung der Wassereffizienz dienen. Die Verwendung von Regenwasser oder die Nutzung von Grauwasser kann u. a. auch Begrünungen zugutekommen.

Regenwassermanagement umfasst Wasserrückhaltung und -speicherung: Begrünte Dächer und Fassaden nehmen Regenwasser auf, speichern es und geben es langsam ab, was die Belastung der städtischen Entwässerungssysteme verringert und das Risiko urbaner Überschwemmungen reduziert.Gesammeltes Regenwasser kann u. a. zur Bewässerung von Dach- und Fassadenbegrünungen (siehe Abb. 2.9) sowie zur Prozesskühlung verwendet werden, was den Wasserverbrauch senkt und zur nachhaltigen Wassernutzung beiträgt.

Abb. 2.9: Wagnis 4, München: gespeichertes Regenwasser zur Bewässerung der Hochbeete der Dachbegrünung

Pflanzen und Substrate begrünter Dächer und Fassaden verbessern die Wasserqualität, indem sie Schadstoffe aus dem Regenwasser filtern (z. B. Blei, Zink, Kupfer, Kadmium), bevor es in das Grundwasser oder die Kanalisation gelangt. Auch die Wasserqualität von Betriebs-/Grauwasser zur Wasserwiederverwendung (z. B. zur Toilettenspülung oder Pflanzenversorgung) wird verbessert.

Verbesserung der Energieeffizienz und Klimaanpassung

Bestandsgebäude müssen nach Renovierungen Verbesserungen der Energieeffizienz aufweisen. Begrünungen bieten dazu sinnvolle Low-Tech-Maßnahmen.

Begrünte Dächer und Fassaden unterstützen die Temperaturregulierung. Sie tragen zur Kühlung von Gebäuden bei, indem sie die solare Wärmeeinstrahlung absorbieren und Wasser verdunsten. Dies reduziert den Bedarf an Klimaanlagen, senkt somit den Energieverbrauch und verhindert die sommerliche Aufheizung.

Dach- und Fassadenbegrünungen dienen einer geringeren Wind-/Feuchtebelastung von Dächern und Außenwänden. Dies kann den Wärmedurchlass und damit den Heizbedarf verringern und den Energieverbrauch reduzieren. Auf diese Weise senken sie die Wärmeverluste der Gebäudehülle.

Renovierungsstandards

Renovierungen müssen energetischen Standards entsprechen, um als nachhaltig eingestuft zu werden. Die EU-Taxonomie legt fest, dass Renovierungsmaßnahmen eine signifikante Reduktion des Primärenergieverbrauchs erzielen müssen, um Nachhaltigkeitskriterien zu erfüllen. Dabei kann Gebäudebegrünung unterstützen.

Nachhaltige Baumaterialien

Bei Renovierungen sollen nachhaltige und umweltfreundliche Materialien verwendet werden. Materialien mit geringem CO_2-Fußabdruck, Recyclingmaterialien und solche aus nachhaltigen Quellen werden bevorzugt, so auch Dach- und Fassadenbegrünungen.

Biodiversität und Lebensraum

Dach- und Fassadenbegrünungen schaffen Lebensräume für eine Vielzahl von Pflanzen- und Tierarten (siehe Abb. 2.10), fördern die urbane Biodiversität und unterstützen die Vernetzung von Grünflächen.

Begrünte Flächen wie Dach- und Fassadenbegrünungen sind Lebensräume für Bestäuber wie Bienen und Schmetterlinge. Dies trägt zur Erhaltung der Biodiversität bei.

Abb. 2.10: Eine Amsel nascht am Efeu (Quelle: Günter Utz, Donauwörth).

Klimaanpassung und Resilienz

Durch die Begrünung von Dächern und Fassaden kann die Umgebungstemperatur gesenkt werden, was zur Abschwächung des städtischen Wärmeinseleffekts und damit zur Hitzeminderung beiträgt.

Begrünte Strukturen bieten Schutz vor extremen Wetterbedingungen wie starken Winden und Hagel und verbessern die strukturelle Resilienz von Gebäuden.

Verbesserung der Luftqualität

Begrünte Dächer und an Fassaden binden bzw. verstoffwechseln Schadstoffe und Feinstaub (Luftreinigung) und tragen so zu einer Verbesserung der städtischen Luftqualität bei.

Ästhetische und soziale Vorteile

Begrünte Dächer und Fassaden verbessern das Stadtbild. Sie tragen zur Aufwertung städtischer Räume bei, erhöhen die Lebensqualität und bieten Erholungsflächen für Nutzer und Bewohner.

Grünflächen haben nachweislich positive Auswirkungen auf die mentale Gesundheit und das Wohlbefinden.

Langfristige Wertsteigerung

Nachhaltig renovierte Bestandsbauten gewinnen an Wert. Energieeffiziente und umweltfreundliche Gebäude sind attraktiver für Mieter und Käufer und führen zu höheren Immobilienwerten, während bei nicht grünen Projekten die Gefahr eines Wertverlusts und höherer Finanzierungskosten bestehen kann.

Finanzielle Anreize und Zugang zu grüner Finanzierung

Projekte, die den Kriterien der EU-Taxonomie entsprechen, erhalten leichter Zugang zu grünen Finanzierungen und Fördermitteln. Dies macht Investitionen in blau-grüne Infrastruktur wirtschaftlich attraktiv.

Berichterstattung und Transparenz

Eigentümer und Verwalter von Immobilien müssen offenlegen, inwieweit ihre Projekte den Kriterien der EU-Taxonomie entsprechen. Dies fördert die Transparenz und regt Investoren an, nachhaltige Investitionsentscheidungen zu treffen. Die EU-Taxonomie unterstützt die Integration von Dach- und Fassadenbegrünungen als Teil der blau-grünen Infrastruktur, um nachhaltige, widerstandsfähige und lebenswerte städtische Umgebungen zu schaffen.

Inzwischen gibt es auch für Bestandsgebäude und Bestandsquartiere Simulationslösungen zur Klärung, inwieweit der EU-Taxonomie entsprochen wird (z. B. EU-Taxonomie-Check, GreenPass). Es erfolgen eine Konformitätsprüfung, eine umfassende Klimarisikoanalyse, die Darstellung von Optimierungslösungen sowie eine Bestätigung der Wirksamkeit von Maßnahmen mit Wirkungs- und Leistungsfaktoren für die ESG-Berichtserstattung (Berichterstattung zu den Themen Environmental, Social, Governance).

Ziel der ESG-Berichterstattung ist es, Nachhaltigkeitsziele zu erreichen und gleichzeitig wirtschaftliche und soziale Verantwortung zu übernehmen. Im Kontext der Gebäudebegrünung bedeutet dies, bestehende Flächenpotenziale bestmöglich zu nutzen, um ökologische Vorteile, wie eine Verbesserung des Stadtklimas und eine Stärkung der Biodiversität, zu fördern. Gleichzeitig werden ökonomische Aspekte wie Energieeinsparungen und die Steigerung des Immobilienwerts berücksichtigt sowie gestalterische Maßnahmen einbezogen, die die Lebensqualität und das Wohlbefinden in urbanen Räumen verbessern.

2.1.2 Landesbauordnung

Die Landesbauordnungen (LBO) der einzelnen Bundesländer in Deutschland regeln Anforderungen an Bauvorhaben einschließlich der Außenanlagen und ihre Nutzung außerhalb des Bauplanungsrechts. Diese Bauordnungen können Anforderungen und Vorschriften in Bezug auf Dach- und

Fassadenbegrünungen enthalten. Der Einfluss der Landesbauordnungen auf Dach- und Fassadenbegrünungen umfasst mehrere Aspekte:

Bauvorschriften und Genehmigungen

Dach- und Fassadenbegrünungen sind genehmigungspflichtig, insbesondere wenn sie mit baulichen Änderungen verbunden sind oder die Statik des Gebäudes betreffen.

Bauordnungen können spezifische Anforderungen an die Planung und Ausführung von Begrünungsmaßnahmen stellen, um die Sicherheit und Stabilität des Gebäudes zu gewährleisten.

Brandschutz

Begrünte Dächer und Fassaden müssen den Brandschutzanforderungen der Landesbauordnungen entsprechen. Diese geben die Verwendung bestimmter Materialien und Bauweisen vor, um Feuerbeständigkeit zu gewährleisten. Spezielle Maßnahmen können erforderlich sein, um die Ausbreitung von Feuer zu verhindern, wie z. B. Brandschutzriegel oder feuerfeste Trennschichten.

Statik und Lasten

Begrünte Dächer und Fassaden erhöhen die Lasten, die auf das Gebäude wirken. Die Landesbauordnungen schreiben vor, dass die Tragfähigkeit der Gebäudestruktur überprüft und gegebenenfalls verstärkt werden muss, um zusätzliche Lasten durch Substrat, Pflanzen und Wasser aufnehmen zu können. Statische Nachweise können erforderlich sein, um die Sicherheit der Begrünungsmaßnahmen zu bestätigen. Bereits vorhandene statisch relevante Strukturen sollten dabei für eine ökonomisch sinnvolle nachträgliche Begrünung berücksichtigt werden (siehe Abb. 2.11).

Abb. 2.11: Intensive Dachbegrünung über tragenden Wänden, extensive Begrünung in den übrigen Bereichen

Wasserführung und Entwässerung

Die Entwässerung von begrünten Dächern und Fassaden muss geregelt sein, um Schäden am Gebäude und an angrenzenden Gebäuden/Grundstücken zu vermeiden. Die Bauordnungen können Vorschriften zur Ableitung des Regenwassers und zur Vermeidung von Staunässe enthalten.

Regenwasserrückhaltung und -nutzung können gefördert werden, um die Belastung der städtischen Kanalisation zu verringern.

Umwelt- und Klimaschutz

Einige Landesbauordnungen fördern aktiv Maßnahmen zur Verbesserung der Gebäudeenergieeffizienz und des Klimaschutzes, so auch Dach- und Fassadenbegrünungen, u. a. zur Reduzierung städtischer Wärmeinseleffekte, zur Stärkung der Artenvielfalt und zur Regulierung von Verdunstung und Niederschlägen.

Ästhetische und städtebauliche Anforderungen

Begrünungen können auf ästhetische und städtebauliche Anforderungen treffen, die in den Bauordnungen festgelegt sein können. Dies betrifft insbesondere die Integration in das Stadtbild und den Erhalt der architektonischen Qualität. In auf der Grundlage der Bauordnung ergangenen gemeindlichen Regelungen (sogenannten örtlichen Bauvorschriften) können spezielle Gestaltungsanforderungen bestehen, die die Art und Weise der Umsetzung der Begrünung vorgeben.

Beispiele spezifischer Regelungen

Explizite Vorschriften für die Begrünung von Dächern und Fassaden sind beispielsweise die Vorgabe bestimmter Dachneigungen oder prozentualer Flächenanteile, die zu begrünen sind, die Festlegung von Mindestsubstrathöhen und zeitliche Vorgaben zur Erreichung von Vitalität und Flächendeckung projektierter Begrünungen.

Landesbauordnungen stellen sicher, dass diese Maßnahmen sicher, funktional und ästhetisch ansprechend umgesetzt werden. Es gibt auch Kommunen, die eigene Satzungen und Richtlinien zur Förderung von Dach- und Fassadenbegrünung erlassen haben, die über die Landesbauordnungen hinausgehen. Die Städte Berlin, Hamburg und München sind beispielhaft in ihren Unternehmungen, Gebäudebegrünungen im urbanen Raum zu stärken.

Wünschenswert wären privilegierende Regelungen für Fassadenbegrünungen bezüglich des Wärmeschutzes. In Baden-Württemberg bleiben nachträgliche Reduzierungen der Gebäudeabstände durch nachträgliche Wärmedämmung bis 30 cm abstandsflächenrechtlich außer Betracht; zivilrechtlich ist in Baden-Württemberg ein Überbau durch nachträgliche Wärmedämmung um bis zu 25 cm in der Regel keine abwehrfähige Beeinträchtigung des Nachbarn.

Die Stadt Wien hat vorbildlich festgelegt, dass Fassadenbegrünungen bis 20 cm Abstand zur Fassade genehmigungsfrei sind. Für Begrünungen mit größeren Abständen ist ein Bauantrag zu stellen. Gibt es keine Beanstandung binnen zwei Monaten, so kann die Begrünung ausgeführt werden. Diese Regelung verringert den Verwaltungsaufwand und fördert gleichzeitig niederschwellig umweltfreundliche und nachhaltige Bauweisen, die zur Verbesserung der städtischen Lebensqualität und zum Klimaschutz beitragen.

2.1.3 Sonstige Regelungen

Vorgaben auf städtischer Ebene sind entscheidende rechtliche Instrumente, um Gebäudebegrünung im urbanen Raum zu verankern und die damit verbundenen Vorteile für das Stadtklima zu nutzen. Städte sind daher gefordert, Gebäudebegrünung verstärkt in ihren Masterplänen zu berücksichtigen, insbesondere in Verbindung mit energetischen Maßnahmen und Sanierungen. Dies stellt sicher, dass Begrünungen sowohl bei der Gebäudeplanung und -erweiterung als auch bei energetischen Sanierungen von Beginn an mitgedacht werden (Dettmar et al., 2016).

Gebäudebegrünungen gewinnen im Rahmen einer klimaangepassten und wassersensiblen Stadtentwicklung zunehmend bundesweit an Bedeutung. Diese positive Entwicklung ist längst überfällig, denn Begrünungen bieten einen vielfältigen Nutzen für die Stadt. Kommunen können die Umsetzung von Dach- und Fassadenbegrünungen im Stadtgebiet sowohl direkt als auch indirekt durch verschiedene Instrumente fördern (vgl. Dettmar et al., 2016; BuGG-Marktreport Gebäudegrün, 2021; Gohlke, 2023).

Ansel identifiziert drei zentrale Bausteine einer kommunalen Förderstrategie (Ansel, 2011):

1. Fordern (Bauleitplanung und Gestaltungssatzung),
2. Fördern (Förderprogramme und gesplittete Abwassergebühr),
3. Informieren (Öffentlichkeitsarbeit).

Die Instrumente unterscheiden sich hinsichtlich ihres Wirkungsbereichs, ihrer Verbindlichkeit und des finanziellen Aufwands für die Stadt (vgl. Ansel, 2011).

Über die Bauleitplanung, die bauplanungsrechtliche Eingriffsregelung und eine Gestaltungssatzung kann die Umsetzung von Gebäudegrün indirekt rechtsverbindlich gefordert werden (Baustein 1). Die Gesetzgebung auf Basis der genannten Instrumente sowie der aktuelle Stand indirekter Förderungen von Dach- und Fassadenbegrünungen wird im Anschluss dargestellt.

Bauleitplanung

Die Bauleitplanung folgt dem Baugesetzbuch (BauGB) vom 3. November 2017, zuletzt geändert am 20. Dezember 2023, und hat das Ziel einer nachhaltigen städtebaulichen Entwicklung, die eine menschenwürdige Umwelt sichert, die natürlichen Lebensgrundlagen schützt und fördert sowie den Klimaschutz und die Klimaanpassung unterstützt (§ 1 Abs. 5 BauGB). Bauleitpläne werden gemäß § 2 Abs. 1 BauGB von der Gemeinde in eigener Verantwortung aufgestellt.

Der Bebauungsplan (B-Plan) als verbindlicher Plan schafft Baurecht bei Neubauvorhaben sowie bei baulichen Änderungen in einem festgesetzten Geltungsbereich (§ 30 BauGB) und wird als Satzung beschlossen. Um die im Bauleitplan festgelegten Ziele zu erreichen, werden rechtsverbindliche Festsetzungen getroffen (§ 9 Abs. 1 BauGB). Für Dach- oder Fassadenbegrünungen können je nach Zielsetzung § 9 Abs. 1 Nr. 14, 20 sowie Nr. 25a, b BauGB als Festsetzungsgrundlage dienen. Auch länderspezifische Bauordnungen und Landeswassergesetze in Verbindung mit § 9 Abs. 4 BauGB können berücksichtigt werden (vgl. Dettmar et al., 2016; BuGG-Marktreport Gebäudegrün, 2021).

Die hohe Verbindlichkeit der Umsetzung von Dach- und Fassadenbegrünungen durch die Bauherrschaft ist ein großer Vorteil des B-Planes. Ein Nachteil dieses Instruments ist jedoch der geringe Wirkungsbereich, da ein B-Plan nur für eine begrenzte Fläche innerhalb des Gemeindegebiets gilt (vgl. Ansel, 2011). Zudem sind Kontrollen der Ausführung sowie regelmäßige behördliche Prüfungen der Vitalität der Begrünung zielführend.

Laut der Städteumfrage 2021 des Bundesverbands GebäudeGrün (BuGG) haben etwa 83 % der deutschen Städte mit mehr als 50.000 Einwohnern Dachbegrünungen und 55 % Fassadenbegrünungen in ihren Bebauungsplänen festgesetzt (vgl. BuGG-Marktreport Gebäudegrün, 2021).

Festsetzungen zu Fassadenbegrünungen betreffen in der Regel bodengebundene Begrünungen. Bestimmend sind dabei die Ausrichtung der Fassade, die Größe der Fassade und das Vorhandensein von Fenstern oder Öffnungen. Der prozentual zu begrünende Anteil der Fassadenfläche dient als Richtwert. Teilweise gibt es Vorgaben zur Pflanzgüte, zur Größe der Pflanzfläche oder zu den zu verwendenden Pflanzen (vgl. Dettmar et al., 2016; BuGG-Marktreport Gebäudegrün, 2021). Auch Anforderungen zur Erreichung der Zielvegetation innerhalb eines bestimmten Zeitrahmens können festgelegt werden.

Für Gründächer betreffen Festsetzungen vor allem Flachdächer und flach geneigte Dächer, wobei im Durchschnitt eine Schichthöhe von 10 cm und mehr gefordert wird. Einige Städte legen Wert auf eine artenreiche Bepflanzung (z. B. Festlegung der Begrünung mit heimischen Arten). Auch die Kombination von Solarenergienutzung und Dachbegrünung kann gefordert werden. Für die Festsetzung eines Solargründachs können § 9 Abs. 1 Nr. 25a und Nr. 23b BauGB verbunden werden (vgl. BuGG-Marktreport Gebäudegrün, 2021; Gohlke, 2023).

Die aktuelle Planungspraxis zeigt, dass intensive Dachbegrünungen im Vergleich zu extensiven Dachbegrünungen derzeit eine untergeordnete Rolle spielen. Zugängliche intensive Gründächer sind jedoch zusätzliche Erholungs- und Freizeitflächen und bieten großes Potenzial für die Begrünung im Rahmen der Nachverdichtung wachsender Städte. Sie sollten in der verbindlichen Bauleitplanung stärker berücksichtigt werden (vgl. Förderrichtlinie Dach- und Fassadenbegrünung – Machbarkeitsstudie, 2022).

Um sicherzustellen, dass auch einfache Extensivbegrünungen Mindestwirkungen erzielen, sollten in textlichen Festsetzungen auf der Grundlage von § 9 Abs. 1 Nr. 25a BauGB entsprechende Qualitäten in Bezug auf Substrathöhe, Pflanzenauswahl, Biodiversität und Mindestgrünanteil angegeben werden.

Für eine koordinierte Umsetzung von Dach- und Fassadenbegrünungen sollte einem Masterplan zur städtischen Klimaanpassung und Starkregenprävention gefolgt werden. Die Schulung und Vernetzung der zuständigen Stellen innerhalb der kommunalen Verwaltung und eine Schnittstellendefinition sind entscheidend für den konsequenten Ausbau qualitativ hochwertiger und wirkungsvoller städtischer Begrünungen.

Bauplanungsrechtliche Eingriffsregelung

Die Eingriffsregelung gemäß Bundesnaturschutzgesetz (BNatSchG) vom 29. Juli 2009, zuletzt geändert am 23. Oktober 2024, ist ein wesentliches Instrument zum Schutz von Natur und Landschaft. Ihr Ziel ist es, die Funktionsfähigkeit des Naturhaushalts und das Landschaftsbild bei geplanten Eingriffen in Natur und Landschaft zu sichern. Ein Eingriff liegt vor, wenn die Gestalt oder Nutzung einer Grundfläche so verändert wird, dass eine erhebliche Beeinträchtigung dieser Schutzgüter zu erwarten ist (§ 14 BNatSchG). Die Aufstellung, Änderung, Ergänzung oder Aufhebung von Bauleitplänen kann zu Beeinträchtigungen führen, weshalb dann die bauplanungsrechtliche Eingriffsregelung als Gegenstand der Abwägung angewendet wird (§ 1a Abs. 3 BauGB und § 18 BNatSchG).

Laut § 13 BNatSchG gilt der Grundsatz:

„Erhebliche Beeinträchtigungen von Natur und Landschaft sind vom Verursacher vorrangig zu vermeiden. Nicht vermeidbare erhebliche Beeinträchtigungen sind durch Ausgleichs- und Ersatzmaßnahmen oder, soweit dies nicht möglich ist, durch einen Ersatz in Geld zu kompensieren."

Das Bundesamt für Naturschutz (BfN) betont, dass das Vermeidungsgebot, das Verursacherprinzip und das Folgenbewältigungsprinzip die Basis der Eingriffsregelung bilden und wichtige Grundlagen zur Erreichung der Ziele des Naturschutzes und der Landschaftspflege darstellen (vgl. Eingriffsregelung, 2024). Um die Schwere der Beeinträchtigung durch einen Eingriff in einem definierten Untersuchungsraum zu ermitteln und angemessene Kompensationsmaßnahmen anzusetzen, wenden die zuständigen Naturschutzbehörden verschiedene Verfahren an. Grundlage dieser Verfahren sind Wertstufen oder Wertpunkte (auch Ökopunkte genannt), die jedem Biotop- oder Nutzungstyp anhand naturschutzfachlicher Bewertungskriterien in einer Biotopwertliste zugeordnet werden. Durch die Gegenüberstellung der Bilanzierung eines Wirkraums vor und nach einem geplanten Eingriff lässt sich der Umfang der notwendigen Kompensationsmaßnahmen bestimmen. Entsprechend dem Verursacherprinzip müssen die Verursacher die geplanten Kompensationsmaßnahmen umsetzen. Abhängig vom Biotopwertverfahren des jeweiligen Bundeslands und den zuständigen Naturschutzbehörden kann eine Dach- oder Fassadenbegrünung eine bestimmte Anzahl an Ökopunkten erhalten, wodurch der Kompensationsbedarf reduziert wird (vgl. Gohlke, 2021; Gohlke, 2023). Zur Bewältigung der Eingriffsfolgen können in Bebauungsplänen (B-Plänen) nach entsprechender Abwägung Dach- und Fassadenbegrünungen gemäß § 9 BauGB festgesetzt werden. Diese Festsetzungen können sowohl zur Vermeidung von Beeinträchtigungen als auch zur Kompensation unvermeidbarer erheblicher Beeinträchtigungen dienen (vgl. Ansel, 2011). Eine BuGG-Städteumfrage aus dem Jahr 2021 zeigt, dass etwa 25 % der deutschen Städte mit mehr als 50.000 Einwohnern Ökopunkte für Dachbegrünungen und etwa 7 % Ökopunkte für Fassadenbegrünungen vergeben (vgl. BuGG-Marktreport Gebäudegrün, 2021).

Gestaltungssatzung

In den Bundesländern können Gemeinden gemäß ihren Landesbauordnungen örtliche Bauvorschriften durch Satzungen erlassen, die gestalterische Anforderungen an bauliche Anlagen festlegen. Diese Gestaltungssatzungen können spezifische Vorgaben zur Gebäudebegrünung enthalten. Der Geltungsbereich solcher Satzungen kann den gesamten Innenbereich einer Gemeinde umfassen oder nur Teile davon abdecken. Die Vorschriften gelten sowohl für Neubauten als auch für Umbauten und Sanierungen im Bestand. In der Regel werden Anforderungen zu Dach- und Fassadenbegrünungen in kommunalen Begrünungs- oder Freiflächensatzungen festgehalten. Unter dem Punkt „Begrünung baulicher Anlagen" können Dach- und Fassadenbegrünungen verankert werden (vgl. § 86 Abs. 1 Nr. 7 Musterbauordnung in der Fassung vom November 2002, zuletzt geändert am 23./24. November 2023). Auch qualitative Anforderungen (Qualitätskriterien) können festgelegt werden (vgl. BuGG-Marktreport Gebäudegrün, 2021; Gohlke, 2023). Der Vorteil der Gestaltungssatzung gegenüber einem Bebauungsplan (B-Plan) liegt in ihrem größeren Wirkungsbereich, der auch den nicht beplanten Innenbereich gemäß § 34 BauGB umfassen kann. Beide Instrumente sind rechtlich bindend. Jedoch stellt die Gestaltungssatzung geringere Anforderungen an die Begrünung oder wird erst ab einer bestimmten Flächengröße verpflichtend (vgl. Ansel, 2011).

Während im B-Plan Festsetzungen zur Gebäudebegrünung objektspezifisch auf den Gebäudetyp und die baulichen Gegebenheiten abgestimmt werden, müssen Gestaltungssatzungen aufgrund ihrer oft flächendeckenden Geltung umsetzbare Bestimmungen für alle Gebäudetypen und auch für Bestandssanierungen vorsehen (vgl. Förderrichtlinie Dach- und Fassadenbegrünung – Machbarkeitsstudie, 2022).

Die BuGG-Städteumfrage 2021 zeigt, dass dieses Instrument nur vereinzelt von deutschen Städten mit mehr als 50.000 Einwohnern genutzt wird. Vorgaben zu Gründächern finden sich bei 12 % der Städte, während nur 4 % der Städte Regelungen zur Fassadenbegrünung haben.

Gestaltungsvorgaben gelten vor allem für Flachdächer und flach geneigte Dächer. Einige Städte geben eine Mindestdicke der Substratschicht oder der durchwurzelbaren Gesamtschicht von 10 cm vor.

Zudem wird eine Mindestgröße der Dachfläche zur verbindlichen Begrünung zwischen 10 und 200 m^2 angegeben. Gestaltungsvorgaben zur Fassadenbegrünung beziehen sich auf bodengebundene Begrünungen mit Kletterpflanzen und nehmen insbesondere Industrie- und Gewerbegebiete in den Fokus. Diese weisen häufig großflächige, fensterlose Außenwände auf und besitzen dadurch ein großes Begrünungspotenzial. Als Vorgabe zur Begrünung sind die Parameter Größe der Fassade und das Vorhandensein von Fenstern bzw. Öffnungen bestimmend (vgl. BuGG-Marktreport Gebäudegrün, 2021).

Energieeinsparverordnung und Gebäudeenergiegesetz

Es gibt keine Verpflichtung zur Begrünung von Gebäuden im Rahmen der Energieeinsparverordnung (EnEV) oder des Gebäudeenergiegesetzes (GEG). Diese fokussieren sich auf Energieeffizienz und erneuerbare Energien und nicht auf direkte Begrünungsmaßnahmen.

Indirekte Vorteile können jedoch im Zusammenhang mit Gebäudebegrünungen relevant sein, da Dach- und Fassadenbegrünungen einen Beitrag zur Energieeinsparung leisten, indem sie die Wärmeverluste der Gebäudehülle reduzieren (geringere Wind- und Feuchtebelastung) und im Sommer durch Verschattung und Verdunstungskühlung zur Kühlung der Gebäudeoberflächen und der Umgebung beitragen. Diese Vorteile können zusätzlich zur Einhaltung der energetischen Anforderungen des GEG energetische Gebäudeoptimierungen unterstützen. Zudem werden bei der Bewertung von Gebäuden nach Nachhaltigkeitsstandards (z. B. der Deutschen Gesellschaft für Nachhaltiges Bauen [DGNB] oder der Leadership in Energy and Environmental Design [LEED]) Gebäudebegrünungen positiv berücksichtigt.

Im Rahmen des europäischen Green Deal und der EU-Gebäuderichtlinie werden Maßnahmen zur Steigerung der Energieeffizienz von Gebäuden diskutiert, die auch ökologische Aspekte, wie z. B. die Gebäudebegrünung, beinhalten, insbesondere im Zusammenhang mit Klimaanpassungsstrategien.

2.1.4 Förderungen zur Umsetzung

Beweggründe zur Begrünung von Bestandsgebäuden können u. a. auch finanzielle Unterstützungen sein. Die nachträgliche Begrünung von Gebäuden kann durch diverse Förderinstrumente unterstützt werden.

So fördern Programme beispielsweise ökologische, klimatische und ästhetische Aufwertungen in städtischen und ländlichen Gebieten:

Kommunale Förderprogramme

Einige Städte und Gemeinden bieten spezifische Förderprogramme zur nachträglichen Begrünung von Gebäuden an (siehe Abb. 2.12). Diese Programme werden in der Regel im Rahmen von Umwelt- und Klimaschutzmaßnahmen entwickelt und können Zuschüsse oder zinsgünstige Darlehen für die Begrünung von Fassaden, Dächern oder Innenhöfen umfassen. Die Förderungen können unterschiedlich ausgestaltet sein, z. B. als Pauschalbeträge pro Quadratmeter begrünter Fläche oder als Prozentsatz der Gesamtkosten.

Abb. 2.12: Leitfäden zu Förderung und Umsetzung von Dach- und Fassadenbegrünungen der Hansestadt Hamburg (Quellen: Handbuch Grüne Wände, 2020; Dachbegrünung – Leitfaden zur Planung, 2023)

Förderprogramme der Bundesländer

Auch auf Landesebene gibt es Förderprogramme für Gebäudebegrünungen. Diese Programme sind häufig Teil größerer Initiativen zur Verbesserung der städtischen Umweltbedingungen, zur Anpassung an den Klimawandel oder zur Förderung der Biodiversität. In einigen Bundesländern gibt es spezielle Programme zur Förderung von Dach- und Fassadenbegrünungen, die private Gebäudeeigentümer, Unternehmen und kommunale Einrichtungen adressieren (z. B. Hamburg: Gründachförderung für Neubauten und Nachrüstung bestehender Dächer sowie Förderung von Fassadenbegrünungen an Neu- und Bestandsbauten).

Bundesweite Förderprogramme

Auf Bundesebene können Fördermittel über Programme wie die KfW-Förderung bereitgestellt werden. Die Kreditanstalt für Wiederaufbau (KfW) bietet Förderkredite und Zuschüsse für Maßnahmen zur Energieeffizienz und Klimaanpassung, in deren Rahmen auch Fassaden- und Dachbegrünungen gefördert werden. Zudem gibt es bundesweite Programme, die speziell auf grüne Infrastruktur abzielen und Zuschüsse für die nachträgliche Begrünung von Gebäuden bieten.

Förderungen durch Umwelt- und Naturschutzorganisationen

Einige Stiftungen, Umweltverbände und Naturschutzorganisationen bieten finanzielle Unterstützung für Projekte zur Gebäudebegrünung. Diese Förderungen sind meist projektgebunden und unterstützen besonders innovative oder umweltfreundliche Ansätze. Beispiele sind Förderungen für die Schaffung von Lebensräumen für gefährdete Arten oder die Integration von Begrünungen in größere ökologische Projekte.

EU-Fördermittel

Über die Europäische Union gibt es ebenfalls Fördermöglichkeiten, insbesondere im Rahmen von Programmen wie LIFE+ (Umwelt- und Klimaschutz) oder der Europäischen Regionalförderung (EFRE). Diese Programme können Projekte zur nachträglichen Gebäudebegrünung unterstützen, insbesondere wenn sie Teil größerer nachhaltiger Stadtentwicklungsprojekte sind. Anträge für EU-Fördermittel sind oft komplex und erfordern eine intensive Projektplanung sowie die interdisziplinäre Kooperation mit Partnern, z. B. aus der Kommunalverwaltung oder der Wissenschaft.

Steuerliche Anreize

In einigen Fällen können auch steuerliche Vorteile genutzt werden, um die Kosten für die nachträgliche Begrünung von Gebäuden zu senken. Dies kann durch Abschreibungen oder spezielle steuerliche Vergünstigungen im Rahmen von energetischen Sanierungen geschehen.

Private Förderinitiativen und Kooperationsprojekte

Unternehmen und private Stiftungen bieten mitunter Förderungen oder finanzielle Anreize für Gebäudebegrünungen an, oft im Rahmen von CSR-Programmen (Corporate social Responsibility) oder als Teil von Partnerschaften zwischen öffentlichen und privaten Akteuren.

Vorgehensweise bei der Beantragung von Förderungen

- Informationsbeschaffung: Zunächst sind die Fördermöglichkeiten auf kommunaler, Landes- und Bundesebene sowie durch private Initiativen zu prüfen. Informationen sind in der Regel auf den Websites der zuständigen Behörden oder Organisationen zu finden.
- Inanspruchnahme von Beratung: Zum Beispiel unterstützen das Klima- oder Quartiersmanagement, Energieberater sowie spezialisierte Planungsbüros dabei, Fördermöglichkeiten optimal auszuschöpfen.
- Antragstellung: Je nach Förderprogramm muss ein Antrag gestellt werden, der in der Regel eine genaue Projektbeschreibung, einen Kostenplan und oft auch einen Umsetzungszeitplan enthält.

2.2 Leistungspotenziale der Bauwerksbegrünung

Charakteristisch für das Klima von Städten ist der deutliche Unterschied zum Umlandklima. Das Stadtklima ist tendenziell wärmer (Wärmeinseleffekt), Wind und Verdunstung sind weniger stark ausgeprägt. Bewölkung, Niederschläge, Nebel und Smog treten häufiger auf. Besonders problematisch sind Inversionswetterlagen, die im Winter zur Ansammlung von Luftschadstoffen führen können. Die größte Belastung für Stadtbewohner stellt die sommerliche Überwärmung mit ausbleibender nächtlicher Auskühlung dar. Die Zahl der Hitzetage in Deutschland hat in den letzten Jahrzehnten signifikant zugenommen.

Ein Hitzetag ist definiert als ein Tag, an dem die maximale Lufttemperatur 30 °C oder mehr erreicht. Daten und Analysen des Deutschen Wetterdienstes (Becker et al., 2022) zum Anstieg der Hitzetage zeigen folgende Entwicklungen:

- 1950 bis 1990: In diesem Zeitraum gab es in Deutschland im Durchschnitt etwa drei und bis zu zehn Hitzetage pro Jahr, je nach Region.
- 1990er-Jahre: Die Zahl der Hitzetage stieg an, mit bis zu 16 Hitzetagen pro Jahr in vielen Teilen Deutschlands.
- 2000er-Jahre: Ein weiterer signifikanter Anstieg war festzustellen. Einige Regionen erreichten bis zu 19 Hitzetage pro Jahr. Besonders hoch war die Belastung im Jahr 2003.
- 2010 bis 2020: Dieses Jahrzehnt zeigte eine Fortsetzung des Trends. Die Zahl der Hitzetage erreichte neue Höchststände, insbesondere in den Jahren 2015, 2018 und 2019. In einigen Teilen Deutschlands, vor allem in den südlichen und östlichen Regionen, wurden bis zu 20 Hitzetage verzeichnet (siehe Abb. 2.13).
- 2020er-Jahre: Bereits in den ersten Jahren dieses Jahrzehnts wurden in einigen Regionen Deutschlands wieder über 17 Hitzetage registriert.

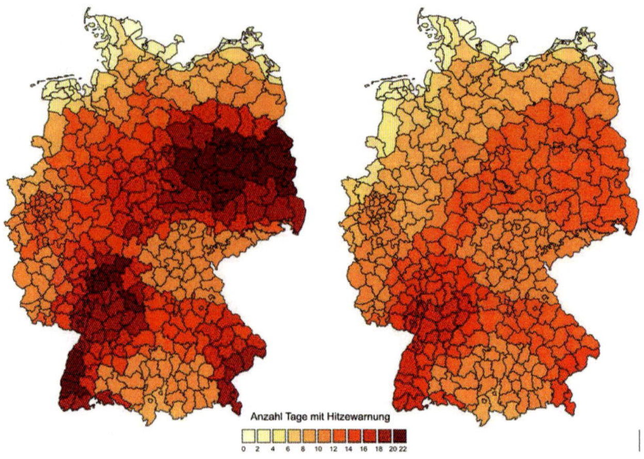

Abb. 2.13: Anzahl der Hitzewarnungen im Sommer 2018 (links) und während der Hitzewelle vom 23. Juli bis 9. August (rechts) (Quelle: Pressemitteilung Hitzewarnsystem, 2018)

Der Anstieg der Zahl der Hitzetage hat erhebliche Auswirkungen auf die Gesundheit, Landwirtschaft und Infrastruktur in Deutschland. Neben der Zunahme der Hitzetage werden nach aktueller Datenlage zugleich mehr und intensivere Starkregenereignisse und urbane Hochwasser verzeichnet. Besonders betroffen vom städtischen Wärmeinseleffekt sind die Innenstadtgebiete mit ihrem hohen Versiegelungsgrad. Ihnen fehlt meist auch die Verbindung zu Frisch- und Kaltluftschneisen. Der Erhalt von Frisch- und Kaltluftschneisen im Rahmen städtischer Grünsysteme ist ein wesentlicher Beitrag zur Verbesserung des Stadtklimas und damit auch zur Anpassung an die Folgen des Klimawandels. Weitere Schritte sind Entsiegelungs- und Begrünungsmaßnahmen, wo immer es möglich ist. Nur so kann der städtischen Überhitzung entgegengewirkt werden, u. a. durch Verdunstung und Verschattung. Auch Luftqualität und Aufenthaltsqualität können durch Begrünungsmaßnahmen verbessert werden. Wichtig ist die Auswahl der passenden Begrünung für den konkreten Ort, um z. B. ungewollte Schadstoffansammlungen in engen, stark befahrenen Straßenräumen oder Schwüleeffekte in engen Hinterhöfen zu vermeiden. Gerade in verdichteten, von Verkehr geprägten Innenstadtquartieren hat die Fassadenbegrünung entscheidende Vorteile.

Die folgenden Unterkapitel zeigen das vielfältige Potenzial der Gebäudebegrünung hinsichtlich der Optimierung von Bestandsgebäuden sowie der möglichen Umfeldverbesserung im Zusammenhang. Sie gliedern die Ergebnisse in Ökologie-/Umweltaspekte, Aufenthaltsqualität und Kostenvorteile.

2.2.1 Gebäudeoptimierung

Neben Funktion, Gestaltung und Kosten wird zunehmend auch der Ressourcenverbrauch während der Herstellung, im Betrieb, bei Sanierungen sowie beim Rückbau zum entscheidenden Faktor. Der Beitrag zum Klimaschutz ist dabei eine wichtige Zielgröße und ein Maßstab für die Effizienz der eingesetzten Mittel. Gebäudebegrünungen haben aufgrund ihrer positiven klimatischen Effekte und der hohen Gestaltungs- und Nutzungsqualität einen festen Platz im Planungsprozess gefunden. Gebäudebegrünungen tragen zu einem nachhaltigen Umgang mit Energie bei, indem sie passive Kühl- und Wärmeregulierungen der Gebäudehülle unterstützen. Sie ermöglichen eine saisonale Steuerung der Solarwärmegewinnung und verbessern die Effizienz von Photovoltaikanlagen durch die natürliche Kühlung der Umgebung.

Verschleißfaktoren wie chemische Einwirkungen, starke Temperaturschwankungen, mechanische Belastung und ultraviolette Strahlung führen zu einer vorzeitigen Alterung und Schädigung der Dach- und Fassadenmaterialien. Eine fachgerecht ausgeführte Begrünung bietet Schutz vor diesen Einflüssen sowie vor immer häufiger auftretenden extremen Wetterereignissen wie Großhagel. Sie reduziert ganzjährig Temperaturextreme auf u. a. Dachabdichtungen und Fassadenmaterialien und senkt dabei außerdem den Energiebedarf für Heizen und Kühlen. Darüber hinaus verbessern Gebäudebegrünungen das Stadtbild, schaffen Akzeptanz und tragen zur Lärmminderung, Luftreinhaltung und Hitzevermeidung bei. Insbesondere in städtischen Gebieten bieten begrünte Dächer und Fassaden einen zusätzlichen Nutzen, etwa durch direkte Zugänge zu Dachgärten, Blickschutz und Verschattung, die ein gefragtes Qualitätsmerkmal darstellen. Je nach Intensität der Begrünung ergeben sich vielfältige Nutzungsmöglichkeiten: von geschützten Ruhebereichen über Spielflächen bis hin zum Anbau von Zier- und Nutzpflanzen (siehe Abb. 2.14, 2.15 und 2.16).

2.2.2 Umfeldverbesserung

Dach- und Fassadenbegrünungen bereichern das visuelle Stadterlebnis aus verschiedenen Blickwinkeln und tragen in städtischen Gebieten entscheidend zur Umfeldverbesserung bei. Dachbegrünungen werten den oftmals eintönigen Ausblick auf frei bewitterte Dachflächen erheblich auf, und auch Fassadenbegrünungen bieten ein wesentliches Gestaltungspotenzial zur visuellen Optimierung der Stadtlandschaft. Besonders in heterogen bebauten und stark versiegelten Gebieten sorgen begrünte Fassaden für eine ästhetische Verbesserung und schaffen ein harmonisierendes Zusammenspiel zwischen Architektur und „Natur".

Fassaden- und Dachbegrünungen tragen zur klimatischen, akustischen und sozialen Aufwertung des Wohn- und Arbeitsumfelds bei. Sie sorgen insbesondere in dicht besiedelten Gebieten für eine wirksame Lärmminderung und einen Schutz vor Hitzeentwicklung, indem sie die Gebäudewände verschatten und die Umgebung kühlen.

Bestandsdächer bieten zudem ein großes Flächenpotenzial. Kindergärten und Schulen können dort z. B. dringend benötigte Spiel- und Sportflächen ohne zusätzlichen Bodenverbrauch und ohne Verkehrsgefährdung realisieren.

Nahrungsmittelanbau in der Stadt wird verbrauchernah und mit kurzen Wegen möglich. Überdeckte Tiefgaragenebenen bereichern als baumbestandene Quartiersplätze das Stadtbild und das Alltagsleben. Damit können selbst in stark verdichteten Gebieten Grüninseln entstehen.

	Ökologie-/ Umweltaspekte	**Aufenthaltsqualität**	**Kostenvorteile**
Gebäudeoptimierung			
Wärmehaltung	winterlicher Lebensraum und Nahrungsangebot für Fauna, Ressourcenschonung (Materialschutz / Reduktion der Dämmung)	Temperaturausgleich	Reduktion von Wärmeverlusten der Gebäudehülle, geringere Wind- / Feuchtebelastung
Kühlung	sommerliche Umgebungskühlung, Kühlung der Gebäudeoberflächen	Temperaturregulierung: Verschattung, Verdunstungskühlung	Substitution technischer Systeme (Klima- / Lüftungsanlage
Licht	Ressourcenschonung (Substitution technischer Verschattung, Reduktion künstlicher Innenraumbeleuchtung)	Verschattungswirkung, Blendschutz, Blickschutz, Qualität des Ausblicks, Licht- und Schattenspiel	Substitution technischer Systeme, Einsparung der Wartung technischer Verschattung, Windwächter, Reduktion von Kunstlicht
Strom	Stromersparnis durch Unterstützung / Vermeidung technischer Verbraucher	ökologische Energie zur Lebensraumverbesserung (z. B. Sicherheit durch Beleuchtung / Gehwegtemperierung)	Leistungssteigerung durch Photovoltaik, Kühlenergieeinsparung (z. B. Kosteneinsparung bei Prozesskühlung), Energiebeitrag durch Biomasse
Lüftung	Ressourcenschonung durch Unterstützung / Substitution technischer Systeme	Verbesserung der Luftqualität, Luftreinigung, Luftbefeuchtung	Luftvorkonditionierung durch Temperaturregulierung und Staubfilterung
Wasser	erweiterter Lebensraum für Flora und Fauna, Umgebungskühlung	erhöhte Verdunstungsleistung / Kühlwirkung, Wasser als Gestaltungselement	Trinkwassereinsparung, Einsparung von Kühltechnik / -kosten, Grauwasserklärung, Regenwasserrückhalt
Material/ Ökobilanz	Kohlenstoffspeicherung, O_2-Produktion, Filterung von Feinstäuben	Substitution aufwendiger Sichtfassaden durch Naturelement	Materialökonomie, Materialschutz (UV-Strahlung, Alterung), Verlängerung der Lebensdauer, Reduktion des Energiebedarfs

Abb. 2.14: Gebäudebezogene Leistungsfaktoren der Gebäudebegrünung

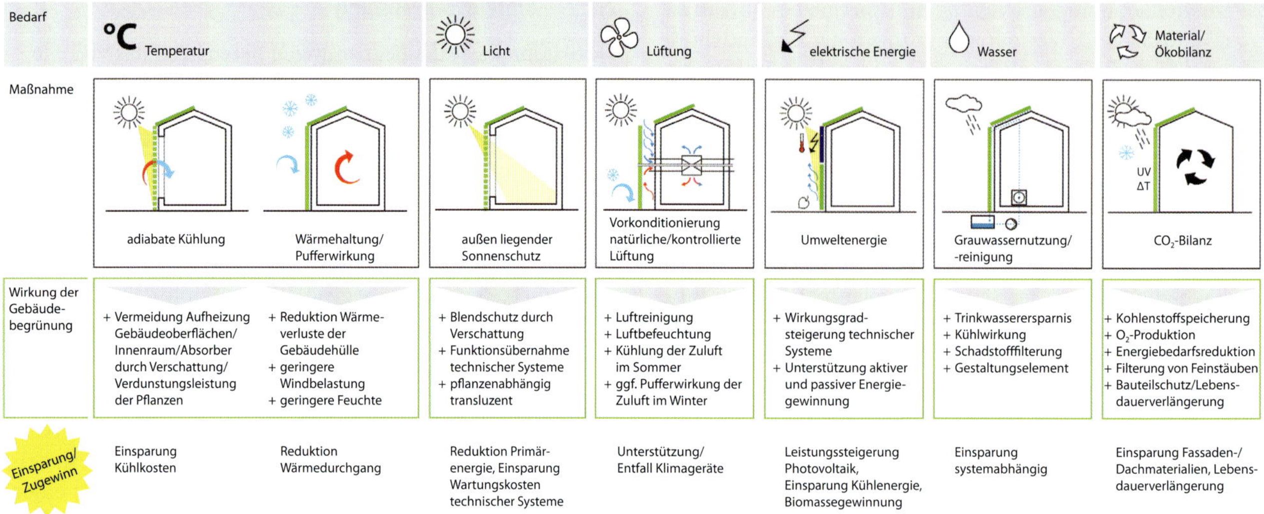

Abb. 2.15: Gebäudeoptimierung: Effekte und Einsparungen durch Gebäudebegrünung

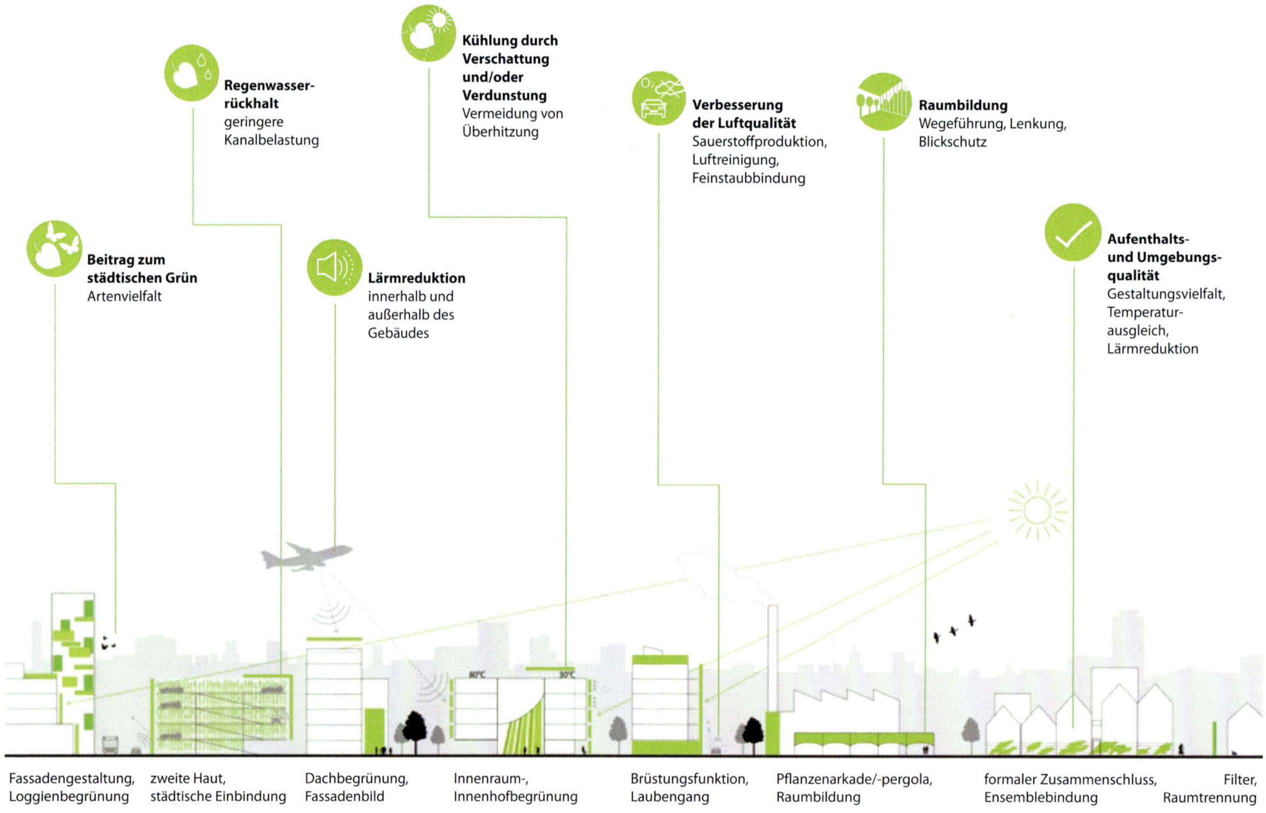

Abb. 2.16: Die Motivation für Gebäudeoptimierung und Umfeldverbesserung: die Vorteile

Auch hochliegende Dachbegrünungen werten als attraktive obere Gebäudeabschlüsse die Adresse und ihr Umfeld auf. Technische Dachflächen verwandeln sich in natürliche Gärten der Begegnung und Erholung. Auch mit Kletterpflanzen begrünte, nutzbare dreidimensionale Strukturen schaffen Grünräume von höchster Qualität (siehe Abb. 2.1).

Begrünte Wände verwandeln triste Bestandsfassaden in lebendige Strukturen, Kletterpflanzen an Laubengängen schaffen Orte, die zur Begegnung und Erholung einladen (wie z. B. beim Wagnis 1 und Wagnis 4 in München; siehe Abb. 1.1). Begrünungen werten nicht nur das Gebäude selbst auf, sondern verbessern auch das gesamte Umfeld, indem sie ästhetische Akzente setzen und die Eigenintiative zur Begrünung fördern – nicht selten haben begrünte Best-Practice-Projekte einen Nachahmereffekt.

Damit gehen klimatische Leistungen des zusätzlichen Stadtgrüns wie Kühlung durch Verschattung und Verdunstung, Luftreinigung durch Adsorption und Auswaschung von Feinstäuben sowie eine Sauerstoffanreicherung der Luft bei gleichzeitiger Kohlenstoffbindung der Pflanzen durch Fotosynthese einher. Der gesamtstädtische Nutzen zeigt sich sowohl in der Entlastung der Kanalisation durch

	Ökologie-/ Umweltaspekte	Aufenthaltsqualität	Kostenvorteile
Umfeldverbesserung			
Regenwasser-rückhalt	Verdunstungsleistung, Umgebungs-kühlung, Reinigung des Wassers	zusätzliche Kühlwirkung, Gebäude-kühlung im Sommer	geringere Kanalbelastung/Nieder-schlagwassergebühr, Einsparung von Leitungswasser
Regenwasser-verdunstung	Reduktion versiegelter Flächen, Erhö-hung der Verdunstungsrate, Beitrag zu regionalen Niederschlägen	Kühlung des Stadtraums	Reduktion von Starkregenereignis-sen, Sturm- und Hagelschäden, Kanalentlastung
Vermeidung von Überhitzung	Verdunstungsleistung, Umgebungs-kühlung, Ressourcenschonung	Minderung von sommerlicher Hitze und Reflexion	Materialschutz infolge Minderung von Temperaturextremen und UV-Belastung
Reduktion der Luftbelastung	Kohlenstoffspeicherung, O_2-Produk-tion, Filterung von Feinstäuben	Verbesserung der Luftqualität, visuelle Umweltqualität	Oberflächenschutz von Materialien (Instandhaltung, thermische Belas-tung, chemische Beanspruchung)
Minderung der Lärmbelastung	geringere Umweltbelastung	Lärmminderung durch Absorptions- und Reflexionsleistung, Reduktion der Gebäudetransmission	Passanten-/Besucherfreundlichkeit (Gesundheit, Sicherheit), Aufenthalts- und Kommunikationsqualität
Akzeptanz	Schaffung zusätzlicher Grünflächen, Nutzungsangebot und Lebensraum für die Fauna	Gestaltungsvielfalt (Raumbildung, Gliederung, Lenkung), Kühlwirkung, Lärmreduktion, Verbesserung der Luftqualität	Aufwertung der Adresse, Attraktivi-tät, Fernwirkung, Corporate Identity, psychologische/medizinische/soziale Vorteile
Biodiversität	Erweiterung des Nahrungs- und Lebensraums	Vielfalt, natürliches Gestaltungs-potenzial	Vorbeugung des Artensterbens (z. B. Sicherung der Nahrungskette und der Bestäubung)

Abb. 2.17: Umfeldbezogene Leistungsfaktoren der Gebäudebegrünung

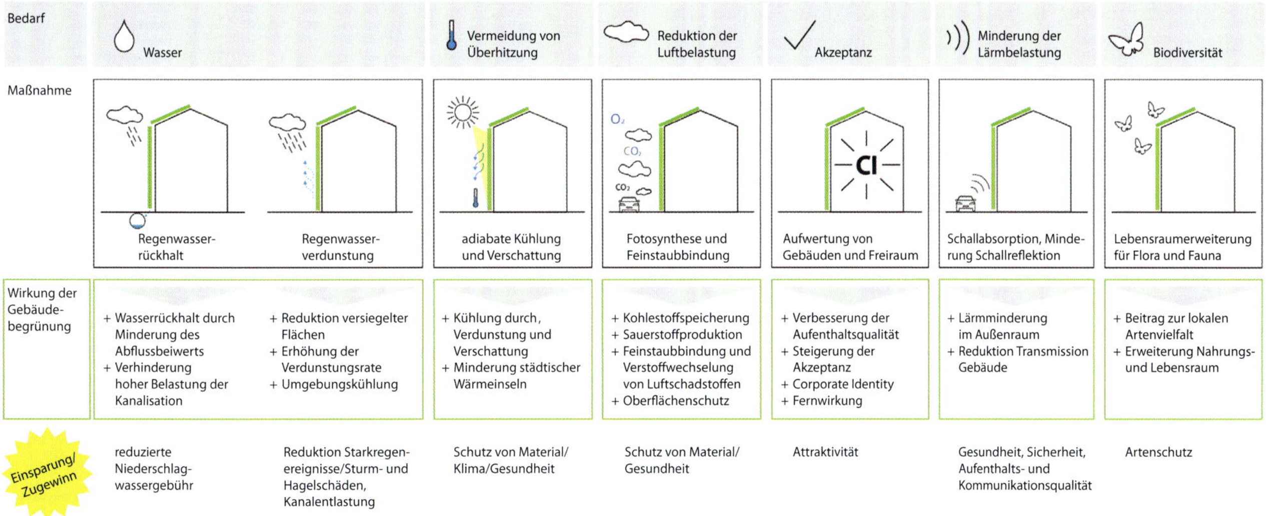

Abb. 2.18: Umfeldverbesserung: Effekte durch Gebäudebegrünung

die Aufnahme und langsame Abgabe von Niederschlägen als auch in der Verbesserung der Luftqualität.

Darüber hinaus bieten sowohl Dach- als auch Fassadenbegrünungen wertvolle Lebensräume für die städtische Fauna. Mit neuen Nahrungs- und Lebensraumangeboten übernehmen sie eine „Trittsteinfunktion" und schaffen Verbindungen zwischen den natürlichen Flächen innerhalb und außerhalb der Stadt. Abb. 2.17 und 2.18 führen die Kriterien zur Umfeldverbesserung durch Gebäudebegrünungen im Detail auf.

2.2.3 Ökologie/Umweltaspekte

Abgesehen vom Energieverbrauch während des Betriebs eines Gebäudes verursacht schon der Einsatz von Materialien durch die damit verbundenen Ressourcenströme zusätzliche Energiebedarfe und Auswirkungen auf die Umwelt. Daher ist nicht nur der Energiebedarf im Betrieb, sondern auch der Energieeinsatz für die Herstellung und Entsorgung von Bauteilen und Baustoffen von großer Bedeutung. Gegenwärtig wird der Energieverbrauch in Energiebilanzen hauptsächlich auf die Betriebsphase eines Gebäudes beschränkt. Allerdings fordern immer mehr

Bewertungssysteme für nachhaltiges Bauen, wie beispielsweise das DGNB, eine ganzheitliche Lebenszyklusanalyse. Zu den wichtigsten Bewertungskriterien zählen der Primärenergiegehalt (erneuerbar bzw. nicht erneuerbar [PEI], gemessen in der Einheit MJ), das Treibhauspotenzial (Global Warming Potential [GWP], gemessen in der Einheit kg CO_{2eq}) sowie die Lebensdauer (gemessen in der Einheit a) eines Materials (Hegger et al., 2007).

Die Gebäudebegrünung selbst ist ein ökologischer „Baustoff“. Dies gilt zumindest für Begrünungen ohne großen konstruktiven Mehraufwand und ohne aufwendige technische Lösungen zur Instandhaltung. Sie sind biodiversitätsfördernd, verbessern die Luftqualität (Feinstaubbindung), wirken temperaturregulierend und bieten so Materialschutz und die Einsparung fossiler Energieträger durch mögliche Energieeinsparungen an Heiz- und Kühlenergie. Durch Fotosynthese binden vitale Begrünungen das klimawirksame Gas CO_2 in Form von Kohlenstoff (C) im Pflanzengewebe und produzieren über den Lebenszyklus O_2. Zu beachten ist dabei jedoch der CO_2/O_2-Kreislauf: Pflanzen binden CO_2, setzen jedoch nach Ende ihrer Lebenszeit wieder CO_2 frei. Das größte Potenzial von Pflanzen liegt in deren Verdunstungsleistung, die zur Klimaregulierung auf lokaler und globaler Ebene beiträgt.

Energieaufwendung für die Konstruktion

Fassadenbekleidungen und Dachbeläge bilden die äußere Hülle eines Gebäudes und tragen in der Regel zu einem hohen Anteil an grauer Energie des Gesamtgebäudes bei. Bei der Gebäudebegrünung sollte der gesamte Aufbau einschließlich aller Funktionsschichten, Unterkonstruktionen und Befestigungen ganzheitlich betrachtet werden. Ökobilanziell sind bodengebundene Wand- und Fassadenbegrünungen positiv zu bewerten. Eventuelle Materialien für Wuchsaufleitungen müssen bei der Betrachtung mitberücksichtigt werden. Wandgebundene Bauweisen sind aufgrund ihrer komplexeren Konstruktion in der Regel materialintensiver (Hegger et al., 2007).

Dachbegrünungen erfordern oft den Einsatz von Kunststoffen. Jedoch binden extensiv begrünte Flachdächer mit PVC- oder EPDM-Dichtbahnen im Vergleich zu Bitumenbahnen meist weniger graue Energie und weisen gleichzeitig eine längere Lebensdauer auf (Hegger et al., 2007). Das Substrat hat durch seinen großen Anteil am Gesamtaufbau einen erheblichen Einfluss auf die Umweltwirkung eines Gründachs. Einige Anbieter verwenden inzwischen Recyclingmaterialien, wie Ziegelbruch oder Biokunststoffe, in ihren Systemaufbauten. Im Sinne der Ökologie wird der Einsatz von ressourcenschonenden Materialien zur Dach- und Fassadenbegrünung empfohlen. Firmen reagieren bereits mit der Entwicklung innovativer Lösungen. So gibt es beispielsweise Gründachsysteme, bei denen sowohl die Schutzmatte und das Drainageelement als auch das Filtervlies aus nachwachsenden Rohstoffen bestehen (Schenk, 2013). Zudem sollte bei der Herstellung von Begrünungssystemen und bei der Installation von Begrünungen auf eine mögliche Trennbarkeit der Materialien für den Rückbau geachtet werden (Cradle to Cradle).

Dauerhaftigkeit

Fassadenbekleidungen und Dachbeläge müssen hohen Anforderungen an den Witterungsschutz gerecht werden, weshalb die Langlebigkeit dieser Bauteile ein entscheidendes Kriterium ist. Häufige Reparaturen oder der Austausch von Bauteilen erfordern im Laufe des Lebenszyklus höhere Energie- und Kostenaufwendungen.

Begrünungen wirken sich in dieser Hinsicht positiv auf die Bauteile aus, da sie Temperaturextreme abmildern (sowohl saisonale als auch Tag-Nacht-Schwankungen) und so die darunterliegenden Bauteile vor thermischen Belastungen schützen. Messungen zeigen, dass die Temperaturamplitude einer 20 cm dicken, mit Efeu bewachsenen Fassade an einem sommerlichen Schönwettertag nur 10 K betrug, während die unbegrünte Fassade Schwankungen von 30 K aufwies (Rath et al., 1989). Messungen auf dem und unterhalb des Substrataufbaus eines extensiven Gründachs der Ufa-Fabrik in Berlin-Tempelhof zeigten im Vergleich zu einem benachbarten Bitumendach deutlich geringere Temperaturunterschiede im Tag-Nacht-Gang. Das Bitumendach ohne Kiesschicht wies Schwankungen von 50 K auf, was zu einer stärkeren nächtlichen Abkühlung und einer intensiveren Aufheizung am Tag führte. Im Gegensatz dazu betrug die Temperaturschwankung auf dem Gründach nur 20 K und an der Dachabdichtung nur 10 K (Konzepte der Regenwasserbewirtschaftung, 2010).

Die Begrünung verringert nicht nur solarstrahlungs- und materialbedingte Temperaturschwankungen, sondern reduziert auch die UV-bedingte Alterung der Materialien und schützt so die Dachhaut. Je nach Art der Begrünung werden 40 bis 80 % der Sonneneinstrahlung entweder reflektiert oder im Blattwerk absorbiert (50 % Absorption, 30 % Reflexion). Begrünte Fassaden weisen zudem eine geringere Wandfeuchte auf als unbegrünte Wände. Bei einer efeubedeckten Fassade entfällt die Schlagregenbelastung nahezu vollständig (Rath et al., 1989; Köhler, 1993).

Insgesamt tragen Gebäudebegrünungen zu einer Verlängerung der Lebensdauer von Dachabdichtungen bei. Experten gehen von einer Lebensdauerverlängerung von zehn bis 20 Jahren aus (Hämmerle, 2004). Während frei bewitterte oder mit Kies bedeckte Abdichtungsbahnen in der Regel eine Lebensdauer von 20 bis 30 Jahren aufweisen, kann eine extensive Dachbegrünung die Lebensdauer auf bis zu 40 Jahre und mehr verlängern. Dadurch verlängern sich auch die Austauschzyklen erheblich (Nutzungsdauern von Bauteilen, 2017).

Flankierende Maßnahmen

Gebäudebegrünungen haben eine Vielzahl positiver Effekte, die je nach Bauweise, Standort, Größe und Instandhaltung (Pflege und Wartung) höher oder niedriger ausfallen. Umfeldverbesserungen betreffen städtebauliche und freiraumplanerische sowie wasserwirtschaftliche Aspekte. Ein Beitrag zu Klimaschutz und Klimaanpassung und naturschutzfachliche Aspekte sind deshalb zu erwarten. Weitere Potenziale liegen in der Gebäudeoptimierung (z. B. Materialschutz, Reduktion der Energiebedarfe, Wertsteigerung). Dach- und Fassadenbegrünungen sind wesentliche Bausteine der Anpassung an den Klimawandel. Weitere mögliche

Lösungen einer zukunftgerechten Stadtentwicklung werden im Folgenden aufgeführt und sind bei den jeweiligen Projekten/Sanierungsvorhaben mitzudenken.

Beschattung

Eine natürliche Beschattung kann folgende Vorteile mit sich bringen: u. a. Klimaverbesserung (z. B. Komfort, Evapotranspiration und Beschattungsfaktor), Abflussbeiwert, CO_2-Speicherung und Erhöhung der Biodiversität am Standort. Sie kann mittels Bäumen, Großsträuchern und Hecken sowie Pergolen mit Kletterpflanzen erreicht werden.

Technische Beschattungen können mithilfe von Sonnensegeln, Sonnenschirmen und Sonnenschutzlamellen sowie mit Dächern und Pergolen umgesetzt werden. Eine technische Beschattung ist vor allem hinsichtlich der Aspekte Klima, thermischer Komfort und Beschattungsfaktor wirksam.

Bodenschutz und Entsiegelung

Bodenschutz und Entsiegelung können durch Schaffung und Erhalt von Grünflächen und die Schaffung von durchlässigen Oberflächen/Versickerungsflächen sowie von teilweise durchlässigen Oberflächen erreicht werden.

Durch Bodenschutz und Entsiegelungen wird die Kanalisation entlastet, die Grundwasserneubildung wird gefördert und das Klima wird positiv beeinflusst (thermischer Komfort, Verringerung der Abstrahlung, Evapotranspiration, Verbesserung der Luftqualität). Der Abflussbeiwert verändert sich positiv, und die CO_2-Speicherung sowie die Biodiversität werden verbessert.

Blaue Infrastruktur

Die blaue Infrastruktur kann durch Teiche und Wasserflächen, Nebelsysteme und Wassersprinkler, nachhaltige Stadtentwässerungssysteme sowie Wasserspeicherlösungen optimiert werden.

Unter Einbindung blauer Infrastruktur in die Planung können folgende Standortfaktoren verbessert werden: Klima (thermischer Komfort, Strahlung und Verdunstungsleistung), Wasser (Abflussbeiwert, Trinkwassereinsparung durch mögliche Grauwassernutzung und Wasserrückhalt, Wasserreinigung) und Biodiversität (offene Wasserflächen als zusätzlicher/erweiterter Lebensraum für Fauna und Flora).

2.2.4 Kostenvorteile und mögliche Berücksichtigung von Lebenszykluskosten

Gebäudebegrünungen im Bestand bieten zahlreiche Kostenvorteile: Sie reduzieren Energiekosten durch Temperaturregulierung, senken Abwasserkosten durch Regenwasserrückhaltung, verlängern die Lebensdauer von Bauteilen, steigern den Immobilienwert und bieten Zugang zu Fördermitteln. Zudem verringern sie Lärmbelastungen, fördern Gesundheit und Produktivität und sind ein wesentlicher Baustein der Stadtentwicklung zur Anpassung an den Klimawandel.

Für Bauherren und Investoren stehen oft die Investitionskosten im Mittelpunkt, während die Betriebskosten und Einsparungen über den gesamten Lebenszyklus hinweg meist unberücksichtigt bleiben. Eine Lebenszyklusbetrachtung hingegen umfasst sämtliche Kosten und kann den nachhaltigen Nutzen einer Baumaßnahme verdeutlichen. Investitionen in Klimaschutz und Energieeinsparungen sind typischerweise mit höheren Anfangskosten verbunden, bieten jedoch langfristig Vorteile – dies gilt auch für die Gebäudebegrünung. Zwar verursacht die Begrünung von Dächern und Fassaden in der Regel höhere Kosten als konventionelle Gebäudehüllen, doch über den Lebenszyklus hinweg ergeben sich ökonomische Vorteile. Dass Begrünungen nicht zwangsläufig teurer sein müssen, zeigen die folgenden Erläuterungen.

Investition und Wartung

Für die Investition in Fassadenbegrünungen und Gründächer sind je nach Bauweise und Flächengröße Kosten in unterschiedlicher Höhe anzusetzen. Die Instandhaltungskosten (Pflege und Wartung) sind ebenfalls zu berücksichtigen. Unter anderem durch Materialsubstitutionen (z. B. Einsparungen von Fassadenbekleidungen, Bekiesung von Dächern) sowie durch Reduzierung von Wartungs- und Sanierungszyklen infolge des Schutzes der Materialien durch Pflanzen sind bei sinnvoller Planung aber sogar Einsparungen zu erwarten.

Einsparpotenziale

Die Einsparpotenziale sind vielfältig:

- Einsparung von Sowiesokosten,
- Lebensdauerverlängerung von Dachabdichtungen und Fassadenkonstruktionen,
- Einsparungen durch finanzielle Förderungen,
- Senkung der Abwassergebühr,
- Energieeinsparung.

Einsparung von Sowiesokosten

Sowiesokosten sind Ausgaben, die auch bei einer herkömmlichen Bauweise anfallen würden oder bei denen die Gebäudebegrünung entsprechende Funktionen übernimmt. Beispielsweise kann eine Kiesschicht zum Schutz einer Dachabdichtung als Sowiesomaßnahme betrachtet werden, deren Kosten mit der Investition der Begrünung verrechnet werden können. Dadurch reduziert sich der Aufwand für eine Begrünung. Im Einsatz mit einer Photovoltaik-Aufdachanlage kann eine Dachbegrünung als Auflast die Funktion konventioneller Auflasten wie von Betonplatten oder einer Kiesschüttung übernehmen und als statische Sicherung dienen. Je nach Art einer Fassadenbegrünung können Materialien vorgehängter hinterlüfteter Fassadenaufbauten oder auch Renovierungskosten eingespart werden. Eine vorgehängte hinterlüftete Natursteinbekleidung kostet beispielsweise ca. 300 €/m². Die Kosten bodengebundener Fassadenbegrünungen liegen deutlich darunter (siehe Abb. 4.1). Der Aufpreis wandgebundener Begrünungen wird dadurch ebenso deutlich reduziert.

Lebensdauerverlängerung von Materialien

Eine Dachbegrünung kann über die Minderung von UV-Belastung und thermischen Schwankungen die Lebensdauer einer Dachabdichtung verlängern oder sogar verdoppeln. Durch die später notwendig werdende Instandsetzung ist dies vor allem wirtschaftlich von Vorteil. Kosten, die bereits nach 20 bis 30 Jahren fällig wären, können so um weitere zehn bis 20 Jahre aufgeschoben werden.

Fassaden hinter beschattenden und schützenden Begrünungen sind ebenfalls deutlich weniger UV-Belastungen und Temperaturextremen ausgesetzt, was die Fassadenwartung und die Kosten für Instandsetzungen deutlich reduziert. Begrünungen und Substrate bieten zudem einen Schutz vor Hagel, denn 4 cm große Hagelkörner können harte Bedachungen und Fassadenbekleidungen zerstören. Die Sanierung einer Dachabdichtung kostet mit z. B. 70 bis 75 €/m² weit mehr als eine extensive Dachbegrünung.

Finanzielle Förderungen

Zur Reduktion der Flächenversiegelung gewähren Städte und Gemeinden häufig finanzielle Zuschüsse, auch für Gebäudebegrünungen. Die Höhe der Förderungen und die entsprechenden Bedingungen variieren jedoch. Werden Fördermittel bewilligt, können diese die Kosten für Gebäudebegrünungen senken, in einigen Fällen sogar halbieren. Voraussetzung ist eine Antragsstellung vor Beginn der Maßnahme bzw. Auftragserteilung.

Senkung der Abwassergebühr

Gründächer tragen durch ihre Fähigkeit der Wasserrückhaltung (Retention) dazu bei, die Kanalisation bei Regenereignissen zu entlasten. Diese Eigenschaft wird häufig durch eine Senkung der Abwassergebühren pro Quadratmeter Dachfläche und Jahr honoriert. Voraussetzung ist das Gelten einer getrennten bzw. gesplitteten Abwassergebühr. Im Unterschied zur Abwassergebühr auf Basis des Frischwasserverbrauchs wird dabei zwischen Niederschlagswasser und Schmutzwasser unterschieden. Die Gebühr für das Niederschlagswasser bemisst sich im Wesentlichen nach der versiegelten Grundstücksfläche. In der Regel werden begrünte Dächer als Entsiegelungsmaßnahme anerkannt.

Energieeinsparung

Gründächer und vollflächige Fassadenbegrünungen tragen durch ihren Schichtaufbau zur Verringerung von Wärmeverlusten im Winter (geringere Wind- und Feuchtebelastung) und zur Kühlung der Gebäudeoberflächen im Sommer. Begrünung und Substratschichten können jedoch derzeit nicht im Wärmeschutznachweis nach EnEV (DIN 4108) und GEG berücksichtigt werden.

Dennoch lässt sich eine zusätzliche Energieeinsparung nachweisen. Schon ein extensives Gründach mit einer Substratschicht von 10 cm erzielt eine Energieeinsparung, die einer herkömmlichen Dämmung (WLG 040) von 1 cm entspricht (Handbuch Stadtklima, 2011). Darüber hinaus können Energiekosten für eine Klimatisierung in den Sommermonaten gesenkt werden. Dies gilt auch für Fassadenbegrünungen, die zur Beschattung eingesetzt werden. In Kombination mit einer Photovoltaikanlage auf dem Dach kann durch die Erhöhung des Wirkungsgrads der Anlage ein finanzieller Nutzen erzielt werden, der je nach Anlagengröße, Förderungen und Strompreis variiert.

Wertsteigerung

Neben den genannten Kriterien haben auch sogenannte weiche Faktoren wie das Wohlbefinden, die erhöhte Aufenthaltsqualität und die Verbesserung der Gestaltungsqualität eine wirtschaftliche Bedeutung. Obwohl sie in der Regel nicht direkt finanziell quantifiziert werden können, sind sie dennoch zu berücksichtigen.

Zunehmend werden Wertsteigerungen durch „Grün“ offensichtlich. Dies zeigen beispielsweise Umwandlungsprojekte wie die Highline in New York sowie im Neubausektor z. B. die begrünten Hochhäuser Bosco verticale in Mailand (siehe Abb. 2.19), die zwischen 2014 und 2022 einen enormen Wertzuwachs erfahren haben. Der Verkaufswert ist in diesem Zeitraum von ca. 8.000 auf über 11.500 €/m² angestiegen (Rosso, 2024).

Abb. 2.19: Begrünte Hochhäuser Bosco verticale in Mailand

3 Systematische Vorgehensweise zur Begrünung der Stadt

Viele Städte sind inzwischen in puncto Hitze und Starkregenereignisse vom Klimawandel betroffen. Die Stadtverwaltungen machen es sich daher zunehmend zur Aufgabe, die Anpassung an den Klimawandel in ihr Verwaltungshandeln zu integrieren.

Wichtig ist demnach die Priorisierung individueller Themenstellungen der Städte und Gemeinden zur Anpassung an die Folgen des Klimawandels. Zudem können über die Ausgangslage mit ihren verschiedenen Stadtraumtypen oder auch über Simulationen (z. B. Greenpass) auf das Umfeld sinnvoll abgestimmte Maßnahmen definiert werden.

Die folgenden Unterkapitel beschreiben mögliche Strategien zur Maßnahmenfindung für die Bauwerksbegrünung im Bestand.

3.1 Hilfestellung zur Auswahl möglicher zu begrünender Gebäude

Machbarkeitsstudien haben das Ziel, gesamtkonzeptionell aufzuzeigen, inwieweit sich Bestandsgebäude in Hotspots der Hitzebelastung für eine Gebäudebegrünung eignen.

Beweggründe für Dach- und Fassadenbegrünungen können, wie beschrieben, in vielen Kategorien verortet werden: Klimaanpassung, Ökologie/Umweltaspekte, Umfeldverbesserung, Imagefaktor und Kostenvorteile. Auch die räumliche Ebene ist ein Entscheidungsfaktor: Steht die Verbesserung des Straßenraums im Vordergrund, soll diese auf der Gebäudeebene wirken oder wird das Quartier als Ganzes von einer Gebäudebegrünung profitieren?

- Im Bereich der Gebäude können besonders die adiabate Kühlleistung, die Wärmehaltung und der Schutz vor Überhitzung von Bedeutung sein.
- Auf der Ebene des Straßenraums können die Reduktion von Luftschadstoffen und Lärmbelastung sowie die Aufwertung des Straßenraums von Bedeutung sein.
- Auf der Ebene des Quartiers kommt neben einer Regulierung der Hitzebelastung ebenfalls die Reduktion von Luftschadstoffen und Lärmbelastung zum Tragen, dazu die Erhöhung der Biodiversität und die Steigerung der Aufenthalts- und Wohnqualität im ganzen Quartier.

Städtebauliche Konzepte zur Klimaanpassung zeigen Handlungsoptionen zu Dach- und Fassadenbegrünungen bei Neu- und Bestandsbauten auf. Innerhalb von Klimaanpassungskonzepten stehen u. a. die Entwicklung klimafunktionaler, vernetzter Grün- und Freiraumsysteme sowie klimaoptimierte Stadt- und Gebäudestrukturen im Vordergrund. Machbarkeitsstudie und Begrünungsempfehlungen sollten neben der Anpassung an die klimatische Situation zusätzlich nachfolgende Themenstellungen betrachten, um eine umfassende Abwägung basierend auf vergleichbaren Parametern zu ermöglichen.

Lärmreduktion

Ein Abbau der Schallintensität wird über Entfernung (Minderung), Reflexion (Streuung) und Absorption (Dämpfung) bewirkt. Zur effizienten Lärmminderung sind zunächst wandgebundene Fassadenbegrünungen sowie intensive Dachbegrünungen von Vorteil, die durch das hohe Massengewicht ihrer Substrate den Abbau der Schallenergie begünstigen. Der Minderungseffekt durch Pflanzen ist stark von der Blätterdichte, der Blattfläche und -dicke sowie von der vorherrschenden Blattstellung abhängig (Wong et al., 2010). Dabei wirken die Effekte der Reflexion und der Umwandlung von Schallenergie in mechanische Bewegung. Im städtischen Freiraum bewirkt die Absorptionsfläche Fassade an idealer Position eine Minderung der Schallausbreitung im Straßenraumprofil. Wandgebundene Begrünungen haben in der Regel bereits aus Gestaltungsgründen in der Vollausprägung einen dichten, flächendeckenden Bewuchs, dessen Schallbinnenreflexionen direkt vom Substrat und/oder Substratersatz absorbiert werden.

Schadstoffbindung

Die Konzentration von Feinstaub, Stickstoffdioxid und Ozon liegt in Städten oftmals über den in der EU geltenden Grenzwerten (Nebel, 2018) und schädigt so Bewohner, Gewässer und Böden (Tomik, 2019). In den Fähigkeiten der Staubbindung und der Fotosynthese zeigt sich die Bedeutung von Vegetation im baulichen Kontext. Voraussetzung dafür ist der Erhalt der Pflanzenvitalität. Insbesondere Fassadenbegrünungen im Straßenraum können durch ihre große Blattmasse Feinstäube vor Ort filtern und binden (Thönnessen, 2002). Moose sind zudem in der Lage, organische Bestandteile zu verstoffwechseln (Frahm, 2008).

Gestaltung

Die Gestaltung städtischer Gebäude, insbesondere ihrer Fassaden, liefert häufig Ansatzpunkte für die Begrünungsfunktionen der architektonischen und klimatischen Aufwertung. Mit horizontalen oder vertikalen Begrünungsfeldern wird nicht nur ein Beitrag zur Verbesserung des Kleinklimass geleistet, sondern es werden auch Gebäudefassaden gegliedert und Proportionen betont oder gezielt korrigiert. Vollflächige Begrünungen verwandeln Fassaden in „vertikale Gärten“.

Zusatznutzen

Begrünte Dachflächen überzeugen zusätzlich zur gestalterischen Aufwertung mit ihrem Nutzungspotenzial als Erholungs- und Sportflächen sowie als Flächen zum Obst-, Kräuter- und Gemüseanbau.

3.1.1 Machbarkeitsstudie

Für einen ersten Schritt zur Etablierung von Programmen zur Dach- und Wand- bzw. Fassadenbegrünung oder zur Klärung, welche Gebäude für Begrünungsvorhaben priorisiert werden, können stadtklimatische Analysen (Stadtklimakarten) herangezogen werden. Darin werden in der Regel Klimatope und die stadtklimatische Belastung des Stadtgebiets dargestellt. Meist sind auch besonders belastete Straßen verzeichnet (Lärm- und Schadstoffbelastung). Oft enthalten die Klimaanalysen auch Handlungsempfehlungen zur Verbesserung des Stadtklimas in belasteten Bereichen, wie eben die Begrünung von Hof-, Dach- oder Fassadenflächenn (siehe Abb. 3.1)

Die Fassadenbegrünung hat dabei gegenüber den anderen Maßnahmen den Vorteil, dass sie nur geringe Flächen in Anspruch nimmt, bei nahezu allen Gebäuden meist relativ einfach und günstig realisiert werden kann und in engen Straßen nicht zu einer zusätzlichen Anreicherung von Luftschadstoffen führt. Auch die Sichtbarkeit im Straßenraum ist bei einer Fassadenbegrünung gegeben, im Gegensatz zu Hof- und Dachbegrünungen.

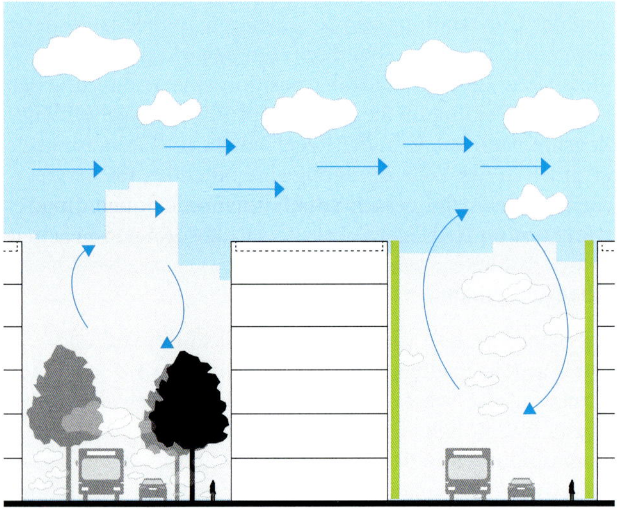

Abb. 3.1: Fassadenbegrünung als Schadstofffilter und Lärmschutz (Quelle: Preiss, 2013)

Die Maßnahmeneffizienz von Dach- und Fassadenbegrünung ist gerade in verdichteten, stadtklimatisch belasteten Innenstadtquartieren am höchsten. Dort überlagern sich Probleme aus den Bereichen Lärm- und Schadstoffbelastung sowie nächtliche Überwärmung mit sozialen Problemstellungen, wie hohen Leerstandsquoten und niedrigen Sanierungsraten. Die mangelnde Aufenthaltsqualität dieser Quartiere resultiert einerseits aus ökologisch problematischen Faktoren und wirkt andererseits auf sozialer wie ökonomischer Ebene. Gebäudebegrünungen funktionieren in solchen Quartieren als Baustein einer umweltgerechten und integrativen Quartiersentwicklung.

Weisen mehrere Stadtquartiere eine hohe Belastung auf, können weitere Sensitivitätsfaktoren als Auswahlkriterien herangezogen werden, wie ein hoher Anteil an Kindern, Hochaltrigen und Kranken oder eine große Bevölkerungsdichte. Aber auch das Flächenpotenzial im Quartier kann ein Kriterium sein.

Machbarkeitsstudien der Stadt Freiburg und der Stadt Basel zur Umsetzung von Begrünungen des durch die Städte verwalteten Gebäudebestands in Hotspots der Hitzebelastung zeigen Strategien zur Priorisierung von Gebäuden auf. Diese Strategien werden im Folgenden näher erläutert.

3.1.2 Methodik und mögliche Vorgehensweise

Im Prüfungsumfang befinden sich zunächst alle städtisch verwalteten Gebäude.

Die Vorgehensweise ist unterteilt in drei Abschnitte:

- Phase 1: Vorauswahl von begrünungsgeeigneten Gebäuden,
- Phase 2: Bewertung der Begrünungsvarianten und Ortsbegehung,
- Phase 3: Begrünungsempfehlungen.

Phase 1 besteht aus zwei Schritten: einer Priorisierung durch Gutachter sowie der Priorisierung der Stadtverwaltung. Der ursprüngliche Gesamtumfang betrachteter Bestandsgebäude verringert sich somit auf eine überschaubare Gesamtzahl. Ablauf, Auswahl- und Ausschlussgründe sind den folgenden Hinweiskästen zu entnehmen.

Phase 1 – Vorauswahl von begrünungsgeeigneten Gebäuden

Priorisierungskriterien:

- Hitzebelastung
- Sensitivitätsfaktoren
- Flächenpotenzial
- hochfrequentiert
- imagefördernd
- einfach und günstig
- Sanierungsstand

Ausschlusskriterien:

- bereits begrünt
- nicht konsequent den Kriterien der Priorität entsprechend
- Ausschluss durch Denkmalschutz
- angemietete Gebäude
- Abgängigkeit des Gebäudes

Phase 2 besteht aus der Bewertung und Kommunikation der unterschiedlichen Begrünungstypen nach Aspekten der Ökologie, Umfeldverbesserung, Gestaltung, Pflege, Kosten sowie Klimawandelanpassung.

In der Folge finden Ortsbegehungen zur Prüfung der Begrünbarkeit statt. Dabei werden potenziell begrünbare Flächen der jeweiligen Objekte begutachtet und fotodokumentiert, und es werden Messungen und Analysen vorgenommen.

Phase 2 – Bewertungskriterien der Begrünungsvarianten

- Klimaadaption
- Ökologie
- Umfeldverbesserung
- Gestaltung
- Pflege
- Kosten

Phase 3 führt die beiden vorangegangenen Phasen zusammen, eine ausführliche Dokumentation der Ergebnisse wird erstellt. Diese beinhaltet weitere Analysen bezüglich Umsetzbarkeit, Pflege- und Wartungsaufwand sowie Wirtschaftlichkeit inklusive detaillierter Ausarbeitungen zu Kostenschätzungen.

Phase 3 – Begrünungsempfehlungen

- Zusammenführung der Phasen 1 und 2
- Dokumentation der Ergebnisse

Auf diese Weise werden umfangreiche und konkrete Empfehlungen zur Fassaden- und Dachbegrünung von Bestandsbauten ausgearbeitet.

3.1.3 Vorauswahl von begrünungsgeeigneten Bestandsgebäuden

Die Vorauswahl begrünungsgeeigneter Gebäude verläuft, wie bereits erwähnt, als zweistufiger Auswahlprozess. In einem ersten Schritt werden Gebäude anhand von Bewertungskriterien bezüglich der Eignung für eine Gebäudebegrünung priorisiert. Darauf basierend, werden in einem zweiten Schritt vorausgewählte Gebäude seitens der Stadtverwaltung vor dem Hintergrund des Sanierungsstands der jeweiligen Gebäude sowie der aktuellen Sanierungsplanungen in die Kategorien „hoch priorisiert" und „niedrig priorisiert" eingestuft.

Für diesen ersten Schritt des Auswahlprozesses wird z. B. auf Grundlage eines auf einem Geoinformationssystem (GIS) basierenden Datenbestands, eines Klimaanpassungskonzepts sowie anhand von 3-D-Stadtmodellen eine Vorauswahl potenziell zur Begrünung geeigneter Gebäude tabellarisch nach Priorität geordnet zusammengestellt.

Die Bewertung folgt den Kriterien Hitzebelastung, Sensitivitätsfaktoren (z. B. großer Anteil an Kindern, Hochaltrigen und Kranken oder hohe Bevölkerungsdichte), Flächenpotenzial (Projekt mit umfangreichen begrünungsfähigen Flächen), Frequentierung (hohe Nutzungs-/Besuchsfrequenz), Imageförderung (Verbesserung des Gesamteindrucks durch z. B. gestalterische Attraktivität/Aufenthaltsqualität) und Aufwand (einfach und günstig). Sie kann über Punktgrößen verdeutlicht werden. Deren Festlegung erfolgt qualitativ als Mengensymbol der zuvor beschriebenen Merkmale (Gewichtung hoch bis niedrig bzw. viel bis wenig).

In erläuternden Skizzen und Beschreibungen werden geeignete Begrünungstypen aufgezeigt (siehe Abb. 3.2). In der Untersuchung ausgeschlossen werden Projekte, die nicht konsequent den Kriterien der Priorität entsprechen, die also z. B. bereits begrünt, abgängig oder durch den Denkmalschutz ausgeschlossen sind. Dabei stellt der Denkmalschutz kein grundsätzliches Ausschlusskriterium für eine Gebäudebegrünung dar.

Zudem ist es sinnvoll, projektbezogene ergänzende Prioritäten aufzuführen, wie z. B. Klima (notwendige Klimaadaption vor Ort), Bildung (Einrichtungen mit Chancen umweltbezogener Bildung), Umfeldverbesserung (gestalterisches und klimatisches Potenzial), Biotopverbund (Vernetzung von Einzelbiotopen), Identifikation (Verbesserung der Akzeptanz des Ortes/Gebäudes).

Im Rahmen einer solchen Maßnahmenstudie kann aufgezeigt werden, welche Formen der Dach- und Fassadenbegrünung möglich erscheinen, und welche Vor- und Nachteile verschiedene Optionen mit sich bringen. Welche Variante oder Kombination von Varianten letztlich infrage kommt, ergibt sich aus der Zielsetzung für die Dach- bzw. Fassadenbegrünung:

Sollen ökologische Aspekte im Vordergrund stehen? Soll die Begrünung durch architektonische Aufwertung oder zusätzliche Flächennutzung zur Verbesserung der Akzeptanz und Lebensqualität bei Anwohnern oder im Stadtteil beitragen? Soll die Begrünung dem Image (einer positiven Außendarstellung) dienen?

Bei jeglicher Gebäudebegrünung ist zu klären, welcher Gesamteindruck mit der Begrünung erreicht werden kann. Ist ein architektonisch klares, monochromes Bild gewünscht? Soll die Begrünung ganzjährig wirksam sein? Soll sie möglichst bunt und vielfältig wirken?

Auf der Basis der Zusammenstellung verschiedener möglicher Varianten mitsamt ihren jeweiligen Vor- und Nachteilen können weitere Planungsschritte anhand der Zielsetzungen zur Gebäudebegrünung in Angriff genommen

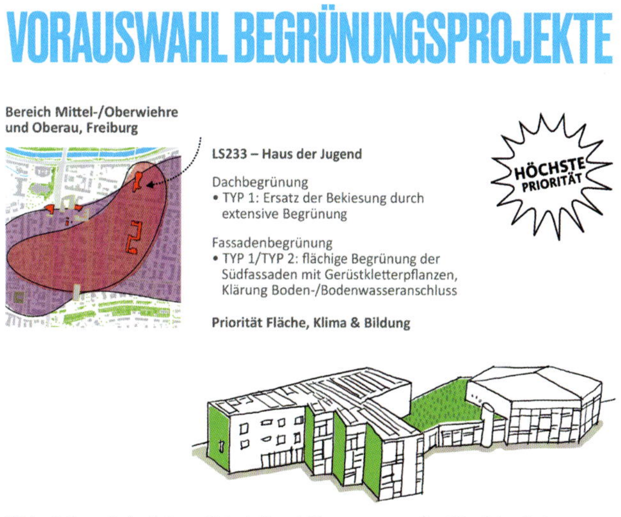

Abb. 3.2: Beispiel zur Prioritätenklärung g aus der Machbarkeitsstudie zur Umsetzung der Begrünung des durch das Gebäudemanagement der Stadt Freiburg (GMF) verwalteten Gebäudebestands in Hotspots der Hitzebelastung (Freiburg im Breisgau – Machbarkeitsstudie Dach- und Fassadenbegrünung, 2020)

werden. Planung, Ausführung und dauerhafte Pflege müssen nach den anerkannten Regeln der Technik erfolgen und von Fachfirmen für Gebäudebegrünung ausgeführt werden, um ein fehlerfreies und dauerhaftes Ergebnis sicherzustellen.

Eine Entscheidungsmatrix kann eine Auswahl vereinfachen. Dabei können vergleichend verschiedene Kriterien in eine Gesamtbetrachtung mit Punktevergabe einfließen, wie die Begrünungsform, mögliche Flächengrößen der Begrünungen und deren Exposition, ökologische und gestalterische Aspekte, wie Themen der Klimafunktion (Unterthemen zu Hitze. Wasser, Immission), gesellschaftliche/gestalterische Funktionen sowie auch wirtschaftliche Bewertungen (geschätzte Kosten für die Herstellung und Instandhaltung).

3.1.4 Begrünungsempfehlungen

Nach der zweistufigen Vorauswahl begrünungsgeeigneter Gebäude in Phase 1 sowie der Bewertung der Begrünungsvarianten mit Ortsbegehung in Phase 2 werden in der Phase 3 Begrünungsempfehlungen erarbeitet.

Für alle seitens der Stadt vorgeschlagenen Objekte stehen in der Regel Luftaufnahmen, im besten Fall 3-D-Stadtmodelle, zur Verfügung. Eine umfassende Datenbereitstellung (Grundrisspläne, Schnitte, Ansichten, Leitungspläne) zu hoch priorisierten Projekten macht detaillierte Analysen möglich. Sämtliche Objekte werden anhand dieser Grundlagen und mithilfe von 3-D-Stadtmodellen, Fotografien und ggf. Vor-Ort-Begehungen im Hinblick auf folgende Kriterien untersucht:

- Welche Flächen der Vorauswahl am Objekt kommen für eine Begrünung infrage?
- Wie kann die Pflege einer Begrünung dauerhaft sichergestellt werden?
- Welche statische Belastbarkeit kann jeweils angenommen werden?
- Wie ist die Beschaffenheit der Wandaufbauten an den zu begrünenden und angrenzenden Flächen?
- Welche Exposition haben die begrünbaren Flächen?
- Welche Maßnahmen werden für eine Standortverbesserung erforderlich?
- Ist eine Bewässerung sinnvoll oder erforderlich?
- Welche Pflanzen eignen sich, auch unter Berücksichtigung der Sicherheit im Betrieb? Es können z. B. keine bekletterbaren Rankhilfen eingesetzt werden, wenn die Gefahr besteht, dass sie von Passanten erklommen werden. Dies wiederum hat Auswirkungen auf die Pflanzenauswahl.
- Wie kann die Begrünung möglichst kostengünstig realisiert und unterhalten werden?

Für Begrünungen bei hoch priorisierten Gebäuden werden detaillierte Begrünungsempfehlungen erarbeitet. Diese bestehen aus einer Begrünungskonzeption und beinhalten Kostenschätzungen für die Herstellung sowie für die Pflege und Wartung in Bruttopreisen.

Für Begrünungen bei niedrig priorisierten Gebäuden werden weniger detaillierte Begrünungsempfehlungen erarbeitet. Eine grobe Kostenschätzung für Herstellung sowie Pflege und Wartung in Bruttopreisen ist jedoch ebenfalls enthalten.

3.2 Ausgangslage Stadtraumtypen

Zahlreiche Städte haben in den vergangenen Jahrzehnten Stadtraumtypenkataloge erstellt und dazu Referenzstadträume detailliert untersucht (z. B. Berlin: Stadtraumtypen-Katalog, 2008). Diese Vorgehensweise kann mit entsprechend angepassten Kriterien auf eine Gebäudebegrünungskatalogisierung anhand typischer Referenzsituationen übertragen werden, bevor eine zeitintensive Detailklärung einzelner Projekte beginnt. So eignet sich diese Vorgehensweise zur Ermittlung des städtischen Flächenpotenzials zur Fassaden- und Dachbegrünung und ist der erste Schritt zur Optimierung stadtplanerischer und architektonischer Entscheidungen. Im besten Fall nutzen Städte, soweit möglich, die synergetische Zusammenfassung der Ziele Solarstadt und blau-grüne Stadt, um eine Wandlung zu erreichen. Sie berücksichtigen mit dieser Parallelbearbeitung planerische, rechtliche und umsetzungstechnische Synergieeffekte. Bereitstehende Solarkataster eignen sich beispielsweise in Kombination mit hochauflösenden Luftbildern, geeignete Flächen für zukünftige Dachbegrünungen im Gebäudebestand zu erkennen. Viele Städte/Gemeinden haben über diese Kombination bereits Gründachkataster entwickelt. Städtische 3-D-Modelle unterstützen bei der Vorklärung möglicher Fassadenbegrünungen. Anhand der Bebauungsstruktur können zudem Stadtraumtypen identifiziert und erste Flächenpotenziale erfasst werden. Dazu können z. B. die städtebaulichen Kennwerte der energetischen Stadtraumtypen (EST) des Forschungsprojekts UrbanReNet (2009 bis 2012) herangezogen werden (Dettmar et al., 2020). Von den verschiedenen Stadtraumtypen lässt sich tendenziell auch auf die Eigentümerstruktur schließen: Quartiere in Zeilenbauweise befinden sich eher im Besitz von Wohnungsbaugesellschaften, während Gebiete mit Blockrand- oder Innenstadtbebauung meist eine heterogene Eigentümerstruktur aufweisen, mit einem hohen Anteil privater Einzeleigentümer. Im Rahmen der Öffentlichkeitsarbeit zur Gebäudebegrünung muss gezielt auf diese Eigentümerstrukturen eingegangen werden, um die gewünschte Umsetzungsdichte im Quartier zu erreichen (vgl. Dettmar et al., 2020).

Zur weiteren Qualifizierung der Gebiete können die (energetischen) Stadtraumtypen um zusätzliche Informationen ergänzt werden, wie beispielsweise folgende:

- Der Dach- und Fassadenaufbau (abgeleitet von der Baualtersklasse oder dem Sanierungsstand) liefert erste Anhaltspunkte für die mögliche Art der Begrünung.
- Die bodennahe Temperatur an Sommerabenden (Kriterium nächtliche sommerliche Überwärmung, siehe z. B. Karten der Thermalbefliegung oder Klimamessfahrten) gibt Auskunft über den Grad der stadtklimatischen Belastung.
- Der Biotopflächenfaktor (Verhältnis naturhaushaltwirksamer Flächen zur gesamten Grundstücksfläche, Berechnung: Biotopflächenfaktor = (Fläche · Anrechnungsfaktor) / Grundstücksfläche; vgl. Der Biotopflächenfaktor, 2021), gibt die Naturhaushaltswirksamkeit (u. a. Verdunstungswirkung, Versickerungswirkung, Biotopwirkung) einer Parzelle an.

Mithilfe dieser Faktoren (Fassadenaufbau, Biotopflächenfaktor und bodennaher Temperatur) zusätzlich zu den Informationen, die die Statraumtypen bieten, kann eine Kommune ökonomisch Stadtquartiere identifizieren, die sowohl einen hohen Handlungsbedarf als auch eine hohe Effizienz bei der Umsetzung von Maßnahmen aufweisen. Im Folgenden werden auf der Grundlage von Publikationen von Everding und Pfoser sowie Dettmar und Mitarbeitern unterschiedliche Stadtraumtypen auf eine Begrünungseignung überprüft (Everding, 2007; Pfoser, 2010; Dettmar et al., 2020). Zur Verfügung stehen damit städtebauliche Kennwerte (Grundflächenzahl [GRZ], Geschossflächenzahl [GFZ], Anzahl der Gebäude pro Hektar, Geschossigkeit, Wohneinheiten pro Hektar, Einwohnerzahlen pro Hektar, die Wohnfläche, die Hüllfläche sowie die Größe und Neigung der Dachflächen) und Kennwerte zur Fassade (Hüllfläche der Fassade, Fensteranteil, Exposition, Fassadenaufbau, Boden-/Biotopflächenfaktor und Werte zu bodennahen Temperaturen). Diese Kennzahlen sind wertvoll zur Begrünungsentscheidung im Detail. Die folgend aufgeführten Beschreibungen und Erfahrungswerte zeigen, welche Begrünungseignung je nach Stadtraumtyp zu erwarten ist.

3.2.1 Stadtraumtypen mit überwiegender Wohnnutzung

Die Begrünung, so auch die Gebäudebegrünung von Stadträumen mit Wohnnutzung, spielt eine zunehmend wichtige Rolle in der Stadtentwicklung. Neben den zuvor genannten ökologischen Vorteilen werden Wohnumfelder durch Begrünungen gestalterisch attraktiver, die Lebensqualität, das Wohlbefinden der Bewohner und das soziale Miteinander werden gestärkt. Insbesondere in Wohnquartieren, in denen es an Grünflächen mangelt, bieten Dach- und Fassadenbegrünungen eine wertvolle Möglichkeit, kurzfristig zusätzliche Grünflächen zu schaffen, die der Erholung und Begegnung dienen.

Kleinteilige, freistehende Wohnbebauung bestehend aus Ein- und Zweifamilienhäusern

Dieser Stadtraumtyp beschreibt ein lockeres, durchgrüntes Wohngebiet mit niedrigem Versiegelungsgrad, das hauptsächlich durch freistehende Ein- oder Zweifamilienhäuser mit Steildächern (z B. Satteldach, Walmdach) geprägt ist und typischerweise eine niedrige Bebauungsdichte aufweist (siehe Abb. 3.3 und 3.4). Die Gebäude sind in der Regel ein- oder zweigeschossig.

Der hohe Anteil an begrünten Gärten und unversiegelten Flächen sowie ein vergleichsweise geringer Anteil an baulichen Speichermassen verhindern in der Regel eine sommerliche Überhitzung der Stadträume. Allerdings führen die geringe bauliche Dichte und das ungünstige A/V-Verhältnis der Gebäude im Winter zu verstärkten Wärmeverlusten durch Wind, Feuchte und nächtliche Kaltluft. Das hat je nach Sanierungszustand und Baujahr einen erhöhten Heizwärmebedarf zur Folge.

Aufgrund der geringen Bodenversiegelungsrate, der kompakten Gebäude mit kleinteiligen Dach- und Fassadenflächen sowie einem hohen Fensterflächenanteil sind in einer solchen Bebauung primär punktuelle, bodengebundene Fassadenbegrünungen sinnvoll (Direktbegrünungen oder Begrünungen mit Gerüstkletterpflanzen). Sie dienen als Wärme-/Kältepuffer vor geschlossenen Außenwänden oder auch zur sommerlichen Verschattung vor Fenstern und Wintergärten. Fassadenbegrünungen sind oft einfach realisierbar, da die Eigentumsverhältnisse klar sind und ausreichend Abstand zu Nachbargebäuden vorhanden ist.

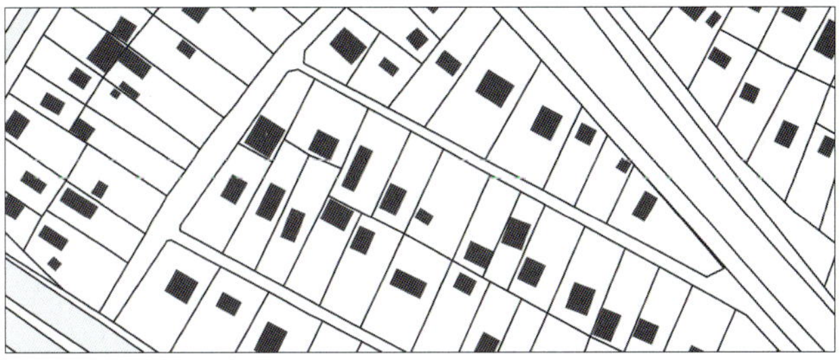

Abb. 3.3: Ausschnitt aus dem Schwarzplan einer kleinteiligen, freistehenden Wohnbebauung in Berlin, bestehend aus Ein- und Zweifamilienhäusern (Quelle: Berlin – Schwarzplan & Stadtplan, 2024)

Abb. 3.4: Kleinteilige, freistehende Wohnbebauung in durchgrüntem Wohngebiet

Sofern Dächer nicht unverschattet der Gewinnung von Solarenergie (Photovoltaik, Kollektorflächen) vorbehalten sind, können Schrägdachbegrünungen installiert werden.

Kleinteilige, freistehende Wohnbebauung bestehend aus Mehrfamilienhäusern

Die Bebauungsdichte ist auch bei diesem Stadtraumtyp moderat. Die Mehrfamilienhäuser sind freistehend, mit größeren Abständen zwischen den Gebäuden. Mit einer größeren Anzahl von Wohneinheiten pro Gebäude weist die Bebauungsstruktur eine niedrige bzw. mittlere Dichte auf (siehe Abb. 3.5 und 3.6).

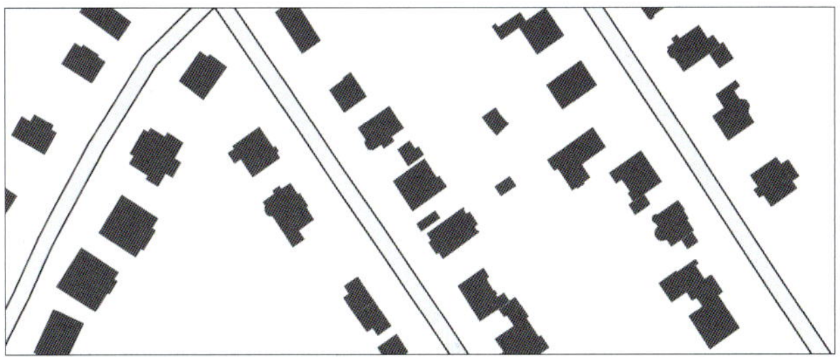

Abb. 3.5: Ausschnitt aus dem Schwarzplan einer kleinteiligen, freistehenden Wohnbebauung in Berlin, bestehend aus Mehrfamilienhäusern (Quelle: Berlin – Schwarzplan & Stadtplan, 2024)

Abb. 3.6: Kleinteilige, freistehende Wohnbebauung in Form von Mehrfamilienhäusern

Durch die freistehende Anordnung bleibt ausreichend Fläche für nicht versiegelte Bereiche, wie Vorgärten und Gärten. Der hohe Anteil an Vegetation, die geringe Bodenversiegelung, die Freistellung der Gebäude und größere Fassadenbereiche ermöglichen eine effiziente Begrünung von Fassaden mit bodengebundenen Kletterpflanzen (Direktbewuchs oder Gerüstkletterpflanzen) als Wärme- und Kältepuffer vor geschlossenen Außenwänden und als Sonnenschutz vor Fenstern und Wintergärten. Steildächer können extensiv begrünt werden, sofern sie nicht der Gewinnung solarer Energie dienen. Flachdächer oder flach geneigte Dächer der Haupt- und Nebengebäude (z. B. Garagen) können für extensive Dachbegrünungen genutzt werden, auch in Kombination mit PV-/Sonnenkollektoren. Stabile Konstruktionen lassen auch intensive Dachbegrünungen zu. Eine Gebäudebegrünung in Ergänzung zu den umliegenden Grünflächen trägt zur Aufwertung der ökologischen und klimatischen Funktionen des Stadtraums bei.

Reihenhausbebauung

Reihenhausbebauung ist eine Wohnbebauung in kostengünstiger, verdichteter Bauweise. Eine Reihenhauszeile umfasst in der Regel mindestens drei, meist jedoch fünf bis sechs Einfamilienhäuser. Die Parzellierung ist kleinteilig – infolge der geringeren Grundfläche der Gebäude entsteht eine deutlich höhere Bebauungsdichte als bei freistehenden Gebäude (siehe Abb. 3.7 und 3.8). Reihenhausbebauungen weisen eine kompakte, effiziente Flächennutzung mit moderatem Versiegelungsgrad und einem im Vergleich zu kleinteiligen freistehenden Wohngebäuden günstigeren Verhältnis von Außenfläche zu Volumen (A/V-Verhältnis) auf (geringere winterliche Auskühlung). Dabei sind die Möglichkeiten zur Gebäudebegrünung auf die Vorder- und Rückseiten, die seitlichen Abschlüsse der Kopfbauten sowie die Dächer beschränkt.

Die Anordnung der Gebäude unterteilt die Parzellen in eine einsehbare Vorgartenzone und private, nicht einsehbare Hausgärten im hinteren Bereich. Die Reihenhauszeilen bestehen aus gekuppelten, bis zu dreigeschossigen Einfamilienhäusern, die parallel oder orthogonal zueinander angeordnet sind. Im Unterschied zur klassischen Zeilenbebauung können einzelne Gebäude innerhalb einer Reihe versetzt sein und müssen nicht einer durchgehenden Baulinie folgen. Aufgrund der individuellen Eigentümerstruktur können die Fassaden der einzelnen Reihenhäuser unterschiedlich gestaltet werden (Gestaltungssatzungen beachten). Auch bodengebundene Fassadenbegrünungen sind möglich (Direktbegrünungen oder Gerüstkletterpflanzen an Wuchsaufleitungen auf Abstand zur Fassade). Eventuell vorhandene Rücksprünge der Fassaden dienen einer natürlichen Wuchsbegrenzung und erleichtern die Pflege. Es ist darauf zu achten, dass Nachbarfassaden nicht überwachsen werden (durch regelmäßige Pflege und gegebenenfalls konstruktive Wuchsbegrenzungen).

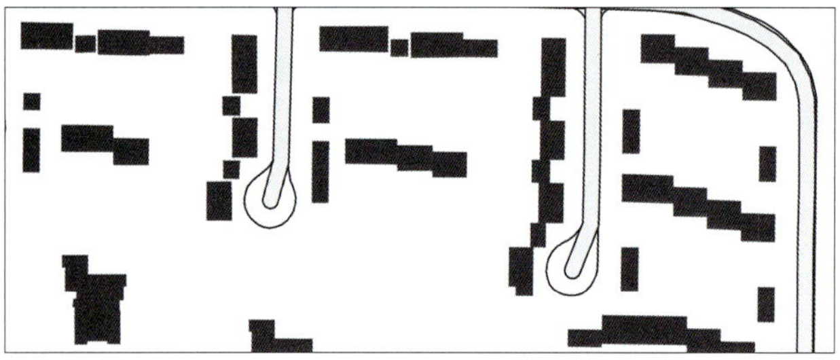

Abb. 3.7: Ausschnitt aus dem Schwarzplan einer Reihenhausbebauung in Berlin (Quelle: Berlin – Schwarzplan & Stadtplan, 2024)

Abb. 3.8: Reihenhäuser mit efeubegrüntem Reihenendhaus

Mit zunehmender Bebauungsdichte und steigendem Versiegelungsgrad erhöht sich auch die thermische Belastung in Reihenhaussiedlungen, was zu einem Anstieg der sommerlichen Hitzeentwicklung führen kann. Die zusammenhängenden Gartenparzellen bieten (sofern begrünt) jedoch Potenzial zur Verbesserung des Stadtklimas.

Die Möglichkeit zur Gebäudebegrünung ist bei Reihenhäusern gegeben, aber im Vergleich zu freistehenden Häusern aufgrund der geschlossenen Bauweise eingeschränkt (fehlende Seitenwände und höherer Fensterflächenanteil). Jedoch bieten die Vorder- und Rückfassaden sowie die Dächer Möglichkeiten zur Gebäudebegrünung.

Flachdächer oder leicht geneigte Dächer eigenen sich für extensive Dachbegrünungen (auch in Kombination mit Photovoltaik) und einfache Intensivbegrünungen. Steildächer können extensiv begrünt werden, sofern die Flächen nicht durch technische Einrichtungen zur Solarenergiegewinnung belegt sind. Unversiegelte Bereiche mit Boden- und Bodenwasseranschluss machen punktuelle Fassadenbegrünungen (direktbegrünt oder in Form von aufgeleiteten Gerüstkletterpflanzen) einfach und kostengünstig möglich und dienen der Stärkung der urbanen Biodiversität am Standort.

Zeilenbebauung niedriger bis mittlerer Geschossigkeit

Die Bebauungsdichte in Gebieten mit Zeilenbebauungen niedriger bis mittlerer Geschossigkeit ist moderat bis hoch. Die zumeist vier- bis sechsgeschossigen Gebäude stehen in paralleler oder leicht versetzter Anordnung zueinander, die Fläche wird also effizient genutzt (mehr Wohneinheiten, geringerer Flächenverbrauch).

Die Bebauungsdichte ist im Vergleich zu kleinteiligen, freistehenden Wohnbebauungen deutlich erhöht, jedoch niedriger als in dichten urbanen Quartieren. Zwischen den Gebäudereihen befinden sich häufig großzügige Grünflächen, Spielplätze oder Wege, die den Anteil unversiegelter Flächen erhöhen (siehe Abb. 3.9 und 3.10). Das A/V-Verhältnis bei Zeilenbebauungen ist günstig, da die Baukörper eine kompakte Bauform aufweisen.

Im Gegensatz zu kleinmaßstäblichen freistehenden Gebäuden verfügen Zeilenbebauungen über weniger Außenflächen

Abb. 3.9: Ausschnitt aus dem Schwarzplan einer Zeilenbebauung in Berlin mit niedriger bis mittlerer Geschossigkeit (Quelle: Berlin – Schwarzplan & Stadtplan, 2024)

Abb. 3.11: Begrünte Laubengänge einer Zeilenbebauung in München

Abb. 3.10: Zeilenbebauung in München, Ackermannbogen

Abb. 3.12: BOKU, Wien: Dachpergola mit integrierter semitransparenter Photovoltaikanlage. Ein Lichtdurchlass von 28 bis 30 % bietet im Sommer eine gute Aufenthaltsqualität (Verschattung) und macht darunter eine Dachbegrünung (auch intensiv) möglich (Quelle: Irene Zluwa, Wien).

pro Wohneinheit. Das geht mit geringeren Wärmeverlusten einher und führt somit zu einer besseren Energieeffizienz. Das größere Bauvolumen, große, verdichtete Parkplatzflächen sowie ein gegebenenfalls geringerer Baumbestand verstärken jedoch den Wärmeinseleffekt. Gleichzeitig können die weitläufigen Außenanlagen (abhängig von der Bepflanzung und deren Vitalität und Verdunstungsleistung) zur nächtlichen Abkühlung beitragen. Je nach Ausrichtung der Gebäudezeilen kann es zu einer punktuellen Zunahme der Windbelastung kommen. Das ist bei einer Gebäudebegrünung zu berücksichtigen. Die Baukörper an den Rändern der Zeilenbebauung fungieren in der Regel als Lärm- und Windschutz für die dahinterliegenden Gebäude, was durch nachträgliche Begrünungen optimiert werden kann. Die Giebelseiten sind oft fensterlos, der Boden darunter unversiegelt, sodass flächige Fassadenbegrünungen einfach zu realisieren sind, z. B. durch Direktbewuchs (nicht an dünnem Spachtelputz von Wärmedämm-Verbundsystemen [WDVS]) oder mit Gerüstkletterpflanzen an davorgestellten Wuchsaufleitungen. Steht kein Bodenanschluss zur Verfügung, können Begrünungen in Pflanzgefäßen oder wandgebundene vertikale Gärten zum Einsatz kommen. Dafür ist jedoch eine technische Versorgung mit entsprechenden technischen Einrichtungen nötig.

Der Anteil an Fensterflächen der übrigen Fassadenbereiche liegt im mittleren Bereich. Eine Begrünung mit senkrecht aufgeleiteten Gerüstkletterpflanzen lässt sich zwischen den Fenstern gut umsetzen. Mit ausreichendem Abstand lassen sich auch beschattende Begrünungen mit Gerüstkletterpflanzen zur sommerlichen Verschattung und mit den Vorzügen des Sichtschutzes vor Fenstern und Balkonen realisieren (siehe Abb. 3.11). Flachdächer oder leicht geneigte Dächer von Zeilenbebauungen eignen sich in der Regel für extensive Dachbegrünungen, nebeneinander auch in Kombination mit solaraktiven Flächen.

In der Sanierung können Wuchsaufleitungen für Fassadenbegrünungen an Konstruktionen zur Nachrüstung von Balkonen integrativ eingeplant werdenn. Eventuell vorhandene Aufstockungen bieten die Möglichkeit, nutzbare Gartendächer mit PV-Pergolen zu realisieren und so einen großen Mehrwert für die Bewohnerschaft, das Stadtklima und die Stadtökologie zu schaffen (siehe Abb. 3.12).

Großmaßstäbliche Wohnbebauung hoher Geschossigkeit aus Ketten- und Zeilenhochhäusern

Diese großmaßstäbliche, unregelmäßige und weitläufige Bebauung mit überwiegender Wohnnutzung, bestehend aus sieben- bis 16-geschossigen Mehrfamilienhäusern in gekuppelter Bauweise (Zeilen oder Gebäudeketten), ermöglicht eine intensive Nutzung des vorhandenen Raumes. Zwischen den Baukörpern dominieren ausgedehnte, begrünte Freiflächen, die das Bild des Quartiers prägen (siehe Abb. 3.13 und 3.14).

Die großmaßstäbliche Bebauung führt jedoch zu Verschattungen, die sowohl große Teile der Außenanlagen als auch Fassaden betreffen (winterliche Auskühlung). Der Wärmeinseleffekt ist aufgrund der großen Baumassen, Straßen und ausgedehnten Parkplatzflächen deutlich spürbar. Entsiegelungsmaßnahmen sowie die Verschattung durch Bäume und dreidimensionale Strukturen mit Gerüstkletterpflanzen könnten diesbezüglich kurz- bis mittelfristig Abhilfe schaffen. Gleichzeitig ermöglichen die ausgedehnten Grünflächen eine nächtliche Abkühlung, wenn Bepflanzungen mit großer Blattmasse und hoher Verdunstungsleistung eingesetzt werden. Eine zeilen- oder blockförmige Anordnung der Baukörper kann je nach Ausführung zu erheblichen Windlasten führen, die das Gebäudeumfeld und eventuelle Gebäudebegrünungen beeinträchtigen können.

Dieser Stadtraumtyp bietet ein großes Flächenpotenzial von Fassaden und Dächern zur umfangreichen Nutzung und gestalterischen Aufwertung (solaraktive Nutzung,

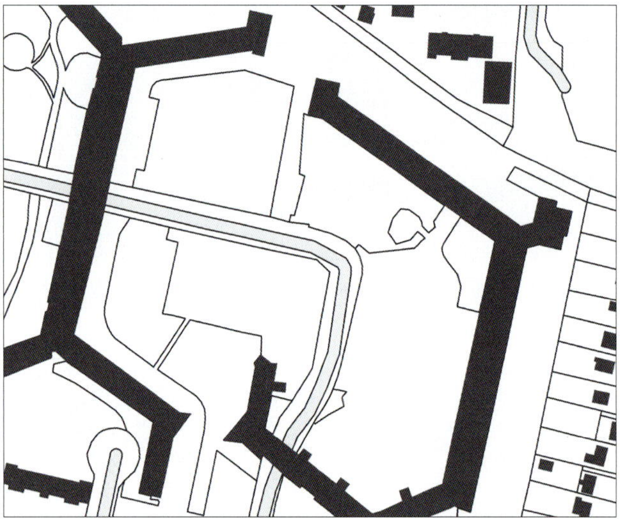

Abb. 3.13: Ausschnitt aus dem Schwarzplan einer großmaßstäblichen Wohnbebauung hoher Geschossigkeit aus Ketten- und Zeilenhochhäusern in Berlin (Quelle: Berlin – Schwarzplan & Stadtplan, 2024)

Abb. 3.14: Biotope City, Wien: großmaßstäbliche Wohnbebauung

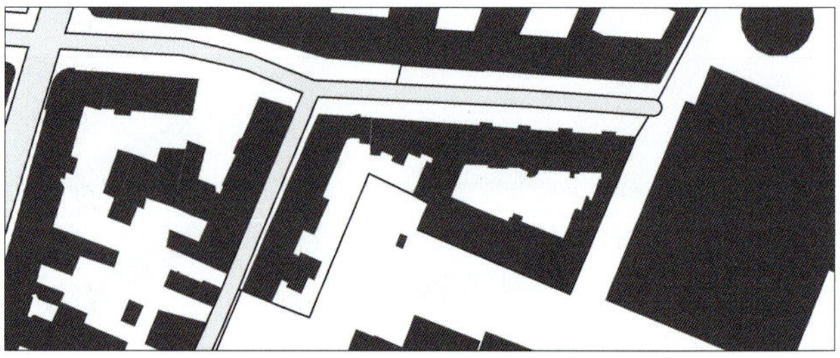

Abb. 3.15: Ausschnitt aus dem Schwarzplan einer großmaßstäblichen Wohnbebauung hoher Geschossigkeit aus Punkthochhäusern in Berlin (Quelle: Berlin – Schwarzplan & Stadtplan, 2024)

Abb. 3.16: Bosco verticale, Mailand

Nachrüstung von Fassaden und Dachbegrünungen). Das Potenzial zur Begrünung ist bei diesen hochgeschossigen Gebäuden gegeben, jedoch eingeschränkt durch die Bauhöhe und die erhöhte Windbelastung. Die Dächer bieten Raum für Dachterrassen und Dachbegrünung mit wunderbaren Ausblicken.

Balkone können ebenfalls der Begrünung dienen. Auch Begrünungen der Fassaden sind möglich, jedoch jenseits der Höhen bodengebundener Begrünungen technisch anspruchsvoll. Die großen Freiflächen zwischen den Gebäuden bieten viel Raum für zusätzliche Maßnahmen zur Verbesserung der Aufenthaltsqualität und Stadtökologie (wie z. B. Flächenentsiegelung, Begrünung mit Verdunstungsleistung, Umgang mit Regenwasser, Biodiversität) und sollten diesbezüglich prioritär mitgedacht werden.

Großmaßstäbliche Wohnbebauung hoher Geschossigkeit aus Punkthochhäusern

Die Bebauungsdichte ist bei diesem Stadtraumtyp hoch, da viele Wohneinheiten auf einer verhältnismäßig kleinen Grundfläche untergebracht sind. Durch die vertikale Ausrichtung der Gebäude bleiben große unversiegelte Fläche zwischen den Hochhäusern erhalten bzw. stellen über großen Tiefgaragen Freiräume zur Verfügung. Die Grundflächen der Hochhäuser sind vergleichsweise klein. Jedoch führt die Notwendigkeit von Erschließungsstraßen, Parkplätzen und anderen infrastrukturellen Einrichtungen zu einem insgesamt erhöhten Versiegelungsgrad (siehe Abb. 3.15). Durch das gute A/V-Verhältnis (wenig Außenfläche im Verhältnis zum Volumen) entsteht ein effizienter Energiehaushalt. Wärmeverluste im Winter sind reduziert; dies senkt den Heizwärmebedarf. Die kompakte Bauweise trägt zu einer besseren Energieeffizienz bei als bei kleinteiligen freistehenden Gebäuden, kann jedoch in den Sommermonaten als große unbeschattete Fläche auch in Summe mit den umliegenden versiegelten Flächen zu einer erhöhten Wärmeabstrahlung im Gebiet führen.

Punkthochhäuser bieten Potenziale zur Gebäudebegrünung. Vor allem Balkone sind gut mit niedrig wachsenden Gehölzen in Pflanzgefäßen begrünbar (siehe Abb. 3.16). Vertikale Begrünungen der Fassaden sind technisch anspruchsvoll. Fassadenbegrünungen der unteren Gebäudebereiche sind dagegen verhältnismäßig einfach zu realisieren, vor allem, wenn ein Boden-/Bodenwasseranschluss zur Verfügung steht. Zudem können Flachdächer oder Dachterrassen für Dachbegrünungen genutzt werden, wenn sie nicht durch technische Anlagen belegt sind. Die großen Freiflächen rund um die Punkthochhäuser bieten ebenfalls Potenzial für ausgedehnte Grünanlagen (auch über Tiefgaragen), die nicht nur das Stadtbild und die Aufenthaltsqualität aufwerten, sondern auch zur Steigerung der urbanen Biodiversität beitragen.

Blockrandbebauung

Dieser Stadtraumtyp, Blockrandbebauungen aus gekuppelten, drei- bis sechsgeschossigen Mehrfamilienhäusern, die überwiegend für Wohnzwecke genutzt werden, kann in Abhängigkeit vom Standort im Erdgeschoss auch kleinere Gewerbe- oder Büroflächen enthalten. Die Gebäude sind in geschlossener Bauweise errichtet, die Fassaden schließen meist direkt an den öffentlichen Raum (Gehweg) an (siehe Abb. 3.17 und 3.18). Einige Quartiere zeichnen sich zudem durch ansprechend gestaltete Vorgartenzonen (bei zurückgesetzten Fassaden) und Gartenhöfe im Blockinneren aus.

In dichten Blockstrukturen mit kleineren Innenhöfen spielen Fassaden- und Dachbegrünungen eine wichtige Rolle

Abb. 3.17: Ausschnitt aus dem Schwarzplan einer Blockrandbebauung in Berlin (Quelle: Berlin – Schwarzplan & Stadtplan, 2024)

Abb. 3.18: Begrünung einer Blockrandbebauung in Paris

für die Schaffung zusätzlicher Grünflächen. Die großen Baumassen, die Straßen und die versiegelten Höfe sorgen für eine hohe Wärmespeicherung (trotz temporärer Verschattung durch Gebäudeteile). Das kann in Kombination mit einem mangelnden Luftaustausch innerhalb der Blöcke zu einem Wärmeinseleffekt führen. Unversiegelte und begrünte Flächen sowie Dach- und Fassadenbegrünungen können zur Temperaturregulierung beitragen und die Wohn- und Aufenthaltsqualität deutlich verbessern.

Die Straßenfassaden sind je nach Baualtersklasse oft reichhaltig ornamentiert und kleinteilig gegliedert, lassen sich aber dennoch begrünen. Dafür sind vor allem Gerüstkletterpflanzen geeignet, die, das Erdgeschoss begrünend, optisch die Gebäudebasis stärken. Als gestalterischer Abschluss kann eine Lisene im Übergang vom Erdgeschoss zum ersten Obergeschoss dienen. Mit größerem Abstand können Gerüstkletterpflanzen auch über Verzierungen hinweg mehrere Geschosse hochgeführt werden. Bestenfalls werden den Gerüstkletterpflanzen mit ihren Unterpflanzungen ausreichend dimensionierte Pflanzstreifen zur Verfügung gestellt. Ist dies nicht möglich, sind Pflanzgefäße mit künstlicher Wasser- und Nährstoffversorgung eine Alternative. Die Gebäudeaußenwände zum Innenhof sind meist schlicht und funktional gestaltet. Direktbegrünungen mit Bodenanschluss sind dort eine günstige Lösung und von Vorteil für Bienen und Schmetterlinge. Etwas aufwendiger ist die Begrünung mit Gerüstkletterpflanzen (Vorteil größerer Gestaltungsmöglichkeiten und Einsatz auch vor Balkonen/Loggien/Laubengängen zur Verschattung und als Blickschutz).

Die Innenhöfe sind zudem häufig mit niedriggeschossigen Gebäuden wie Garagen oder Werkstätten sowie Grünflächen und Baumbestand ausgestattet. Sie dienen als halböffentlicher Raum für die Bewohner des Blockes (siehe Abb. 3.19). Die Nebengebäude lassen sich ebenfalls mit Kletterpflanzen und, je nach Tragkraft, zumindest mit extensiven Dachbegrünungen ausstatten. Das wertet die Innenhöfe optisch und stadtökologisch auf. Ein weiteres

Abb. 3.19: Innenhof WUK, Wien

Merkmal ist die abwechslungsreiche Dachlandschaft, die durch Gauben, Erker, Vor- und Rücksprünge sowie Brandmauer-Überstände geprägt ist. Auch in solchen Bereichen sind im Rahmen einer Sanierung schon die schönsten Dachgärten und zusätzlicher (privater) Lebensraum entstanden. Die Begrünung von Fassaden wertet das städtebauliche Bild auf und mindert Wärmeinseleffekte.

3.2.2 Stadtraumtypen mit überwiegender Mischnutzung

In Mischnutzungsgebieten, die oft durch eine hohe Bebauungsdichte und intensive Flächennutzung gekennzeichnet sind, stehen klassische Grünflächen wie Parks oder Gärten nur begrenzt zur Verfügung. Dach- und Fassadenbegrünungen können dort als wertvolle Ergänzung dienen. In Stadträumen mit überwiegender Mischnutzung, wo Wohnen, Arbeiten, Gewerbe und Freizeit eng miteinander verbunden sind, tragen zusätzliche Grünflächen zur Verbesserung des Stadtbilds und der Luftqualität bei, sie wirken temperaturregulierend und reduzieren den Lärm. Das ist besonders in Gebieten mit hohem Verkehrsaufkommen von Vorteil. Darüber hinaus erhöhen sie die Wohn-, Lebens- und Arbeitsqualität, indem sie in oft grauen urbanen Umgebungen grüne Oasen schaffen, die zur Erholung und sozialen Interaktion einladen. Für Gewerbebetriebe bieten Dachgärten und begrünte Fassaden zudem eine Möglichkeit, das Firmenimage nachhaltig und umweltbewusst aufzuwerten. In Stadträumen mit Mischnutzung schaffen Dach- und Fassadenbegrünungen somit einen Mehrwert gleich auf verschiedenen Ebenen.

Dörfliche Bebauung

Die Bebauungsdichte in dörflichen Siedlungen ist unterschiedlich: Während der historisch gewachsene Dorfkern eine hohe Bebauungsdichte und einen geringen Anteil an Freiflächen aufweist, wird die Bebauung zum Rand der Siedlung hin lockerer und geht allmählich in eine kleinteilige Bebauung über (siehe Abb. 3.20, 3.21 und 3.22).

Die Gebäude stehen oft grenzständig zum öffentlichen Raum (entlang des Gehsteigs) oder frei auf großzügigen Grundstücken. Sie sind durch unversiegelte Gärten, Grünflächen oder landwirtschaftliche Nutzflächen voneinander getrennt. Das trägt zu einem offeneren und durchgrünten Charakter bei. Dieser Stadtraumtyp ist insgesamt von Hinterhöfen, kleinen Plätzen und Aufweitungen geprägt. Dadurch unterscheidet er sich deutlich von kleinteiliger, freistehender Wohnbebauung aus Ein-, Zwei- oder Mehrfamilienhäusern. Versiegelte Bereiche beschränken sich meist auf die Gebäudegrundflächen, Zufahrtswege und gelegentlich kleine Hof- oder Parkplatzflächen. Dieser ge-

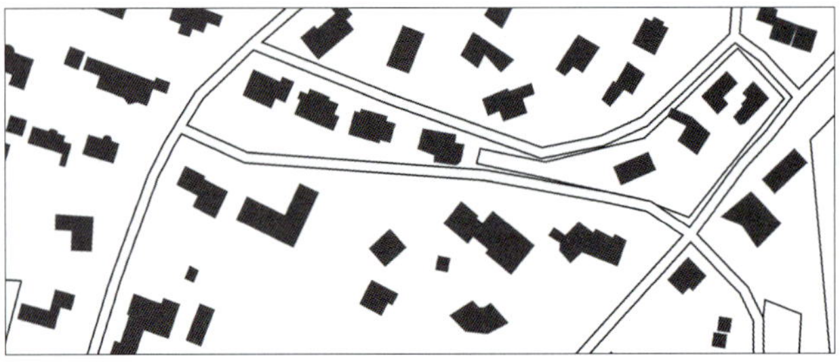

Abb. 3.20: Ausschnitt aus dem Schwarzplan einer dörflichen heterogenen, offenen Bebauung in Basel (Quelle: Basel – Schwarzplan & Stadtplan, 2024)

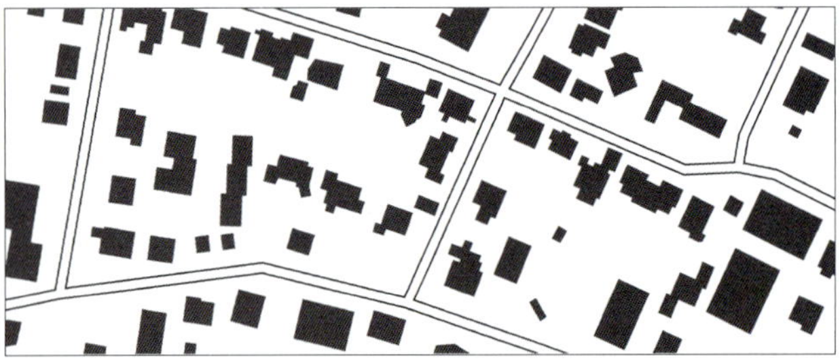

Abb. 3.21: Ausschnitt aus dem Schwarzplan einer dörflichen geschlossenen Bebauung (straßenbegleitend) in Basel (Quelle: Basel – Schwarzplan & Stadtplan, 2024)

Abb. 3.22: Dörfliche Bebauung

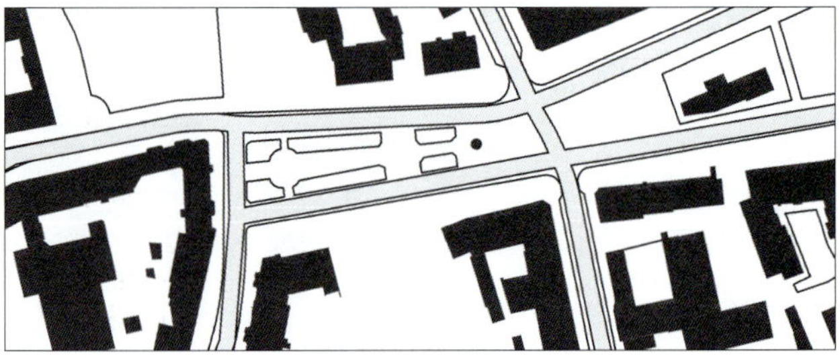

Abb. 3.23: Ausschnitt aus dem Schwarzplan einer historischen Altstadtbebauung in Basel, Bebauung freiraumbetont (Quelle: Basel – Schwarzplan & Stadtplan, 2024)

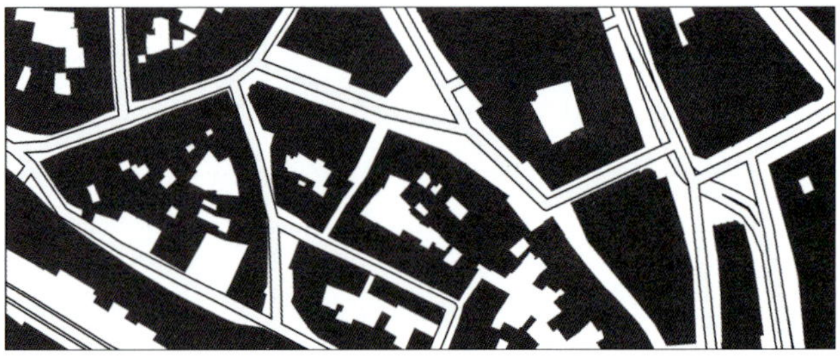

Abb. 3.24: Ausschnitt aus dem Schwarzplan einer historischen Altstadtbebauung in Basel mit dichter Bebauungsstruktur (Quelle: Basel – Schwarzplan & Stadtplan, 2024)

Abb. 3.25: Begrünung einer historischen Altstadtbebauung in Basel

ringe Versiegelungsgrad fördert die Versickerung von Regenwasser und trägt zu einem ausgeglichenen Mikroklima bei. Das A/V-Verhältnis ist bei dörflicher Bebauung aufgrund der freistehenden Gebäude ungünstiger als bei kompakteren Bauformen. Die große Außenfläche im Verhältnis zum Gebäudevolumen führt zu höheren Wärmeverlusten im Winter und erhöhten Energiebedarfen für Heizung und Kühlung.

In Bereichen mit hoher Bebauungsdichte und geneigten Dächern sollte die aktive Solarenergiegewinnung Vorrang haben. Dafür ungeeignete Dachflächen stehen für eine Begrünung zur Verfügung; in landwirtschaftlichen Betrieben fördert sie durch die natürliche Klimatisierung nachgewiesenermaßen das Tierwohl. Die Vielzahl an Begrünungsmöglichkeiten, sowohl an Fassaden als auch auf Dächern, bietet in dörflichen Bebauungen Lösungen zur Kühlung (durch Verschattungs- und Verdunstungsleistung der Pflanzen) und Wärmehaltung (mit immergrünen Pflanzen durch den Schutz vor Feuchte und Wind) sowie zusätzliche Optionen für eine naturnahe Gestaltung und die Förderung der Biodiversität.

Historische Altstadtbebauung

Die Bebauungsdichte in historischen Altstädten ist meist hoch, da die Gebäude in enger Anordnung errichtet wurden. Die überwiegend zwei- bis sechsgeschossigen Gebäude sind häufig in geschlossener Bauweise entlang enger Straßen und Gassen angeordnet (siehe Abb. 3.23 und 3.24). Die Fläche wird also effizient genutzt.

Nicht selten stehen die Gebäude, je nach örtlicher Bauweise aus Fachwerk oder in Massivbauweise, unter Denkmalschutz. Im Vergleich zu moderneren Stadtquartieren oder suburbanen Wohngebieten ist die Bebauungsdichte deutlich höher. Jedoch bleibt aufgrund der kleinteiligen und teilweise unregelmäßigen Struktur eine gewisse Durchlässigkeit im Stadtbild erhalten. Die dichte Bebauung, die engen Gassen und dje kleinen Plätze bieten in der Regel nur wenig Raum für Grünflächen oder unversiegelte Bereiche. Die Folgen sind eine starke Flächenversiegelung und eine hohe sommerliche Wärmebelastung.

Das Potenzial zur Gebäudebegrünung ist bei der historischen Altstadtbebauung in erster Linie durch die begrenzten Flächen und die bauliche Substanz (kleinteilige Lochfassaden) eingeschränkt, es gibt jedoch mögliche Lösungen. Größere zusammenhängende Fassadenbegrünungen an fensterlosen Rückseiten oder Giebelwänden sind eine Option. Punktuelle Begrünungen mit Kletterpflanzen, bodengebunden in Pflanzscheiben oder, besser, Pflanzstreifen, können ebenfalls zur Verbesserung des Mikroklimas und zur Reduzierung des Wärmeinseleffekts beitragen (siehe Abb. 3.25). Im besten Fall werden Gerüstkletterpflanzen, ausreichend hinterlüftet, eingesetzt, um die historische

Bausubstanz vor Einwuchs zu schützen. Auch die Innenhöfe bieten gelegentlich Potenzial zur Begrünung.

Die Dächer der historischen Altstadtbebauung sind häufig kleinteilig, geneigt und traditionell gedeckt. Deshalb sind extensive Dachbegrünungen nur bedingt realisierbar. In Einzelfällen können jedoch Dachgärten auf Flachdachbereichen, sanierten oder neu aufgestockten Gebäudeteilen integriert werden. Dort können sie zusätzlich zur Erholung und zur Verbesserung des Stadtklimas beitragen. Begrünungsmaßnahmen, insbesondere an Fassaden und in Höfen, leisten einen wertvollen Beitrag zur Förderung der Biodiversität und unterstreichen den besonderen Charakter der Altstadt.

Innenstadtbebauung

Im Vergleich zu Rand- oder Vorstadtgebieten ist die Bebauungsdichte innerstädtischer Bereiche am höchsten, entsprechend dem urbanen Charakter und der zentralen Lage. Die Gebäude sind in der Regel vier- bis achtgeschossig und in geschlossener Bauweise entlang breiter Straßen und Plätze angeordnet (siehe Abb. 3.26 und 3.27). Sie dienen vorrangig der Wohn- und Gewerbenutzung. Freiflächen und Grünzonen sind begrenzt und meist auf kleinere Parks oder öffentliche Plätze beschränkt.

Der Großteil der Flächen ist durch Gebäude, Straßen und Plätze geprägt, der Versiegelungsgrad ist sehr hoch. Dies führt zu einer erhöhten Wärmeentwicklung, insbesondere während der Sommermonate. Private Gärten oder größere Grünflächen sind selten. Jedoch können vereinzelt öffentliche Grünanlagen sowie Baumreihen an Straßen vorhanden sein. Fassadenbegrünungen sind möglich, aber aufgrund der dichten Bauweise und des hohen Fensteranteils eher begrenzt. Bodengebundene Begrünungen an Wuchsvorkonstruktionen sind nach einer Standortaufbereitung gegebenenfalls möglich. Andernfalls können Gerüstkletterpflanzen in Pflanzgefäßen wachsen oder wandgebundene Begrünungen zum Einsatz kommen – alles willkommene

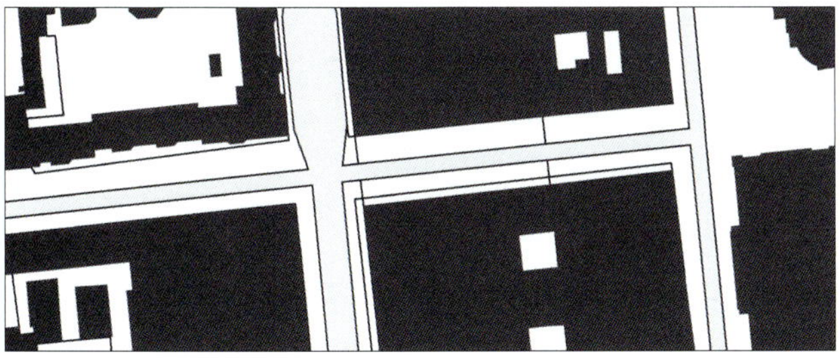

Abb. 3.26: Ausschnitt aus dem Schwarzplan einer Innenstadtbebauung in Berlin (Quelle: Berlin – Schwarzplan & Stadtplan, 2024)

Abb. 3.27: Glogauer Straße, Berlin: Innenstadtbebauung mit wandgebundener Fassadenbegrünung

Möglichkeiten, um das Mikroklima zu verbessern und die städtische Hitzeentwicklung zu mindern. Auch Flachdächer bieten Potenzial für extensive Dachbegrünungen oder nutzbare Dachgärten, die sowohl zur Verbesserung des städtischen Klimas als auch zur Schaffung von Erholungsräumen beitragen.

Innenstadtbebauungen bieten aufgrund ihrer großen Bebauungsdichte und des hohen Versiegelungsgrads sowie der Nutzungskonkurrenz nur begrenzte Möglichkeiten für traditionelle Grünflächen. Dach- und Fassadenbegrünungen leisten daher einen wertvollen Beitrag zur Aufenthaltsqualität, zur Klimaregulation und zur Förderung der urbanen Biodiversität.

3.2.3 Stadtraumtypen mit überwiegender Büro- und gewerblicher Nutzung

In Stadträumen mit überwiegender Büro- und gewerblicher Nutzung wird der urbane Raum durch Gebäudebegrünungen ökologisch aufgewertet. Gleichzeitig ergeben sich funktionale Vorteile für die Arbeitsumgebung. In dicht bebauten Gewerbegebieten, in denen herkömmliche Grünflächen oft fehlen, bieten begrünte Dächer und Fassaden eine Möglichkeit, das Mikroklima am Standort zu verbessern, Energie zu sparen und die Luftqualität zu steigern. Insbesondere in Bürogebäuden, in denen ein angenehmes Raumklima essenziell für die Produktivität der Mitarbeitenden ist, schafft die Begrünung eine natürliche Möglichkeit zur Temperaturregulierung. Darüber hinaus leisten begrünte Flächen einen wichtigen Beitrag zur Lärmminderung. Das erhöht in verkehrsreichen Gewerbegebieten den Arbeitskomfort und die Aufenthaltsqualität erheblich. Zusätzlich tragen Dach- und Fassadenbegrünungen in Gewerbegebieten zur Steigerung der Biodiversität bei, indem sie gerade mit der Aktivierung der oft großen Hüllflächen umfangreiche Lebensräume für Pflanzen und Tiere schaffen, die in diesen dicht besiedelten urbanen Räumen sonst wenig Platz finden. Auch aus ästhetischer Sicht sind in diesen Stadträumen Gebäudebegrünungen von Vorteil. Sie verbessern das Erscheinungsbild, schaffen attraktive Arbeitsumgebungen und stärken das nachhaltige Image von Unternehmen. Besonders in Zeiten, in denen Umweltbewusstsein und Corporate social Responsibility immer mehr an Bedeutung gewinnen, setzen begrünte Gebäude ein Zeichen für das Engagement eines Unternehmens in puncto Nachhaltigkeit.

Geschäfts-, Büro- und Verwaltungsbebauung

Die bauliche Dichte in Geschäfts-, Büro- und Verwaltungsgebieten ist in der Regel hoch. Die Gebäude sind meist mehrgeschossig und für eine intensive Flächennutzung ausgelegt, da sie eine Vielzahl von Arbeitsplätzen und unterschiedliche Nutzungen auf relativ kleiner Grundfläche bieten. Typisch sind Gebäudekomplexe mit fünf bis zehn Geschossen oder auch höhere Bürogebäude und Verwaltungstürme. Diese Bauweise ermöglicht eine effiziente Nutzung der Grundstücke.

Der Versiegelungsgrad ist ebenfalls sehr hoch, weil Geschäfts- und Bürogebäude große Flächen für Gebäudegrundrisse, Parkplätze, Tiefgaragen und Verkehrswege beanspruchen (siehe Abb. 3.28). Offene Bereiche sind häufig befestigt oder erschlossen, der Anteil natürlicher Böden ist

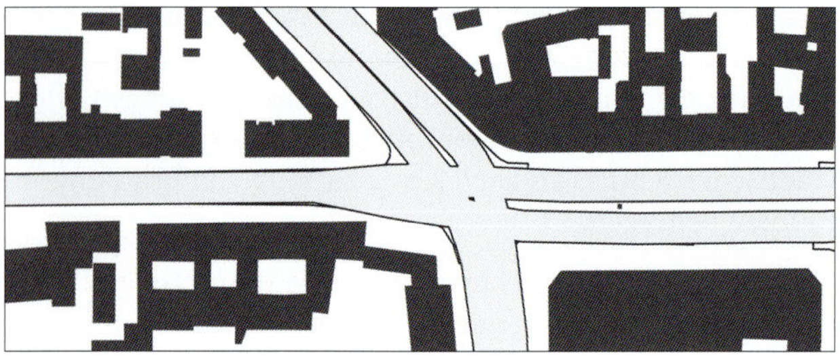

Abb. 3.28: Ausschnitt aus dem Schwarzplan einer Geschäfts-, Büro- und Verwaltungsbebauung in Berlin (Quelle: Berlin – Schwarzplan & Stadtplan, 2024)

Abb. 3.29: Dachbegrünung auf einem Umkehrdach von Büro- und gewerblichen Gebäudenutzungen in Wien

klein. Nur vereinzelt finden sich in diesen Gebieten Grünflächen, die in der Regel eher funktional und dekorativ gestaltet sind, wie kleine Parks oder begrünte Innenhöfe.

Das Potenzial zur Gebäudebegrünung ist in Geschäfts-, Büro- und Verwaltungsgebieten vorhanden, aber eingeschränkt. Fassadenbegrünungen bieten eine Möglichkeit, städtische Wärmeinseleffekte zu verringern. Gerade bei modernen Bürogebäuden mit großen Glasflächen kann eine Begrünung zur sommerlichen Verschattung beitragen und somit den Kühlbedarf reduzieren. Wandgebundene Begrünungen oder die Integration von Gerüstkletterpflanzen in Pflanzgefäßen, an geeigneten Fassaden auch bodengebunden (nach einer Standortaufbereitung), bewirken eine ästhetische und funktionale Verbesserung des Stadtbilds. Flachdächer, die bei Büro- und Verwaltungsgebäuden oft anzutreffen sind, bieten Potenzial für extensive Dachbegrünungen (siehe Abb. 3.29), aber auch für nutzbare Dachgärten. Diese können nicht nur zur Verringerung des Regenwasserabflusses beitragen, sondern von Mitarbeitenden auch als Ruhezonen genutzt werden. Dachpergolen mit semitransparenten PV-Paneelen machen Energiegewinnung, Beschattung, eine Verbesserung der Aufenthaltsqualität und intensive Bepflanzungen in einer Flächenüberlagerung möglich und führen zu einer hohen Flächeneffizienz.

Gewerbebebauung hallenförmig

Hallenbauten, wie sie für Produktionsstätten, Lagerhallen oder Logistikzentren typisch sind, erstrecken sich oft flächig über große Grundstücke (siehe Abb. 3.30 und 3.31). Durch diese großflächige Bauweise und aufgrund der in der Regel niedrigen Geschossigkeit bleibt die Nutzungsdichte im Vergleich zu Büro- oder Wohngebieten gering.

Die Gebäude sind in der Regel freistehend und benötigen viel Raum für Zufahrtswege, Parkplätze und Betriebshöfe. Die Folge ist eine lockere Bebauungsstruktur. Der Versiegelungsgrad in hallenförmigen Gewerbegebieten ist oft sehr hoch: Da die Hallenbauten selbst große Flächen beanspruchen und zusätzlich großzügige Zufahrts- und Rangierflächen sowie Parkplätze erforderlich sind, bleibt nur wenig Raum für unversiegelte Flächen oder Grünbereiche. Dies hat nicht selten negative Auswirkungen auf die Wasseraufnahmefähigkeit und das lokale Mikroklima. Da die Hallen eine ausgedehnte Grundfläche und eine niedrige Bauhöhe aufweisen, besitzen sie verhältnismäßig große Außenflächen im Verhältnis zum Volumen. Dies führt zu erhöhten Wärmeverlusten, insbesondere an den Dach- und Wandflächen. Die Energieeffizienz dieser Gebäude ist daher oft geringer als bei kompakten, mehrgeschossigen Bauformen. Insbesondere bei schlecht isolierten Hallenbauten kann dies zu einem hohen Energiebedarf für Heizung oder Kühlung führen.

Abb. 3.30: Ausschnitt aus dem Schwarzplan einer hallenförmigen Gewerbebebauung in Berlin (Quelle: Berlin – Schwarzplan & Stadtplan, 2024)

Abb. 3.31: Begrünungspotenzial einer hallenförmigen Gewerbebebauung

Das Potenzial zur Gebäudebegrünung bei hallenförmigen Gewerbebauten ist hoch. Die großen Dachlandschaften bieten viel Raum für extensive Dachbegrünungen (auch Solar- und Biodiversitätsdächer) und gegebenenfalls anteilige semintensive Begrünungen, die zur Verbesserung des Mikroklimas beitragen, indem sie Regenwasser zurückhalten, einen Verdunstungsbeitrag leisten und die Wärmeregulierung unterstützen. Sie senken somit den Energiebedarf für die Klimatisierung und den Instandhaltungsaufwand der Hallen. Dachbegrünungen schützen zudem die großflächigen Dachabdichtungen vor UV-Strahlung, Temperaturextremen und Witterungseinflüssen wie Hagel und erhöhen damit die Lebensdauer der Dachkonstruktionen. An den meist fensterlosen Fassaden könnten Fassadenbegrünungen (boden- und wandgebunden) zur Aufwertung des

Erscheinungsbilds und zur Verbesserung der ökologischen Qualität am Standort beitragen, so auch zur Verbesserung der Luftqualität.

Gewerbebebauung zeilenförmig

Die Gebäude, häufig Produktionsstätten, Werkstätten oder Verwaltungsgebäude, sind in parallelen Reihen angeordnet, die Fläche wird also effektiv genutzt (siehe Abb. 3.32).

Diese Anordnung ermöglicht eine gute Erschließung einzelner Gebäude. Gleichzeitig bleibt Raum für Verkehrswege, Parkplätze oder Ladezonen.

Im Vergleich zu hallenförmigen Gewerbegebieten ist die Bebauungsdichte in zeilenförmigen Gewerbebebauungen höher, da die Baukörper oft mehrere Geschosse aufweisen. Dadurch erhöht sich die nutzbare Fläche pro Grundstück. Der Versiegelungsgrad in zeilenförmigen Gewerbegebieten ist hoch, weil große Flächen für die Gebäude, Zufahrtswege und Parkplätze benötigt werden. Dennoch kann es infolge der zeilenförmigen Anordnung der Gebäude auch unversiegelte Zwischenbereiche geben, die als Grünstreifen oder Freiflächen genutzt werden. Da die Gebäude meist kompakter und mehrgeschossig sind, verringert sich die relative Außenfläche, wodurch Wärmeverluste im Vergleich zu eingeschossigen, weit ausgedehnten Bauten geringer ausfallen. Dies trägt zu einer besseren Energieeffizienz der Gebäude bei, insbesondere in Bezug auf Heiz- und Kühlanforderungen.

Das Potenzial zur Gebäudebegrünung ist bei zeilenförmigen Gewerbebebauungen groß (siehe Abb. 3.33). Solargründächer und Biodiversitätsdächer sind sinnvolle Lösungen, da sie die Energiegewinnung auf großer Fläche mit den ökologischen Vorteilen von Dachbegrünungen kombinieren. Wasserdächer können der natürlichen Prozesskühlung dienen und sparen Energie durch Vermeidung technischer Verbraucher. Durch die Aufbereitung von Betriebswasser (Chemie, Grauwasser) auf Dachflächen mit Repositionspflanzen kann Wasser mehrfach verwendet

Abb. 3.32: Ausschnitt aus dem Schwarzplan einer zeilenförmigen Gewerbebebauung in Berlin (Quelle: Berlin – Schwarzplan & Stadtplan, 2024)

Abb. 3.33: Begrünter Zwischenraum einer zeilenförmigen Gewerbebebauung in Wien

werden. Wasserdächer erweitern zudem die Flora und Fauna im Wasserbiotop und am Standort.

Wegen der kompakteren Bauweise und der unversiegelten Freiflächen zwischen den Gebäuden bieten sich auch Möglichkeiten für Fassadenbegrünungen mit bodengebundenen Gerüstkletterpflanzen. Wandgebundene Begrünungen sind ebenfalls möglich. Beide Lösungen stärken zugleich die Corporate Identity der Firma.

Die oft großen Flachdächer eignen sich für extensive Dachbegrünungen und Biodiversitätsdächer. Diese Begrünungsmaßnahmen können zudem die Aufenthaltsqualität für die Mitarbeitenden verbessern, zur Förderung der Biodiversität beitragen und die Attraktivität des Gewerbegebiets erhöhen. Abhängig von den Tragwerken ist auch eine Nachrüstung von Solargründächern möglich.

3.2.4 Sonderbauten

Sonderbauten, wie Schulen, Krankenhäuser, Einkaufszentren, Sporthallen oder kulturelle Einrichtungen, zeichnen sich durch ihre besondere Nutzung und oft großflächige Bauweise aus. Darüber hinaus haben Sonderbauten auch eine starke symbolische Wirkung. Dach- und Fassadenbegrünungen an Sonderbauten bieten nicht nur ökologische, funktionale und ästhetische Vorteile, sondern sind auch öffentlichkeitswirksam. Sie signalisieren Engagement für Nachhaltigkeit und Umwelt. Das ist besonders bei öffentlichen Einrichtungen oder stark frequentierten Gebäuden wichtig. Begrünte Sonderbauten können so als Vorbilder für nachhaltiges Bauen dienen und zeigen, wie funktionale Anforderungen mit ökologischen und ästhetischen Zielen vereint werden können.

Handels- und Gewerbebauten

Die Bebauungsdichte in Gebieten mit Handels- und Gewerbebauten ist meist moderat bis hoch. Dieser Stadtraumtyp umfasst oft Einzelhandelszentren, Lager- und Vertriebsgebäude sowie kleinere Produktionsstätten. Diese Gebäude sind häufig ein- oder mehrgeschossig angelegt und für eine effiziente Flächennutzung konzipiert. Die Bebauungsdichte ist in diesen Gebieten höher als in rein industriellen Gewerbegebieten, da auf relativ kleiner Grundfläche eine Vielzahl von Betrieben untergebracht ist. Dabei werden oft größere Verkaufs- oder Lagerflächen benötigt. Deshalb wird eine breite, flächige Bauweise bevorzugt.

Der Versiegelungsgrad ist oft sehr hoch, weil große Flächen durch Gebäude, Parkplätze, Lieferzonen und Zufahrtswege überplant sind (siehe Abb. 3.34). Insbesondere Einzelhandelszentren und Supermärkte benötigen umfangreiche Parkmöglichkeiten für Kunden. Dies hat eine intensive Bodenversiegelung und eine entsprechende sommerliche Wärmebelastung zur Folge.

Das Potenzial zur Gebäudebegrünung an Handels- und Gewerbebauten ist groß, wird jedoch oft nur wenig genutzt. Flachdächer bieten sich ideal für Dachbegrünungen (auch Solargründächer) an, die zur Verbesserung des städtischen Mikroklimas, zur Reduktion des Wärmeinseleffekts und durch Wasserrückhalt bei Regenereignissen zur Entlastung der Kanalisation beitragen können (siehe Abb. 3.35). Zudem kann durch Fassadenbegrünungen, insbesondere bei

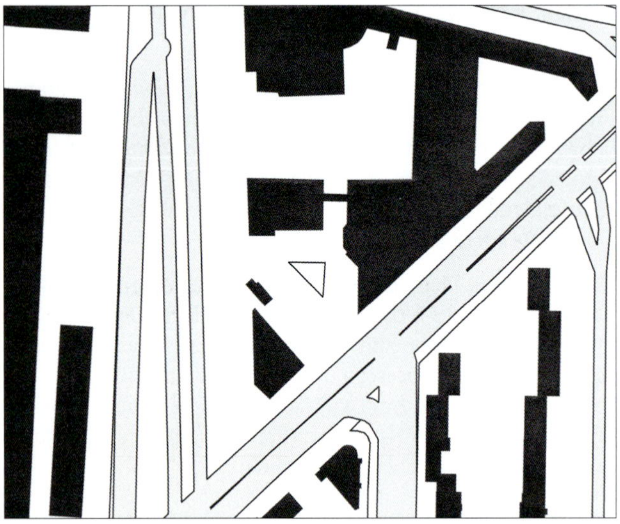

Abb. 3.34: Ausschnitt aus dem Schwarzplan eines Gebiets mit Handels- und Gewerbebauten in Berlin (Quelle: Berlin – Schwarzplan & Stadtplan, 2024)

Abb. 3.35: Darwinstraße, Berlin: Handels- und Gewerbebauten mit Dachlandschaft (erstellt durch Grüntuch Ernst Architekten)

eingeschossigen Bauten, das Mikroklima positiv beeinflusst und der Energieverbrauch durch natürliche Beschattung gesenkt werden. Begrünungsmaßnahmen tragen auch zur optischen Aufwertung und zur Steigerung der Aufenthaltsqualität im Gebiet bei.

Bildungs- und Forschungsbauten

Diese Gebäude bieten Schulen, Universitäten, Forschungseinrichtungen und Laborkomplexen Raum und sind häufig auf weitläufigen Campusgeländen oder in dafür ausgewiesenen Stadtteilen angesiedelt. Die Bebauungsdichte ist in der Regel niedriger als in reinen Wohn- oder Gewerbegebieten, da solche Bauten oft größere Freiflächen für Bewegungsräume, Grünanlagen, Sportplätze oder experimentelle Außenbereiche benötigen. Trotz der moderaten Dichte sind die Gebäude häufig mehrgeschossig, um den Nutzungsanforderungen von Unterricht, Forschung und Verwaltung gerecht zu werden.

Der Versiegelungsgrad in diesen Gebieten ist moderat bis hoch. Ein Großteil der Fläche ist durch Gebäude, Zufahrtsstraßen, Parkplätze und Erschließungswege versiegelt (siehe Abb. 3.36). Der Versiegelungsgrad hängt dabei stark von der Art der Institution und den verfügbaren Freiflächen ab.

Das Potenzial zur Gebäudebegrünung ist groß. Viele der Einrichtungen verfügen über Flachdächer, die sich ideal für Dachbegrünungen und Biodiversitätsdächer oder als Solargründächer eignen. Diese Gründächer können zusätzlich als wertvolle Aufenthaltsflächen für Forschung und Erho-

Abb. 3.36: Ausschnitt aus dem Schwarzplan eines Gebiets mit Bildungs- und Forschungsbauten in Berlin (Quelle: Berlin – Schwarzplan & Stadtplan, 2024)

Abb. 3.37: Bildungsbau Primeo Energie Kosmos – Open House, Basel

lung genutzt werden. Auch Fassadenbegrünungen sind möglich, insbesondere bei großen Gebäudekomplexen (siehe Abb. 3.37).

Fassadenbegrünung hat nicht nur zahlreiche ökologische Vorteile, sondern wertet den Standort auch ästhetisch auf und dient als Beispiel für nachhaltiges Bauen. Bildungs- und Forschungseinrichtungen haben zudem oft den Anspruch, innovative und umweltfreundliche Technologien zu integrieren. Dadurch können Begrünungsmaßnahmen eine zusätzliche symbolische und wissenschaftliche Bedeutung erhalten.

Kultur- und Religionsbauten

Diese Gebäude umfassen Theater, Museen, Bibliotheken, Kirchen, Moscheen und Tempel. Sie nehmen oft größere Grundstücke ein, die nicht nur für die Gebäude selbst, sondern auch für repräsentative Außenbereiche, wie Vorplätze, Gärten oder Höfe, genutzt werden (siehe Abb. 3.38 und 3.39). Diese Flächen sind die Ursache für eine niedrigere Bebauungsdichte als in Wohn- oder Gewerbegebieten. In städtischen Bereichen können Kultur- und Religionsbauten jedoch in dichterer Nachbarschaft zu anderen Gebäudetypen stehen, insbesondere in historischen Stadtzentren. Der Versiegelungsgrad ist stark abhängig von der Nutzung der Freiflächen. Bei vielen Kultur- und Religionsbauten sind große Vorplätze, Parkflächen oder Zufahrtswege versiegelt, insbesondere bei häufig besuchten Einrichtungen wie Museen oder großen Gotteshäusern. Gleichzeitig gibt es oft unversiegelte Bereiche, wie Gärten, Parkanlagen oder Innenhöfe, die den Versiegelungsgrad senken und das städtische Mikroklima sowie die Biodiversität verbessern.

Kultur- und Religionsbauten können begrünt werden. Dies ist jedoch abhängig von der Architektur und den ästhetischen Anforderungen und muss im Einzelfall geprüft werden. Traditionelle Bauten wie Kirchen oder historische Museen legen oft Wert auf den Erhalt der ursprünglichen Fassade, was Begrünungsmaßnahmen einschränken kann.

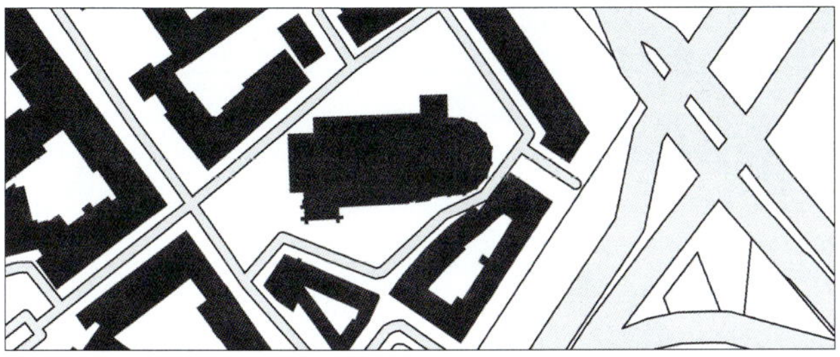

Abb. 3.38: Ausschnitt aus dem Schwarzplan eines Gebiets mit Kultur- und Religionsbauten in Berlin (Quelle: Berlin – Schwarzplan & Stadtplan, 2024)

Abb. 3.40: Ausschnitt aus dem Schwarzplan eines Gebiets mit Betreuungs-, Pflege- und/oder Vollzugsbauten in Berlin (Quelle: Berlin – Schwarzplan & Stadtplan, 2024)

Abb. 3.39: Kulturbau Glyptothek, München

Abb. 3.41: Hotel Wilmina, ehemaliges Gerichtsgebäude und Frauengefängnis in Berlin, transformiert von Grüntuch Ernst Architekten

Bei modernen Kultur- und Religionsgebäuden besteht jedoch häufig die Möglichkeit, Fassaden- und Dachbegrünungen zu integrieren, sofern kein Urheberrechtsschutz (mehr) besteht. Flachdächer bieten sich für extensive, gegebenenfalls auch intensive Dachbegrünungen an, die zudem als Erholungsflächen genutzt werden können. Fassadenbegrünungen können den städtischen Wärmeinseleffekt reduzieren, die Aufenthaltsqualität verbessern und gleichzeitig das Stadtbild aufwerten.

Betreuungs-, Pflege- und Vollzugsbauten

Zu dieser Gruppe gehören Pflegeheime, Krankenhäuser, Justizvollzugsanstalten und andere Betreuungseinrichtungen. Sie sind oft großflächig angelegt, um viele Personen in unterschiedlichen Funktionsbereichen unterzubringen. In Pflege- und Gesundheitseinrichtungen ist die Bebauungsdichte häufig höher, da mehrgeschossige Gebäude erforderlich sind, um eine Vielzahl von Patientenzimmern, Pflegebereichen und Verwaltungsräumen zu integrieren. In Vollzugsbauten, wie Gefängnissen, ist die Bebauungsdichte ebenfalls hoch. Dabei beeinflussen spezielle architektonische Anforderungen, wie Sicherheitszonen und Hofbereiche, die Flächennutzung. Der Versiegelungsgrad ist in solchen Gebieten oft hoch – große Flächen sind Gebäuden, Zufahrtswegen, Parkplätzen und technischen Anlagen vorbehalten. Insbesondere Krankenhäuser und Justizvollzugsanstalten benötigen eine umfassende Infrastruktur, wie Parkplätze für die Belegschaft und Besuchende sowie Transportwege für Notfall- und Versorgungsdienste. Dennoch sind Grünflächen in Pflege- und Betreuungsbauten willkommen, da sie den Bewohnern oder Patienten zur Erholung dienen (siehe Abb. 3.40 und 3.41).

Wie alle Gebäude können auch Betreuungs-, Pflege- und Vollzugsbauten begrünt werden. Der Umfang ist jedoch von der Nutzung und den Sicherheitsanforderungen abhängig. In Pflege- und Gesundheitseinrichtungen bieten Flachdächer oft Potenzial für Dachbegrünungen bzw. Dachgärten, die sowohl die Energieeffizienz und die Stadtökologie verbessern als auch zur Entspannung der Bewohner oder Patienten beitragen. Begrünte Dachflächen könnten auch als therapeutische Gärten oder zur Erholung/Regeneration genutzt werden.

Fassadenbegrünungen sind ebenfalls möglich und sinnvoll, insbesondere bei Pflege- und Betreuungsgebäuden, wo sie das Mikroklima verbessern und auch eine beruhigende Wirkung auf die Bewohner haben.

In Vollzugsbauten sind Begrünungsmaßnahmen oft eingeschränkt, da Sicherheitsanforderungen im Vordergrund stehen. Dennoch bieten Innenhöfe und begrenzte Außenflächen viel mögliche Fläche für kontrollierte Begrünungen, die zu einem erholsamen und beruhigenden Umfeld für Insassen und Personal beitragen.

Verkehrsbauten

Bahnhöfe, Flughäfen, Busbahnhöfe, Parkhäuser, Brücken und Straßeninfrastrukturen sind in dieser Kategorie zu finden. Diese Gebäude sind oft weitläufig angelegt, um die hohen Anforderungen an Personen- und Güterströme zu erfüllen. Die Gebäude stehen meist frei, um ausreichend Raum für Verkehrsanbindungen und -ströme zu gewährleisten.

Der Versiegelungsgrad in Gebieten mit Verkehrsbauten ist in der Regel sehr hoch. Straßen, Parkplätze, Zufahrten und Abstellflächen für Fahrzeuge führen zu einer nahezu vollständigen Bodenversiegelung (siehe Abb. 3.42 und 3.43). Flughäfen und Bahnhöfe benötigen zudem große Flächen für Rollfelder, Bahngleise und Parkplätze, was den Versiegelungsgrad weiter erhöht. Unversiegelte Flächen sind oft auf wenige dekorative Grünbereiche oder Funktionsbereiche zur Wasserableitung und Entwässerung beschränkt. Die Folgen sind ein eingeschränktes Wasseraufnahmevermögen und ein erhöhter Wärmeinseleffekt.

Das Potenzial zur Gebäudebegrünung von Verkehrsbauten ist abhängig von der Bauweise; selten ist eine Begrünung

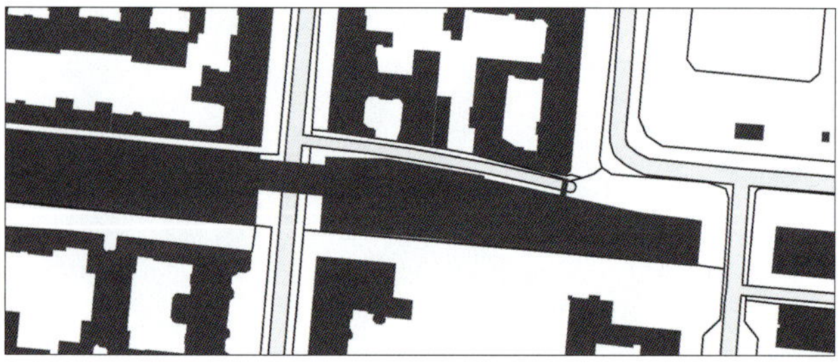

Abb. 3.42: Ausschnitt aus dem Schwarzplan eines Gebiets mit Verkehrsbauten in Berlin (Quelle: Berlin – Schwarzplan & Stadtplan, 2024)

Abb. 3.43: Verkehrsbau Bahnhof Wien West

Abb. 3.44: Ausschnitt aus dem Schwarzplan eines Gebiets mit Sportstätten in Berlin (Quelle: Berlin – Schwarzplan & Stadtplan, 2024)

Abb. 3.45: Drei-Feld-Sporthalle Markt Großostheim inklusive Nahwärmeverbund zur Versorgung des Freibads und umliegender Gebäude

ausgeschlossen. Flachdächer von Verkehrsbauten wie Bahnhöfen, Parkhäusern oder Bushaltestellen bieten Potenzial für Dachbegrünungen unterschiedlichster Arten (vom Extensivgründach bis hin zu nutzbaren Dachgärten sowie deren Kombination mit Anlagen zur Solarenergiegewinnung).

Bei diesen Bauten kann zudem die Fassadenbegrünung eine Möglichkeit darstellen, die Stadtökologie zu verbessern und gleichzeitig den visuellen Eindruck der meist funktionalen Bauten zu optimieren. Flughäfen und große Bahnhöfe verfügen oft über weitläufige Flächen, die durch gezielte Begrünungsmaßnahmen die Luft- und Aufenthaltsqualität sowie das Klima positiv beeinflussen können.

Sportstätten

Sportstätten umfassen Hallen- und Freiluftsportanlagen, wie Stadien, Sporthallen, Schwimmbäder, Tennisplätze oder Sportplätze. Diese Einrichtungen nehmen viel Raum ein und benötigen große Freiflächen für Spielfelder, Tribünen und Zuschauerbereiche.

Der Versiegelungsgrad bei Sportstätten ist stark variabel und hängt von der Art der Sporteinrichtung ab. Bei Freiluftanlagen wie Fußballplätzen, Leichtathletikstadien oder Tennisplätzen ist der Versiegelungsgrad relativ niedrig, da die Spielflächen oft unversiegelt bleiben.

Die umgebenden Bereiche, wie Zuschauerplätze, Zufahrtswege und Parkplätze, sind jedoch meist stark versiegelt. Bei Hallen- und Indoor-Sportanlagen, wie Schwimmhallen oder Fitnesscentern, ist der Versiegelungsgrad deutlich höher, da die Gebäude große Flächen beanspruchen und zusätzliche Infrastruktur, wie Parkplätze und Zufahrten, benötigen (siehe Abb. 3.44 und 3.45). Es bleiben nur wenige Grünflächen, meist zur dekorativen Gestaltung.

Gebäudebegrünungen sind bei solchen Bauten sinnvoll, insbesondere aufgrund der ausgedehnten Dach- und Fassadenflächen von Hallensportanlagen oder Stadien. Flachdächer oder leicht geneigte Dächer von Sporthallen und Stadien eignen sich gut für Dachbegrünungen, die zur Reduzierung des Wärmeinseleffekts und zur Verbesserung des Regenwassermanagements beitragen. Fassadenbegrünungen (boden- oder wandgebunden) an großen Gebäuden, wie Schwimm- oder Sporthallen, bieten eine Möglichkeit, das Mikroklima zu verbessern und die Energieeffizienz zu erhöhen.

Begrünte Fassaden könnten gleichzeitig das Erscheinungsbild der oft funktional gestalteten Sportanlagen aufwerten. Der Bildungsaspekt ist dabei ebenfalls zu berücksichtigen.

Sonstiges

Die Kategorie Sonstiges umfasst eine Vielzahl an Bauformen, die sich nicht eindeutig einem spezifischen Nutzungszweck, wie Wohnen, Gewerbe oder Verkehr, zuordnen lassen. Dazu gehören Sonderbauten wie Funktionsgebäude, technische Anlagen, Infrastruktur-Stützpunkte oder Spezialbauten für Logistik, Versorgung und öffentliche Dienste (siehe Abb. 3.46). Aufgrund der Heterogenität dieser Bauten variieren die Eigenschaften hinsichtlich Bebauungsdichte, Versiegelungsgrad und Begrünungspotenzial stark.

Funktionsgebäude, die weiträumige Außenanlagen, wie Parkplätze, Lager- oder Betriebshöfe, benötigen, sind meist von großen versiegelten Flächen umgeben. Technische Infrastrukturbauten wie Klärwerke oder Kraftwerksanlagen weisen oft einen hohen Versiegelungsgrad auf, da sie für spezielle betriebliche Anforderungen befestigte Flächen brauchen.

Das Potenzial zur Gebäudebegrünung ist bei den Bauformen in der Kategorie Sonstiges je nach Art des Gebäudes unterschiedlich. Insbesondere großflächige, eingeschossige Gebäude, wie Lagerhallen oder technische Anlagen, bieten Potenzial für Dachbegrünungen. Fassadenbegrünungen eignen sich besonders bei Gebäuden, die große, zusammenhängende Fassadenflächen aufweisen (siehe Abb. 3.46). Begrünungsmaßnahmen tragen nicht nur zur Reduktion des Wärmeinseleffekts bei, sondern verbessern auch die

Abb. 3.46: Mur végétal da la Gare du Nord, Paris: wandgebundene Fassadenbegrünung eines Lüftungsschachts

visuelle Integration solcher Funktionsbauten in das Stadt- oder Landschaftsbild. Auch bei Anlagen im ländlichen Bereich können diese Maßnahmen zu einer besseren Umweltanpassung und zur Förderung der Biodiversität beitragen.

Abschließend lässt sich festhalten, dass die unterschiedlichen Stadtraumtypen in ihrer Bebauungsdichte, dem Versiegelungsgrad und dem Potenzial zur Gebäudebegrünung im Bestand stark variieren. Unabhängig vom Typ des Stadtraums bleibt die Begrünung von Dächern und Fassaden eine zentrale Maßnahme zur Erhöhung der Energieeffizienz und zur Anpassung an klimatische Herausforderungen, während die Balance zwischen Bebauung und naturnahen Flächen die nachhaltige Entwicklung urbaner Räume fördert.

3.3 Steuerung durch Förderungen und örtliche Bauvorschriften

Die direkte finanzielle Förderung von Gebäudebegrünungen ist stets Teil eines umfassenden Pakets bestehender Instrumente, die Begrünungsmaßnahmen im städtischen Raum unterstützen können. Förderungen setzen sowohl auf planerische Festsetzungen als auch auf finanzielle Anreize. Kommunen können Gebäudebegrünungen beispielsweise durch ihr Satzungsrecht vorschreiben. Bebauungspläne haben sich seit Langem als wirksames Mittel erwiesen, um Dach- und Fassadenbegrünungen im urbanen Raum zu fördern und den Versiegelungsgrad zu verringern. Gemäß § 9 Abs. 1 Nr. 25 BauGB können Gebäudebegrünungen im Einzelfall oder nach § 31 Abs. 2 BauGB als Ausgleichsmaßnahme festgesetzt werden. Besteht innerhalb eines Bebauungsplangebiets eine Festsetzung zur Begrünung, ist der Bauherr verpflichtet, diese umzusetzen (Dettmar et al., 2016). Begleitende Unterlagen mit Begründungen sind zur Erläuterung der rechtlichen, baulichen und vegetationstechnischen Voraussetzungen sinnvoll (Dachbegrünung – Leitfaden zur Planung, 2018).

Während in früheren Förderprogrammen zur Dach- und Fassadenbegrünung hauptsächlich ökologische und gestalterische Ziele im Vordergrund standen, sind diese Ziele heute eng mit der Notwendigkeit verknüpft, dem Klimawandel auch auf lokaler Ebene entgegenzuwirken. Besonders dicht besiedelte urbane Gebiete müssen aufgrund ihrer besonderen Anfälligkeit bezüglich der Folgen des Klimawandels angepasst werden. Angesichts zunehmender stadtklimatischer Herausforderungen, wie „heißer Tage“ (≥ 30 °C), „tropischer Nächte“ (≥ 20 °C) und Starkregenereignisse, erhalten das Stadtgrün und die Flächenentsiegelung eine zentrale Bedeutung (Dettmar et al., 2016).

Neben öffentlichen Flächen und Gebäuden rücken zunehmend auch private Immobilien und Grundstücke in den Mittelpunkt des Interesses für die Gebäudebegrünung. Städte setzen daher auf Förderprogramme, um private Gebäudebesitzer zur Begrünung von Dächern, Fassaden und Höfen zu motivieren. Diese Programme kombinieren häufig die Förderung von Dach- und Fassadenbegrünungen oder zielen allgemein auf eine Stärkung des Stadtgrüns ab. Im Vordergrund stehen finanzielle Anreize, die durch Beratungsangebote und Wettbewerbe ergänzt werden (Dettmar et al., 2016).

In den dicht bebauten und stark versiegelten Innenstadtbereichen sind stadtklimatische Probleme besonders ausgeprägt, während der Platz für neue Grünflächen begrenzt ist. Dies ist einer der Gründe, warum Dach- und Fassadenbegrünungen zunehmend in den Fokus städtischer Förderprogramme und Initiativen rücken. Grundsätzlich sollten in stark verdichtenen Quartieren entsprechend den örtlichen Gegebenheiten und Flächeneignungen jedoch alle verfügbaren Begrünungsoptionen ausgeschöpft werden – sei es die Begrünung von Dächern, Fassaden und Höfen oder die Entwicklung versiegelter Bestandsflächen hin zu baumbestandenen Plätzen oder Parkanlagen. Der räumliche Schwerpunkt (flächendeckend oder lokal bedarfsorientiert) und die Form der Unterstützung (z. B. finanzielle Förderung, Beratung oder Wettbewerbe) spielen eine wichtige Rolle dabei, effiziente Maßnahmen zu entwickeln (Dettmar et al., 2016).

3.3.1 Urbane Begrünungsprogramme

Grundsätzlich folgen urbane Begrünungsprogramme zwei unterschiedlichen Ansätzen:

Es gibt punktuelle Programme mit gezieltem thematischem Schwerpunkt und eine flächige Herangehensweise ohne thematischen Schwerpunkt (siehe Tabelle 3.1). Empfehlungen gehen in Richtung der punktuellen Programme mit stadtklimatischem Schwerpunkt. Die Konzentration dieser Programme auf eine punktuelle Strategie macht es möglich, gezielt Stadtquartiere mit besonderen Bedarfen herauszufiltern, in denen

- eine nachgewiesene stadtklimatische Problematik, gegebenenfalls auch eine erhöhte Vulnerabilität (Potenzial/Notwendigkeit zur Anpassung an die Klimawandelfolgen) besteht,
- ein hoher Sanierungsbedarf besteht (Potenzial/Notwendigkeit zur Reduktion der Folgen des Klimawandels) und/oder
- eine erhöhte Luftbelastung mit Schadstoffen vorherrscht sowie auch gegebenenfalls Probleme mit Lärm bestehen (Potenzial/Notwendigkeit zur Verbesserung der ökologischen Funktionen und der Aufenthaltsqualität).

Tabelle 3.1: Vor- und Nachteile der flächigen und der punktuellen Förderung von Begrünungsmaßnahmen

Förderungs-ansätze	Beschreibung	Vorteile	Nachteile
flächige Förderung	Die flächige Förderung setzt keine räumlichen oder stadtklimatischen Schwerpunkte. In allen Kommunen und in allen Stadtgebieten können Begrünungsmaßnahmen gefördert werden. Der Fokus liegt auf dem Interesse der Gebäudebesitzer und einer breiten Umsetzung.	• Die Förderung wird vor allem von engagierten Eigentümern in Anspruch genommen. Daher bestehen gute Umsetzungschancen.	• Es werden keine räumlichen Schwerpunkte auf stadtklimatisch besonders belastete Gebiete gelegt (fehlende Zielstellung). • Die Förderung kann auch in stark durchgrünten, kaum belasteten Gebieten in Anspruch genommen werden (fehlende Maßnahmeneffizienz).
punktuelle Förderung	Bei der punktuellen Förderung können gezielt räumliche Schwerpunkte gesetzt werden. Es können einzelne Städte und Stadtquartiere mit besonderem stadtklimatischem Handlungsbedarf definiert werden. Der Fokus liegt auf dem lokalen Bedarf und der räumlichen Effizienz der Maßnahme.	• Die Umsetzung kann gezielt in stadtklimatischen Problemvierteln gefördert werden. Das bewirkt eine hohe Effizienz der Maßnahme. • Bei der Förderung können Quartiere mit laufenden Sanierungs- oder Entwicklungskonzepten miteinbezogen werden (bei entsprechender stadtklimatischer Problematik). Dadurch können bei der Umsetzung Synergieeffekte erzielt werden.	• Gebäudeeigentümer müssen erst aktiviert werden. Der stadtklimatische Handlungsbedarf korreliert nicht notwendigerweise mit den Interessen oder dem Umsetzungswillen der Gebäudebesitzer. • Gerade in innerstädtischen Gebieten mit hohem Anteil an Miets- und Geschäftshäusern kann eine Umsetzung durch fehlende Motivation der Gebäudeeigentümer erschwert werden.

Diese Problemlagen treten häufig in innerstädtischen Gebieten mit großen Durchgangsstraßen auf. Aufgrund ihrer zentralen Lage haben diese Straßen oft eine hohe Einwohnerdichte und eine mangelnde Aufenthaltsqualität. Aufgrund des Baualters stehen häufig Sanierungen an. Die Versiegelung trägt in diesen Gebieten besonders stark zum urbanen Hitzeinseleffekt bei. Flächendeckende Programmansätze sprechen solche Gebiete mit ihren diversen komplexen Problemstellungen nicht gezielt an bzw. fördern gegebenenfalls nur die weitere Begrünung bereits gut begrünter Quartiere. Hingegen ermöglicht ein punktueller Programmansatz die gezielte Förderung genau dieser besonders betroffenen Stadtviertel (Dettmar et al., 2016).

3.3.2 Förderung quartiersorientierter Unterstützungsansätze

Unterstützungsprogramme setzen unterschiedliche Schwerpunkte bei der finanziellen Förderung. Die Handlungsschwerpunkte liegen dabei auf der Planung, der Investition oder der Standortaufbereitung. Die Vor- und Nachteile der verschiedenen Förderschwerpunkte werden im Folgenden näher beschrieben.

In kommunalen Begrünungsprogrammen gibt es neben den formalen Ansprechpersonen für die Antragstellung und die finanzielle Förderung auch Ansprechpersonen für fachliche Beratung. Diese Beratung kann direkt von den Grünflächenämtern, von durch die Stadt geförderten Begrünungsbüros (z. B. Green City) oder von einem beauftragten Fachplaner geleistet werden. Wesentlich ist, dass fachliche Beratungen im Finanzvolumen eines Unterstützungsprogramms berücksichtigt werden, um die notwendige Akzeptanz für Gebäudebegrünungen zu schaffen und durch die Aufklärung eventuelle Bauschäden zu vermeiden (Dettmar et al., 2016).

Handlungsschwerpunkt Planung

Bei dieser Variante wird zunächst die Planung eines Gesamtkonzepts oder eines Quartierskonzepts zur Gebäudebegrünung im ausgewählten Stadtquartier gefördert. Die Kommune tritt als Antragsteller und Fördermittelempfänger auf und erstellt das Konzept selbst oder beauftragt ein Planungsbüro damit. Das Quartierskonzept identifiziert die Flächenpotenziale und definiert mögliche Realisierungswege, einschließlich geeigneter Begrünungstechniken für verschiedene Gebäudetypen, gegebenenfalls notwendiger Tiefbauarbeiten sowie gestalterischer Chancen zur Aufwertung des Quartiers. Dieses Verfahren ist für alle Beteiligten vergleichsweise einfach, es gewährleistet jedoch nicht automatisch die Umsetzung der Maßnahmen durch die Gebäudeeigentümer. Daher sollte eine gewisse Umsetzungsbindung verankert werden. Darauf aufbauend kann auch die Planung bis hin zur Ausführung einer Gebäudebegrünung (einschließlich aller Abstimmungen und Genehmigungen) gefördert werden.

Handlungsschwerpunkt Investition

Bei dieser Fördervariante wird die Investition der Gebäudeeigentümer in Material und Umsetzung gefördert. Die Prüfung der Anträge und die Bewilligung der Mittel erfolgen durch die Kommune. In der kommunalen Förderrichtlinie muss klar definiert werden, welche Investitionen in welcher Höhe förderfähig sind bzw. von der Förderung ausgeschlossen werden. Üblicherweise werden Kosten für Pflanzmaterial, Befestigungsmaterial und die Ausführung durch einen geeigneten Fachbetrieb gefördert. Auch Eigenleistungen der Gebäudebesitzer können anteilig unterstützt werden. Die bewilligten Mittel können entweder als Prozentsatz der Kosten für die Ausführung durch einen Fachbetrieb, als Betrag pro Quadratmeter begrünte Dach- oder Wand-/Fassadenfläche oder als Pauschalbetrag festgesetzt werden (Dettmar et al., 2016).

Handlungsschwerpunkt Standortaufbereitung

Es werden Vorbereitungen potenzieller Pflanzstandorte durch Maßnahmen wie Entsiegelung, Umlegung oder Schutz von Versorgungsleitungen sowie die Beseitigung möglicher Altlasten gefördert. Dies kann sowohl private als auch öffentliche Flächen in der Nähe der Gebäude betreffen. Eingriffe auf öffentlichen Flächen erfordern weitergehende Genehmigungen und Kooperationen mit der Kommune. Die Prüfung der entsprechenden Anträge und die Vergabe der Mittel erfolgen nach den bereits beschriebenen Verfahren. Diese Förderform eignet sich besonders für dicht bebaute und stark versiegelte Innenstadtquartiere, in denen die stadtklimatischen Probleme am deutlichsten spürbar sind. In solchen Gebieten können der hohe Versiegelungsgrad, ungünstig verlaufende Versorgungsleitungen oder bestehende Altlasten und die damit verbundenen Beseitigungskosten erhebliche Hindernisse für die Umsetzung von Begrünungsmaßnahmen darstellen. Durch die Förderung z. B. von Standortaufbereitungen für Fassadenbegrünungen wird die spätere Umsetzung der Begrünungsmaßnahmen erst ermöglicht, da die Kosten für die Aufbereitung oft die der eigentlichen Fassadenbegrünung übersteigen. Aufgrund der Komplexität der innerstädtischen Lagen erfordert dies jedoch einen hohen Koordinations- und Organisationsaufwand für alle Beteiligten, einschließlich der Koordinierung verschiedener Behörden sowie der Einholung von Genehmigungen unterschiedlicher Ämter. Eine enge Zusammenarbeit zwischen Gebäudeeigentümern und der Kommune gewährleistet den fachlich erfolgreichen Abschluss der Maßnahme (Dettmar et al., 2016).

3.3.3 Hemmnisse und Hürden auf dem Weg zu Gebäudebegrünung

Obwohl die zahlreichen Vorteile und Potenziale der Fassaden- und Dachbegrünungen erwiesen sind, stoßen diese in der Praxis bei Bauherren und Investoren zum Teil auf Ablehnung. Die Vorbehalte sind meist auf Planungsfehler sowie auf mangelhafte Ausführung und Pflege zurückzuführen. In anderen Fällen basieren sie auf fehlendem (Fach-) Wissen oder Vorurteilen. Für eine gelungene Förderung von Gebäudebegrünungen müssen solche hindernden Bedenken bekannt sein, um darauf angemessen reagieren zu können, z. B. mit fachkompetenten Beratungen und Planungen.

Kosten bei der Herstellung

Gebäudebegrünungen werden, vor allem im Bestand, oft nur als additives Gestaltungselement betrachtet. Neben systemtypischen Baukosten wirken sich individuelle Einflüsse auf die Gesamtkosten aus: Die bau- und wartungstechnische Erreichbarkeit der begrünten Flächen, die Pflanzenauswahl, die Pflanzungsdichte und der erforderliche Aufwand für die Wasser- und Nährstoffversorgungsanlage sowie laufende Ausgaben für die Erhaltung sind variable Kostenfaktoren. Eine vergleichende Betrachtung der Wirtschaftlichkeitsaspekte (Investition und Instandhaltung) integrativer Entwurfsansätze bei einer Gebäudeerneuerung (z. B. im Zusammenhang mit energetischen Sanierungen) zeigt auf, dass im Gegenzug aber auch bestimmte Einsparungen möglich sind (vgl. Pfoser, 2016). Dies betrifft signifikant den Herstellungsaufwand von Fassadensichtoberflächen an den von Begrünung bedeckten Fassadenbereichen oder die Sanierung einer zuvor bekiesten Dachfläche. Diese Maßnahmen können zu einer vollständigen Kompensation der Begrünungskosten führen, rechnet man die Baukosten von eingesparten Materialkosten gegen.

Besondere Kostenvorteile lassen sich im Bereich preisgünstiger bodengebundener Fassaden- und extensiver Dachbegrünungstechniken erzielen. Auch bei wand- und fassadengebundenen Bauweisen und Mischformen zeigt sich der Spareffekt: Durch Sichtfassadensubstitution können wirtschaftliche Lösungen realisiert werden. Durch Dach- und Fassadenbegrünungen, insbesondere bei vollflächiger Ausbildung, werden die Außenflächen langfristig wirksam gegen Niederschläge, Schmutz und UV-Schädigung geschützt. Zu einer erhöhten Lebensdauer tragen auch deutlich niedrigere Temperaturdifferenzen an den Gebäudeoberflächen bei (Gebäude Begrünung Energie, 2014).

Kosten und Aufwand für Pflege und Wartung

Bedenken wegen vermeintlich hoher Kosten und aufgrund von Verlustrisiken infolge von Fehlplanung oder ausbleibender Wartung (verlorene Investitionen) werden bisher nicht fachgerecht ausgeräumt (Gebäude Begrünung Energie, 2014). Sowiesokosten im Unterhalt des Gebäudes sind gegenzurechnen, Lebenszykluskosten einzubeziehen. Bei beispielsweise erhöhten Wartungskosten von großflächigen bzw. hoch am Gebäude montierten Begrünungen ist von realen Einspareffekten bei einer z. B. halbjährlichen Bündelung der Begrünungs- und Fassadenwartung bzw. Glasreinigung auszugehen (siehe Abb. 3.47).

Gleiches gilt für die nötige Erreichbarkeit der Flächen mit Leitern oder Befahrsystemen (Oettelé, 2011; Gebäude Begrünung Energie, 2014). Die Einsparpotenziale einer möglichen Substitution von Sonnenschutzfolien und technischen Verschattungssystemen sowie die Einsparung durch Begrünung hinsichtlich Heiz-/Kühlenergie und Wartung technischer Verschattungssysteme sind ebenfalls zu berücksichtigen. Beachtenswert sind zusätzlich mögliche einspar-

Abb. 3.47: Begrüntes Hochhaus in Taipei: Bündelung der Pflege der Begrünung mit der Fassadeninstandhaltung

bare Investitionen für Raumklimageräte und deren Betriebskosten, anfallende Renovierungskosten (abhängig von Materialart, Farbe, Oberfläche und der örtlichen Schmutzbelastung) sowie notwendige Sanierungen aufgrund von Schäden an den Gebäudeoberflächen infolge eines direkten Witterungsangriffs (Sturm, Hagel). Zusammenfassend ist davon auszugehen, dass Pflege- und Wartungskosten extensiver Dachbegrünungen, bodengebundener Fassadenbegrünungen, einfacher wandgebundener Fassadenbegrünungen und von Mischformen durch die geschilderten Einsparungen kompensiert werden (Pfoser, 2016).

Wettstreit zwischen Architektur und Natur

Der Lebensraum Stadt ist von heterogenem Gebäudebestand und wachsenden Angebots- und Erlebniserwartungen geleitet – deren bauliche Erfüllung unterliegt zudem (mit Ausnahmen) rein wirtschaftlich optimierenden Interessen. Wird Architektur nicht im gesamtkonzeptionellen städtischen Zusammenhang gedacht, stehen im Fortschreiten der städtischen Verdichtung Freiraum, Vegetation und Fauna auf der Seite der Verlierer.

Der Begriff Green Building ist noch immer dem energieeffizienten Bauen vorbehalten, jedoch nicht zwangsläufig mit Vegetation.

Die gestalterische Kombination beider Inhalte ist noch selten, wird aber zunehmend Thema. Das kann unterschiedliche Gründe haben. Zum einen ist das städtische Platzangebot begrenzt, zum anderen entwickelt sich eine geänderte ökologische Einstellung – dies in Verbindung mit neuen bautechnischen Umsetzungsmöglichkeiten (Oswalt, 1998; Fabbrizzi, 2003; Graf, 2008; Pfoser, 2016). Die konzeptionelle Zusammenführung von Architektur und Landschaftsarchitektur ist Basis dieses Gestaltungswegs. Soweit die Form nur dem Gestaltungsziel folgt, gewinnt das Ergebnis die klimatischen Vorteile der Pflanzenanwendung ganz nebenbei. Handelt es sich um einen integrativen Ansatz, sind die vielfältigen Begrünungsvorteile überzeugend, wie gesenkter Energiebedarf und Leistungssteigerung, Materialschutz und Materialökonomie, Wertsteigerung, die Umfeldverbesserung mit umfassendem Nutzen für die Stadt sowie städtebauliche und freiraumplanerische Qualitäten, wasserwirtschaftliche Argumente, Beiträge zur Klimaanpassung und naturschutzfachliche Aspekte. Die in den Vordergrund tretende Erkenntnis der Mehrfachfunktion Gestaltung/Ökologie/Energie hilft der Überwindung von Vorurteilen.

Interessenkonflikte

Infolge der Spezialisierung von Teilgewerken sowie der wachsenden Komplexität von Anforderungen und Lösungen nimmt die Zahl der in die Planung rechtzeitig einzubindenden Fachrichtungen, Planungspartner und Behörden zu. Die erforderliche Interdisziplinarität erstreckt sich über den gesamten Prozess von Planung, Ausführung und Instandhaltung.

Kommunale Forderungen zur Begrünung setzen rechtzeitige verwaltungsübergreifende Abstimmungen und Schnittstellenklärungen hinsichtlich möglicher Interessenkonflikte voraus, wie z. B. Flächennutzung, Abstandsflächen, Nachbarrecht, Flächenkonkurrenz (z. B. Leitungsinfrastruktur, technische Aufbauten), Brandschutz, Zugänglichkeit (Installation, Pflege, Wartung, Erneuerung, gegebenenfalls Rückbau, Haftung). Diese Vorklärungen ermöglichen zugleich eine Unterstützung der Begrünungsabsichten einzelner Bauherren im Hinblick auf Planung, Fördergesuche sowie eine Vermeidung von Ausnahmeanträgen.

Sonderregelungen, wie eine genehmigungsfreie Fassadenbegrünung bis zu 20 cm (Beispiel Wien), adäquat zu genehmigungsfreien nachträglichen Dämmungen bis zu 25 cm (nach Landesbauordnung), sind wünschenswert. In Wien können zudem genehmigungspflichtige Fassadenbegrünungen ausgeführt werden, wenn seitens der genehmigenden Behörde binnen zwei Monaten kein Einspruch erhoben wird. Diese Regelungen führen insgesamt zu einer deutlichen Zunahme von Begrünungen im Bestand.

Planerischer und konstruktiver Mehraufwand

Der planerische und bauliche Mehraufwand hinsichtlich der Erweiterung des Bauleistungsbereichs und nötiger Abstimmungen mit Fachplanern und Ausführenden (z. B. in den Bereichen Vegetations- und Ver-/Entsorgungstechnik, Gebäudestatik sowie konstruktivem Aufbau) lässt sich nicht leugnen.

Zur Beurteilung der Ressourceninanspruchnahme einer Begrünung ist jedoch eine ökonomische Lebenszyklusbetrachtung zielführend. Die dabei relevanten Lebenszyklusphasen umfassen Planungsphase, Herstellungsphase (Materialwahl, Produktion, Transport), Konstruktionsphase (Auslieferung, Baustelleneinrichtung, Montage), Nutzungsphase (Kosten für Betrieb, Pflege und Instandhaltung), Erneuerungsphase (Teilerneuerung, Gesamterneuerung, gegebenenfalls Umbau) sowie Rückbau- und Entsorgungsphase (Weiterverwendung, Recycling, energetische Verwertung, Deponie) (König et al., 2009). Der Einfluss von Kosteneinsparungen und gegebenenfalls einem Zugewinn durch Wertsteigerung (z. B. Erhöhung der mietaktiven Fläche als Dachgarten, Magnetwirkung begrünter Gebäude), mögliche Material- und Techniksubstitutionen, die Senkung des Energiebedarfs und den Bauteilschutz bzw. die Verlängerung der Materiallebensdauer sind in der Gesamtkonzeption zu berücksichtigen und langfristig abzuwägen und wirken so ausgleichend.

Unkenntnis des Zusatznutzens

Derzeit überwiegen Vorurteile und Hemmnisse noch, das Wissen um die Potenziale von Gebäudebegrünungen ist gering. Dabei sind die Vorteile vielfältig. Sie liegen z. B. in der Gebäudeoptimierung (z. B. Einsparung von Kühlkosten, Reduktion des Wärmedurchgangs, Unterstützung/Entfall von Klimageräten, Unterstützung von aktiver/passiver Energiegewinnung, Steigerung des Immobilienwerts, Nutzflächenerweiterung, Bauteilschutz). Weitere Vorteile ergeben sich aus der Umfeldverbesserung, wie z. B. wasserwirtschaftliche Aspekte (Senkung der Niederschlagswassergebühr, Reduktion von Schäden durch Starkregenereignisse, Sturm und Hagel, Kanalentlastung), der Beitrag zum Klimaschutz (Vermeidung von Überhitzung, Verringerung der Luftbelastung), städtebauliche/freiraumplanerische Gründe (Aufwertung von Gebäuden und Freiraum, Minderung der Lärmbelastung) und naturschutzfachliche Aspekte (Eingriffsminimierung, Biotopverbund, Artenvielfalt sowie erweiterter Lebensraum für Flora und Fauna). In der ganzheitlichen Betrachtung zeigen sich demnach Kosten-/Nutzenvorteile nicht nur für den Eigentümer eines begrünten Gebäudes, sondern auch für die Stadt. Diese Vorteile beruhen hauptsächlich auf ökologischen Vorteilen, baulichen Schutzeffekten und einer gesteigerten Aufenthaltsqualität (Pfoser, 2016; Dachbegrünung – Leitfaden zur Planung, 2018).

Zielkonflikte mit technischer Gebäudeinfrastruktur

Technikgläubigkeit und die untergeordnete oder fehlende Berücksichtigung von Gebäudebegrünungen in Zertifizierungssystemen und der Energieeinsparverordung stellen die Lowtech-Lösung Gebäudebegrünung in den Hintergrund. Die zunehmende bauliche Dichte und der Umgang mit dem Bestand erfordern jedoch alternative Lösungswege. Eine konsequente Durchgrünung und Entsiegelung zur Maximierung der Verdunstungsleistung sowie eine maximale Nutzung des Hüllflächenpotenzials von Gebäuden sollten das Leitbild zukünftiger Planungen und Sanierungen sein. Ziel ist es, zugunsten von Begrünungen den Platzbedarf für Gebäudetechnik möglichst zu begrenzen. Multifunktionale Flächenlösungen sollten Stand der Technik sein, auch zur Vergrößerung der Biodiversität (z. B. sommerliche Verschattung durch sommergrüne Kletterpflanzen, Solargründächer, Retentionsdächer, Kombination von Gebäudebegrünung und Betriebs-/Prozesswasserklärung).

Sorge vor möglichen Schäden am Gebäude

Vorurteile gegenüber Fassaden- und Dachbegrünungen hinsichtlich Verselbstständigung der Pflanzen, Schmutz und Substanzschädigung bis hin zur Durchfeuchtung der Bausubstanz halten sich und werden durch nicht fachgerecht ausgeführte Begrünungen bestätigt.

Neben der Klärung der Zielvorstellungen und Umsetzungsstrategien gilt es, Fehlerquellen und die daraus resultierenden Schadensverläufe zu vermeiden.

Die Schadensursachen gliedern sich (abgesehen von einer bereits vorgeschädigten Bausubstanz) in folgende Kategorien:

- bautechnische Planungsfehler,
- ungeeignete Begrünungsform bzw. Pflanzenwahl,
- mangelhafte bzw. ausbleibende Pflege und Wartung (siehe Abb. 3.48).

Schäden sind demnach nicht primär auf die Begrünung selbst zurückzuführen. Daher gilt es vor allem, Widerstände aus Unkenntnis sowie aus fehlerhafter Anwendung auszuräumen, indem die Themen in ihrer botanischen Vielseitigkeit in direktem Zusammenhang mit den heutigen Kenntnissen zur Bautechnik und zum energetischen Bauen dargestellt werden. Eine entsprechend erweiterte interdisziplinäre Planungsintensität ist deshalb heute eine unerlässliche Voraussetzung für die vorsorgliche Schadensvermeidung.

Abb. 3.48: Überlastung und Abriss einer wandgebundenen Begrünung durch ausbleibende Pflege und Wartung

Angst vor Ungeziefer

In großem Umfang haben Begrünungsanwendungen mit Vorurteilen der „Ungeziefervermehrung" zu kämpfen (Schlößer, 2003). Umfragen relativieren diesen Sachverhalt jedoch. So werden Aussagen zu Bedenken vor Ungeziefer weitgehend von Bewohnern unbegrünter Gebäude getroffen.

Bewohner begrünter Gebäude sprechen sich diesbezüglich dagegen eher positiv aus. Zur Beurteilung wurde der Frage nachgegangen, welche Einstellungen zur Begrünungsanwendung an Gebäudefassaden in der Bevölkerung vorherrschen und inwieweit diese Art der städtischen Grüngestaltung von den Bürgern beachtet und akzeptiert wird.

Dazu wurden in 24 Stadtteilen von Köln zeitgleich schriftliche Befragungen durchgeführt. Im Ergebnis standen immerhin 84 % der Bewohner von begrünten Häusern und 68 % der Bewohner von unbegrünten Gebäuden einer Begrünung spontan positiv gegenüber (Schlößer, 2003).

Mangel an Fachwissen und Fachkräftemangel

Eine gelungene Fassadenbegrünung setzt Planung, Ausführung und Pflege nach den aktuellen Regeln der Technik voraus (vgl. Fassadenbegrünungsrichtlinien, 2018; Dachbegrünungsrichtlinien, 2018). An Gebäudebegrünung interessierte Bauherren und Investoren treffen noch immer auf unzureichend ausgebildete oder unmotivierte Ratgeber. Eine gleichermaßen zukunftsweisende sowie dem Stand der Technik entsprechende Aufklärung über die heutigen Möglichkeiten findet selten statt. Kosten und Gegenwert (monetärer wie nicht monetärer) können von Bauherren und Investoren nicht abgewogen werden. Überlegungen zu Umweltverantwortung, verantwortlichem Handeln und den eigenen Vorteilen basieren nicht auf belegten Fakten. Bauherren und Investoren werden dadurch in ihren Bedenken hinsichtlich vermeintlich überproportional hoher Kosten bzw. großer Verlustrisiken infolge von Fehlplanung oder falscher Wartung allein gelassen. Bei Beratung, Planung und Ausführung sollte daher die Fachkompetenz der Beteiligten gewährleistet sein (z. B. durch den Nachweis von Referenzen bzw. Referenzobjekten). Dem Fachkräftemangel ist durch eine Stärkung der Begrünungsbranche sowie die Eröffnung neuer Berufsfelder entsprechend den aktuell erweiterten Begrünungslösungen entgegenzuwirken (Dettmar et al., 2016; Pfoser, 2016).

Fehlende Abstimmung

Die Komplexität von Begrünungen gerade bei der Gebäudesanierung (Stichworte Dämmfassade/Umkehrdach) bedarf gleichermaßen einer Steuerung wie einer fachlichen Abstimmung der Gewerke (siehe Abb. 3.49). Auf die Kompetenz von Fachplanern und Fachbetrieben kann bei der Begrünung weder im Bereich der Planung noch bei der Ausführung und Pflege verzichtet werden. Gerade imageprägende Möglichkeiten, wie fassadenüberspannende bodengebundene Begrünungen, wandgebundene Begrünungen, intensive Dachbegrünungen sowie Multifunktionslösungen (z. B. Solargründach, Retentionsgründach, Biodiversitätsdach) setzen die Einbeziehung zusätzlicher Fachkenntnisse und ein positives Verhältnis zu einer interdisziplinären Optimierungsleistung voraus (Dettmar et al., 2016; Pfoser, 2016).

Abb. 3.49: Planungs- und Kommunikationsfehler: vorhandene Wuchsvorkonstruktion, jedoch fehlender Pflanzstreifen

Fehlende Auflagen und Förderungen

Städtische Auflagen zur Dach- und Fassadenbegrünung sind heute üblich, zur Fassadenbegrünung neuer Bauvorhaben jedoch eher selten. Obwohl konkrete genehmigungsrelevante Eingriffs- und Ausgleichsberechnungen bei Bauanträgen zur täglichen Routine geworden sind, liegen verlässliche Daten für eine Bewertung der unterschiedlichen Gebäudebegrünungstechniken praktisch nur zur Dachbegrünung und zur traditionellen bodengebundenen Wand- und Fassadenbegrünung vor. Der noch recht junge Datenfundus zu den neueren wandgebundenen Begrünungstechniken lässt eine Definition von Anforderungen und Bewertungskriterien erstmals mit den Forschungsprojekten „Green Pass" und „Wandgebundene Begrünungen – Quantifizierungen einer neuen Bauweise in der Klima-Architektur" zu (Köhler/Nistor, 2015). Dennoch besteht weiterer Forschungsbedarf. Einheitliche steuerliche Anreize zur Förderung der Fassadenbegrünung fehlen ebenfalls noch (Dettmar et al., 2016; Pfoser, 2016). Bei einer Befragung des Bundesverbands GebäudeGrün e. V. (BuGG) im Jahr 2019 gaben rund 137 von 206 Städten (67 %) an, Festsetzungen zur Dachbegrünung in Bebauungsplänen zu berücksichtigen. 93 Städte (45 %) gaben an, Festsetzungen zur Fassadenbegrünung in Bebauungsplänen zu berücksichtigen. Nur 41 Städte (20 %) gaben an, Fassadenbegrünung direkt zu fördern (BuGG-Marktreport Gebäudegrün, 2021). Das Fehlen von Auflagen und Förderungen wird meist mit dem notwendigen Koordinations- und Organisationsaufwand unterschiedlicher Behörden sowie durch Kapazitätsengpässe zur Überwachung der Vitalität von Begrünungen begründet. Andererseits gewährleistet gerade eine enge Zusammenarbeit von Gebäudebesitzer und Kommune das fachlich gute Gelingen der Maßnahme.

Fehlende Gesamtschau

Die wirtschaftliche Optimierung privater Investorenprojekte zielt auf den Verkaufserlös ab. Wo nur der merkantile Gewinn zählt, erfolgt die Realisierung auf einem niedrigen, gerade noch unangreifbaren Qualitätslevel. Auch bei großem Begrünungspotenzial besteht kein (über die Mindesterfüllung der vertraglichen Verpflichtungen hinausgehendes) Engagement des Investors, zusätzliche Ausgaben für die städtische Quartiersqualität oder für ökologische Verbesserungen der Umweltbedingungen im Nahbereich (und im Ganzen) zu tätigen. Es werden gegebenenfalls höchstens höhere Unterhaltungskosten bei Minimierung der Investitionskosten in Kauf genommen. Selbst in wichtigen städtischen Lagen haben Planer – soweit es keine entsprechenden Auflagen oder Ansprüche gibt – derzeit kaum Chancen, verantwortungsvolle Beiträge zu Lebenszyklusqualitäten ihrer Projekte durchzusetzen. Eine vorausschauende, multiple Faktoren miteinbeziehende Planung rechnet sich unter den aktuellen Bedingungen noch immer nicht. Das gegenwärtige Bauen fällt aufgrund der primären Fokussierung auf die Investitionskosten für einen gemeinsam getragenen integrativen Begrünungsanspruch aus. Einzelne additive Dach- und Fassadenbegrünungen der Bewohner leisten dort zumindest einen – wenn auch unsystematischen – Beitrag zur ökologischen und gestalterischen Verbesserung (Dettmar et al., 2016; Pfoser, 2016).

Mangelnde Akzeptanz

Der Nutzen der Gebäudebegrünung, die Zunahme und Beständigkeit ihrer Anwendung hängen letztlich von einem fachlichen und gestalterischen Erfolg der Ergebnisse und von einer breiten, auf gute Erfahrungen gegründeten Akzeptanz ab. Die interdisziplinäre Vernetzung von Bautechnik/Begrünungstechnik, Ökologie, Botanik, Gestaltung und kommunaler Steuerung ist die unverzichtbare Grundlage des Erfolgs. Die mit einer fehlerfreien Anwendung einhergehende Zunahme der Akzeptanz bei gleichzeitiger Wertschöpfung ist Voraussetzung für eine kontinuierliche Einbeziehung der Begrünung in die künftige Stadtentwicklung und für ihre rechtzeitige Berücksichtigung in der Gebäudeplanung. Die umfassende Systematisierung zu Gestaltungsmöglichkeiten und Anwendungsbedingungen heutiger Begrünungstechniken wirkt Vorurteilen, Informationsmangel, Anwendungsfehlern aus Unkenntnis und Fehlinvestitionen entgegen. Aktuelle Informations- und Simulationslösungen tragen dazu bei, Gebäudebegrünungen zukünftig in größerer Breite als verantwortungsvollen Beitrag der Architektur zu Stadtklima und Stadtbild behördlich vorgeben und planerisch leisten zu können (siehe Abb. 3.50).

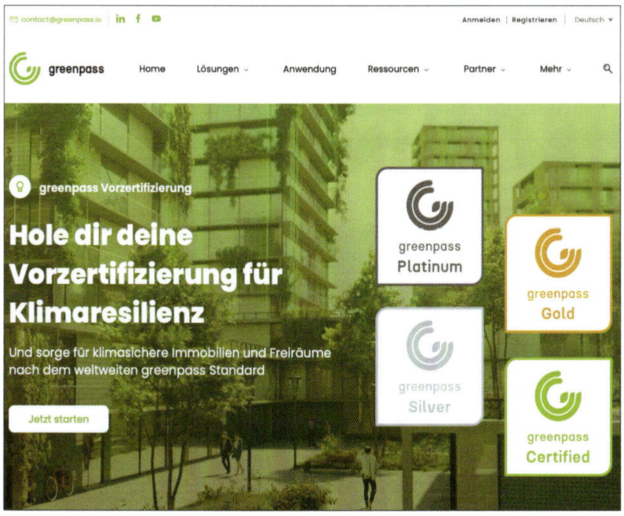

Abb. 3.50: Simulations- und Zertifizierungslösungen (Quelle: Greenpass Vorzertifizierung, 2024)

3.4 Instrumente zur Stärkung der Begrünung

Es sind verschiedene Lösungsansätze denkbar, mit denen die Bedenken von Bauherren und Investoren bezüglich einer Gebäudebegrünung zerstreut werden könnten. So wären Forderungen, direkte und indirekte Förderungen mögliche Optionen. Die Bandbreite reicht von gesetzlichen Vorgaben zur Begrünung (konsequente Festschreibung im Bebauungsplan, Auslegung von Bebauungsplänen) über finanzielle Zuschüsse für Planung, Konstruktion, Herstellung, Pflege und Wartung bis hin zu Anreizprogrammen hinsichtlich Klimaanpassung, energetischer Gebäudeoptimierung und wasserwirtschaftlicher Aspekte (z. B. gesplittete Abwassersatzung).

Freiwillige Bauwerksbegrünungen im Bestand

Freiwillige Gebäudebegrünungen im Bestand sind willkommen und möglich, sofern sie nicht das Planungs- und Nachbarrecht verletzen. Sie sind die Grundlage für gewollte und somit gut gepflegte und vitale Begrünungen.Als Anreiz ist eine freiwillige Begrünung durch Neuregelungen zu vereinfachen. Die Stadt Wien gilt in diesem Zusammenhang mit folgenden Festsetzungen als gutes Vorbild (Bauordnungsnovelle 2023, Inkrafttreten am 14. Dezember 2023 und 13. März 2024). Es wurden folgende Regelungen festgesetzt:

- Notwendige technische Systeme für die Begrünung von Fassaden dürfen bis zu 20 cm über Fluchtlinien, in Abstandsflächen sowie in Abstände im Gartensiedlungsgebiet vorragen. Dies entspricht z. B. der Regelung der deutschen Landesbauordnung für nachträgliche Wärmedämmungen mit bis zu 25 cm.
- Bei einer Kombination von Wärmedämmungen und Fassadenbegrünung darf um bis zu 30 cm überragt werden.
- Außerhalb von Schutzzonen bei Dachneigungen von höchstens 15 ° darf die bestehende Gebäudehöhe bzw. der oberste Gebäudeabschluss zur Begrünung von Dächern um weitere 15 cm überschritten werden.
- Bei einer Kombination von Wärmedämmungen (30 cm) und Dachbegrünung darf die Gebäudehöhe um bis zu 45 cm überschritten werden.

Eine entsprechende Änderung der deutschen Landesbauordnung ist wünschenswert.

Eine in Deutschland einheitliche Definition bewilligungsfreier Wuchsaufleitungen zur bodengebundenen Begrünung mit Gerüstkletterpflanzen an Bestandsbauten steht ebenfalls aus. Geregelt werden könnte darin z. B. eine maximale, bewilligungsfrei zu begrünende Geschosshöhe (außerhalb von Schutzzonen und Gebieten mit Bausperre) sowie der Umgang mit der Bau- und Fluchtlinie (z. B. genehmigungsfreie Begrünung bis 20 cm vor der Bau- oder Fluchtlinie). Ebenso sollten bauanzeigepflichtige Wuchsaufleitungen für Gerüstkletterpflanzen definiert werden.

Forderungen

Die Forderung von Gebäudebegrünungen ist Teil verschiedener Instrumente zur Unterstützung von Begrünungen im städtischen Raum. Kommunen können beispielsweise über den Bebauungsplan (B-Plan) Gebäudebegrünungen vorschreiben.

Diese Option ist ein wirksames Mittel, um Dach- und Fassadenbegrünungen im urbanen Raum zu etablieren und den Versiegelungsgrad zu reduzieren. Laut § 9 Abs. 1 Nr. 25 BauGB können Gebäudebegrünungen im Einzelfall oder gemäß § 31 Abs. 2 BauGB als Ausgleichsmaßnahme festgelegt werden. Wird eine Begrünung innerhalb eines Bebauungsplangebiets vorgeschrieben, ist der Bauherr verpflichtet, diese umzusetzen (Pfoser, 2016).

Satzungen haben den rechtlichen Charakter eines Bebauungsplans. Wenn eine darin geforderte Begrünung nicht umsetzbar ist, kann unter Umständen nach Absprache mit der genehmigenden Behörde alternativ eine Begrünung an anderer Stelle gefordert werden, etwa als Hof-, Dach- oder Fassadenbegrünung.

Zudem können städtebauliche Verträge die Begrünung von Gebäuden verbindlich vorschreiben. Diese Vorgaben auf kommunaler Ebene sind wichtige Mittel, um Gebäudebegrünung im Stadtraum zu verankern und damit die Vorteile von Begrünungen, auch zugunsten des Stadtklimas, zu nutzen. Kommunen sollten daher Gebäudebegrünungen insbesondere im Bestand in Verbindung mit energetischen Maßnahmen oder Sanierungen stärker in ihre Planungen einbeziehen, um ein Mitdenken von Begrünung bei der Gebäudeplanung/-sanierung zu verankern (Dettmar et al., 2016).

Die Stadt Wien schreibt beispielsweise eine Gebäudebegrünung von anteilig 20 % vor, wenn ein Bestandsgebäude zu 25 % verändert wird (z. B. durch eine Sanierung oder einen Dachausbau).

Gebäudebegrünungen sollten zudem im Genehmigungsverfahren der Voraussetzung einer laufenden Instandhaltung (Wartung und Pflege) durch qualifiziertes Fachpersonal unterliegen (vgl. Auflagen zugunsten des Brandschutzes bezüglich Brandmeldeanlagen). Wesentliche Grundlage kann der projektierte Lebenszyklus des Bauteils/Bauwerks sein, mindestens jedoch eine vorzugebende Lebensdauer (z. B. zehn Jahre). Ein auf die Standortqualitäten bezogenes Begrünungsziel mit Pflegekonzept ist zu entwickeln und dient als Basis für die Planung, Realisierung und Instandhaltung.Begründungstexte zu den Festsetzungen unterstützen die Akzeptanz und Umsetzung der Forderungen (Dachbegrünung – Leitfaden zur Planung, 2018).

Förderung

Die Hauptziele bei der Förderung urbaner Begrünungsmaßnahmen sind ebenfalls die Reduktion des Klimawandels und die Anpassung an dessen Folgen. Die Verbesserung ökologischer Funktionen und die Steigerung der Aufenthaltsqualität sind dabei wesentliche Kriterien. Dazu zählen zudem die Verbesserung der Luftqualität und die Verringerung der Lärmbelastung, um somit auch zum umweltbezogenen und menschlichen Gesundheitsschutz beizutragen (Dettmar et al., 2016).

In früheren Förderprogrammen für Dach- und Fassadenbegrünungen standen vor allem ökologische und gestalterische Aspekte im Fokus. Heute werden diese Ziele aus zwingendem Anlass zunehmend mit der Notwendigkeit verknüpft, auf lokaler Ebene Maßnahmen gegen den globalen Klimawandel zu ergreifen. Insbesondere in dicht besiedelten urbanen Gebieten, die besonders anfällig für dessen Folgen sind, kann so die Resilienz erhöht werden.

Angesichts der Zunahme stadtklimatischer Herausforderungen, wie „heißer Tage" (≥ 30 °C), „tropischer Nächte" (≥ 20 °C) und Starkregenereignisse, gewinnt das Stadtgrün an Bedeutung für die Bewältigung dieser Aufgaben.

Als sinnvoll hat sich eine Förderung mit stadtklimatischem Schwerpunkt erwiesen. Einzelne Städte und Quartiere mit besonderer stadtklimatischer Relevanz können so gezielt identifiziert werden. Die Umsetzung von Maßnahmen sollte prioritär in Problemgebieten gefördert werden, um eine hohe Effizienz der Fördermaßnahme zu gewährleisten. Auch Quartiere mit laufenden Sanierungs- oder Entwicklungskonzepten, die von stadtklimatischen Herausforderungen betroffen sind, können in die Förderung einbezogen werden. Dies ermöglicht die Nutzung von Synergieeffekten bei der Umsetzung der Maßnahmen (Dettmar et al., 2016).

Neben öffentlichen Flächen und Gebäuden geraten zunehmend auch private Gebäude und Grundstücke in den Fokus. Zahlreiche Kommunen setzen inzwischen Förderprogramme für Dach- oder Fassadenbegrünungen ein, um private Eigentümer zur Begrünung ihrer Immobilien zu motivieren. Meist handelt es sich dabei um kombinierte Förderprogramme für Dach- und Fassadenbegrünungen oder um allgemeine Stadtgrünförderungen, die auch die Begrünung von Höfen und Vorgärten umfassen (Dettmar et al., 2016).

Als besonders wirkungsvoll haben sich attraktive Anreizprogramme, wie z. B. getrennte Abwassergebühren, zum Schutz der Ressource Wasser erwiesen. Weitere Anreize, wie etwa Betriebswassernutzung, Trennsysteme, die Verwertung urbaner Biomasse, Kreislaufwirtschaft oder urbane Nahrungsmittelversorgung, tragen zu zukunftsorientiertem Handeln bei.

Solche Maßnahmen beeinflussen jedoch das private Eigentumsrecht erheblich. Angemessene Steuervorteile, wie beispielsweise im Denkmalschutz üblich, könnten dafür einen Ausgleich schaffen.

Planungs- und Umsetzungshilfen

Bestehende Vorurteile, Hemmnisse und hindernde Faktoren bei der Projektierung und Umsetzung von Dach- und Fassadenbegrünungen sind häufig auf Negativbeispiele durch Planungs- und Ausführungsfehler zurückzuführen, die durch mangelndes Fachwissen Beteiligter entstanden sind. Eine sorgfältige Planung erfordert eine fundierte und fachkundige Beratung. Im Rahmen einer landesweiten Förderung sollte daher auch eine umfassende Beratungsleistung sichergestellt sein, um den Erfolg der Programme und die Akzeptanz von Gebäudebegrünungen zu gewährleisten. In städtischen Förderprogrammen wird oft eine Kombination aus einem Handlungs- und Umsetzungsleitfaden sowie einer persönlichen Beratung angeboten. Dies setzt voraus, dass in den Kommunen oder Landkreisen ausreichend qualifizierte Ansprechpersonen für eine Beratung zur Verfügung stehen, da auch ein Leitfaden Gebäudebesitzer mit der Komplexität des Themas überfordern kann.

Eine zusätzliche Möglichkeit, Planungs- und Ausführungsfehler zu vermeiden, wäre ein Web-basierter Fragenkatalog, der sowohl Beratern als auch interessierten Gebäudeeigentümern zur Verfügung steht. In diesem Fragenkatalog könnten relevante Planungskriterien abgefragt und die Nutzer durch Ja-/Nein-Entscheidungen in einem Entscheidungsbaum zur passenden Pflanzenauswahl für ihr Begrünungsprojekt geleitet werden. Dieser Katalog könnte alle wesentlichen Aspekte abdecken, von der Bodenverfügbarkeit und den Gebäudeeigenschaften über Standortbedingungen, verfügbare Begrünungssysteme und bautechnische Anforderungen bis hin zu Pflegeanforderungen und gestalterischen Optionen (siehe dazu beispielhaft Stadtgrün im Klimawandel, 2024). Ein solcher Fragenkatalog wäre eine zeitgemäße und benutzerfreundliche Lösung, die es ermöglichen würde, zusätzlich andere Zielgruppen zu erreichen, die mit einem klassischen Leitfaden vielleicht nicht erreicht würden (Dettmar et al., 2016).

Unterstützung bei der Antragstellung für Begrünungsmaßnahmen seitens der Behörden (einschließlich Förderungen, Nachbarrecht, Umgang mit bestehender Leitungsinfrastruktur sowie Denkmal- und Brandschutz) und Förderungen für die Planung, die konstruktive und bauliche Umsetzung (wie Standortvorbereitung, Wuchshilfen, Verankerungstechniken und Bewässerungssysteme) sowie die Fertigstellungspflege sind ebenfalls geeignete Maßnahmen zur Überwindung anfänglicher Hürden bei der Begrünung.

Vorbildstädte und -projekte

Für eine stadtbildprägende und klimawirksame Gebietsentwicklung sind überzeugende Vorzeigeprojekte, insbesondere begrünte öffentliche Gebäude, vertrauensbildend und effektiv (siehe Abb. 3.51). Best-Practice-Beispiele einer Straße oder eines Quartiers überzeugen ganz von selbst. Öffentlich sichtbare Informationstafeln und Messdaten zu den positiven Effekten der Begrünung verdeutlichen den Erfolg solcher Maßnahmen und tragen ebenfalls dazu bei, Vorurteile abzubauen. Dies fördert die Akzeptanz und motiviert zu Eigeninitiative. Solche Ansätze lassen sich zudem gut mit weiteren Instrumenten wie Förderungen/Forderungen kombinieren.

Abb. 3.51: Zunahme der Akzeptanz von Gebäudebegrünungen durch erlebbare vorbildliche Projekte

Erfolgssicherung

Unabhängig von konkreten Forderungen und Förderprogrammen gibt es weitere Faktoren, die den Abbau von Hemmnissen fördern. Dazu zählen u. a. die gezielte Ansprache von Bauherren und Investoren durch Öffentlichkeitsarbeit, eine kompetente fachliche Beratung in Bezug auf Planung, Ausführung und Instandhaltung, eine vorausschauende Schnittstellenklärung, die professionelle Begleitung der Maßnahmen sowie das Nutzen und Kommunizieren des Imagegewinns nach erfolgreicher Umsetzung (Kontinuität der Öffentlichkeitsarbeit).

Um diese Erfolgsfaktoren zu gewährleisten, müssen in den zuständigen Verwaltungen und Abteilungen ausreichende personelle Ressourcen zur Betreuung, Beratung und Bearbeitung vorhanden sein (Dettmar et al., 2016).

4 Bedingungen für eine erfolgreiche Fassadenbegrünung im Bestand

Eine erfolgreiche Fassadenbegrünung im Bestand erfordert eine umfassende Planung, die sowohl technische als auch gestalterische und ökologische Faktoren berücksichtigt. Anders als bei Neubauten, bei denen die Begrünung von Beginn an in die Planung integriert werden kann, stellt die Begrünung von Bestandsfassaden eine besondere Herausforderung dar. Jedes Gebäude bringt individuelle Voraussetzungen mit, die sorgfältig analysiert werden müssen und auf die die Begrünung abzustimmen ist. Dazu gehören die Prüfung der Fassadenstruktur, die bauliche Beschaffenheit sowie die statischen Gegebenheiten.

Ein weiterer wichtiger Aspekt bei der Begrünung von Bestandsfassaden ist die Einbeziehung des Umfelds. Faktoren wie die Exposition der Fassade, klimatische Bedingungen vor Ort und die Wahl geeigneter Pflanzenarten spielen eine entscheidende Rolle für den langfristigen Erfolg von Begrünungen. Es gilt, Pflanzen auszuwählen, die an die lokalen Bedingungen angepasst sind und sowohl ästhetischen als auch funktionalen Anforderungen gerecht werden, wie beispielsweise der Verbesserung des Mikroklimas, dem Schutz vor Hitze oder der Minderung von Lärmbelastung.

Darüber hinaus müssen wirtschaftliche und rechtliche Rahmenbedingungen in die Planung einfließen. Dies umfasst sowohl die Kalkulation der Kosten und die potenziellen Fördermöglichkeiten als auch die Berücksichtigung baurechtlicher Vorgaben, wie Baurecht, Brandlast, Nachbarrecht und Zugänglichkeit der Fassade. Wichtig ist zudem die Versorgung der künftigen Begrünung mit Nährstoffen und Wasser, die je nach Begrünung und Standort gewährleistet sein muss.

Die Fassadenbegrünung bestehender Gebäude bietet zudem die Möglichkeit, Sanierungen um ökologische und energetische Konzepte zu erweitern. Interdisziplinäres Fachwissen und eine sorgfältige Berücksichtigung aller relevanten Kriterien sind daher wesentlich – nicht nur für die Realisierung, sondern auch für die langfristige Pflege und Erhaltung der Begrünung. Die nachstehend beschriebenen Arbeitsschritte bilden die Grundlage für einen nachhaltigen Begrünungserfolg und stellen sicher, dass die Erwartungen sowohl gestalterisch als auch funktional erfüllt werden.

4.1 Grundlagenanalyse

Für einen größtmöglichen Begrünungserfolg ist eine umfassende Analyse unerlässlich, die zunächst finanzielle Vorklärungen beinhaltet, umsetzungsrelevante Grundlagen zum Standort ermittelt (Exposition, Klimadaten, Bodeneigenschaften) sowie, mit dem Ziel der bauamtlichen Genehmigung, planungsrelevante Aspekte klärt (planungsrechtliche und nachbarrechtliche Umfeldbedingungen). Bei der Bestandssanierung sind zudem die Chancen zu prüfen, inwieweit die Begrünung zugleich synergetisch in das ökologische bzw. energetische Sanierungskonzept integriert werden kann. Ein mögliches Ziel ist beispielsweise die saisonale Regulierung der Verschattung von Raumverglasungen (z. B. Wintergärten), von Funktionsverglasungen (Luftkollektoren, transparente Wärmedämmung usw.) oder von Loggien.

Schritte der Grundlagenanalyse

1. Finanzielle Klärungen (vorhandenes Budget, mögliche Förderungen, Ermittlung potenzieller Einsparungsmöglichkeiten)
2. standortbezogene Klärungen (Lage, Klimadaten)
3. Ermittlung planungsrechtlicher und nachbarrechtlicher Umfeldbedingungen und Vorgaben des Denkmalschutzes (Auflagen, Abstandsflächen, Brandlast, Eingriffs- und Ausgleichsregelung)
4. konstruktive Klärungen (z. B. Wand-/Fassadenkonstruktion)
5. Chancenklärung eines energetischen/ökologischen Begrünungseinsatzes
6. Klärung der Art der Begrünung (bodengebunden oder wandgebunden)

4.1.1 Klärung von Kosten und Nutzen der Fassadenbegrünung

Bei der Realisierung von Fassadenbegrünungen stellt sich die Frage der Wirtschaftlichkeit. Die Investitions- und Betriebskosten sollten in einem angemessenen Verhältnis zu den langfristigen Vorteilen stehen. Die Investitionskosten für eine Begrünung bestehen aus den Aufwendungen für die Planung, die Realisierung (Materialien wie Substrat, Pflanzen, Drainage), die Installation sowie die erforderlichen Pflege- und Wartungsmaßnahmen. Zudem können statische Anpassungen notwendig sein. Eine frühzeitige Kostenplanung und das Einholen mehrerer Angebote sind entscheidend, um unnötige Mehrkosten zu vermeiden. In vielen Kommunen gibt es Förderprogramme, die Fassadenbegrünungen finanziell unterstützen. Dadurch kann ein Teil der Investitionskosten gedeckt werden. Dies ist bei der finanziellen Planung des Projekts zu beachten.

Langfristige Kosteneinsparungen sowie positive Auswirkungen auf das Allgemeinwohl sind ebenfalls zu berücksichtigen. Fassadenbegrünungen bieten sowohl für Gebäudeeigentümer als auch für die Kommune verschiedene Vorteile, insbesondere in Bezug auf ökologische Aspekte, baulichen Schutz und eine verbesserte Aufenthaltsqualität. Betriebskosteneinsparungen durch nachträgliche Fassadenbegrünungen entstehen durch eine Einsparung von Heiz- und Kühlkosten, die durch den zusätzlichen Schutz vor Temperaturschwankungen erzielt werden. Darüber hinaus kann der Schutz der Fassaden vor Witterungseinflüssen und mechanischen Belastungen die Lebensdauer der Gebäudehülle verlängern (vor allem bei vollflächigen Begrünungen). Fassadenbegrünungen werden im Rahmen von Zertifizierungen für nachhaltiges Bauen als positiver Faktor berücksichtigt. Auch in Anreiz-/Förderprogrammen können begrünte Fassaden bei Sanierungen oder energetischen Einzelmaßnahmen finanzielle Unterstützung erhalten.

Auch mögliche Substitutionen durch Fassadenbegrünungen, etwa der Ersatz von Fassadensichtmaterialien, können gegengerechnet werden. Dieser Effekt kann zu einer vollständigen Kompensation der Begrünungskosten führen, rechnet man z. B. die Baukosten ersparter Naturstein- oder Metallsichtflächen vorgehängt hinterlüfteter Wände/Fassaden gegen. Bei einem Ersatz durch Fassadengrün bringt die Gegenrechnung einer sonst mit einem Mehrpreis von bis zu 300 €/m² anzusetzenden, hochwertigen Sichtfassade hohe Kosteneinsparungen. Von/bis-Angaben der tabellarischen Kostengegenüberstellung (siehe Abb. 4.1) berücksichtigen die Kostenspreizung der ausgewerteten marktführenden Systemhersteller. Neben systemtypischen Baukosten wirken sich individuelle Einflüsse auf die Gesamtkosten aus: Die bau-/wartungstechnische Erreichbarkeit der vertikalen Grünanlage, die Pflanzenauswahl, die Pflanzungsdichte und der erforderliche Aufwand für die Wasser- und Nährstoffversorgungsanlage sind variable Kostenfaktoren. Daraus ergeben sich Werte für ein aktuelles flächenbezogenes Kostengefälle vom städtischen Einzelgebäude (ca. 100 m² zusammenhängende Begrünungsfläche) bis zur großflächigen Fassadenbegrünung von Baublöcken/Zeilen des Siedlungsbaus oder industriellen bzw. gewerblichen Wandflächen (mit ca. 1.000 m² Fläche). Ab diesem Flächenausmaß kann von einer konstanten mittleren Flächenkostenannahme ausgegangen werden, da keine weiteren kostenrelevanten Synergieeffekte auftreten.Außergewöhnliche Höhenlagen eines Begrünungsfelds über Erdboden können in der Betrachtung nicht berücksichtigt werden. Sie wirken sich je nach Einzelfall wegen der zusätzlichen Rüst- und Gerätekosten und infolge der höheren Sicherheitsanforderungen verteuernd auf Investition und Wartung aus. Bei begrünten Fassadenteilflächen wie Werbeflächen, floralen Kunstwerken oder Betonungen bestimmter Bauteile wie z. B. am La Fayette in Berlin (Patrick Blanc) sowie bei privaten Einfamilienhäusern ist die gestalterische und technische Individualität der Begrünungstechnik das dominante Merkmal. Die Kostenspreizung ist in diesen Fällen so groß, dass ihre Aufnahme in eine tabellarische Querschnittskosteninformation nicht möglich ist.

Insgesamt zeigt sich: Je größer die Begrünung ist, desto niedriger sind im Vergleich die Kosten pro Quadratmeter. Dies gilt auch für nachträgliche Begrünungen an Bestandsbauten. Je früher und konsequenter Fassadenbegrünungen in die Planungsphase integriert werden, desto rentabler wird die Investition.

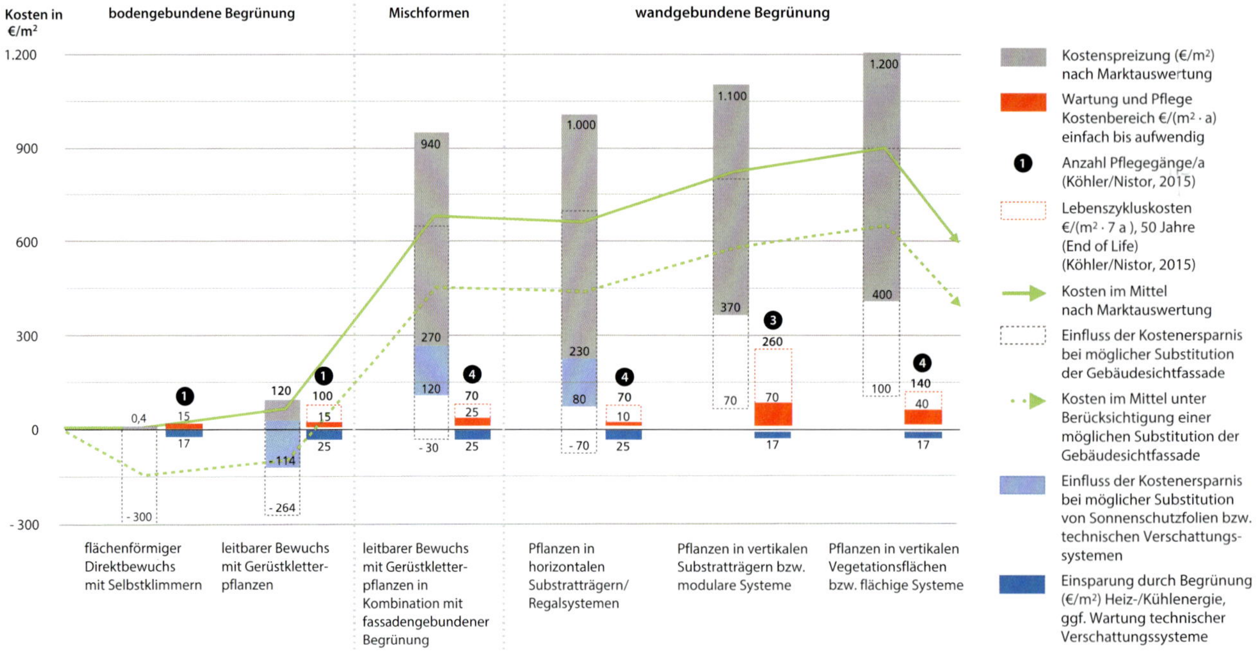

Variablen abhängig von: Auftragsvolumen (100 m²/1.000 m²), Primärkonstruktion, Systemkosten, Pflanzenauswahl- und -dichte, Technik der Wasser- und Nährstoffversorgung, Lage und Erreichbarkeit

Kosten automatisierte Bewässerung (Magnetventile, Rücklaufverhinderer, Druckregulator, Filter, Düngebeimischer, Steuereinheiten, Verbrauchsmaterial): ca. 820 €/m² (bei 1 m²), ca. 19 €/m² (bei 100 m²), ca. 5 €/m² (bei 1.000 m²) (Köhler/Nistor, 2015)

Abb. 4.1: Unterschiedliche Lösungen der Fassadenbegrünung im Kostenvergleich

Um unnötige Kosten zu vermeiden, wird zudem empfohlen, Angebote von verschiedenen Firmen einzuholen und unterschiedliche Bauweisen sowie Baustoffe zu vergleichen. Schon in der Planungsphase sollte auf Kostenoptimierung geachtet werden, indem Funktionalität und Synergieeffekte berücksichtigt werden.

Im Rahmen naturschutzrechtlicher Regelungen werden begrünte Fassaden als Minderungsmaßnahme bei der Bilanzierung berücksichtigt. Dadurch können ökologische Eingriffe direkt vor Ort teilkompensiert werden. Das reduziert den Bedarf an kostenintensiven Ausgleichsmaßnahmen an anderer Stelle. Repräsentative Fassadenbegrünungen erhöhen zudem die Akzeptanz bei den Nutzern und steigern den Wert des Gebäudes. Die ökonomischen Vorteile einer Begrünung entstehen aus der Verbesserung des Arbeits- und Wohnumfelds, der Aufwertung der Gebäudearchitektur, der Optimierung des Mikroklimas, der Schallminderung sowie der Bindung und Filterung von Schadstoffen. Darüber hinaus ist die Förderung der Artenvielfalt wesentlich. Diese Aspekte sind zwar im Kontext der Baukosten nur schwer quantifizierbar, die Wertsteigerung begrünter Projekte durch die ästhetische Aufwertung und die erhöhte Aufenthaltsqualität zeigt sich jedoch offensichtlich durch nachgewiesenermaßen geringere Bewohnerfluktuationen (z. B. Wagnis 4, München) und steigende Verkaufspreise (z. B. Bosco verticale).

Abb. 4.2 zeigt das Nutzungspotenzial unterschiedlicher boden- und wandgebundener Begrünungen, gegliedert in Nutzen für den Eigentümer und Nutzen für die Stadt. Die Kriterien der Abbildung sind Schwerpunkten zugeordnet, geringere und dennoch relevante Wirkungen werden gestrichelt dargestellt.

Um die Ressourcennutzung einer Begrünung umfassend zu bewerten, ist eine wirtschaftliche Lebenszyklusanalyse empfehlenswert. Dabei werden alle Phasen des Lebenszyklus betrachtet: von der Planungsphase über die Herstellung (einschließlich Materialwahl, Produktion und Transport), die Konstruktion (Lieferung, Baustelleneinrichtung, Montage) und die Nutzungsphase (Betriebs-, Pflege- und Instandhaltungskosten) bis zur Erneuerung, zum Rückbau und zur Entsorgung (Recycling, Weiterverwendung oder Kompostierung/Deponie).

Die Schrift „Wandgebundene Begrünungen: Quantifizierungen einer neuen Bauweise in der Klima-Architektur" der Hochschule Neubrandenburg (Köhler/Nistor, 2015) untersucht die Integration von vertikalen Begrünungen in der Architektur in Hinblick auf ihre ökologischen und ökonomischen Vorteile. Sie analysiert die Auswirkungen solcher Begrünungen auf das Mikroklima, die Energieeffizienz und die Lebensqualität in urbanen Räumen. Zudem werden Methoden zur quantitativen Bewertung der Vorteile vorgestellt, einschließlich der Kosten/Nutzen-Analyse. Die Arbeit betont die Relevanz von wandgebundenen Begrünungen für nachhaltige Baupraktiken und deren Potenzial zur Verbesserung des Stadtklimas sowie zur Förderung der Biodiversität. Sie entstand im Rahmen der Förderung durch das Bundesministerium für Bildung und Forschung (BMBF). Diese Förderung hat zum Ziel, innovative Ansätze in der Bau- und Klimaforschung und nachhaltige Baupraktiken zu unterstützen.

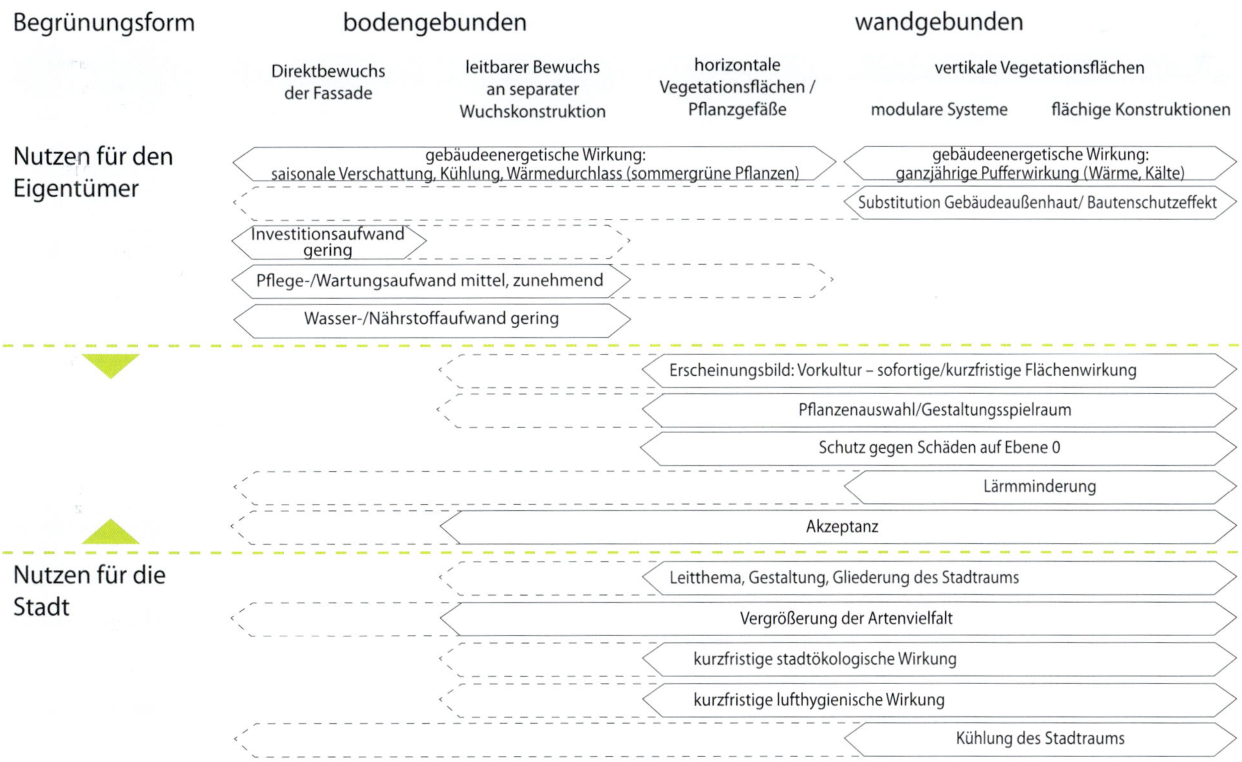

Abb. 4.2: Nutzen unterschiedlicher Begrünungsformen für den Eigentümer und die Stadt

4.1.2 Standortbezogene Klärungen

Zur korrekten Pflanzenauswahl werden Pflanzen unterschiedlichen Lebensbereichen zugeordnet (Hansen/Stahl, 1997). Diese richten sich nach den jeweiligen Standortansprüchen der Pflanzen. Es gibt für alle europäischen Standortbedingungen – abgesehen von zu großen Höhenlagen über Normalnull – botanisch und gestalterisch geeignete Pflanzen.

Lage und Ausrichtung des Gebäudes

Die Ausrichtung des Gebäudes (nach Süden, Westen, Norden oder Osten) hat direkten Einfluss auf die Sonneneinstrahlung, die Windbelastung und die Witterungseinflüsse. Gebäude oder Gebäudebereiche exponierter Lagen sind stärkeren Windbelastungen ausgesetzt. Das ist in der Planung der Fassadenbegrünung zu berücksichtigen. Eine nach Süden ausgerichtete Fassade ist einer direkter Sonneneinstrahlung ausgesetzt (sofern unverschattet), während eine nach Norden ausgerichtete Fassade in der Regel einen absonnigen Standort bietet. Fassaden, die starkem Wind oder großen Niederschlagsmengen ausgesetzt sind, erfordern ebenfalls besondere Berücksichtigung bei der Auswahl der Pflanzen und der Integration von Begrünungssystemen.

Wind kann insbesondere auf höheren Gebäuden, in offenen Lagen und in Eck- und Randbereichen problematisch für die Begrünung sein. Abstand zu Extrembereichen, angepasste Bewässerungen, windfeste Pflanzen und ein entsprechend stabiler Begrünungsaufbau sind in solchen windexponierten Lagen besonders wichtig.

Die Dauer und Intensität der Sonneneinstrahlung beeinflussen die Auswahl der Pflanzenarten. An sonnenexponierten Flächen kommen in der Regel an Hitze und Trockenheit angepasste Pflanzen zum Einsatz, während halbschattige/absonnige Standorte Pflanzen erfordern, die an geringere Lichteinstrahlung angepasst sind.

Klima

Klimatische Bedingungen, wie Temperatur, Niederschlagsmengen, Luftfeuchtigkeit und Windstärken, variieren je nach Region. In Gebieten mit extremen Hitze- oder Frostphasen müssen entsprechend Pflanzen gewählt werden, die diesen Bedingungen standhalten können. Die regionale Niederschlagsmenge beeinflusst den Wasserbedarf und damit die Planung von Bewässerungszyklen und -systemen.

Pflanzengesellschaften müssen hinsichtlich ihrer klimatischen Eignung, ihrer Versorgungsbedürfnisse (Wasser- und Nährstoffbedarf) und ihrer Wachstumseigenarten zusammenpassen und gestalterisch gezielt angeordnet werden (Konkurrenzverhalten, Wüchsigkeit, Höhe und Breite). Bezüglich der Tiefst- und Höchsttemperaturen sind nationale Karten zu den Winterhärtezonen (Heinze/Schreiber, 1984) und zur Globalstrahlung (DWD) verfügbar. Die Fassadenexposition und umgebende Bebauungen/Vegetationen können diese Werte beeinflussen, wie auch die für Pflanzen jeweils maximal verträgliche Windanströmung (siehe Abb. 4.3).

Erforderliche Vorklärungen zur Position der Begrünungsfläche:

- Höhe über Normalnull
- Klimazone/Winterhärte
- Himmelsrichtung (Nord, Süd, Ost, West)
- Lichtverhältnisse (sonnig, halbschattig, absonnig)
- durchschnittlicher Jahrestemperaturverlauf (Tiefst-/Höchsttemperaturen)
- durchschnittliche Sonnenscheindauer (Globalstrahlung)
- Grundwasserlage und -beständigkeit
- regionaler Jahresverlauf der Niederschlagsmengen
- vorherrschende Windrichtung und -stärke
- Sonstiges (z. B. Einflüsse des Klimawandels oder regionale klimatische Besonderheiten)

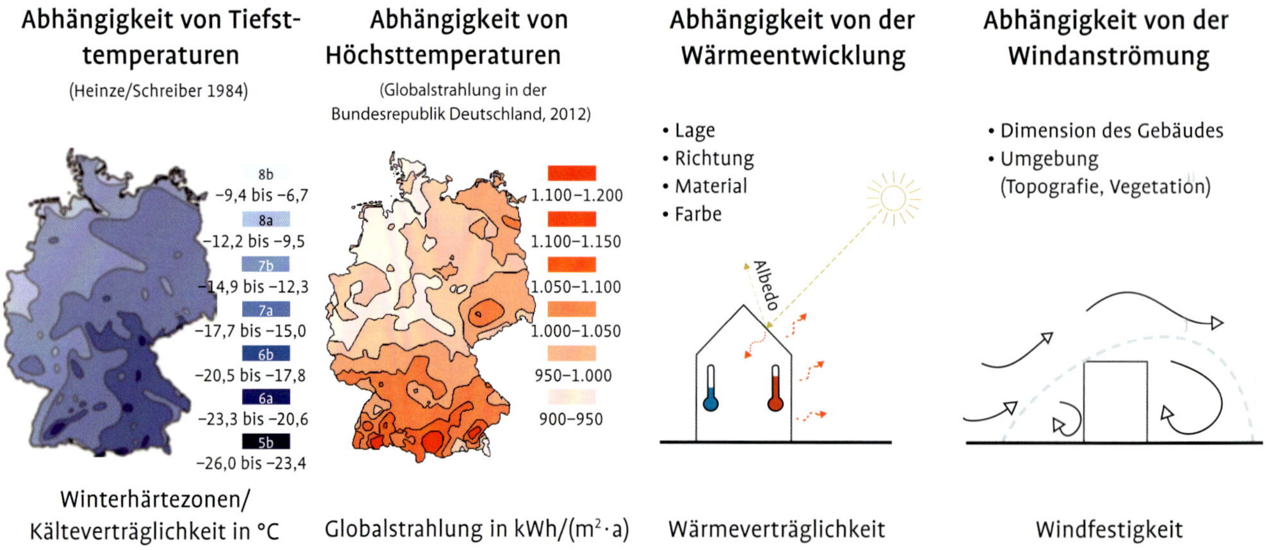

Abb. 4.3: Lebensbereichkriterien: Klima

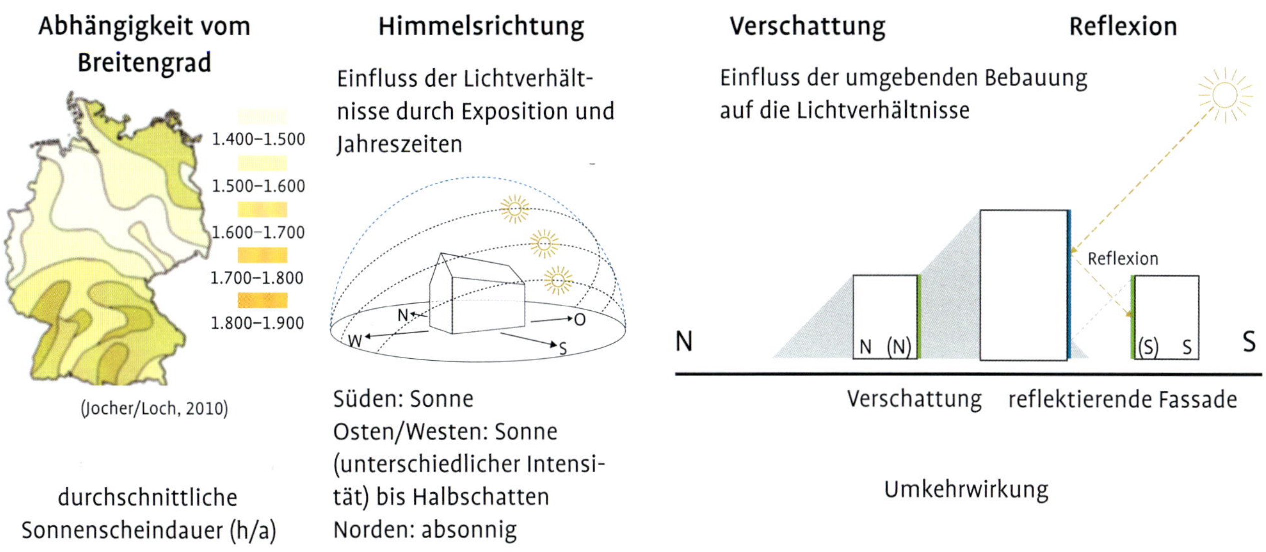

Abb. 4.4: Lebensbereichkriterien: Lichtverhältnisse

Lichtverhältnisse

Auch bezüglich der Lichtexposition sind aufeinander abgestimmte Lageanforderungen nötig (Hansen/Stahl, 1997). Die europäische Sonnenscheindauer (Jocher/Loch, 2010) nimmt von Süden nach Norden ab (siehe Abb. 4.4). Entsprechend unterschiedlich müssen geeignete Pflanzen ausgewählt werden. Besonderen Einfluss auf die Pflanzenwahl nimmt auch die Himmelsrichtung der Begrünungsfläche. Dabei ist eine mögliche Umkehrwirkung zu berücksichtigen: Südfassadenbegrünungen können durch Nachbargebäude teil- oder vollverschattet werden, es müssen also absonnige Pflanzen ausgewählt werden. Nordflächenbegrünungen können dagegen durch Sonnenlichtreflexion an gegenüberliegenden weiß gestrichene Fassaden sowie ausgedehnten Glas- oder Spiegelfassaden zu hell belichteten Flächen werden. Es müssen deswegen dafür besonders sonnenverträgliche Pflanzen ausgewählt werden.

Zu berücksichtigende Einflussfaktoren des umgebenden Geländes:

- Bodenverhältnisse des Pflanzstandorts, Bodenqualität (Zusammensetzung, pH-Wert, Sickerfähigkeit)
- Bodenbelastung durch Bauschuttanfüllungen bzw. Verunreinigungen durch Abfall (Bestand), gegebenenfalls bevorstehender Bodenaustausch
- regelmäßige Verschattungen aus in der Nähe stehender oder geplanter Vegetation (z. B. Bäumen)
- Zustand und Entwicklung vorhandenen Grünbestands
- topografische Besonderheiten (Mulden- oder Kuppenlage)
- Schutzmöglichkeit gegen mechanische Einwirkung (z. B. Vandalismus, parkende Fahrzeuge/Fahrräder, Schneeräumung, Sportfläche)
- Schutzmöglichkeit gegen chemische Belastung des Wurzelraums (z. B. Reinigungsmittel, Streusalz, Urin, Bodenkontamination, Auswaschungen der Fassade)
- Schutzmöglichkeiten gegen schädigende Einflüsse der örtlichen Fauna (z. B. Nager)
- Unterstützung der örtlichen Fauna (z. B. Lebensraum- und Nahrungsangebot für Insekten/Vögel)

Zu berücksichtigende Einflussfaktoren der umgebenden Bebauung:

- umgebende Bebauung und Bebauungsplanung
- vorhandene/geplante Tiefbaumaßnahmen entlang der Begrünung (z. B. Lage öffentlicher Ver- und Entsorgungsleitungen, Straßenbau, Straßenbeleuchtung)
- Art und Versiegelungsgrad der gebäudetangierenden Anschlussflächen
- Partikelimmissionen aus umgebender Industrie, Stäube, Feinstaub
- Windverwirbelung bzw. -umlenkung, Windschleusenbildung
- regelmäßige Sonnenlichtreflexion durch benachbarte Glas- bzw. Spiegelfassaden oder Glas- bzw. Solardächer
- regelmäßige Verschattung aus Baulichkeiten des Umfelds
- Pflanzenstandort im Regenschatten anderer Bauten
- gebäudetangierende Über-/Unterbauungen (z. B. Dachüberstände, Balkone, breite Fundamentüberstände, Tiefgaragen)

Boden- und Substratbedingungen

Für die Auswahl geeigneter Pflanzen ist die Beschaffenheit des Bodens bzw. des verwendeten Substrats entscheidend. Das Substrat muss den Pflanzen nicht nur Halt bieten, sondern auch eine gute Nährstoff- und Wasserversorgung sowie eine ausreichende Luftkapazität bei Wassersättigung sicherstellen.

Boden bzw. Substrat sollten durchlässig, nährstoffreich und strukturstabil sein. Ein lockeres, gut belüftetes Substrat sorgt dafür, dass die Pflanzenwurzeln ausreichend Sauerstoff erhalten und keine Staunässe entsteht. Die Zusammensetzung beeinflusst die Wasserhaltefähigkeit. Eine gute Drainage ist essenziell, um Staunässe und Wurzelfäule zu verhindern. Bei sehr wasserdurchlässigen Böden muss häufiger gewässert oder ein Bewässerungssystem integriert werden. Die Pflanzen müssen auf den Boden-/Substrat-pH-Wert abgestimmt werden.

Je nach Nährstoffbedarf der gewählten Pflanzen wird entweder ein nährstoffarmes Substrat verwendet oder eines, das für eine langfristige Nährstoffversorgung der Pflanzen sorgt. Eine regelmäßige Düngung kann insbesondere bei Substraten notwendig sein, wenn der Nährstoffgehalt im Laufe der Zeit abnimmt (pflanzenabhängig).

Ausgewählte Pflanzen

Anforderungen der Pflanzen und Pflanzengesellschaften sind zu berücksichtigen, wie in Bezug auf Licht (Exposition), Wasserbedarf und Wasserqualität (pH-Wert, Härte), Zusammensetzung und Menge der Nährstoffe sowie Bodeneigenschaften (Bestandteile, Azidität, Wasserspeicherfähigkeit, Durchlässigkeit und Durchlüftung) und Pflegebedarf (siehe Abb. 4.5). Der Sonnenverlauf bestimmt mit seinem mittleren Einstrahlwinkel die Wuchsrichtung sonnenbedürftiger Pflanzen. Das ist bei der Wahl des Pflanzenstandorts und bei der Planung von Wuchshilfen zu beachten. Die Erfüllung dieser Kriterien vorausgesetzt, kann die Pflanzenauswahl nach gestalterischen Zielen (Farbe, Belaubungsphase, Blühphase, Textur) getroffen werden. Die Abb. 4.3 und 4.4 fassen in einer Übersicht für Deutschland die Standortbedingungen bezüglich Klima, Lichtverhältnissen und Pflanzenbedürfnissen sowie deren Abhängigkeiten zusammen.

Zu begrünende Fassadenfläche

Auch die Beschaffenheit der Fassade/Wand spielt eine wesentliche Rolle bei der Planung von Fassadenbegrünungen, da sowohl das Material, der Fassadenaufbau (Art der Primärkonstruktion, gedämmt, ungedämmt), die Tragfähigkeit und die Oberflächenstruktur als auch der bauliche Zustand (Fugen, Vorschädigungen) entscheidenden Einfluss auf die Befestigung, das Wachstum und die langfristige Stabilität der Bepflanzung haben.

Erforderliche Vorklärungen zur Fassadenbeschaffenheit:

- Fassadengesamthöhe, -breite (bei Selbstklimmern) bzw. Dimension der Wuchshilfe abhängig von der Pflanzenauswahl (Gerüstkletterpflanzen)
- gestalterische Merkmale, Gliederung, Materialien und Farben und evtl. Verzierungen der Fassade mit Bezug zur Grüngestaltung (Flächenwahl, Pflanzen-, Systemwahl) zur Abstimmung von Befestigungselementen auf evtl. vorhandene Flächenraster
- Schadensfreiheit der Fläche, einwandfreie Fugenausbildung (Mauerwerksfugen, Dehnungsfugen)
- Homogenität, Rauheit und Struktur der Fläche (wichtig für die Haftung von evtl. eingesetzten Selbstklimmern)
- Aufheizung dunkler Wandoberflächen, insbesondere Metallfassaden, sowie dunkler Putzschichten auf Wärmedämmung
- Emmissionsfreiheit des Fassadenmaterials
- Klärung bestehender Lebensräume oder Nistplätze (z. B. Insekten, Vögel, Fledermäuse), Erhalt oder Kompensation
- Berücksichtigung evtl. geplanter späterer Umbaumaßnahmen
- voraussichtliche Renovierungsintervalle (Bestand), absehbarer energetischer Sanierungsbedarf (Bestand)

Bei der Planung sind zudem Vorklärungen zu konstruktiven/baulichen Elementen unerlässlich, um sicherzustellen, dass Stabilität, Befestigung und evtl. erforderliche Wuchsbegrenzungen auf die spezifischen baulichen Anforderungen sowie auf die Pflanzenwahl abgestimmt werden.

Erforderliche Vorklärungen zu baulichen Elementen:

- Abstimmung der Stabilität der Fassadenelemente, der Wuchskonstruktion und ihrer Befestigungen in Abhängigkeit von der Pflanzenwahl (z. B. bei Starkschlingern)
- Klärung von Lage und Ausbildung erforderlicher Begrenzungen der Wuchsausbreitung (z. B. an Fenstern, zu Nachbargebäuden, zu Flächen aktiver Solarenergiegewinnung)
- Bauweise und Montagefähigkeit der zu begrünenden Wandflächen
- Platzbedarf für Konstruktionselemente einer separaten Begrünungsebene
- Abstimmung der Stabilität der Fassadenelemente bzw. der Wuchskonstruktion und ihrer Befestigungen in Abhängigkeit von der Pflanzenwahl (z. B. bei Starkschlingern)
- Auswahl des passendes Begrünungssystems bzw. geeigneter Pflanzen in Abhängigkeit von der Fassadenfläche (z. B. Solarenergiegewinnung mit Überlagerung einer saisonalen Verschattung durch laubabwerfende Pflanzen,

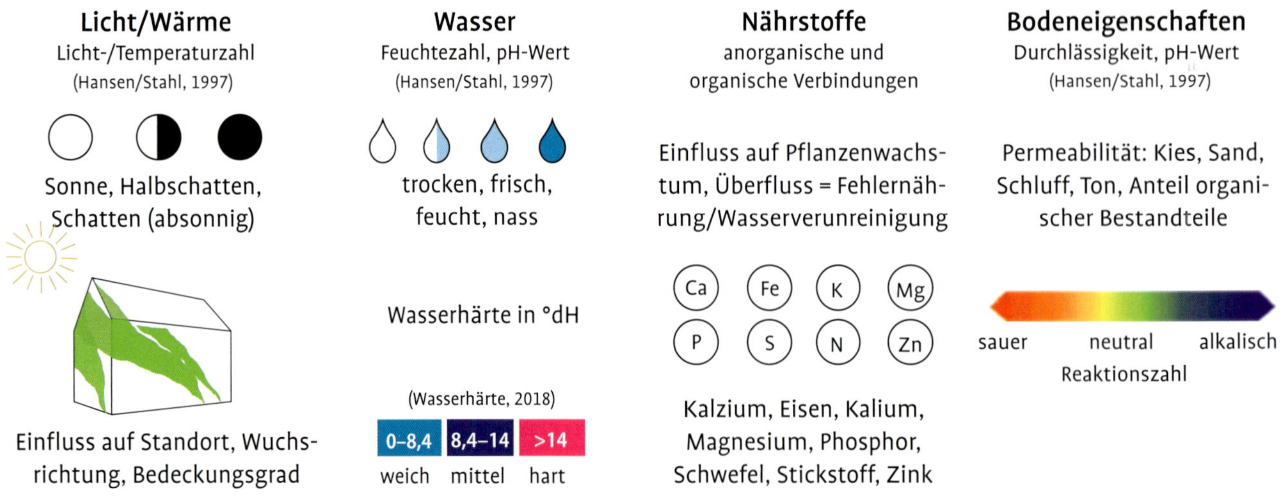

Abb. 4.5: Pflanzenbedürfnisse

wie z. B. vor Fensterflächen, Luftkollektorfassaden oder transparenten Wärmedämmungen)

Infrastruktur- und Versorgungsaspekte (Bestand und Planung) sind zu prüfen, bzw. vorauszudenken, um notwendige Stellflächen, die Wasser- und Energieversorgung sowie technische Einrichtungen für die langfristige Pflege und Wartung der Begrünung optimal integrieren zu können.

Erforderliche Vorklärungen zur Infrastruktur und Versorgung:

- Vorhaltung von Stellflächen für Wartungsgerät und -gerüst (Standort für Steiger bzw. Scherenhubtisch und Lagerort für Materialanlieferung, Standort für spätere Wartung/Pflege)
- Regenwasserbevorratung (z. B. Zisterne) für die Bewässerung, Klärung der zur Verfügung stehenden Wasserqualität (keine Belastung durch Biozide aus Wand-/Fassadenanstrichen oder Dachabdichtungen, wie z. B. Mecoprop, oder durch Weichmacher)
- Möglichkeit einer frostfreien Unterbringung der Bewässerungsanlagentechnik, gegebenenfalls mit Nährstoff-Dosieranlage
- Energieversorgung (Geräte zur Pflege und Wartung, gegebenenfalls Pumpenstrom)
- Möglichkeit zur Abführung von überschüssigem Wasser unterhalb der Begrünungsebene, gegebenenfalls Abstimmung mit der Stadtentwässerung
- in der Wand befindliche Abluft- bzw. Abgas- oder Dampfauslässe
- auf der Außenwand geführte Kabel oder sonstige Anbauten (Blitzableitung, Satellitenschüsseln, Antennen, Telefonfestnetz, Außenbeleuchtungen)

4.1.3 Planungs- und nachbarrechtliche Umfeldbedingungen

Zur Planung und Ausführung von Fassadenbegrünung sind im Vorfeld planungsrechtliche und nachbarrechtliche Vorgaben zu klären.

Bauplanungsrecht

Vorgaben durch einen Bebauungsplan

Der Umgang mit Bestandsbauten kann durch Bebauungspläne geregelt sein (z. B. Abstandsflächen, Brandlast, Eingriffs- und Ausgleichsregelung, Denkmalschutz). Der Bebauungsplan (B-Plan) kann zudem spezifische Vorgaben beinhalten, die Fassadenbegrünungen festlegen und regeln. Dies sind beispielsweise Anforderungen an die Pflanzenauswahl (einheimische oder bestimmte Arten) oder an die technische Umsetzung (z. B. Art der Kletterhilfen, Flächendeckung in Jahren).

Im Zuge von Strategien zur Klimaanpassung und zur Einführung von Nachhaltigkeitskriterien können bestehende Bebauungspläne durch förmliche Verfahren angepasst werden (Änderungsbeschluss, Beteiligung der Öffentlichkeit, Umweltprüfung, Beschlussfassung und Inkrafttreten nach öffentlicher Bekanntmachung). Bestandsgebiete können aber auch nachträglich mit Bebauungsplänen versehen werden.

Rechtmäßige Gebäude genießen Bestandsschutz. Neue Auflagen greifen in der Regel bei Sanierungen, Nutzungsänderungen, Erweiterungen und Umbauten.

Städtebauliche und architektonische Vorgaben sowie Anforderungen an die Energieeffizienz im Bebauungsplan (u. a. Gebäudehöhe und -maße) können ebenfalls Einfluss auf die Planung von Fassadenbegrünungen haben. Auch wasserrechtliche Vorgaben nach dem Wasserhaushaltsgesetz (WHG) sind einzuhalten.

Bei einer nachträglichen Fassadenbegrünung kann eine statische Überprüfung notwendig sein, um den allgemeinen bauordnungsrechtlichen Anforderungen zu entsprechen (Standsicherheit des Gebäudes und Tragfähigkeit der Fassade).

Gestaltungsvorschriften

Der Bebauungsplan oder örtliche Gestaltungssatzungen können Vorgaben zur äußeren Erscheinung von Gebäuden regeln, auch die Begrünung von Fassaden.

Bauordnungsrecht

Landesbauordnungen

Die Landesbauordnungen (LBO) der Bundesländer enthalten allgemeine Anforderungen an bauliche Anlagen und Bauprodukte. Dies betrifft insbesondere die Standsicherheit, die Tragfähigkeit der Fassaden, die Brandsicherheit sowie die Einhaltung von Abstandsflächen.

Vorgaben zu Abstandsflächen

Fassadenbegrünungen dürfen die vorgeschriebenen Abstandsflächen nicht verletzen, insbesondere wenn sie in den Bereich dieser Flächen hineinragen oder das Wachstum über die Grundstücksgrenze hinausgeht. Je nach Bundesland gibt es in den Nachbarschaftsgesetzen spezifische Regelungen zu Grenzabständen von Pflanzen. Um nachbarrechtlichen Auflagen gerecht zu werden, empfiehlt es sich, frühzeitig Landschaftsarchitekten, Architekten, Fachplaner sowie gegebenenfalls Juristen einzubeziehen.

Nachbarrecht

Das Nachbarrecht regelt Beziehungen zwischen Grundstücksnachbarn und greift hinsichtlich Gebäudebegrünungen insbesondere dann, wenn eine Begrünung nachteilige Auswirkungen auf Nachbargrundstücke hat. Es dient dem Schutz der Rechte des Nachbarn und kann Einschränkungen in Bezug auf die Ausgestaltung einer Begrünung zur Folge haben.

Nach § 1004 Bürgerliches Gesetzbuch (BGB) vom 2. Januar 2002, zuletzt geändert am 23. Oktober 2024, und den Nachbarrechtsgesetzen der Länder darf eine Begrünung nicht über die Grundstücksgrenze hinauswachsen. Der Nachbar hat das Recht, überhängende Äste oder Wurzeln abzuschneiden oder deren Entfernung zu verlangen. Zudem dürfen Nachbarn nicht unzumutbar durch die Begrünung beeinträchtigt werden, z. B. durch übermäßigen Schattenwurf, Beeinträchtigung des Lichteinfalls sowie gegebenenfalls durch Laub, Früchte und Pollen. Dies ist jedoch interpretationsbedürftig und führt in der Praxis häufig zu einer Entscheidung im Einzelfall.

Wenn für die Begrünung ein Teil des Nachbargrundstücks oder eine bestimmte Nutzung des eigenen Grundstücks notwendig ist, können privatrechtliche Vereinbarungen getroffen und durch Dienstbarkeiten gesichert werden. Diese müssen in das Grundbuch eingetragen werden und binden auch spätere Eigentümer.

Nachbarschaftsrechtliche Regelungen im Zusammenhang mit Fassadenbegrünungen betreffen vorrangig Licht- und Schattenwurf, Bewuchsüberhang, Wuchsausbreitung, Immissionsschutz und ästhetische Beeinträchtigungen.

Denkmalschutz

Bei denkmalgeschützten Gebäuden ist jede Veränderung an der Fassade genehmigungspflichtig. Eine Fassadenbegrünung kann daher nur nach Zustimmung der Denkmalschutzbehörde vorgenommen werden, um das historische Erscheinungsbild nicht zu beeinträchtigen (siehe Abb. 4.6).

Zum Teil gibt es Ausnahmen, wenn der Urzustand der Fassade durch eine spätere Beseitigung der Begrünung jederzeit wiederhergestellt werden kann. Sinnvoll ist auch das Betrachten historischen Bildmaterials (siehe Abb. 4.7).

Nicht selten waren historische Gebäude begrünt, z. B. das Herrenhaus Franz Späth in Berlin (1874), das Wohnhaus für Adolf Otto von Heinrich Tessenow (1912), diverse Gebäude von Hermann Muthesius, Gebäude in Gartenstädten dieser Zeit sowie auch Kliniken, wie z. B. das Uniklinikum Liebigstraße in Leipzig (ca. 1930).

Abb. 4.6: Begrünung des Erdgeschosses eines historischen, denkmalgeschützten Gebäudes

Brandschutz

Fassadenbegrünungen müssen den brandschutzrechtlichen Vorgaben hinsichtlich Brandlasten und Feuersicherheit entsprechen. Es muss sichergestellt werden, dass die Begrünung vital ist, nicht als Brandlast wirkt und die Ausbreitung von Feuer über die Fassade nicht begünstigt wird (siehe Abb. 4.8). Der vorbeugende Brandschutz für begrünte Fassaden erfordert daher eine sorgfältige Planung und wird durch kontinuierliche, fachgerechte Pflege und Wartung sichergestellt.

Wichtig ist die Vermeidung abgestorbener Pflanzenteile (Totholz) sowie der Erhalt der Vitalität der Pflanzen. Obwohl Pflanzen nicht als Bauprodukte klassifiziert sind, muss das Schutzziel der Begrenzung der Brandausbreitung über die Fassade unbedingt erreicht werden.

Es ist bekannt, dass gesunde und vitale Pflanzen eine geringe Entzündlichkeit aufweisen. Erst nach längerem Einwirken einer Flamme neigen sie dazu, auszutrocknen und Feuer zu fangen. In den Brandversuchen, die 2023 und 2024 von FireSafeGreen durchgeführt wurden, konnten folgende vorläufige Erkenntnisse gewonnen werden.

Alle Pflanzen waren selbstverlöschend nach Ausschalten der Primärflamme. Eine horizontale Brandausbreitung trat nicht oder nur in sehr geringem Maße auf. Eine vertikale Brandausbreitung erfolgte über dem Primärbrandbereich durch ein kurzes Aufflammen ausgetrockneter Triebe und Blätter (Sekundenbrand). Dabei verbrannten Triebe und Blätter vollständig, ohne brennend herabfallende Teile. Die Wärmefreisetzung lag deutlich unter der vergleichbarer normal entflammbarer Baustoffe. Es gibt keinen signifikanten Unterschied im Brandverhalten zwischen den Pflanzenarten (bei den gängigen Kletterpflanzen) und zwischen belaubtem und unbelaubtem Zustand (Sommer/Winter). Ein möglicher Abbrand der Begrünung führt nicht zu einer

Abb. 4.7: Sichten historischen Bildmaterials zur Klärung der Begrünung eines denkmalgeschützten Gebäudes (Familienfoto um 1900)

Abb. 4.8: Brandlast durch nicht vitale Pflanzenteile infolge mangelnder Pflege

Entzündung der dahinterliegenden Holzfassade bei einem Wandabstand von 11 cm oder mehr (Engel, 2024).

Bereits abgestorbenes Pflanzenmaterial verhält sich hingegen anders: Es entzündet sich schnell und fördert eine rasche Brandausbreitung sowie eine intensive Hitzeentwicklung.

Aus brandschutztechnischer Sicht ist die Genehmigung für begrünte Fassaden im Einzelfall erforderlich. Dabei sind Größe, Höhe und Art der Nutzung des Gebäudes entscheidende Faktoren. Die relevanten Vorschriften der Landesbauordnung sowie die Einteilung in Gebäudeklassen sind zu beachten.

Zur Sicherstellung der Rettung von Mensch und Tier sind Feuerwehrzufahrten und -aufstellflächen sowie wirksame Löscharbeiten zu realisieren (Sowiesoplanungsleistungen, die auch ohne Begrünung erforderlich sind).

Um eine Brandausbreitung zu verhindern, sollten folgende Maßnahmen ergriffen werden:

- Brandabschnitte dürfen nicht überwachsen werden.
- Ein Übergreifen von Feuer auf die Dachkonstruktion ist zu verhindern.
- Kletterhilfen und Trägersysteme sind mindestens in B1 auszuführen.
- Schutzmaßnahmen gegen Brandüberschlag sind einzurichten (z. B. durch Brandriegel aus mindestens 20 cm auskragenden Blechen).
- Maßnahmen gegen Sockelbrände sind zu treffen, etwa durch die Vermeidung von Müllaufstellflächen bei Begrünung ab dem Sockel.
- Eine ausreichende Abstandsregelung (> 5 m) zu benachbarten Objekten ist zu gewährleisten.

Treppenhäuser und innenliegende Rettungswege dürfen nur dann begrünt werden, wenn sie keine Fenster aufweisen bzw. wenn sichergestellt werden kann, dass weder Feuer noch Rauch in das Treppenhaus gelangt.

Tabelle 4.1 fasst die Empfehlungen der Arbeitsgemeinschaft der Leiter der Berufsfeuerwehren und des Deutschen Feuerwehrverbands zusammen, gegliedert nach Gebäudeklassen und Bauhöhe.

In jedem Fall muss ein Mindestabstand der Bepflanzung von 1 m zum Dachrandanschluss (Unterkante Unterkonstruktion Traufe) eingehalten werden. Für wandgebundene Bauweisen sind durchgängige Brandriegel zwischen den Geschossen zu realisieren oder jeweils ein Geschoss (mindestens 3 m Höhe) begrünungsfrei zu halten. Alternativ zu durchgängigen Brandriegeln werden unbepflanzte Bereiche um Öffnungen in den Fassaden von mindestens 0,5 m zu

Tabelle 4.1: Empfehlungen der Arbeitsgemeinschaft der Leiter der Berufsfeuerwehren und des Deutschen Feuerwehrverbands zur Gebäudebegrünung, gegliedert nach Gebäudeklassen und Bauhöhe (Brandschutz großflächig begrünter Fassaden, 2020)

Gebäude mit einer Höhe bis zu 7 m (Gebäudeklasse 1 bis 3)	**Gebäude mit einer Höhe bis zu 13 m (Gebäudeklasse 4)**	**Gebäude mit einer Höhe bis zu 22 m (Gebäudeklasse 5)**	**Gebäude mit einer Höhe über 22 m (Gebäudeklasse 5)**
Brandabschnitte dürfen nicht überwachsen werden.	Brandabschnitte dürfen nicht überwachsen werden.	Brandabschnitte dürfen nicht überwachsen werden.	Brandabschnitte dürfen nicht überwachsen werden.
Ein Übergriff von Feuer auf die Dachkonstruktion ist zu verhindern (1 m Abstand von der Begrünung zur Traufe).	Ein Übergriff von Feuer auf die Dachkonstruktion ist zu verhindern (1 m Abstand von der Begrünung zur Traufe).	Ein Übergriff von Feuer auf die Dachkonstruktion ist zu verhindern (1 m Abstand von der Begrünung zur Traufe).	Ein Übergriff von Feuer auf die Dachkonstruktion ist zu verhindern (1 m Abstand von der Begrünung zur Traufe).
	Trägersysteme sind mindestens in B1 auszuführen.	Trägersysteme sind mindestens in B1 auszuführen.	Trägersysteme sind mindestens in B1 auszuführen.
		Zur Verhinderung einer Brandentstehung ist eine Pflegeordnung zu erstellen.	Zur Verhinderung einer Brandentstehung ist eine Pflegeordnung zu erstellen.
		Zur Sicherstellung der Rettung von Mensch und Tier dürfen sich Rettungswegefenster nicht im Bereich begrünter Fassaden befinden.	Zur Sicherstellung der Rettung von Mensch und Tier dürfen sich Fenster eines notwendigen Treppenraums nicht im Bereich begrünter Fassaden befinden.
		Feuerwehrzufahrten und Aufstellflächen von Hubrettungsgeräten sind zur Sicherstellung wirksamer Löscharbeiten zu realisieren.	Feuerwehrzufahrten und Aufstellflächen von Hubrettungsgeräten sind zur Sicherstellung wirksamer Löscharbeiten zu realisieren.
			Begrünte Außenwände müssen raumabschließend feuerbeständig ausgeführt sein.
			Es ist zu prüfen, ob Löschmaßnahmen durch handgeführte Rohre über Balkone/Terrassen möglich sind.

jeder Seite und 1,0 m oberhalb der Öffnung akzeptiert. Für den Einsatz von Kletterpflanzen kann die Anbringung von Brandriegeln auf Fensterstürze beschränkt werden (siehe Abb. 4.9, 4.10 und 4.11).

Energie- und Umweltrecht

Gebäudeenergiegesetz

Fassadenbegrünungen dürfen die energetische Funktion der Fassade nicht negativ beeinflussen. Umgekehrt können sie jedoch auch als Maßnahme zur Energieeinsparung gefördert werden (Kühlung durch Verschattung und Verdunstung, Verminderung des Wärmedurchgangs).

Wasserhaushaltsgesetz

Wenn zur Bewässerung der Begrünung Regenwasser genutzt wird, sind Regelungen des Wasserhaushaltsgesetzes zu beachten. Es regelt u. a. den Schutz oberirdischer Gewässer und des Grundwassers, um deren nachhaltigen Erhalt und eine umweltverträgliche Nutzung sicherzustellen.

Naturschutzrecht und Artenschutz

Naturschutzrechtliche Bestimmungen sind zu beachten. Die Eingriffs- und Ausgleichsregelung ist ein zentraler Bestandteil des deutschen Naturschutzrechts nach Bundesnaturschutzgesetz (BNatSchG). Sie regelt, wie mit Eingriffen

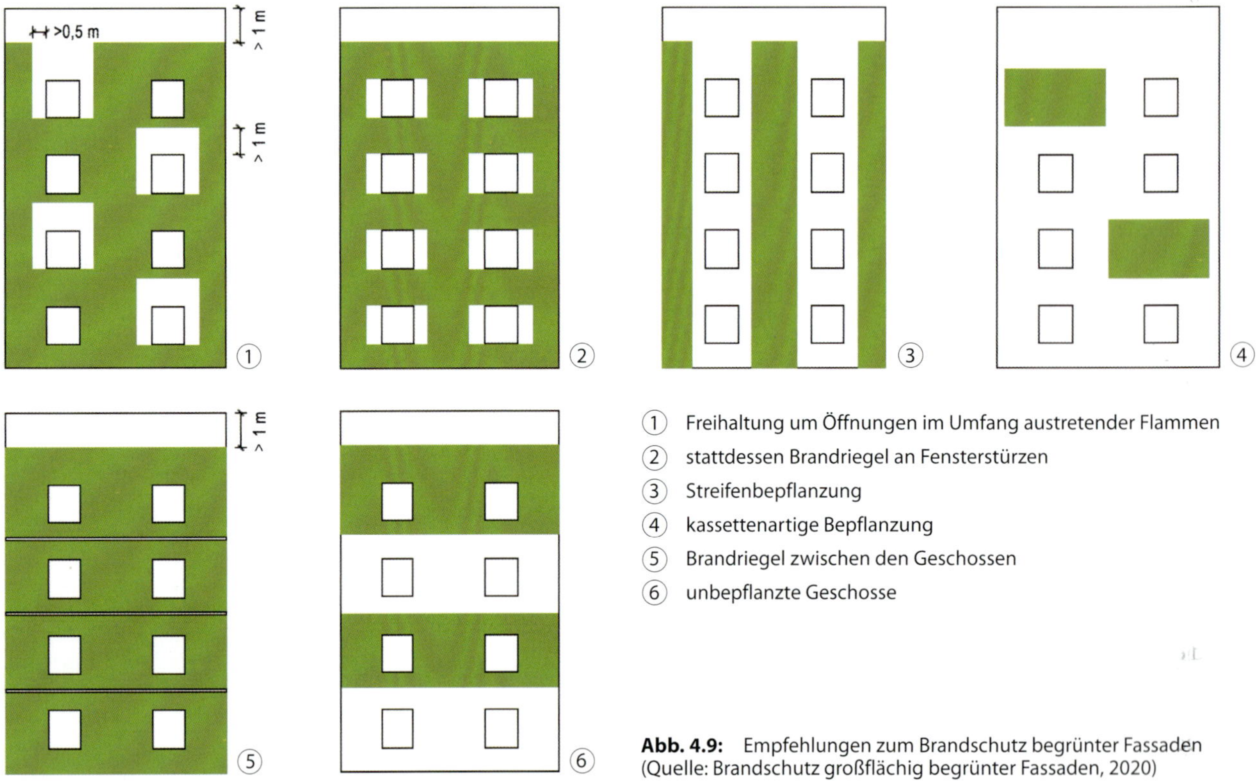

Abb. 4.9: Empfehlungen zum Brandschutz begrünter Fassaden (Quelle: Brandschutz großflächig begrünter Fassaden, 2020)

Abb. 4.10: Brandriegel über den Fensterstürzen, um Brandausbreitung zu verhindern

Abb. 4.11: Fensterleibungen als allseitige Brandriegel

in Natur und Landschaft, z. B. Flächenversiegelung durch Bauvorhaben (Straßen, Gebäude, Industrieanlagen), und anderen baulichen Maßnahmen umzugehen ist, die den natürlichen Boden, den Wasserhaushalt, die Luftqualität oder die Lebensräume von Tieren und Pflanzen negativ beeinflussen, um den ökologischen Zustand so weit wie möglich zu erhalten oder wiederherzustellen.

Das Naturschutzrecht fordert zunächst, dass Eingriffe in Natur und Landschaft vermieden oder so weit wie möglich minimiert werden. Sind Eingriffe unvermeidbar und entstehen trotz Minimierungsmaßnahmen erhebliche Beeinträchtigungen, müssen Ausgleichs- oder Ersatzmaßnahmen folgen oder Kompensationsmaßnahmen ausgewiesen werden. Diese sind im Rahmen von Bauleitplanungen bei der Abwägung oder bei der Genehmigung von Bauvorhaben rechtlich bindend zu berücksichtigen. Fassadenbegrünungen können zur Verbesserung des Standorts als Ausgleichsmaßnahmen herangezogen werden.

Haftungsrecht

Der Eigentümer eines Gebäudes ist verpflichtet sicherzustellen, dass die Begrünung keine Gefahr für Dritte darstellt, z. B. durch herabfallende Pflanzenteile. Bei Verletzung dieser Pflicht kann er haftbar gemacht werden.

Sonstige privatrechtliche Vereinbarungen

Privatrechtliche Regelungen zur Gebäudebegrünung betreffen in erster Linie die Beziehungen zwischen privaten Parteien, wie Eigentümern, Mietern, Nachbarn oder Wohnungseigentümergemeinschaften. Sie werden durch mietrechtliche Vereinbarungen, nachbarschaftsrechtliche Vorschriften, wohnungseigentumsrechtliche Regelungen sowie allgemeine Vertrags- und Haftungsfragen bestimmt und durch Verträge, Vereinbarungen und allgemeine gesetzliche Bestimmungen des BGB geregelt. Die konkrete Ausgestaltung dieser Regelungen ist abhängig von individuellen Vereinbarungen und den jeweiligen Umständen.

Mietrechtliche Aspekte

Die Begrünung eines Gebäudes kann im Mietvertrag geregelt werden. Es können Regelungen getroffen werden, ob und in welchem Umfang ein Mieter beispielsweise einen Balkon oder eine Terrasse begrünen darf. Ohne ausdrückliche Erlaubnis des Vermieters darf der Mieter in der Regel keine baulichen Veränderungen am Gebäude vornehmen, die über eine übliche Bepflanzung hinausgehen.

Falls die Gebäudebegrünung durch den Vermieter erfolgt, kann dieser möglicherweise die Kosten für die Pflege und Instandhaltung auf den Mieter umlegen, wenn dies im Mietvertrag entsprechend geregelt ist.

Wohnungseigentumsrecht

In einer Wohnungseigentümergemeinschaft bedarf die Begrünung von Gemeinschaftseigentum in der Regel eines Beschlusses der Eigentümerversammlung. Die Begrünung kann bauliche Veränderungen darstellen, die nur mit Zustimmung aller oder der Mehrheit der Eigentümer umgesetzt werden dürfen (§ 22 Wohnungseigentumsgesetz [WEG] vom 12. Januar 2021, zuletzt geändert am 10. Oktober 2024).

Falls eine Wohnungseigentümergemeinschaft die Begrünung beschließt, muss ebenfalls geklärt werden, wie die Kosten für die Umsetzung und spätere Pflege auf die Eigentümer verteilt werden.

Vertragsrecht

Bei der Beauftragung eines Unternehmens oder sonstigen Auftragnehmers zur Begrünung eines Gebäudes kommt in der Regel ein Werkvertrag zustande. In diesem Vertrag sollten Leistungen, Kosten, Fristen und Haftungsfragen klar geregelt sein.

Für Schäden Dritter, die durch die Begrünung entstehen (z. B. durch Einwuchs lichtfliehender Triebe), haftet in der Regel derjenige, der die Begrünung beauftragt hat. Auch hinsichtlich dieser Haftung kann es wichtig sein, eine klare Regelung im Vertrag zu treffen.

4.1.4 Konstruktive Grundlagen zur Fassadenbegrünung im Bestand

Um Planungsziele zu definieren, sind neben funktionalen und gestalterischen Themen konstruktive Grundlagen zur Realisierung des Bau- bzw. Sanierungsvorhabens zu klären. Passende Begrünungsformen können nur in einer bautechnischen und bauphysikalischen Zusammenschau mit der Außenhaut des Gebäudes festgelegt werden.

Grundsätzlich zu klärende konstruktive Grundlagen sind die Tragfähigkeit und Oberflächenqualität der zu begrünenden Wände (Primärkonstruktion) sowie die Exposition und das Gesamtgewicht der Begrünung (Eigengewicht ausgewachsener Begrünung, Sekundär- und Versorgungskonstruktionen, Niederschläge, Windkräfte). Auch der Wasseranschluss und die Stromversorgung (Pflege, Wartung) sind zu berücksichtigen. Es besteht in der Regel Baugenehmigungspflicht (Statik, Brandschutz, Brandlast). Eine rechtliche Klärung bei Grenzberührung ist erforderlich (Abstandsfläche, Platzbedarf für die Installation und Instandhaltung). Durch gezielt geplante Wuchsaufleitungen/Wuchsbehälter kann erreicht werden, dass das Winterbild der Begrünung nicht von abgestorbenen Pflanzenteilen bestimmt wird. Alle Bauweisen bedürfen einer sicheren Zugänglichkeit für Wartung und Pflege, um die Instandhaltung bzw. Gestaltungsänderungen wirtschaftlich ausführen zu können. Wandgebundene Begrünungen sind abhängig von einer ganzjährig automatisch gesteuerten künstlichen Bewässerung und Nährstoffversorgung. Sorgfältig aufeinander abgestimmte Pflanzengesellschaften sind Basis eines wirtschaftlichen Pflegekonzepts. Alle Bestandteile einer Begrünung sind auf die geplante Lebensdauer abzustimmen (Gebäude Begrünung Energie, 2014).

Mögliche Fassadenkonstruktionen in Bestand oder Sanierung:

- ungedämmte Außenwände:
  - massive Wandaufbauten
  - Ständer- und Fachwerkbauweise
  - Luftkollektorfassaden zur Direkterwärmung der Wand

- gedämmte Außenwände:
  - massive Wandaufbauten
  - Ständer- und Fachwerkbauweise
  - mehrschalige, nicht hinterlüftete Wandaufbauten
  - mehrschalige, hinterlüftete Wandaufbauten
  - Luftkollektorfassaden zur Erwärmung eines Luftvolumens

Generelle Vorklärungen zur Begrünungsanwendung

Im Allgemeinen haben die Bedürfnisse der Pflanzen Vorrang und bilden die Grundlage für technische Lösungsmöglichkeiten. Ein langfristiger Nutzen der Investition kann nur gewährleistet werden, wenn die Pflanzen in ihrer natürlichen Weise gedeihen können. Die folgende technische Beschreibung zu üblichen Fassadenausbildungen gilt für alle genannten Wand-/Fassadenkonstruktionen. Vorklärungen der baulichen Untergrundeignung (Bewuchs- bzw. Montageuntergrund) berücksichtigen technische und chemische Eigenschaften, Renovierungsanforderungen sowie den Aspekt eines gegebenenfalls künftig feuchteren Kleinklimas. Im Detail sind folgende Vorklärungen erforderlich:

Wichtig ist zunächst die Vorklärung der Statik für das zu erwartende zusätzliche maximale Gesamtgewicht, die Windangriffsfläche und die Haftung bzw. Halterung der Begrünung.

Im Vorfeld abzuklären sind auch die Brandschutzauflagen (Volumen der Trockenmasse, Brandlast, Abstandsauflagen wegen Brandübergriff, Zugänglichkeit des Einsatzorts als Brandangriffsweg, zweckgebundener Wasseranschluss). Zusätzlich sind andere Gesetzesauflagen zu berücksichtigen, z. B. der Ausschluss bestimmter Pflanzen bei Kindergärten, Schulen usw. (Giftigkeit, Verletzungsgefahr). Die Vorklärung umfasst zudem baurechtliche und nachbarrechtliche Belange: Bei Wuchshilfekonstruktionen sowie bei wandgebundenen modularen und linearen Bauweisen kann die Entstehung einer missbräuchlichen Aufstiegshilfe im öffentlichen Raum ein Ausschlusskriterium sein.

Eine ausreichende und zuverlässige Versorgung der Pflanzen mit Wasser und Nährstoffen muss sichergestellt werden. Mögliche Lebensräume für die Fauna sollten bereits bei der Planung mitberücksichtigt werden. Unerlässlich ist auch die Vorklärung der späteren Wartungszugänglichkeit und erforderlicher Wartungshilfen (Stege, Leiterhaken, Wachstumsbegrenzungen), auch bei grenzständigen Wänden. Auch ein Standort für ein Lieferfahrzeug ist vorzusehen. Verankerungen und Konsolen am Gebäude sollten auf Dauer mit einem Gefälle von ca. 3 ° vom Gebäude wegstehen, um Wasserlaufspuren an Sichtflächen zu vermeiden und mögliche Undichtigkeiten an Durchdringungen zu entlasten. Wuchsbegrenzungen an Fenstern, Verglasungen und Flächenübergängen zu Dachrändern, Rinnen, Nachbargebäuden usw. sind erforderlich. Begrenzungen sind z. B. durch Kantbleche aus nicht rostendem Stahl herstellbar, die sich bei vollem Bewuchs optisch zurücknehmen und in das Fassadenbild eingliedern.

Die Funktion von Bauteilfugen in der Gebäudeaußenfläche (Dehnungsfugen, Belüftungs- oder Entwässerungsöffnungen) ist zu klären und zu berücksichtigen. Einwurzelungen sind zu vermeiden. Geklärt werden muss auch die Art der Dämmung, wenn vorhanden: Bei bestehenden Vakuum-Isolierpaneelen (VIP) würde eine Durchdringung die Dämmwirkung des jeweiligen Paneels aufheben. Bei herkömmlichen Dämmstoffen hingegen können nachträglich wärmebrückenreduzierte Befestigungen montiert, nachgedämmt und eingedichtet werden.

Spezielle Hinweise zur Begrünung der zuvor aufgeführten Wand-/Fassadenkonstruktionen werden im Folgenden zusammengefasst.

Ungedämmte Außenwände und ihre Begrünungseignung

Ungedämmte Außenwände sind Bestandteil älterer Bauten – Bauwerken, die vor dem 20. Jahrhundert errichtet wurden, Wohnhäusern und Gebäuden, die nicht modernisiert/saniert wurden, älteren Lagerhallen, Werkstätten oder Fabrikgebäuden und Altbauten mit erhaltenswürdigen Fassaden (z. B. Sichtmauerwerk oder Natursteinfassaden). Nebengebäude wie Anbauten, Schuppen, Garagen und landwirtschaftliche Gebäude (Scheunen, Ställe) sind ebenfalls oft ungedämmt. Nachfolgend werden diverse Ausführungen ungedämmter Außenwände und deren Begrünungseignung beschrieben.

Massive Wandaufbauten, ungedämmt

Abb. 4.12: Ungedämmte massive Wandaufbauten und ihre Begrünungseignung

Zu ungedämmten massiven Wandaufbauten gehören u. a. Beton-/Mauerwerkswände sowie Sichtmauerwerk-Fassaden. Es sind alle Begrünungen geeignet, sofern die Oberfläche der Konstruktionen riss- und fugenfrei ist (siehe Abb. 4.12).

Hinweis

- Die Pflanzenauswahl erfolgt nach der Lage der Wand, der Lichtexposition und dem Gestaltungsziel.
- Das Gesamtgewicht der fertigen Begrünung (einschließlich Wind-, Schnee- und Eislast) ist statisch zu berücksichtigen.
- Chemische Beschichtungen sind auf Pflanzenverträglichkeit abzustimmen.
- Gegebenenfalls später erforderlich werdende Renovierungsarbeiten sind einzuplanen (klappbare Wuchsgerüste, modulare Bauweise usw.).
- Auf eine korrosionsfreie Montagetechnik ist zu achten.

Ständer- und Fachwerkbauweise, ungedämmt

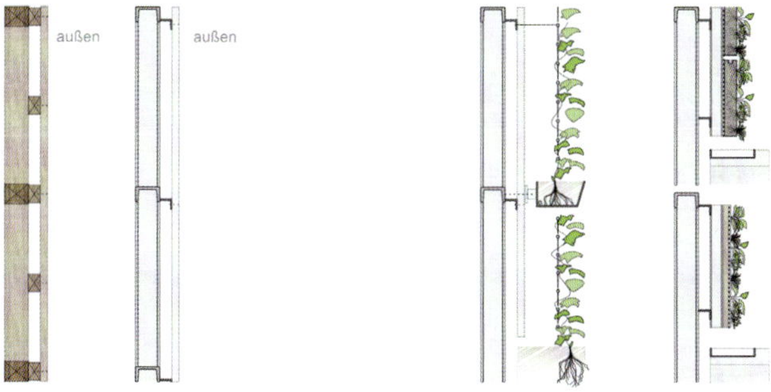

Abb. 4.13: Ungedämmte Ständer- und Fachwerkbauweisen und ihre Begrünungseignung

Holz- oder Metallskelettbauten, bekleidet oder ausgefacht, sind typische Ständer-/Fachwerkbauten. Die Bekleidungen und Ausfachungen der Konstruktion sind fugenreich und eignen sich daher ausschließlich für Begrünungen an einer eigenen vorgesetzten Wuchsebene (boden-/wandgebunden) und nicht für Direktbegrünungen, die in die Fugen einwachsen könnten (siehe Abb. 4.13).

Hinweis

- Für diese Bauweise sollten nur Pflanzen ohne lichtfliehende Eigenschaften ausgewählt werden, denn Pflanzen, die in Fugen einwachsen, sind nur mit größerem Pflegeaufwand zu beherrschen.
- Zwischen Begrünung und Wandkonstruktion ist eine Hinterlüftung einzufügen.
- Wandgebundene modulare/flächige Begrünungen werden auf die Rastervorgaben abgestimmt.

Luftkollektorfassaden zur Direkterwärmung der Wand

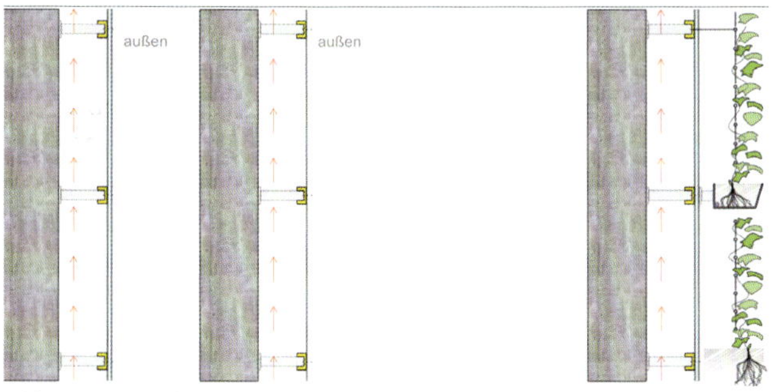

Abb. 4.14: Luftkollektorfassaden zur Direkterwärmung der Wand und ihre Begrünungseignung

Die Bauweise integriert die Solarenergiegewinnung an geeigneten Gebäudeseiten. Das sogenannte kybernetische Prinzip als Lösung für die energetische Optimierung von Bestandsbauten ist anstelle einer ganzjährig vollflächigen Dämmung mit einer Vorfassade versehen, die die solaren Wärmeenergieströme bewegt und in Materialien, Räumen und Puffern zur Nutzung bereitstellt. Sommergrüne Gerüstkletterpflanzen an einer Wuchsvorkonstruktion eignen sich zur Verschattung im Sommer und lassen unbelaubt in kälteren Jahreszeiten eine Raumlufterwärmung zu (siehe Abb. 4.14).

Hinweis

- Lage, Rasterdichte (Wuchsgerüst und Pflanzbehälter) und Pflanzenauswahl (Verschattungsgrad und Belaubungsphasen) sind auf das Energiekonzept abzustimmen.
- Es ist eine ausreichende Hinterlüftung zwischen Begrünung und Luftkollektorfassade einzuplanen.
- Bei Folienkonstruktionen ist eine Berührung durch Pflanzen auszuschließen. Auf dornige Pflanzen sollte verzichtet werden.

Gedämmte Außenwände und ihre Begrünungseignung

Gedämmte Gebäude bieten durch ihre energieeffiziente Bauweise viele Vorteile. Die Begrünung gedämmter Fassaden kann sowohl ästhetische als auch ökologische Vorteile bieten (z. B. Schutz vor Witterungseinflüssen). Allerdings müssen die technische Ausführung und die verwendeten Materialien sorgfältig aufeinander abgestimmt werden, um Wärmebrücken zu vermeiden und die Dämmwirkung nicht zu beeinträchtigen. Eine fachgerechte Planung und Montage sind daher entscheidend. Im Folgenden werden verschiedene Ausführungen gedämmter Außenwände sowie deren Eignung für eine Fassadenbegrünung erläutert.

Massive Wandaufbauten, gedämmt

Abb. 4.15: Massive gedämmte Wandaufbauten und ihre Begrünungseignung

Zu gedämmten massiven Wandkonstruktionen zählen u. a. Konstruktionen aus Dämmbeton, Leichtbeton-Mauerwerk sowie Mauerwerk aus porosiertem Ziegelmaterial. Diese Bauweisen stehen allen boden- und wandgebundenen Begrünungen zur Verfügung, mit der Ausnahme von Starkschlingern (nur bedingt geeignet).

Direktbegrünungen sollten nur bei fehlerfreier Oberfläche (Haftgrund, Rissfreiheit) erfolgen. Bei sensiblen Oberflächen (z. B. Spachtelputz, Beschichtungen, Fliesen) sollten Pflanzen auf Abstand in separater Ebene wachsen (Gerüstkletterpflanzen an Wuchsvorkonstruktionen oder wandgebundene Begrünungen; siehe Abb. 4.15).

Hinweis

- Es ist ein statischer Nachweis erforderlich.
- Wärmebrückenreduzierte Befestigungstechniken sind wichtig.
- Eine wirksame Durchlüftung des Zwischenraums zwischen Fassade und Begrünung ist sicherzustellen.

Ständer- und Fachwerkbauweise, gedämmt

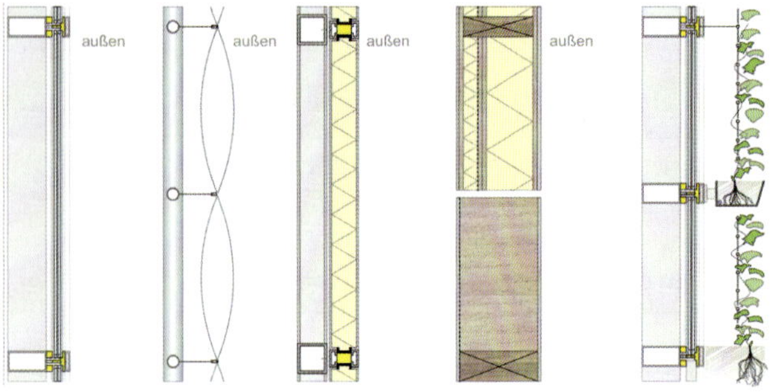

Abb. 4.16: Ständer- und Fachwerkbauweisen, gedämmt, und ihre Begrünungseignung

Diese Bauweise zeichnet sich durch eine industrielle Vorfertigung mit hoher Maßgenauigkeit aus. Es handelt sich jedoch um fugenreiche Fassaden. Daher ist eine Direktbegrünung mit lichtfliehenden Pflanzen ausgeschlossen.

Begrünungsvorkonstruktionen müssen an tragenden Pfosten-/Riegelbauteilen montiert werden (siehe Abb. 4.16; statischer Nachweis erforderlich). Die Ausfachungen sind nicht für Befestigungen geeignet.

Zur natürlichen Sommerverschattung vor Glasfassaden (Einsparung von Kühlenergie) sind sommergrüne Gerüstkletterpflanzen zu wählen.

Hinweis

- Ein statischer Nachweis ist erforderlich.
- Wuchshilfen müssen das Raster der Wandbauweise übernehmen.
- Wichtig ist die Wahl wärmebrückenreduzierter und kraftschlüssiger Montagetechniken.
- Auf ausreichende Hinterlüftung ist zu achten.

Mehrschalige, nicht hinterlüftete Wandaufbauten

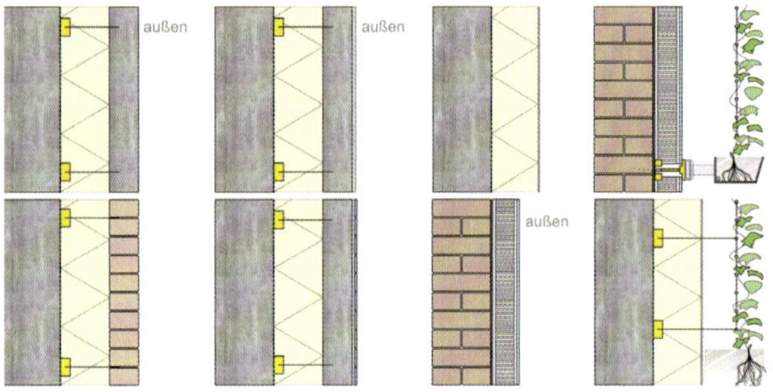

Abb. 4.17: Mehrschalige, nicht hinterlüftete Wandkonstruktionen und ihre Begrünungseignung

Diese Gruppe gedämmter Außenwände umfasst Lösungen mit Kerndämmung, mit transluzenten Wärmedämmungen (TWD) sowie Wärmedämm-Verbundsystemen. Begrünungen sind synergetisch auf die Fassaden-/Wandkonstruktion abzustimmen.

Sensible Bauteile sind von Bewuchs freizuhalten (Problem: Einwachsungen und Dickenwachstum der Triebe). Weist die Fassade Fugen auf, wird eine separate Begrünungsebene empfohlen (boden-/wandgebunden; siehe Abb. 4.17).

Hinweis

- Gegebenenfalls ist ein statischer Nachweis der Lastabtragung der Begrünungsebene in die Vormauerschale/Primärkonstruktion nötig.
- Verwendet werden sollten wärmebrückenreduzierte und statisch berechnete Halterungen/Konsolen, denn Durchbiegung schädigt die Dämmebene.
- Eine Direktbegrünung sensibler bzw. planzenphysiologisch ungeeigneter Oberflächen muss vermieden werden.
- Für eine ausreichende Hinterlüftung ist zu sorgen.

Mehrschalige, hinterlüftete Wandaufbauten

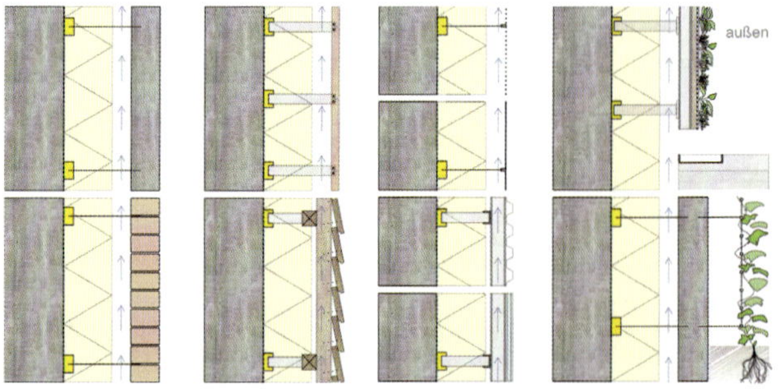

Abb. 4.18: Mehrschalige, hinterlüftete Wandkonstruktionen und ihre Begrünungseignung

Diese Bauweise basiert auf einer klaren Trennung zwischen der tragenden Schale (Statik) und der Vorsatz- bzw. Vormauerschale. Sie schützt die Primärkonstruktion und die Dämmebene vor Witterungseinflüssen wie Regen, Schnee und Wind, während die innere Schale die Wärmedämmung und Tragfähigkeit übernimmt. Die Vormauerschale kann aus diversen Materialien bestehen, wie z. B. aus Beton, Sichtmauerwerk, mineralischen Plattenmaterialien (Naturwerkstein, Betonwerkstein, Kunststein, Keramik), aus Holz oder aus Holzwerkstoffen.

Auch dünnwandige Vorsatzschalen sind möglich, wie z. B. Metallkantbleche, Kunststoff-Formelemente, Glasplatten, Acrylglas- und Polycarbonatplatten und Verbundwerkstoffe (Faserzement, Metall/Kunststoff- und Holz/Metallverbundwerkstoffe, Verbundpaneele mit Photovoltaik). Die leichtesten Materialien für Vorfassaden sind Folien und Gewebe (Kunstfaser-Textilgewebe, Metallgewebe). Die Vorsatzschale ist punktförmig horizontal und kraftschlüssig mit der tragenden Primärkonstruktion verbunden. Das Eigengewicht der Vormauerschale wird entweder direkt in das Fundament oder bei unterkellerten Gebäuden in den Kellerbaukörper abgeleitet. Mehrgeschossige Vormauerungen werden geschossweise abgetragen. Der Zwischenraum der beiden Konstruktionen dient der Dämmung und der Durchlüftung, die dafür sorgt, dass der Bereich zwischen Außenschale und Dämmung trocken bleibt.

Die Fassadenbegrünung erfolgt in der Regel als separate Begrünungsebene (abhängig vom Material der Außenschale; siehe Abb. 4.18), da sensible Bauteile von Einwachsungen freigehalten werden müssen. Bei der Ausführung müssen Wärmebrücken vermieden werden, um Energieverluste und Bauschäden durch Kondensation an kälteren Stellen der Wand zu verhindern.

Hinweis

- Eine separate Pflanzenebene mit ausreichendem Abstand zur Wand/Fassade ist von Vorteil.
- Halterungen sollten nur an gut kontrollierbaren, kraftschlüssigen Bauteilen angebracht werden.
- Statische Aspekte sind zu berücksichtigen (keine statische Belastung der Außenschale, Nachweis erforderlich).
- Eine Direktbegrünung und die Verwendung lichtfliehender Pflanzen ist bei fugenreichen Bekleidungen oder empfindlichen Oberflächen zu vermeiden.

Luftkollektorfassaden zur Erwärmung eines Luftvolumens

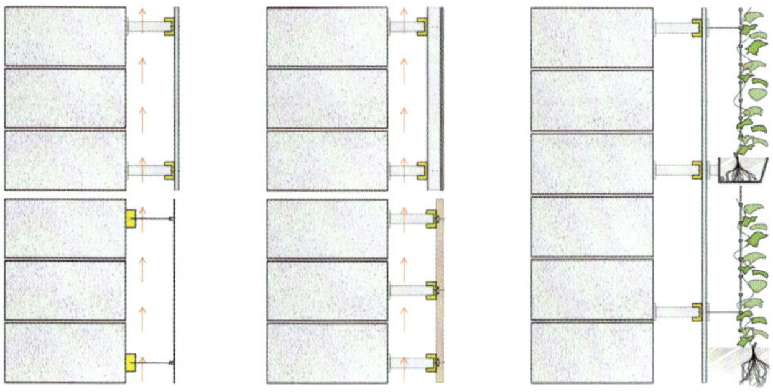

Abb. 4.19: Luftkollektorfassaden zur Erwärmung eines Luftvolumens und ihre Begrünungseignung

Bei dieser Bauweise ist die Erwärmung der Luft des Fassadenzwischenraums während der Heizperiode von Bedeutung (zur Raumtemperierung). Jede Form der Verschattung reduziert im Winter den Heizenergiegewinn. Deshalb sind immergrüne Bepflanzungen oder stark schattenspendende Wuchsvorkonstruktionen ungeeignet. Im Sommer hingegen kann die unerwünschte Erwärmung der Luft im Zwischenraum entweder durch Ablüftung oder besser durch schattenspendende sommergrüne Bepflanzungen vermieden werden. In die Fassade integrierte Wuchsvorkonstruktionen für Kletterpflanzen sollten dem Raster der Luftkollektorfassade entsprechen oder als berührungsfreie, separat vorgelagerte Grünfassade ausgeführt werden (siehe Abb. 4.19).

Für alle Vorfassadenmaterialien gilt: Bei saisonalem Energiebedarf kann eine Begrünung den winterlichen Wärmeeintrag und die sommerliche Wärmeabweisung kosteneffizient und mit geringem Primärenergieaufwand regulieren (Lowtech-Lösung). In jedem Fall ist ein Abstand zur Kollektorebene zur Reinigung und Instandhaltung der Vorfassade erforderlich. Dies fördert zugleich die Hinterlüftung und verhindert Hitzestau hinter der Begrünung.

Hinweis

- Es sind ausnahmslos sommergrüne Pflanzen auszuwählen, denn jede Form von Verschattung im Winter reduziert den Energieeintrag.
- Eine immergrüne Bepflanzung oder stark schattenbildende Wuchsvorkonstruktionen sind ungeeignet.
- Die Wuchsvorkonstruktion ist rasteridentisch mit der baulichen Vorfassade oder als berührungsfreie, separat vorgestellte Grünfassade auszuführen.
- Wichtig ist ein ausreichender Abstand der sommergrünen Gerüstkletterpflanzen zur Vermeidung von Hitzestau.

4.1.5 Chancenklärung eines energetischen/ökologischen Begrünungseinsatzes

Neben der Umfeldverbesserung (u. a. Kühlung, Regenwasserrückhalt, Verbesserung der Aufenthaltsqualität) steht das Bemühen im Mittelpunkt, die Effizienz von Bestandsgebäuden zu erhöhen, damit den Energiebedarf zu reduzieren und zugleich eine komfortable Nutzung sowie Behaglichkeit im Gebäude zu gewährleisten. Dabei bestehen sowohl bei Sanierungen als auch im Neubau die wesentlichen Maßnahmen in zwei aufeinanderfolgenden Schritten:

1. passive Strategien: Energieverbräuche und -verluste minimieren;
2. aktive Strategien: erneuerbare Energien erschließen (aktive Systeme, regenerative Energiequellen).

Gebäudeoptimierung durch Fassadenbegrünung

Um die energetischen Optimierungspotenziale von Fassadenbegrünungen zu konkretisieren, werden im Folgenden deren Einflüsse auf die Energiethemen Wärme, Kälte, Luft, Licht und elektrische Energie aufgezeigt.

Wärmehaltung

Fassadenbegrünungen tragen zur Abminderung von Temperaturextremen bei. Sie besitzen eine weitgehend ausgeglichene Temperaturamplitude in Bezug auf die vorherrschende Außentemperatur. Wintermessungen an einer Fassadenbegrünung mit Efeu ergaben einen Temperaturunterschied zwischen Außenblättern und Wandoberfläche von 3 °C (Köhler et al., 2012). Die vollflächige Efeubegrünung wirkt temperaturausgleichend, da die Fassade einer geringeren Wind- und Feuchtebelastung ausgesetzt ist (siehe Abb. 4.20).

Abb. 4.20: Effekte einer Efeubegrünung im Winter: geringere Wind- und Feuchtebelastung sowie Reduktion der Wärmeverluste der Gebäudehülle

Höhere Werte erreicht die wandgebundene Begrünung des in der Sanierung nicht gedämmten, jedoch fassadenbegrünten Wiener Abfallwirtschaftsamts, Magistratsgebäude 48 (MA 48), aus den 1950er-Jahren: Der Wärmedurchgang konnte durch die vorgehängt hinterlüftete, wandgebundene Begrünung um 0,19 W/(m² · K) gesenkt werden. Das entspricht im Mittel einer jährlichen Heizkostenreduktion von 20 %. Entsprechend konnte hinter dem System eine bis zu 7 °C höhere Wandtemperatur gemessen werden (Scharf et al., 2012).

Kühlung

Der Wärmeabfuhr über Verdunstung liegt der Phasenwechsel von Wasser zugrunde. Für den Wechsel des Aggregatzustands von flüssig zu gasförmig benötigt Wasser Energie: 680 kWh/m³ (bei 30 °C). Diese Energie wird der Luft in Form von Wärme entzogen; dabei kühlt die Luft ab. Bezogen auf 1 l Wasser sind dies 0,68 kWh. Dies entspricht 1 mm Wasser, das auf 1 m² Fläche verdunstet wird (Konzepte der Regenwasserbewirtschaftung, 2010). Die Wirkung der adiabaten Kühlung durch Gebäudebegrünung ist durch Messungen der Wandoberflächentemperaturen zu quantifizieren. Beispielmessungen an einer wandgebundenen, flächigen Begrünung des Musée du Quai Branly in Paris zeigten an einem warmen Augusttag eine Temperatursenkung gegenüber der Umgebungstemperatur von 1,3 bis 3,5 K (Liesecke, 1988).

Die Oberflächentemperaturen eines Doppelhauses (ein anderes Beispiel) zeigten 36 °C auf dem weiß gestrichenen Fassadenputz, im Vergleich dazu aber nur 28 °C in der nahen Efeubegrünung (siehe Abb. 4.21). Der sandfarbene Fassadenputz hatte sich auf 52 °C aufgeheizt. Direkt daneben wies die Begrünung eine Maximaltemperatur von 33 °C auf, entsprechend einer Temperaturdifferenz von 19 K.

Ein weiteres Beispiel ist ein mit Efeu begrüntes Reihenendhaus (Wandaufbau: 24er-Mauerwerk aus Trümmer-Hohlblocksteinen, ungedämmt). Am Standort (Rhein-Main-Gebiet) hatte es im Hitzesommer 2018 ein halbes Jahr lang kaum geregnet. Hohe Temperaturen waren die Folge. Es gab in diesem Sommer 22 Tage mit Hitzewarnungen (Zahl der Hitzetage, 2024). In diesem mit Efeu begrünten Gebäude lagen die Innenraumtemperaturen infolge der Kühlung der Gebäudeoberflächen (durch Verschattung und Verdunstungskühlung) und der Umgebungskühlung an keinem Sommertag über 21 °C (siehe Abb. 4.22).

Abb. 4.22: Efeufassade eines Reihenendhauses mit 24er-Mauerwerk, ungedämmt; Temperaturregulierung aufgrund von Verschattung und Verdunstungskühlung durch die Begrünung. Im Sommer 2018 ließ sich dadurch eine maximale Innentemperatur von 21 °C halten.

Dies führt zu Einsparungen durch den Ersatz technischer Systeme (Klima-/Lüftungstechnik) – ein mobiles Raumklimagerät kostet im Mittel 600 € und verbraucht etwa 0,24 €/h an Energie. Eine fest installierte Split-Klimaanlage kostet pro Raum etwa 2.000 € zuzüglich Betriebskosten.

Im wandgebundenen begrünten Gebäude des MA 48 in Wien konnten nach der Begrünung zusätzlich zu den Einsparungen für Heizwärmeenergie 75 Klimageräte abgestellt werden, die in den Sommermonaten zuvor 3.000 W im Acht-Stunden-Betrieb verbraucht hatten (siehe Abb. 4.23).

Abb. 4.21: Temperaturunterschiede zwischen dem unbegrünten und dem begrünten Anteil einer Doppelhausfassade im Sommer. Einsparen lassen sich dadurch die Anschaffungs- und Betriebskosten eines mobilen Klimageräts (600 € Anschaffung, 0,24 €/h Betriebskosten) oder einer Split-Klimaanlage (2.000 € Anschaffung und 0,17 €/h Betriebskosten pro Raum).

Abb. 4.23: MA 48, Wien: Kühlung der Gebäudeflächen und Innenräume; Substitution technischer Systeme (Klima-/Lüftungsanlage). Eingespart werden 75 Klimageräte mit 3.000 W im Acht-Stunden-Betrieb.

Lüftung

Infolge der sommerlichen Temperaturregulierung der Gebäudeoberflächen durch Pflanzen sowie auch aufgrund von deren Umgebungskühlung ist in der Regel eine Fensterlüftung ausreichend und angenehm. Technische Klima- und Lüftungsanlagen können so eingespart oder durch die Verdunstungskühlung der Pflanzen unterstützt werden. Im Rahmen des durch das Bundesministerium für Wirtschaft und Klimaschutz (BMWK) geförderten Projekts „GreenFaBS" (EnOB, 2022) wurde das Ziel verfolgt, den Kühlenergiebedarf in Schul- und Verwaltungsgebäuden durch den Einsatz von Grünfassaden zu reduzieren. Dabei lag der Fokus auf einer Kombination von dezentralen Lüftungssystemen und Fassadenbegrünung, um die Energieeffizienz zu steigern. Die durchgeführten Simulationen und Versuchsaufbauten zeigten, dass Fassadenbegrünungen den jährlichen Kühlenergiebedarf um bis zu 48 % senken können, insbesondere wenn sie mit dynamischen Sonnenschutzmaßnahmen kombiniert werden. In experimentellen Studien wurden verschiedene Begrünungssysteme getestet, die erhebliche Temperatursenkungen an den Fassadenoberflächen bewirkten.

Der geringe Pflegeaufwand für die Begrünungssysteme wurde als vorteilhaft erachtet. Das Vorhaben zeigte im Ergebnis vielversprechende Perspektiven für die Kombination von Fassadenbegrünung und Lüftungstechnik, insbesondere auch bei der energetischen Sanierung von Bestandsgebäuden. Weitere positive Effekte sind die Luftbefeuchtung sowie die staubfilternde bzw. feinstaubbindende Wirkung der Pflanzen.

Licht- und Sonnenschutz

Die Verschattung und Verdunstungskälte, die die Pflanzen erzeugen, sorgen für einen Kühleffekt, indem sie die langwellige Strahlung reduzieren. Konventionelle Sonnenschutzsysteme verringern zwar die kurzwellige Einstrahlung, wandeln sie im Gegensatz zu einem Sonnenschutz durch Begrünung aber wieder in langwellige Strahlung und sensible Wärme um (Konzepte der Regenwasserbewirtschaftung, 2010). Für die saisonale Wirkung vor Fenstern eignen sich sommergrüne Pflanzen. Der Bedarf und die Begrünungsdauer überlagern sich nahezu in ihrer Zeitspanne. In den Sommermonaten, in denen eine Verschattungswirkung erwünscht ist, verschattet das Laub die solare Einstrahlung. In den Wintermonaten werden durch die laubfreien Begrünungen solare Wärmegewinne ermöglicht. Da Begrünungen technischen Sonnenschutz ersetzen können, wird ihr Einfluss zur Vermeidung von Kühllasten als hoch bewertet. In Messungen wurde die Verschattungsrate von Gerüstkletterpflanzen quantifiziert. Nach den Messungen von Kiessl und Mitarbeitern (Kiessl et al., 1989) werden 40 bis 80 % der Sonneneinstrahlung vom Laub absorbiert bzw. reflektiert. Bei einer weiteren Untersuchung wurde für eine Verschattung durch eine laubabwerfende Begrünung (Parthenocissus quinquefolia, Wisteria sinensis) ein sommerlicher Solarstrahlungsdurchgang mit 5 bis 30 % bemessen (Verschattungsrate 70 bis 95 %) (Konzepte der Regenwasserbewirtschaftung, 2010) – ein guter Wert, um maschinelle Kühleinrichtungen überflüssig zu machen. Nach Messungen von Oettelé ergibt sich bei pflanzlichen Sonnenschutzsystemen eine Kühlkostenersparnis von ca. 43 % (Oettelé, 2011). Nach Aussagen von Marco Schmidt, TU Berlin, beträgt der Primärenergiebedarf für die Kühlung des Instituts für Physik der Humboldt-Universität Berlin-Adlershof mit technischem Sonnenschutz 39 bis 49 kWh/(m^2 · a), mit den installierten Fassadenbegrünungen aber nur 22 kWh/(m^2 · a). Die Wartung/Reparatur des technischen Sonnenschutzes kostet pro Jahr etwa 16.500 €/a, im Vergleich zur Wartung und Pflege der Fassadenbegrünungen mit ca. 1.300 €/a (siehe Abb. 4.24).

Abb. 4.24: Institut für Physik, Berlin-Adlershof, Humboldt-Universität Berlin: Kosteneinsparungen durch Fassadenbegrünungen (bis zu 50 % Reduktion der erforderlichen Primärenergie und 10 % Reduktion des Aufwands für Wartung und Pflege)

Vollflächige Begrünungen mit Kletterpflanzen vor Glasfassaden bieten eine gute sommerliche Verschattung, lassen aber je nach Pflanzenauswahl Licht gefiltert durch. Dies führt zu ansprechenden Licht- und Schattenspielen. Ausblicke können auch vollständig erhalten bleiben, wie das Best-Practice-Projekt MA 31 aus Wien zeigt. Die Einstrahlung der steilstehenden Südsonne wird durch Pflanzbehälter und Sonnenschutzlamellen abgewehrt. Die seitlich neben den Fenstern wachsenden Kletterpflanzen verhindern eine Aufheizung dahinterliegender Räume durch die flacher stehende Sonneneinstrahlung aus Ost und West (siehe Abb. 4.25).

Abb. 4.25: Begrünung des Bestandsgebäudes MA 31, Wien, zur sommerlichen Hitzereduktion bei gleichzeitiger Beibehaltung des Ausblicks

Einsparung elektrischer Energie

Energieeinsparungen durch natürliche Beschattungen und durch die Vermeidung technischer Verbraucher liegen auf der Hand. Zudem werden aktive Systeme, wie Photovoltaikanlagen, durch die Senkung der Betriebstemperatur unterstützt: Eine Überhitzung von Photovoltaikpaneelen wird durch die Begrünung verhindert; damit wird die Effizienz der Photovoltaik gesteigert (siehe Abb. 4.26).

Abb. 4.26: Nachträgliche Begrünung und Beschattung des oberen Geschosses durch semitransparente Photovoltaik (Quelle: Stefan Stüber, freiraumsüd, Ravensburg)

Forschungsprojekte, wie beispielsweise das Projekt „GreenPV" der Technischen Hochschule Nürnberg, eine Studie der TU Wien („Multifunktionales System: Gebäudebegrünung und Photovoltaik"), das Projekt „VertiKKA" (vertikale Klimakläranlage) sowie das Wiener Forschungsprojekt „GrünPlusSchule" an der Schule GRG7 demonstrieren, dass die Kombination von Fassadenbegrünung und Fassadenphotovoltaik Potenziale zur Senkung des Energiebedarfs aufweist und gleichzeitig weitere ökologische Vorteile bietet, z. B. eine erhöhte Biodiversität am Standort und Kühlung sowie den Schutz der Pflanzen durch die Photovoltaikmodule vor übermäßiger Sonneneinstrahlung. Neben der Reduktion des Energieverbrauchs konnten zudem Verbesserungen des Mikroklimas und eine Verbesserung der Raumluftqualität nachgewiesen werden.

Umfeldverbesserung durch Fassadenbegrünung

Fassadenbegrünung bietet nicht nur Vorteile für Gebäude, sondern auch für das gebäudenahe städtische Umfeld. Im Folgenden wird auf die Themen Vermeidung von Überhitzung, Verdunstungsleistung, Reduktion der Luftbelastung, Minderung der Lärmbelastung sowie Förderung der Akzeptanz und der Biodiversität näher eingegangen.

Vermeidung von Überhitzung

Die Auswirkungen der städtischen Überhitzung durch Versiegelung und fehlende Vegetation sind erheblich. Neun der zehn wärmsten Jahre (seit 1881) wurden laut DWD (Deutscher Wetterdienst) seit dem Jahr 2000 gemessen (siehe Abb. 4.27). Jeder Hitzetag kostet Deutschland 40 Millio-

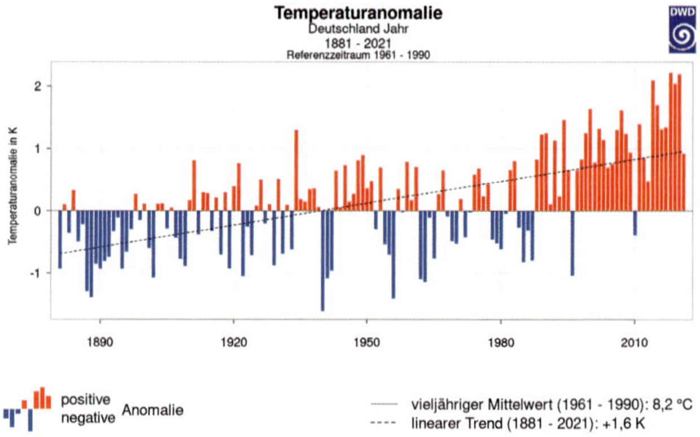

Abb. 4.27: Abweichung des Jahresmittels der Lufttemperatur für Deutschland vom vieljährigen Mittel 1961 bis 1990 für den Zeitraum 1881 bis 2021. Aufgetragen sind die Mittelwerte sowie der lineare Trend. Rot sind positive Anomalien eingezeichnet, schwarz negative (Quelle: Deutschlandwetter im Jahr 2018, 2018).

nen € durch Verlust an Arbeitskraft, Krankenhauskosten sowie früheren Tod (Karlsson/Ziebarth, 2018). Die Folge sind Gesundheitsprobleme, die Reduktion der Arbeitsleistung, ein erhöhter Energiebarf (für Klimaanlagen, die zur Kühlung über die Umwandlung von elektrischer Energie ein Vielfaches an Abwärme produzieren), Hitzeschäden (Bauwerke, Verkehrswege, Computer usw.) sowie die Belastung von Naherholungsgebieten.

Forschungsergebnisse (z. B. „GrünStadtKlima", BOKU Wien, und „Urbanes Mikroklima", TU München) sowie auch heutige Simulations- und Zertifizierungstools (z. B. GreenPass) belegen die positiven Auswirkungen von Fassadenbegrünungen auf das Mikroklima und die thermische Behaglichkeit in städtischen Umgebungen. So wird nahe besonnter Fassaden eine Reduktion des PMV-Wertes (Predicted Mean Vote) von über 4,5 auf zwei möglich sowie die Senkung des PMV-Wertes der Verkehrsflächen von 2,5 auf 1,5. Der PMV-Wert beschreibt die thermische Behaglichkeit von Personen im Raum oder in einer Umgebung und berücksichtigt die Faktoren Lufttemperatur, Oberflächentemperatur, Luftfeuchtigkeit, Luftgeschwindigkeit, Aktivitätslevel der Personen und Kleidung. Abhängig von der Bebauungsstruktur zeigen Berechnungen dicht bebauter Gebiete eine Abkühlung der mittleren Strahlungstemperatur von bis zu 15 bis 30 °C durch Begrünung und Entsiegelung (Ergebnis des Forschungsprojekts „GrünStadtKima").

Verdunstungsleistung

Die Verdunstung von Regenwasser (z. B. durch Pflanzen oder entsiegelte Flächen) trägt maßgeblich zur Kühlung von Gebäuden bei und spielt eine wichtige Rolle bei der Vermeidung des Urban-Heat-Island-Effekts in Stadträumen. In stark versiegelten Gebieten, wo der Effekt der Verdunstungskühlung fehlt, wird die solare Strahlung nicht in Verdunstung umgewandelt, sondern in fühlbare Wärme und langwellige Strahlung. Dies führt zu einer ungehinderten Aufheizung des städtischen Raumes (Konzepte der Regenwasserbewirtschaftung, 2010). Um diesen Effekt zu minimieren, sollte der Versiegelungsgrad möglichst gering gehalten werden. Die Regenwasserverdunstung trägt jedoch nicht nur zur Kühlung, sondern auch zur Bildung von

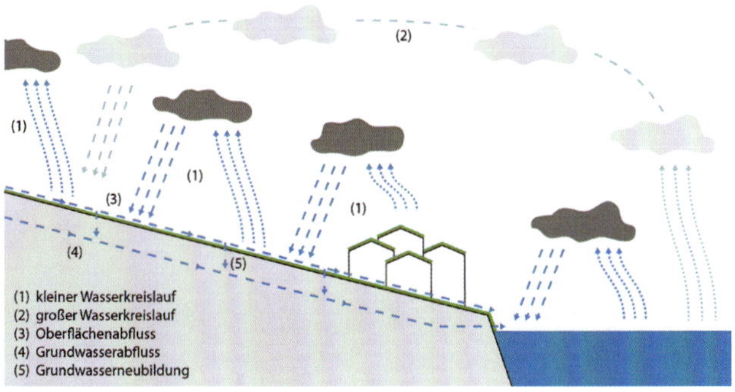

Abb. 4.28: Kleiner und großer Wasserkreislauf: Die Reduktion der Verdunstung an Land führt zur Verringerung der Niederschläge. Gebäudebegrünung kann zur Steigerung der Verdunstung von sonst versiegelten Flächen beitragen (Quelle: Konzepte der Regenwasserbewirtschaftung, 2010).

regionalem Niederschlag bei, da nur der verdunstete Teil des Regenwassers wieder in den Kreislauf zurückkehrt und für neue Niederschläge zur Verfügung steht (siehe Abb. 4.28).

Der sogenannte kleine Wasserkreislauf hat dabei einen wesentlichen Einfluss auf lokale Niederschläge. Wird die Verdunstungsmenge beispielsweise durch versiegelte Flächen reduziert, hat dies direkte Auswirkungen auf die Menge an regionalem und überregionalem Niederschlag. In Europa kann sich dieser Kreislauf bis zu viermal fortsetzen, sodass ein Rückgang der Verdunstung um 1 m^3 eine vierfache Reduktion des regionalen Niederschlags bedeutet (Konzepte der Regenwasserbewirtschaftung, 2010).

Dies stellt ein erhebliches Problem dar, vor allem, wenn man sich den täglichen globalen Verlust an Vegetation (ca. 800 km^2) vor Augen führt (350 km^2 täglicher Waldverlust, 150 km^2 tägliche globale Urbanisierungsrate und 300 km^2 Wüstenbildung pro Tag) (Schmidt, 2015). Die Folgen sind lange Trockenperioden oder unvorhersehbare Starkregenereignisse. Maßnahmen zur Erhöhung der städtischen Verdunstungsrate umfassen neben Gebäudebegrünungen die Entsiegelung von Bodenbelägen, die Erhöhung der Vegetationsfläche insgesamt sowie auch die Schaffung offener Wasserflächen.

Reduktion der Luftbelastung

Die Luft in Stadträumen besteht aus einem komplexen Gemisch von gasförmigen Stoffen und Partikeln deren Konzentration je nach Emissionsquellen und städtischer Struktur variiert. Bäume sind zwar wirksam bei der Reduktion von Feinstaub und Stickoxiden (NO_2), können jedoch in engen Straßenzügen durch die Behinderung des Luftaustauschs durch die Baumkronen die lokale Luftverschmutzung sogar erhöhen (Litschike/Kuttler, 2008; Valappil et al., 2017). Windgeschwindigkeit und Frischluftschneisen sind entscheidend für die Luftqualität (Gorbachevskaya et al., 2007). Fassadenbegrünungen helfen durch Ab- und Adsorption an Pflanzenblättern, Feinstaub zu binden. Dabei ist die Effizienz nahe der Emissionsquelle größer. Untersuchungen zeigen, dass Kletterpflanzen wie Wilder Wein bis zu 80 % der Emissionen filtern können. Bis zu 60 % wurden auf den Blattoberflächen deponiert (Gorbachevskaya et al., 2007). Begrünungsprojekte mit wandgebundener Begrünung, wie der Citytunnel Darmstadt, erbrachten eine Feinstaubreduktion von bis zu 38 % (siehe Abb. 4.29) (van Lier, 2024). Moose nehmen bei der Bindung von Feinstäuben eine besondere Rolle ein, sofern sie vital gehalten werden können. Mit ihrer großen Oberfläche können sie Stoffe aus der Luft elektrostatisch binden, einige Bestandteile aufnehmen oder diese mithilfe von Bakterien an der Oberfläche umwandeln. Die Stoffe, die nicht verstoffwechselt werden können, sedimentieren im Moosrasen (van Lier, 2024).

Abb. 4.29: Forschungsaufbau zur Messung der Konzentration von Stickoxiden und Feinstäuben im Citytunnel, Darmstadt. Durch die Begrünung lässt sich die Konzentration von Stickoxiden und Feinstäuben senken.

Minderung der Lärmbelastung

Lärmbelastung stellt in urbanen Räumen ein ernstes Problem dar, da der kontinuierliche Verkehrslärm, Bauarbeiten und dichte Bebauung zu einer lauten Geräuschkulisse führen. Diese kann sowohl die Lebensqualität der Bewohner als auch ihre Gesundheit negativ beeinflussen. Eine Verringerung der Schallintensität erfolgt durch Distanz (Minderung), Reflexion (Streuung) und Absorption (Dämpfung). Dabei wird die Schallenergie durch die Bewegung der Luftmoleküle oder das beschallte Material verbraucht. Fassadenbegrünungen beeinflussen diese Mechanismen auf unterschiedliche Weise. Insbesondere wandgebundene Begrünungen bieten durch ihre integrierte Substratschicht einen Vorteil, da sie den Energieabbau des Schalles fördern. Die Wirksamkeit der Pflanzen selbst bei der Lärmminderung hängt stark von Blattdichte, Blattfläche und -dicke sowie Blattstellung ab, da diese sowohl die Reflexion als auch die Umwandlung von Schallenergie in mechanische Bewegung unterstützen (Kunstmann/Dietrich, 2009). Im urbanen Raum wirken begrünte Fassaden als ideale Schallabsorptionsflächen, wenn sie sich an den Hauptschallausbreitungszonen entlang von Straßen befinden.

Eigene Messungen an dem fassadenbegrünten Musée du Quai Branly in Paris im Vergleich zur benachbarten Steinfassade zeigten bereits eine Schallreduktion von 5 dB bei einem bepflanzten Geotextil ohne Substrat (siehe Abb. 4.30). Mit integriertem Substrat erhöht sich die Wirkung noch. In jedem Fall machen Fassadenbegrünungen durch die Reduktion der Lärmbelastung Städte passanten- und besucherfreundlicher (Gesundheit, Sicherheit) und erhöhen die Aufenthalts- und Kommunikationsqualität.

Abb. 4.30: Lärmminderung um 5 dB durch Absorptions- und Reflektionsleistung im Vergleich zur benachbarten unbegrünten Fassade.

Abb. 4.32: Trussardi, Mailand: Aufwertung der Adresse durch Attraktion/Magnetwirkung sowie Herstellen einer Corporate Identity

Erhöhung der Attraktivität

Studien zur Akzeptanz von Fassadenbegrünungen zeigen eine überwiegend positive Einstellung in der Bevölkerung. Eine Untersuchung von Susanne Schlößer 2003 in Köln ergab, dass 84 % der Bewohner begrünter Gebäude und 68 % der Bewohner unbegrünter Gebäude Fassadenbegrünungen positiv gegenüberstanden (Schlößer, 2003). Eine eigene Studie an der begrünten Nordfassade des Musée du Quai Branly in Paris zeigte, dass in einem Untersuchungszeitraum von 1,5 Stunden an einem Sommertag im August 2011 76,4 % der Passanten (883 Personen) auf die Fassadenbegrünung reagierten. Sie schauten im Vorbeigehen zur Fassadenbegrünung (35 %), sie blieben stehen oder gingen näher an die Fassadenbegrünung heran (35 %), sie betrachteten die Pflanzen näher und fassten sie an (14 %) oder interagierten auf verschiedene Weise mit der begrünten Fassade (16 %, z B. Objektfotos oder Gruppenfotos vor der grünen Fassade; siehe Abb. 4.31). Das weist auf großes öffentliches Interesse und eine hohe Akzeptanz dieser städtischen Gestaltung hin.

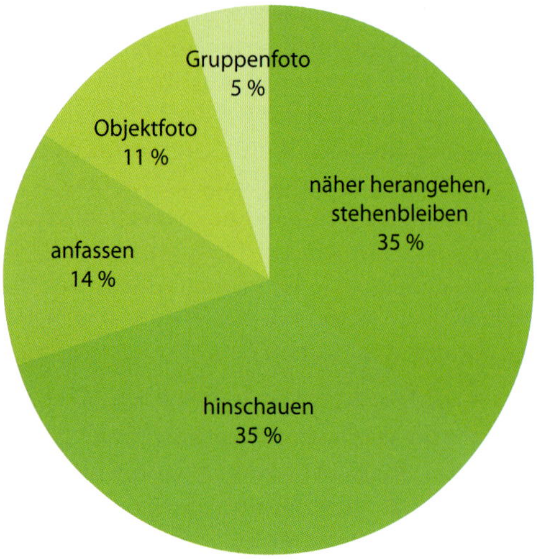

Abb. 4.31: 90-Minuten-Analyse des Passantenverhaltens (82 % von 1.156 Passanten) am Musée du Quai Branly in Paris am 21. August 2011 von 15:00 bis 16:30 Uhr bei sonnigen 35,6 °C

Begrünte Projekte sorgen für psychologische, medizinische und soziale Vorteile und verbessern die Aufenthaltsqualität. Stadtteile verwandeln sich in beliebte Orte, mit neuen Arbeitsplätzen (z. B. Bars, Restaurants, Boutiquen; siehe Abb. 4.32), Attraktionen und Lebensfreude.

Biodiversität

Fassadenbegrünungen bieten neben ihren Vorteilen in Bezug auf Klima, Schall- und Schadstoffreduktion sowie ästhetische Gestaltung auch das Potenzial, in urbanen, naturfernen Räumen neuen Lebensraum und Nahrungsangebote für die Fauna zu schaffen (siehe Abb. 4.33).

Abb. 4.33: Nahrungs- und Lebensraumangebot der Fassadenbegrünung nach der Systematik von Stocker (Stocker, 2013)

Rund 20 einheimische Vogelarten (z. B. Kleiber und Hausrotschwänzchen) laben sich an den Beeren von Efeu und Wildem Wein (wichtig im Herbst/Winter). Blüten und Fruchtstände von Kletterpflanzen und Stauden wandgebundener Begrünungen sind Bienen- und Vogelweiden (z. B. für Rotkehlchen, Amseln und Drosseln). Das dichte Blattwerk bietet optimale Bedingungen für Nistplätze und Rückzugsmöglichkeiten als Habitat für Amseln, Schwanzmeisen, Sperlinge usw. Die Efeubiene ist beispielsweise auf die Pollen des Efeus (September bis November) angewiesen und lagert diese in Brutzellen im Boden oder in Sandwänden usw. ein.

Schmetterlinge, wie der Zitronenfalter, überwintern in Fassadenbegrünungen. Mithilfe von Glycerin, Sorbit und Eiweißstoffen gelingt es ihnen, den Gefrierpunkt der Körperflüssigkeiten derart zu senken, dass sie Temperaturen von bis zu -20 °C schadlos überstehen können. Schon eine Kletterpflanze (z. B. Clematis vitalba) dient als Raupenfutterpflanze für ca. 20 polyphage Raupenarten (wie z. B. den Nachtschwalbenschwanz), als Raupenfutterpflanze für monophage Raupenarten (mit einem sehr engen Nahrungsspektrum, z. B. für diverse Waldrebenspanner) und als Nektarpflanze für weitere Raupen/Schmetterlinge (siehe Abb. 4.34). Kletterpflanzen bieten Nahrungsangebote der ersten Ordnung (Blattmasse, Nektar, Pollen, Früchte) sowie höherer Ordnung, wo Insekten von Spinnen und diese wiederum von Vögeln gefressen werden.

Abb. 4.34: Eine Erweiterung der Nahrungs- und Lebensraumangebote beugt dem Artensterben vor (Sicherung der Nahrungskette, Bestäubung).

Der entstandene Lebensraum bietet Fang- und Fressplätze, Versteckplätze, Nistplätze, Witterungsschutz, Sonnen- und Schattenplätze, Paarungsraum und Verpuppungsorte sowie auch Aussichtsplätze. Durch das „natürliche“ Gestaltungspotenzial von Fassadenbegrünungen beugt man dem Artensterben vor (z. B. Sicherung der Nahrungskette/Bestäubung), was unbezahlbar ist.

4.2 Bedingungen für die Realisierung

Nach den Vorklärungen können Entscheidungen zur Umsetzung getroffen werden. Als nächste Schritte folgen Klärungen der Bodenbeschaffenheit und gegebenenfalls eine Standortaufbereitung, die Auswahl der Art der Begrünung nach Wuchsstrategie, Lebensbereich und Habitus (z. B. Wuchsverhalten, Belaubungsphase, Textur, Färbung) und in interdisziplinärer Zusammenarbeit konstruktive und versorgungstechnische Planungen. Diese beinhalten neben der Festlegung aller technischen Details (z. B. Position, Konstruktion, Material, Wasser- und Nährstoffversorgung) die Ausschreibung der Leistungen (u. a. vertragliche Vereinbarungen von Bauleistungen, Gewährleistungen, Pflege und Wartung). Neben Versorgung und Infrastruktur berücksichtigen sie auch die Terminierung, den Umfang und die Daten der Gewährleistung sowie der Pflege- und Wartungsleistungen.

Schritte zur Vorbereitung und Umsetzung

1. Klärungen der Bodenbeschaffenheitt und des Pflanzstandorts
2. Auswahl der Art und Konstruktion der Begrünung
3. Festlegung der technischen Details
4. Ausschreibung der Leistungen zur Umsetzung

Die Standortaufbereitung, die Versorgung mit Licht, Wasser und Nährstoffen sowie auch die Instandhaltung (Pflege und Wartung) sind wesentliche Kritierien für eine dauerhafte Fassadenbegrünung. Daher wird in den Folgekapiteln im Detail darauf eingegangen. Eine ausreichende Bodenbeschaffenheit und gute Wasserversorgung sind oft, gerade in versiegelten städtischen Bereichen, nicht ausreichend gewährleistet. Dennoch gibt es auch für diese Fälle gute Lösungen: aus ökologischen Gründen pioritär bodengebundene aber auch wandgebundene Begrünungen, wenn kein Boden-/Bodenwasseranschluss zur Verfügung steht. Auch die Lichtverhältnisse entscheiden über die Pflanzenauswahl.

Die Exposition der Fassade sowie umgebende Verhältnisse (angrenzende Bebauung und Baumbestand) können zu Problemen bei der Versorgung mit Niederschlagswasser führen (Regenschatten). In diesen Fällen muss in der Anwuchsphase eine bedarfsweise Bewässerung gewährleistet sein. Bei wandgebundenen Begrünungen ist die Bewässerung entsprechend anzupassen. Ohne eine fachgerechte Instandhaltung der Begrünung bleibt der Begrünungserfolg aus. Im Folgenden werden wesentliche Bedingungen für die Realisierung und Instandhaltung von Fassadenbegrünungen beschrieben.

4.2.1 Standortaufbereitung

Die Begrünung von Fassaden ist anspruchsvoll, vor allem in versiegelten Bereichen. Bei Stadtböden handelt es sich in der Regel um (stark) veränderte Substrate, die meist für eine Bepflanzung ungeeignet sind (Bauschutt, stark verdichtet). Im Erdreich kann es zudem zu Konflikten mit Kabeltrassen und Hausanschlüssen kommen. Im Gehwegbereich und im Bereich von Kabeltrassen besteht der Bodenaufbau aus mineralischen Bestandteilen, wie Sand und Kies, die ebenfalls für einen vitalen Bewuchs ungeeignet sind (siehe Abb. 4.35). Geeignetes Pflanzsubstrat muss einerseits ein gutes Wasserhaltevermögen aufweisen, andererseits darf es nicht zu Staunässe neigen. Auch die Nährstoffversorgung muss gewährleistet sein.

Typische Probleme bei bodengebundener Begrünung und mögliche Lösungen fasst Tabelle 4.2 zusammen.

Bei im öffentlichen Raum zu empfehlenden begehbaren Pflanzschutz-Bodenrosten ist im Fall einer zunehmenden Wurzelhalsdicke eine dem Wachstum angepasste, schrittweise vergrößerbare Wuchsöffnung erforderlich. Grundsätzlich müssen die Pflanzscheiben (wie Baumscheiben) von Beginn an ausreichend dimensioniert werden.

Abb. 4.35: Problematischer Standort einer bodengebundenen Fassadenbegrünung

Tabelle 4.2: Typische Probleme bei bodengebundener Begrünung und geeignete Lösungsmöglichkeiten

Probleme	**mögliche Lösungen**
ungeeigneter Boden (Bauschutt) oder verdichteter Boden (durch Baumaschinen), darüber oft nur unzureichende Oberbodenqualität in zu geringem Volumen	Lockern des Bodens, ggf. Bodenaustausch (Auswahl eines geeigneten Pflanzsubstrats)
fehlende Volumenabstimmung auf das Wurzelwuchsverhalten der Pflanze	ausreichende Dimensionierung der Pflanzgrube
Pflanzenstandort zu nah an der Gebäudewand	Berücksichtigen des späteren Triebdurchmessers am Wurzelhals
im Straßenraum überbaute Flächen (Beeinträchtigung des Niederschlags)	sickerfähiges Pflaster oder ausreichende Größe der Pflanzgrube
handelsübliche organische Substrate mit schneller Verrottung	geeignete Substratwahl (strukturstabile Substrate, z. B. Baumsubstrat), Standortaufbereitung

Bei Teilüberbauung der Pflanzgrube (befestigte Oberflächen) sollten tragfähige, strukturstabile Substrate verwendet werden (vgl. Empfehlung für Baumpflanzungen – Teil 2, 2010). Oberflächenbeläge um Pflanzstandorte müssen dauerhaft luft- und wasserdurchlässig sein.

Da Kletterpflanzen in der Regel einen hohen Wasserbedarf haben und entsprechend mit Wasser versorgt werden müssen, sind die Außenwände von Untergeschossen vor Feuchtigkeit zu schützen. Eine Abdichtung gegen nicht drückendes Wasser reicht in der Regel aus.

Der Übergangsbereich zwischen Gebäude und anstehendem Boden muss zusätzlich gegen mechanische Beanspruchung und Wurzeleindringung mit einer geeigneten Grundmauer-Schutzfolie (Geo-Drain-Folie), mit Schutzlage und Vlieskaschierung geschützt werden. Eine Drainage ist gegen Durchwurzelung mit Vlies zu schützen (Empfehlungen für Planung, Bau und Instandhaltung der Übergangsbereiche von Freiflächen zu Gebäuden, 2012). Kletterpflanzen benötigen in der Regel frische bis feuchte Böden und eine ausreichende Wasserversorgung. Kann diese nicht über eine Dauerpflege gewährleistet werden, wird eine (automatische) Bewässerungsanlage empfohlen. Zu den Planungsleistungen gehören das Berechnen der Leitungsgrößen, das Aufteilen der Flächen in Bewässerungskreise, das Erstellen von Schaltplänen sowie die Abstimmung und Schnittstellenkoordination mit anderen Gewerken (z. B. Leitungsverlegung, Dämmung, erforderliche Wanddurchbrüche und deren Abdichtung). Pflanzen dürfen zudem weder zum Hindernis für Passanten werden, noch sollten sie durch z. B. Fahrzeuge, Fußgänger, Streusalz usw. beschädigt werden.

Die nachfolgend aufgeführten Varianten eignen sich grundsätzlich sowohl für öffentliche und für genossenschaftliche Liegenschaften als auch für private Immobilien. Eine Begrünung privater Immobilen im öffentlichen Raum ist jedoch nur dann zu empfehlen, wenn seitens der Kommune eine Unterstützung möglich und gewährleistet ist (z. B. Klärung der Leitungsinfrastruktur, rechtliche Aspekte).

Wurzelraum im Boden mit Pflanzscheibe/-streifen

Die Pflanzen werden mit ihren Pflanzgruben z. B. im Bereich von Gehwegen platziert (mindestens 50 cm tief, exklusive Einfassung). Die Pflanzscheiben oder Pflanzstreifen werden gegebenenfalls durch Pflanzgitter gegen das Betreten durch Passanten usw. gesichert. Es ist eine Lösung, bei der Bau- und Fluchtlinie nicht angetastet werden. Durch eine Begrünung mit Selbstklimmern wird die Fläche betont, der öffentliche Raum dabei aber kaum beeinflusst (siehe Abb. 4.36, 4.37 und 4.38). Gerüstkletterpflanzen hingegen stellen mit ihrer Wuchsvorkonstruktion einen Eingriff in den öffentlichen Raum dar (Fuß- und Radweg). Eine Genehmigung der Bauaufsicht ist in dem Fall einzuholen.

Auf ausladende Gerüstkletterpflanzen sollte bei engen Platzverhältnissen verzichtet werden. Eine Begrünung mit Selbstklimmern ist dann vorzuziehen. Der Einsatz temporärer Begrünungseffekte ist möglich.

Die Pflanzen sollten bei dieser Lösung oberhalb des Wurzelhalses vor mechanischer Beschädigung durch Passanten, Kehrfahrzeuge usw. geschützt werden (siehe Abb. 4.39). Unterirdisch bestehen gegebenenfalls Konflikte mit der Leitungsinfrastruktur. In der Regel steht nur wenig Wurzelraum zur Verfügung. Je nach Pflanzenauswahl ist auf den Schutz bautechnisch sensibler Bereiche zu achten (Fensterläden, Balkongeländer, Lüftungsklappen usw.). Einzuplanen ist auch die Infrastruktur zur Pflanzenversorgung: Steiger, Hubbühne oder hohe Leiter für Wartung/Pflege.

Bei dieser Lösung sind Konflikte mit den unterirdischen Kabeltrassen (Verlegetiefe ca. 80 cm) zu vermeiden: Deren direkte Überbauung mit Kletterpflanzen ist nicht möglich, eine benachbarte Installation nicht ausgeschlossen. Befinden sich die Pflanzgruben im Gehwegbereich, dürfen sie kein Hindernis für Fußgänger darstellen (Sicherheitsaspekt, Barrierefreiheit). Es muss auf ein ausreichendes Volumen der Pflanzgrube geachtet werden (mindestens 1 m^3), eben-

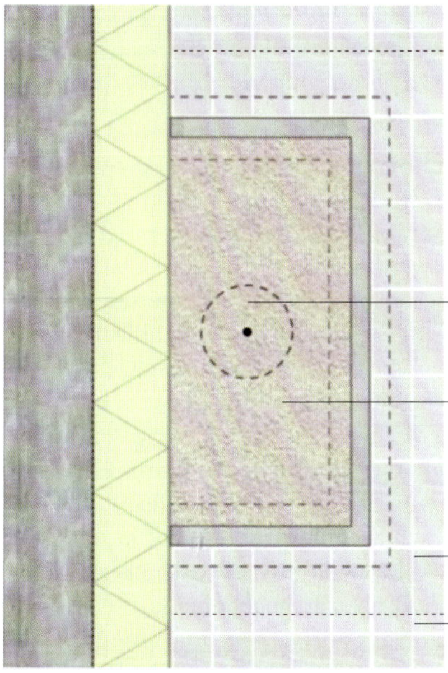

Abb. 4.36: Pflanzgrube Aufsicht

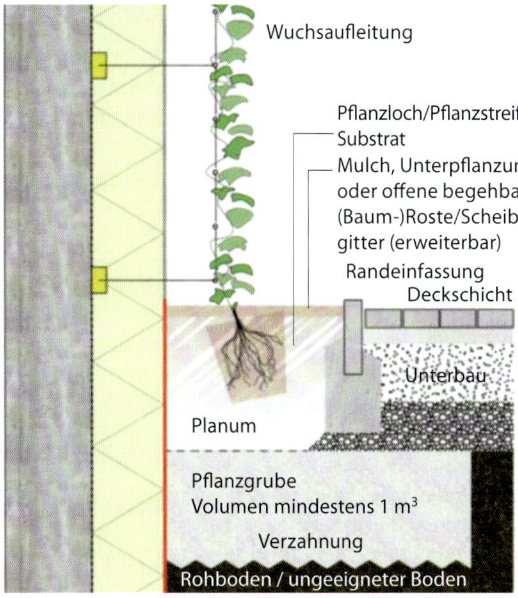

Abb. 4.38: Pflanzgrube Prinzipschnitt

Abb. 4.37: Klassische Pflanzscheibe in historischer Altstadt

Abb. 4.39: Erhöhter Pflanzstreifen (zum Schutz der Pflanzen) mit zusätzlicher künstlicher Bewässerung

so auf ein geeignetes Pflanzsubstrat. Pflanzzstreifen sind Pflanzscheiben vorzuziehen: je mehr unversiegelte Fläche, desto besser die natürliche Versorgung der Pflanzen mit Wasser, Nährstoffen und Luft. Die Bewässerung bei anhaltenden Trockenperioden muss insbesondere in den ersten Jahren gewährleistet sein. Wuchsbegrenzungen durch Metallrandwinkel sind gegebenenfalls erforderlich. Als Vorleistungen für Pflege und Wartung sind ein Wasseranschluss für extreme Trockenphasen sowie ein Stromanschluss vorzusehen. Mit zunehmender Wuchshöhe sind Hubsteiger u. Ä. erforderlich. Pflanzgruben und Wuchshilfen im öffentlichen Raum bedürfen der Zustimmung der Stadtverwaltung.

Abb. 4.40: Pflanzung von Gerüstkletterpflanzen in Pflanztrögen neben einem Gebäuderücksprung

Wurzelraum in Rücksprüngen/Nischen

Nischen und Rücksprünge sind weitere Optionen, den Pflanzen mehr (Wurzel-)Raum zu gewähren (siehe Abb. 4.40). Sie sind genehmigungstechnisch einfacher zu realisieren. Für die Aufnahme des Wurzelbereichs in baulichen Nischen/Rücksprüngen gelten für den Schutz der

Kabeltrassen, wenn erforderlich, die auf S. 76 beschriebenen Lösungen analog.

Aus gestalterischer Sicht eignen sich Nischen besonders zur Betonung vertikaler Strukturen durch Gerüstkletterpflanzen. Die Wuchsaufleitung kann bündig mit dem Gebäude abschließen oder hervorspringen (in den Gehwegbereich), um so einen spannungsvollen Kontrast zwischen Gebäude und Begrünung zu erzeugen.

Gestalterisch sind Gerüstkletterpflanzen, die an Seilen/Stäben aufgeleitet werden, eine gute Option. Der Einsatz temporärer Begrünungen ist möglich, sollte aber die eigentliche, dauerhafte Begrünung nicht behindern (Konkurrenzsituation). Die Pflanzgrube kann mit einem Pflanzgitter gesichert werden. Durch die Nische haben die Pflanzen mehr Wurzelraum. Das entschärft Anwuchsprobleme. Der Schutz vor mechanischer/chemischer Beschädigung bleibt erforderlich, ebenso der Schutz bautechnisch sensibler Bereiche und der Einsatz von Hubbühne usw. für Wartung/Pflege.

Die Lösung entschärft den Konflikt mit den Kabeltrassen im Gehwegbereich, verschärft aber möglicherweise den Konflikt mit Kabeln/Leitungen, die unterirdisch in das Gebäude führen. Passanten dürfen durch Wuchsaufleitungen nicht gefährdet werden. Es muss auf ein ausreichendes Volumen der Pflanzgrube geachtet werden, ebenso auf ein geeignetes Pflanzsubstrat. Die Bewässerung in Trockenperioden muss gewährleistet sein. Vorleistungen für Pflege und Wartung sind ein Wasseranschluss für extreme Trockenphasen sowie ein Stromanschluss. Mit zunehmender Wuchshöhe sind Hubsteiger o. Ä. erforderlich. Bei der Realisierung könnte es zu Mehrkosten gegenüber einer nicht unterbrochenen Fassade kommen.

Wurzelraum in Pflanzgefäßen

Soweit die Platzverhältnisse es zulassen, können mobile oberirdische Wuchsbehälter aufgestellt werden (siehe Abb. 4.41). Damit entfällt die Standortaufbereitung. Pflanzgefäße müssen für das Wurzelvolumen der Pflanzen ausreichend dimensioniert sein (Höhe der Container mindestens 60 cm, maximal mögliche Tiefe und Länge). Auf Bau- und Fluchtlinien ist zu achten. Ausladende Gerüstkletterpflanzen können einen Eingriff in den öffentlichen Raum darstellen. Alternativ zu aufgestellten Pflanzbehältern können bodengleich eingesenkte Pflanzcontainer mit begehbaren Gitterrosten verwendet werden.

Abb. 4.41: Begrünung in Pflanzcontainern mit erforderlicher künstlicher Bewässerung

Eine Begrünung mit leitbaren Gerüstkletterpflanzen ist Selbstklimmern aufgrund der Nachbarsituation vorzuziehen. Der Einsatz temporärer Begrünungen ist möglich. Wurzeln und Substrat werden im Falle von Kabelarbeiten im Straßen-/Gehwegbereich (Reparatur, Austausch usw.) nicht beschädigt. Bei eingesenkten Pflanzcontainern bleibt der Schutz der Pflanzen vor mechanischer Beschädigung über Oberkante Boden erforderlich, ebenso der Schutz bautechnisch sensibler Bereiche und der Einsatz von Steiger, Hubbühne oder hoher Leiter für Wartung und Pflege. Pflanzen in aufgestellten Containern sind vor Fahrzeugen, Streusalz, Urin usw. geschützt, nicht jedoch vor Vandalismus. Pflanzcontainer benötigen für die Pflanzenwahl geeignetes, strukturstabiles Substrat, gegebenenfalls eine künstliche Wasser- und Nährstoffversorgung, eine Entwässerung und Drainage sowie möglicherweise eine Wasseranstauebene.

Diese Lösungen entschärfen den Konflikt zwischen Pflanze und möglichen Kabeltrassen. Begrünungen mit direktem Bodenanschluss sind jedoch vorzuziehen, da die Wasserversorgung durch den Behälter eingeschränkt wird, sodass dauerhaft auf eine Bewässerung in Trockenperioden geachtet werden muss (gegebenenfalls Feuchtefühler verwenden). Auch ein übermäßiger Wassereintrag (z. B. Übernässung durch Starkregen/Niederschlagwasser von Dachflächen) ist zu vermeiden (Wurzelfäule, Absterben der Pflanze). Die Pflanzbehälter sowie bodengleich eingesenkte Pflanzcontainer dürfen kein Hindernis im öffentlichen Raum darstellen. Sie bedürfen einer bauaufsichtlichen Genehmigung. Vorleistungen für Pflege und Wartung umfassen einen Wasseranschluss für extreme Trockenphasen sowie einen Stromanschluss. Mit zunehmender Wuchshöhe sind Hubsteiger o. Ä. erforderlich. Gegebenenfalls muss eine Nachgenehmigung der Pflanzgruben/Container im öffentlichen Raum eingeholt werden.

4.2.2 Entscheidung über Art/Konstruktion der Begrünung

Die Bandbreite möglicher Fassadenbegrünungen umfasst zwei grundsätzlich unterschiedliche Bauweisen mit jeweils mehreren Varianten, nämlich die bodengebundene Begrünung und die wandgebundene Begrünung. Hinzu kommen Mischformen beider Bauweisen.

Bodengebundene Fassadenbegrünungen

Wurzeln Pflanzen zur Begrünung von Fassaden/Wänden, Brandwänden, Grenzmauern usw. im Boden, beziehen sie ihr Wasser und die benötigten Nährstoffe aus dem anstehenden Erdreich bzw. aus einem ersatzweise hergestellten Bodenvolumen. Dabei kann es sich um gewachsenen Boden oder auch um ein künstlich bereitgestelltes Bodenmaterial (Intensivsubstrat) handeln. Entscheidend sind eine pflanzengerechte Bodenqualität sowie ein Bodenwasseranschluss mit ausreichender Zuführung und Speicherfähigkeit von Regenwasser.

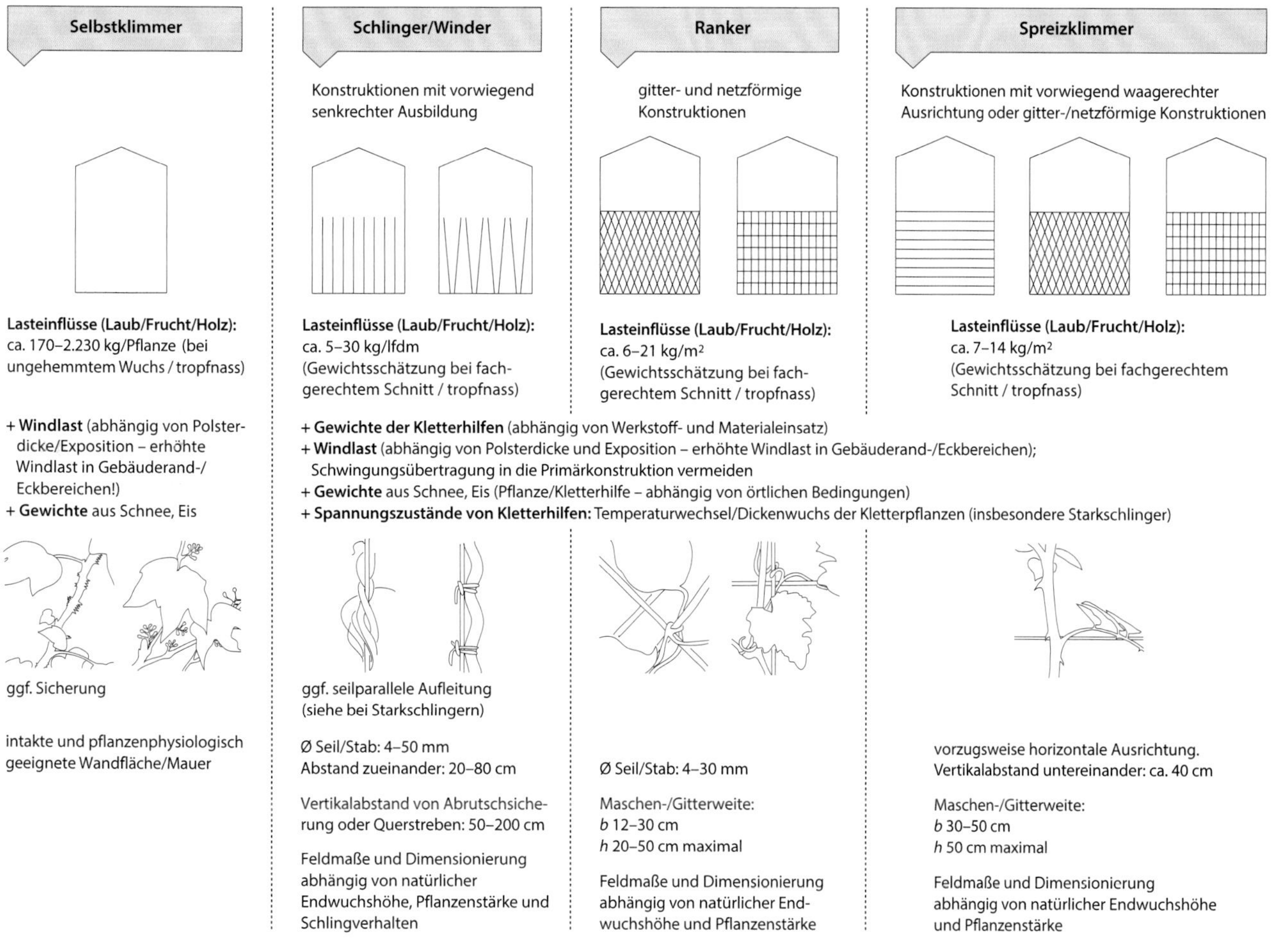

Abb. 4.42: Konstruktive Berücksichtigung der Wuchsstrategien von Kletterpflanzen

Bei zu tief liegendem Bodenwasserspiegel, unzureichend regenbeaufschlagten Pflanzorten oder nahen Bauwerksdrainagen sowie aufgrund der zunehmenden langen Trockenperioden ist eine zuverlässige Ersatzbewässerung notwendig (manuell oder automatisch).

Die Bauweise und Gestaltung der Wuchskonstruktion sowie die unterschiedlichen Kletterstrategien der Pflanzen sind im Zusammenhang zu betrachten, sie müssen funktional aufeinander abgestimmt werden. Bei der Pflanze gilt dies für die genetischen Daten (Verankerungstechnik der Pflanze, Dickenwachstum, Windekraft, Wuchsdynamik) ebenso wie für ihre physikalische Größe (Eigengewicht, Niederschlagsgewicht und Windangriffsfläche im ausgewachsenen Stadium). Wuchskonstruktionen sollten vorausschauend und langlebig entwickelt werden: Ihr späterer Austausch hätte einen umfassenden Rückschnitt oder den Verlust der Begrünung zur Folge.

Bei der Entscheidung für bodengebundene Fassadenbegrünungen müssen die Wand/Fassade, die Wuchsvorkonstruktion und die Pflanze aufeinander abgestimmt sein. In Abb. 4.42 sind daher die Wuchsstrategien der Kletter-/Gerüstkletterpflanzen sowie die Wand-/Fassadeneignung aufgeführt. Weitere Planungskriterien bei der bodengebundenen Fassadenbegrünung sind u. a.:

- Dimensionierung und Rasterweiten der Wuchsvorkonstruktion,
- Abstand der Kletterhilfe zur Wand (Durchlüftung/Entfeuchtung),
- Triebdurchmesser am Wurzelhals (Abstand der Pflanzen zur Wand auch im Dickenwachstum),
- Wuchshöhe (maximale Wuchshöhe möglichst niedriger, als die Höhe der Wuchsaufleitung),
- Wuchsbreite der Pflanze und daraus resultierender Pflanzabstand einzelner Pflanzen,
- Lasteinflüsse von Laub, Frucht, Holz bzw. Tau, Regen, Schnee, Eis und Windlasten sowie Gewichte aus Spannungszuständen der Wuchsvorkonstruktion,
- Abstände zueinander bzw. Feldweiten der Wuchsaufleitungen.

Die Lasteinflüsse und weitere vegetationstechnische Kriterien sind in Abb. 4.42 für die bodengebundene Fassadenbegrünung aufgeführt. Ein wichtiges Entscheidungskriterium sind zudem die Kosten. Bei der Fassadenbegrünung ist das Verhältnis von Bau- und Pflegekosten zu berücksichtigen:

In der Herstellung günstige Bauweisen, wie z. B. die Direktbegrünung mit Selbstklimmern (insbesondere Efeu), verursachen aufgrund der Wüchsigkeit der Pflanzen meist höhere Pflegekosten in der Altersform oder, bei mangelnder Pflege, Schäden an Gebäude oder Bauteilen.

Kostenintensivere Bauweisen mit Gerüstkletterpflanzen, die eine Wuchsvorkonstruktion benötigen, führen aufgrund ihres Abstands zum Gebäude meist zu geringeren Pflegekosten, sofern Pflanze und Kletterhilfe aufeinander abgestimmt sind.

Der finanzielle Aufwand steigt mit der Höhe der Begrünung und ist abhängig von der Begeh- und Anfahrbarkeit. Leitern werden ab 1,80 m Höhe erforderlich. Je nach Situation kommen ab 5 bis 7 m Höhe Steiger, Gerüste, Hubbühnen oder gärtnerisch ausgebildete Fassadenkletterer zum Einsatz.

Keine Begrünung ist kosten- oder pflegefrei, auch nicht bodengebundene Begrünungen. Ihr gebäudeoptimierender sowie umfeldverbessernder Beitrag ist dafür eine dauerhafte Investition in eine lebenswerte und lebendige urbane Umgebung.

Wandgebundene Begrünungen

Neben den bodengebundenen Varianten gewinnen Fassadenbegrünungen ohne Boden- und Bodenwasseranschluss zunehmend an Bedeutung, denn sie stoßen auf viele innerstädtische Anwendungsmöglichkeiten, hohe Akzeptanz und Forschungsinteresse.

Die Pflanzen werden dabei in Regalbauweisen (gestapelte horizontale Vegetationsflächen) oder in senkrecht vor der Gebäudewand montierte bzw. in die Fassade integrierte Vegetationsflächen (vertikale Gärten) als modulare oder flächige Begrünungen installiert.

Unabhängig von der Art der wandgebundenen Begrünung ist eine frühe planerische Integration in die architektonische Fassadengestaltung erforderlich auch bei Bestandssanierungen: In der Regel ist eine Fassadenbegrünung eine Themenüberlagerung von Fassadengestaltung und natürlichem Pflanzenwuchs und selten in eine gestaltete Synergie gebracht. Begrünungen sind jedoch im besten Fall Teil einer integrativen Planung und Vorstellung des gestalterischen Fertigzustands.

Die Pflanze wird so zum kalkulierten Bestandteil des Fassadenaufbaus und der Gestaltung und bedarf in regelmäßigen Intervallen entsprechend durchzuführender Instandhaltungsarbeiten zur Versorgung und Trimmung ihrer Wuchsform. Gründe zur Ausführung einer kosten- und pflegeintensiveren wandgebundenen Begrünung:

- Es steht kein qualifizierter Boden- und Bodenwasseranschluss zur Verfügung.
- Die Ebene null ist mechanisch bzw. chemisch so stark belastet, dass sie als regelrechter Pflanzenstandort ausscheidet (hoher Nutzungsdruck der Fläche im öffentlichen Raum, unzureichende Platzverhältnisse, Belastungen durch Tausalz, Urin usw.).
- Die Begrünung kann ausschließlich an höher gelegenen Gebäudeflächen realisiert werden, z. B. wenn die Begrünungsfläche überbaut ist (Vordächer, auskragende Geschosse) oder wenn sie durch nicht begrünbare Flächen vom Boden getrennt ist (z. B. Garagenzufahrten oder durchgehend horizontal gegliederte Fensterbänder).
- Die Gestaltungsbreite ist bei wandgebundenen Begrünungen aufgrund der Planbarkeit als architektonisches Element, des artifiziellen Charakters und der kaum eingeschränkten Pflanzenwahl größer.

Mischformen

Mischformen aus bodengebundenen und wandgebundenen Begrünungen sind vorwiegend den örtlichen Verhältnissen angepasste Lösungen. Sie müssen den Versorgungsanforderungen beider Bauweisen gerecht werden. Ein Anlass zur Realisierung von Mischformen kann in den Pflanzenarten liegen: Die ausgewählten bodengebundenen Pflanzen erreichen eine begrenzte Höhe, darüber liegende Geschosse erhalten eine wandgebundene Begrünung. Es kann aber auch die zeitliche Komponente wichtig sein (Ergänzung der bodengebundenen Begrünungen durch Fassadenbegrünungen in Pflanzbehältern, bis die bodengebundenen Begrünungen die gewünschte Höhe zur Begrünung der gesamten Fassade erreicht haben). Auch Sonderwünsche die Gestaltung betreffend können zur Wahl einer Mischform veranlassen.

4.2.3 Pflanzenauswahl und Pflanzung

Die Berücksichtigung vegetationstechnischer Kriterien ist bei einer Fassadenbegrünung entscheidend für ihre Funktionalität und Langlebigkeit. Dazu gehören Faktoren wie das lokale Klima, die Zusammensetzung des Substrats, die Fähigkeit zur Wasserspeicherung sowie die Auswahl geeigneter Pflanzenarten. Insbesondere sind die Widerstandsfähigkeit der Pflanzen gegenüber extremen Witterungsbedingungen, ihre Toleranz gegenüber Trockenheit und Nährstoffmangel sowie der notwendige Pflegeaufwand von Bedeutung. Lichtverhältnisse, Wasserhaushalt, Windverhältnisse und allgemeine klimatische Bedingungen müssen bereits in der Planung der Anlagen Berücksichtigung finden, um eine standortangepasste Vegetation und geeignete Maßnahmen zur Pflanzung/Befestigung zu wählen. Die Tragfähigkeit der Flächen zur Fassadenbegrünung muss gewährleistet sein. Die Last durch Substrat, Pflanzen, Wasser, Schnee und Wind muss den statischen Eigenschaften aller Konstruktionen entsprechen.

Bei bodengebundenen Fassadenbegrünungen kommen Kletterpflanzen (Selbstklimmer), Gerüstkletterpflanzen (Schlinger/Winder, Ranker oder Spreizklimmer) und gegebenenfalls Pflanzen zur Unterpflanzung (bodendeckende Stauden, Gräser und Kleingehölze) zum Einsatz (siehe Abb. 5.32 bis 5.40). Bei wandgebundenen Begrünungen richtet sich die Pflanzenauswahl nach der Begrünungsform. Für Einzel- und Linearbehälter mit horizontaler Wuchsebene kommen Stauden (u. a. Gräser, Farne, bedingt Zwiebel- und Knollengewächse), Kleingehölze und Gerüstkletterpflanzen zum Einsatz. Geeignete Pflanzen für vertikale Gärten (senkrechte Vegetationsflächen, modular oder flächig) sind Stauden (u. a. auch Gräser und Farne), Kleingehölze, Moose und möglicherweise Kletterpflanzen (Wurzelkletterer, Spreizklimmer). Die Pflanzplanung wandgebundener Begrünungen erfolgt durch den Systemanbieter (projekt- und systemabhängig). Pflanzenlisten für wandgebundene Begrünungen sind in den aktuellen Fassadenbegrünungsrichtlinien zu finden (Fassadenbegrünungsrichtlinien, 2018).

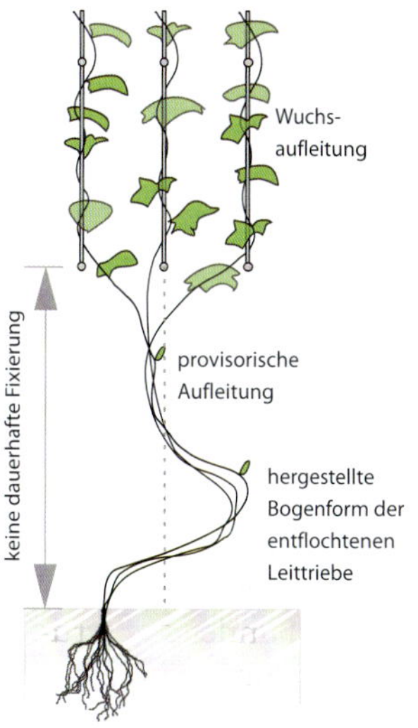

Abb. 4.43: Das richtige Pflanzen nach Brandhorst und Brandwein

Bei bodengebundenen Begrünungen sowie bei der Lieferung von Einzelpflanzen für wandgebundene Begrünungen werden die Pflanzen bei der Anlieferung geprüft. Dabei werden Art/Sorte, Größe, Vitalität, mögliche Beschädigungen, Ballenfeuchtigkeit, Ballenfestigkeit, der Zustand hinsichtlich Schädlingsbefall sowie die Pflanzenvitalität kontrolliert.

Bei vorkultivierten Elementen, wie Modulen oder Pflanzgefäßen, findet eine entsprechende Prüfung statt. Der Transport und das Abladen der Pflanzen oder Module sollten geschützt erfolgen, beispielsweise durch Töpfe, Sackleinen oder Vliesumhüllungen. Der Abstellort für die Zwischenlagerung muss gesichert werden, etwa durch Absperrungen oder Bauzäune. Die Lagerung der Pflanzen/Module sollte von kurzer Dauer sein, maximal 48 Stunden lang abgedeckt, schattig und feucht. Wenn die Lagerung länger andauert, müssen offene Wurzelballen geschützt („eingeschlagen") werden. Dabei ist darauf zu achten, dass die Ballen nicht gequetscht werden und Triebe unversehrt bleiben; Rinden sollten bei Bedarf mit Vlies geschützt werden. Pflanzungen sollten nicht vor Mitte April erfolgen.

Stützstäbe sind bei der Pflanzung zu entfernen, Triebe zu entwirren, Triebe gegebenenfalls in die Wuchsaufleitung einzubinden. Bei jungen, noch flexiblen Pflanzen ist der Haupttrieb oberhalb des Wurzelhalses leicht zu stauchen (Bildung eines Bogens; siehe Abb. 4.43).

4.2.4 Versorgungstechnik

Eine kontinuierliche Versorgung und Pflege der Pflanzen sind maßgeblich für vitale Fassadenbegrünungen, sowohl für boden- als auch für wandgebundene. Die Versorgungstechnik umfasst alle notwendigen Maßnahmen zur Wasser- und Nährstoffversorgung. Durch eine sorgfältige Umsetzung dieser Maßnahmen kann die Funktionsfähigkeit der Begrünung langfristig gewährleistet werden.

Substrat

Ist der Boden ungeeignet oder steht den Pflanzen kein Bodenanschluss zur Verfügung, kommen Substrate zum Einsatz. Die Zusammensetzung von Substraten für Fassadenbegrünungen wird an die spezifischen Anforderungen der Pflanzen, den Standort und die Exposition angepasst. In der Regel bestehen Substrate zur Fassadenbegrünung aus einer Mischung mineralischer Komponenten wie Lava und Blähton (Luftporen und Wasserspeicher), Granit (Frostschutz) und Sand sowie aus organischen Bestandteilen, wie z. B. Harttorf, Tonstein, Xylit, Leonardit und gegebenenfalls kleinen Mengen Kompost.

Substrate gewährleisten eine gute Drainage, eine ausreichende Nährstoffversorgung, Strukturstabilität und den nötigen Halt für die Pflanzen. Die Wasserspeicherkapazität des Substrats ist von besonderer Bedeutung (für Kletterpflanzen: Wasserspeicherkapazität von über 30 % erforderlich), um in Trockenperioden genügend Feuchtigkeit bereitzustellen. Die Substratzusammensetzung muss auf die Art der Begrünung (boden- oder wandgebunden) abgestimmt sein. Für bodengebundene Begrünungen variiert das Substrat zudem je nach Standort: Nicht überbaubare Substrate eignen sich für unversiegelte Flächen, wie z. B. tiefgründige Pflanzung neben Verkehrsflächen, oder in Grünanlagen bei beengten Platzverhältnisse Dagegen kommen überbaubare Substrate in versiegelten Bereichen zum Einsatz.

Die Qualität des Substrats bestimmt maßgeblich den Erfolg der Dachbegrünung. Wesentliche Kriterien:

- hohe Formstabilität
- wenige organische Bestandteile
- geringes Gewicht (im Trockenzustand)
- hohe durchgängige Wasserspeicherfähigkeit
- ausreichende Luftkapazität bei Wassersättigung
- gute Aufnahmefähigkeit für Nährstoffe
- gute Resistenz gegen pH-Wert-Verschiebung (z. B. gegen sauren Regen)
- frei von Schädlingen, Krankheitserregern und Samenverunreinigung
- geringer Feinanteil, um Verhärten/Verschlämmen zu vermeiden

Versorgung mit Wasser und Nährstoffen

Bei bodengebundenen Begrünungen ist in der Regel nur während der Anwuchsphase eine regelmäßige Bewässerung notwendig, gelegentlich können aber Notbewässerungen in lang anhaltenden Trockenperioden erforderlich sein.

Bei wandgebundenen Begrünungen ist eine automatisierte und kontrollierte Wasser- und Nährstoffversorgung unerlässlich. Um längere Trockenperioden zu überbrücken, kann auch bei bodengebundenen Begrünungen ein Wasseranschluss zur manuellen oder teilautomatisierten Bewässerung notwendig sein. Weist das Substrat eine geringe Wasserhaltefähigkeit auf oder stehen die Pflanzen im Regenschatten, wird ebenfalls eine automatisierte Wasser- und Nährstoffversorgung erforderlich.

Eine automatische Bewässerung ist wirtschaftlich, weil sie Arbeitszeit und Wasser spart. Die meist für Fassadenbegrünungen eingesetzten Tropfrohre versorgen die Wurzeln direkt und effektiv (siehe Abb. 4.44). Im Gegensatz zu einer Überkopfberegnung wird kein Wasser verdunstet.

Abb. 4.44: Bewässerung über Tropfschläuche in wandgebundener Begrünung

Die Taktung der Bewässerungszyklen erfolgt über einen kleinen Bewässerungscomputer (Zeitsteuerung). Die Beregnung kann bei natürlichen Regenereignissen durch einen Regensensor unterbrochen werden. Die Steuerung übernimmt ein kostengünstiger Bewässerungscomputer, der eine Fernwartung ermöglicht. Wesentlich zur Überprüfung ist der daran angeschlossene Wasserzähler. Der Steuerungscomputer übermittelt umgehend Warnmeldungen, wenn die eingestellte Bewässerungsmenge unter- oder überschritten wird. Zusätzlich ist der Bewässerungscomputer mit den nächstgelegenen Wetterstationen verbunden, sodass die Bewässerung schon im Vorfeld auf vorhergesehene Wetterereignisse reagieren kann. Beide Funktionen zusammen machen weitere Sensoren überflüssig, insbesondere Feuchtesensoren. Feuchtesensoren sind teuer, empfindlich, wartungsaufwendig und nicht langlebig (Brandhorst, 2024).

Die Wartung der Bewässerungsanlage erfolgt zweimal pro Jahr. Im Herbst ist diese winterfest zu machen, im Frühjahr wieder in Betrieb zu nehmen (Brandhorst, 2024).

Der Trinkwasserschutz nach E DIN EN 1717 „Schutz des Trinkwassers vor Verunreinigungen in Trinkwasser-Installationen und allgemeine Anforderungen an Sicherungseinrichtungen zur Verhütung von Trinkwasserverunreinigungen durch Rückfließen" (2023) und E DIN 1988-100 „Technische Regeln für Trinkwasser-Installationen – Teil 100: Schutz des Trinkwassers, Erhaltung der Trinkwassergüte" (2024) ist einzuhalten. Trinkwasserleitungen sind von Nichttrinkwasser und gefährdenden Flüssigkeiten zu trennen. Gemäß E DIN EN 1717 entspricht eine Unterflurbewässerung (mit Erdkontakt) der Flüssigkeitskategorie fünf. Daher ist das Wasser mit freiem Auslauf von der Trinkwasserleitung zu trennen. Dies hat zur Folge, dass das Gießwasser für die Kletterpflanzen gepumpt werden muss, da der Druck der Trinkwasserleitung nach einem freien Auslauf nicht mehr zur Verfügung steht. Im häuslichen Bereich ist die E DIN EN 1717 (Anwendungen in Wohnhäusern, Schulen, Hotels, Kindergärten usw.) zu berücksichtigen. Sie stellt die Risikominimierung für diese Gebäude sicher. Entsprechend kann im häuslichen Bereich eine Unterfluranlage mit einer Sicherungseinrichtung ausgestattet werden, die für die Flüssigkeitskategorie vier geeignet ist. Ein Systemtrenner gewährleistet eine solche zugelassene Sicherungseinrichtung und ist einer (Garten-)Bewässerungsanlage vorzuschalten (Brandhorst, 2024).

Weiterführende Literatur zu verschiedenen Einzelthemen:

- Thema Bodenarbeiten: DIN 18915 „Vegetationstechnik im Landschaftsbau – Bodenarbeiten" (2018)
- Thema Pflanzarbeiten: DIN 18916 „Vegetationstechnik im Landschaftsbau – Pflanzen und Pflanzarbeiten" (2016)
- Thema gehölzartige Kletterpflanzen: TL-Baumschulpflanzen (2020)
- Thema staudenartige Kletterpflanzen: Gütebestimmungen für Stauden (2015)
- Thema Planung: Empfehlungen für Planung, Bau und Instandhaltung der Übergangsbereiche von Freiflächen zu Gebäuden (2012)

Bewässerungsanlagen für boden- und wandgebundene Begrünungen

Beim Einsatz von Trinkwasser sind der Trinkwasserschutz gemäß E DIN EN 1717 bzw. die E DIN 1988 zu berücksichtigen. Des Weiteren sind die „Empfehlungen für Planung, Bau und Instandhaltung der Übergangsbereiche von Freiflächen zu Gebäuden" (2012) der Forschungsgesellschaft Landschaftsentwicklung Landschaftsbau e. V. (FLL) zu beachten.

Die Intensität der Bewässerung ist von folgenden Faktoren abhängig (Leitfaden Fassadenbegrünung, 2013):

- Verdunstungsintensität, Windstärke, Windrichtung, Exposition (z. B. Randlage, Gebäudeeckbereiche),
- Wasserspeicherfähigkeit des Bodens/Substrats bzw. des Substratersatzes,
- Staunässeverträglichkeit bzw. Trockenresistenz von Pflanzen,
- Frostresistenz von Pflanzen,
- Nährstoffbedarf von Pflanzen,
- örtliche Niederschlagsmengen bzw. Art der Zusatzbewässerung (z. B. Anstaubewässerung, Tropfschläuche, Sprühschläuche; siehe Abb. 4.45).

Abb. 4.45: Estée Lauder, Paris: wandgebundene Begrünung mit Randblech zur Kaschierung der Hinterlüftung und Leitungsführung

Abb. 4.46: Zisterne Bunker St. Pauli, Hamburg

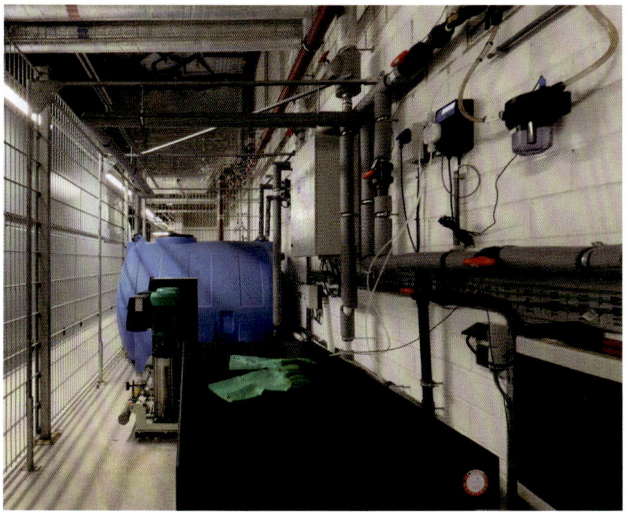

Abb. 4.47: Kö-Bogen 2, Düsseldorf: Bewässerungstechnik (u. a. Leitungsführung, Vorlaufbehälter, Druckregelung, Schwefelsäurezugabe)

Es ist sinnvoll, Regenwasser zur Bewässerung der Pflanzen vorzusehen. In diesem Fall wird eine Regenwasserbevorratung nötig (z. B. Zisterne). Jede Versorgungsanlage sollte gut geplant werden (siehe Abb. 4.46 und 4.47). Folgende Fragestellungen werden vorangestellt:

- Wo steht ein Technikraum zur Verfügung?
- Ist ein geschlossenes oder offenes System möglich oder erwünscht?
- Welches Wasser steht zur Verfügung (Qualität, Herkunft)?
- Wo und wie können Steuerung und Düngung erfolgen?

Bewässerung mit Regenwasser

Zur Berechnung der Zisternengröße wird die Verbrauchsmenge mit den Vorhaltetagen multipliziert. Die Mindestvorhaltezeit sind 21 Tage. In Hinblick auf zunehmende Trockenperioden und Hitzestresstage ist jedoch eine längere Vorhaltezeit sinnvoll.

Die Einzugsfläche, die die Zisterne speist, spielt ebenfalls eine Rolle für die Berechnung. Aus der Einzugsfläche dürfen keine Biozide (z. B. aus Fassadenanstrichen/Dachabdichtungen) oder anderweitige wasserschädliche Bestandteile in die Zisterne gelangen.

Die Zisternentechnik besteht aus folgenden Komponenten:

- Filterung,
- Pumpe,
- Wasserstandsmessung und -anzeige,
- automatische Nachspeiseeinrichtung.

Die Filterung des Regenwassers ist für die weitere Verwendung insbesondere von Bewässerungssystemen von Bedeutung. In der Regel wird das Regenwasser fünfmal gefiltert. Es durchläuft dabei nacheinander folgende Filter:

1. Sieb am Dachablauf für grobe Bestandteile,
2. Filter in oder am Ende der Einspeiseleitung der Zisterne (wichtigster Filter!),
3. Schwimmende Entnahme,
4. Fußventil an der Schwimmenden Entnahme,
5. Filter im Bewässerungssystem.

Die Pumpe wird entsprechend dem zu erwartenden Volumenstrom (größter Verbraucherkreis) und dem benötigten Druck ausgewählt. Der Druck am Verbraucher (Tropfrohre oder Regner) sollte zwischen 1,5 und 3,5 bar liegen. Der Druckverlust durch die zu überwindende Höhe (1 bar pro 10 m) und der Reibungsverlust durch die Rohre (Dimension, Länge, Verengungen und Winkel) sind hinzuzurechnen. Die Pumpe kann durch einen Druckschalter oder durch ein Relais aktiviert werden.

Es können sowohl Tauchpumpen als auch Ansaugpumpen zum Einsatz kommen. Bei der Schwimmenden Entnahme wird das Ansaugventil (Fußventil mit Siebkörper) mittels einer Boje ca. 20 cm unter der Wasseroberfläche gehalten. So werden von der Pumpe weder Schwebstoffe noch Sedimente angesaugt.

Die Wasserstandsmessung erfolgt über Sensoren oder kalibrierte Datenkabel. Die Anzeige über Display informiert über den Zisterneninhalt. Sinkt der Pegel unter den eingestellten Tiefpunkt, öffnet die Zisternentechnik das Magnetventil einer Nachspeiseleitung, ein Hochpunkt schließt das Ventil wieder. So kann garantiert werden, dass die Zisterne immer genügend Wasser für die Bewässerung enthält. Die Nachspeiseeinrichtung muss immer oberhalb des zu erwartenden Maximalwasserstands liegen (Höhe Überlaufleitung).

Um Stauwasser in der Nachspeiseleitung zu vermeiden, ermöglicht die Zisternentechnik eine Spülung in einstellbaren Intervallen durch kurzeitiges Öffnen des Magnetventils (Brandhorst, 2024).

Bewässerung mit Trinkwasser

Bei einer Bewässerung mit Trinkwasser ist der Lebensmittelschutz zu gewährleisten.

Die Trennung von Wasser mit Erdkontakt von der Trinkwasserleitung ist zwingend erforderlich. Wasser mit Erdkontakt wird, wie bereits beschrieben, als Flüssigkeitskategorie fünf eingestuft, da darin Mikroben vorhanden sein können (siehe Tabelle 4.3). Entsprechend den genannten Normen ist diese Flüssigkeitskategorie mit freiem Auslauf zu trennen.

Tabelle 4.3: Flüssigkeitskategorien

Kate-gorien	Beschreibung
1	Wasser für den menschlichen Gebrauch, das direkt aus einer Trinkwasserinstallation entnommen wird
2	Flüssigkeit, die keine Gefährdung der menschlichen Gesundheit darstellt Flüssigkeiten, die für den menschlichen Gebrauch geeignet sind, einschließlich Wasser aus einer Trinkwasserinstallation, das eine Veränderung in Geschmack, Geruch, Farbe oder Temperatur (Erwärmung oder Abkühlung) aufweisen kann
3	Flüssigkeit, die eine Gesundheitsgefährdung für Menschen durch die Anwesenheit einer oder mehrerer weniger giftiger Stoffe darstellt
4	Flüssigkeit, die eine Gesundheitsgefährdung für Menschen durch die Anwesenheit einer oder mehrerer giftiger oder besonders giftiger Stoffe oder einer oder mehrerer radioaktiver, mutagener oder kanzerogener Substanzen darstellt
5	Flüssigkeit, die eine Gesundheitsgefährdung für Menschen durch die Anwesenheit von mikrobiellen oder viralen Erregern übertragbarer Krankheiten darstellt

Für die Trennung mit freiem Auslauf wird ein Behälter verwendet, bei dem das Wasser – ähnlich wie bei einem Toilettenspülkasten – mit einem Nachspeiseventil eingeleitet wird. Ein solches Nachspeiseventil ist mit einem Schwimmer ausgestattet, der es stets über dem Wasserspiegel hält. Der steigende Wasserspiegel schließt das Nachspeiseventil.

Der Behälter sollte, falls das Nachspeiseventil versagt, mit einem Notüberlauf ausgestattet sein, der an einen Abwasserstutzen anzuschließen ist.

Eine Zisterne kann als Trennstation gewertet werden, wenn die Nachspeisung von Trinkwasser keine Berührung mit dem Zisternenwasser hat (Brandhorst, 2024).

Wasserqualität

Bei Trinkwasser ist die Wasserqualität zu berücksichtigen, insbesondere die Wasserhärte. Je nach Region gibt es unterschiedliche Härtegrade. Die Wassergesamthärte wird in °dH angegeben und entspricht meist beinahe vollständig der Carbonathärte (Säurekapazität). Ab 14 °dH spricht man von hartem Wasser. Hartes Wasser ist für einige Pflanzen (z. B. Moose) unverträglich. Im Außenbereich ist die Wasserhärte der Trinkwasserversorgung zumeist unkritisch: Da es in der Regel kaum zu thermischen Ausfällungen kommt, sind auch Ablagerungen in den Leitungen und Tropfrohren selten.

Bei geschlossenen Systemen und Gefäßen kann die Wasserhärte jedoch im Dauerbetrieb problematisch werden. Es ist ein höherer Wartungsaufwand einschließlich Überwachung der Wasserqualität zu berücksichtigen.

Als Wasseraufbereitungsanlagen werden üblicherweise Umkehrosmoseanlagen oder Ionenaustauscher eingesetzt. Die Umkehrosmose trennt das Wasser durch eine semipermeable Membran in geklärtes Wasser, das sogenannte Permeat, und „versalzenes" Wasser. Das Verhältnis von Permeat zu Abwasser reicht von 1:3 bis 1,5:1. Das Permeat enthält kaum Mineralien. Die Leitfähigkeit beträgt je nach System nur noch 0 bis 30 µs (Mikrosiemens). Permeat sollte niemals pur zur Pflanzenbewässerung verwendet werden. Es gibt spezielle Osmosewasserdünger oder Remineralisierungskartuschen. Bei Ionenaustauschern wird das Wasser über ein Harzbett geleitet. Je langsamer der Durchfluss, desto besser ist das Ergebnis. Die Harzbettkartuschen halten je nach Größe und Wasserqualität nur eine Zeitlang vor. Entsprechend häufig müssen sie gewechselt werden. Das ist relativ teuer und wartungsaufwendig. Andererseits brauchen Ionenaustauscher keinen Abwasseranschluss wie die Osmoseanlagen und haben keinen erhöhten Wasserverbrauch. Es gibt übrigens auch Teilentsalzungsanlagen (Brandhorst, 2024). Welche Wasseraufbereitungsanlage im Einzelfall verwendet wird, entscheiden die Gegebenheiten.

Es ist Teil der Pflege- und Wartungsarbeiten, die Wasserqualität während der Wartungsgänge regelmäßig zu prüfen und zu messen. Die beauftragte Firma sollte mit den entsprechenden Messeinrichtungen ausgerüstet sein.

Folgende Messungen werden benötigt:

- bei jedem Wasser und bei jeder Bewässerungsmethode Bestimmung des EC-Gehalts (EC = Electrical Conductivity),
- bei geschlossenen Systemen und bei Brunnenwasser zusätzlich Bestimmung des pH-Wertes, der Konzentrationen der Hauptnährstoffe bzw. von Nitrat und Phosphat sowie des Härtegrads.

Bei einem entsprechenden Anfangsverdacht können darüber hinaus tiefergehende Messungen extern beauftragt werden (Brandhorst, 2024).

Bewässerungstechnik

Eine automatische Bewässerung ist wirtschaftlich, weil sie Arbeitszeit und Wasser spart. Die zumeist für Fassadenbegrünungen (boden- und wandgebunden) eingesetzten Tropfrohre versorgen die Wurzeln direkt und effektiv.

Im Vergleich zu einer Überkopfberegnung (siehe Abb. 4.48) wird weniger Wasser verdunstet. Die Taktung der Bewäs-

Abb. 4.48: Überkopfberegnung – sinnvoller wären Tropfrohre auf Abstand zum Wurzelhals, sodass das Wasser weniger verdunstet und sich die Wurzeln ausbreiten müssen.

serungszyklen erfolgt über einen Bewässerungscomputer, der eine Fernwartung ermöglicht. Bei horizontalen Flächen kann die Bewässerung, wenn es regnet, durch einen Regensensor unterbrochen werden. Wesentlich ist ein Impulswasserzähler. Der Steuerungscomputer übermittelt umgehend Warnmeldungen, wenn die eingestellte Bewässerungsmenge unter- oder überschritten wird. Zusätzlich ist der Bewässerungscomputer mit den nächstgelegenen Wetterstationen verbunden, sodass die Bewässerung, wie bereits beschrieben, rechtzeitig auf vorhergesagte Wetterereignisse reagieren kann. Beide Funktionen zusammen machen weitere Sensoren überflüssig, insbesondere teure, empfindliche und wartungsaufwendige Feuchtesensoren (Brandhorst, 2024).

Die Bewässerung bodengebundener Begrünungen oder in Gefäßen mit großem Volumen ist insbesondere bei sommergrünen Pflanzen nur saisonal während der Vegetationsperiode nötig. Vor dem Winter werden die Leitungen ausgeblasen, und die Bewässerung wird abgestellt. Nach der Frostperiode wird die Bewässerung wieder in Betrieb genommen. Immergrüne Pflanzungen müssen hingegen ganzjährig mit Wasser versorgt werden (siehe Abb. 4.49).

Wandgebundene Begrünungen enthalten meist immer- oder wintergrüne Pflanzen, um einen akzeptablen Ganzjahresaspekt zu gewährleisten. Diese Pflanzen sind frosttrocknisgefährdet, wenn sie unter Sonneneinstrahlung im Winter/Frühjahr transpirieren und, aufgrund von Frost, dem gefrorenen Boden/Substrat kein Wasser entnehmen können. Für diesen Fall wird eine Winterautomatik benötigt. Diese besteht aus zwei Komponenten: zum einen aus einem Frostsensor, der die Bewässerung bei z. B. + 3 °C ein- oder abschaltet, zum anderen aus einer automatischen Leitungsentleerung. Weisen die Leitungen in Richtung Entleerungsvorrichtung ein Gefälle auf, sind automatische Entleerungsventile ausreichend. Sie öffnen, wenn der Druck auf 0,5 bar sinkt. Sind Wassersäcke im frostgefährdeten Bereich der Leitungen unvermeidlich, werden die Leitungen mit einer stationären Druckluftanlage nach jedem Bewässerungsgang ausgeblasen (Brandhorst, 2024).

Abb. 4.49: Stücki Shopping, Basel: Sommer- und immergrüne Gerüstkletterpflanzen in Pflanzbehältern stellen über das Jahr unterschiedliche Anforderungen an die Bewässerung.

Die Bewässerungstechnik bedarf der Planung. Zu den Planungsleistungen gehören das Berechnen der Leitungsgrößen, das Aufteilen der Flächen in Bewässerungskreise, das Erstellen von Schaltplänen sowie die Abstimmung und Schnittstellenkoordination mit anderen Gewerken. Für die Leitungsverlegung und -isolierung sowie für Wanddurchbrüche und deren Abdichtung ist eine Koordinationsplanung notwendig, da diese Leistungen in der Regel durch Fremdgewerke zu anderen Zeiten des Bauablaufs erbracht werden.

Technikzentrale

Die Technikzentrale (siehe Abb. 4.47) wird mit der Steuerung, der Trennstation und einer Düngedosiereinrichtung sowie mit einem Bodenablauf ausgerüstet. Sie sollte in einem frostfreien Raum (z. B. im Keller) oder für Begrünungen in größerer Höhe in Begrünungsnähe untergebracht werden. Der Technikbereich muss mit Strom, Frischwasser und/oder Zisternenwasser und einem Schmutzwasseranschluss ausgestattet werden. Ferner ist auch ein WLAN-Signal sinnvoll. Falls nicht vorhanden, wird ein Router installiert.

Das Steuergerät wird entsprechend seiner Leistungsfähigkeit und seinen technischen Möglichkeiten ausgesucht. Stand der Technik sind Web-basierte Geräte, die eine Fernsteuerung und -überwachung ermöglichen. Düngedosiereinrichtungen regeln elektronisch oder mechanisch die Nährstoffzufuhr über den Wasserfluss. In beiden Fällen wird Flüssigdünger aus einem Stammlösungsbehälter der Bewässerung beigemischt. Elektronische Düngedosierpumpen können in der Regel etwas feiner eingestellt werden.

Sensoren, Niveauschalter und Relais sowie sämtliche elektronischen und elektrischen Komponenten müssen sicher und übersichtlich verbaut und VDE-geprüft werden (VDE = Verband Deutscher Elektrotechniker) (Brandhorst, 2024).

4.2.5 Instandhaltung (Pflege und Wartung)

Eine Fassadenbegrünung ist nur bei artgerechter Pflege der Pflanzen und konstanter Wartung und Überwachung der Bewässerung dauerhaft vital. Eine erfolgreiche Pflege beginnt mit einer durchdachten Planung und der anschließenden richtigen Umsetzung/Pflanztechnik. Die Planung berücksichtigt die Standortverhältnisse (Boden, pH-Wert, Feuchtigkeitsverhältnisse, Exposition usw.) sowie auch die Geselligkeit bzw. das Konkurrenzverhalten der Pflanzen. Grundsätzlich ist die Pflege der Pflanzen als Lebewesen von der Wartung technischer Einrichtungen zu unterscheiden. Die Pflege der Pflanzen setzt gärtnerische und biologische Fachkenntnisse voraus. Neben dem richtigen Schnitt zur richtigen Zeit bedarf es einer fachlichen Einschätzung der Vitalität sowie Kenntnisse über Mangelerscheinungen und Pflanzenkrankheiten sowie deren Abhilfe.

Die Wartung der Be- und Entwässerungsanlage setzt technisches Verständnis sowie die einschlägigen Fertigkeiten voraus. Zur Wartung gehört zudem die Kontrolle der Wuchsvorkonstruktionen auf Standfestigkeit und Funktionstüchtigkeit. Alle Pflege-, Dünge- und Wartungsarbeiten sind zu dokumentieren und zu archivieren. Eine der ersten Klärungen ist die Zugänglichkeit aller Bereiche. Die

Abb. 4.50: Living Wall, Mannheim Q7: Instandhaltungsarbeiten mit Hubarbeitsbühne an einer modularen wandgebundenen Begrünung

Abb. 4.51: Entwicklungspflege einer wandgebundenen Begrünung (Quelle: Stefan Brandhorst, Kirchzarten)

Erreichbarkeit der begrünten Flächen zur Pflege und Wartung muss dauerhaft sichergestellt sein.

Bei Höhenarbeiten gehören zusätzliche Ausbildungen, die Einschätzung von Gefahren und Rettungstechniken zur Eignung des Personals (siehe Abb. 4.50). Die Bestimmungen der Unfallverhütungsvorschriften sind einzuhalten.

Wenn Leitern oder Gerüstböcke nicht ausreichen, werden entsprechende Einrichtungen, wie Anschlagpunkte für die Seilklettertechnik, benötigt bzw. Hubeinrichtungen, Gerüste o. Ä. Deren Zufahrt und Aufstellfläche muss vor Ausführung ganzjährig über die gesamte Lebensdauer der Begrünung sichergestellt sein. Verkehrsrechtliche Genehmigungen sind rechtzeitig einzuholen (Gebäude Begrünung Energie, 2014; Brandhorst, 2024).

Pflege

Ziele der Pflege sind die Erreichung und der langfristige Erhalt des Begrünungsziels sowie eine Optimierung und positive Entwicklung der Vertikalbegrünung.

Grundsätzlich wird unterschieden in

- Fertigstellungspflege sowie
- Entwicklungs- und Unterhaltungspflege (siehe Abb. 4.51).

Die Fertigstellungspflege entsprechend der Fassadenbegrünungsrichtlinie der FLL (Fassadenbegrünungsrichtlinien, 2018) erfolgt in Anlehnung an die DIN 18916. Sie umfasst alle Leistungen, die zum Erreichen des abnahmefähigen Zustands erforderlich sind. Die Fertigstellungspflege ist notwendig, um eine sachgemäße und funktionsgerechte Begrünung zu etablieren und um das angestrebte Begrünungsziel in einem angemessenen Zeitraum zu erreichen. Die Fertigstellungspflege ist daher explizit im Leistungsverzeichnis auszuschreiben.

Die Instandhaltungsleistungen zur Entwicklung und Unterhaltung analog den Fassadenbegrünungsrichtlinien (2018) erfolgen in Anlehnung an die DIN 18919 „Vegetationstechnik im Landschaftsbau – Instandhaltungsleistungen für die Entwicklung und Unterhaltung von Vegetation (Entwicklungs- und Unterhaltungspflege)“ (2016). Die Entwicklungspflege beginnt nach der Abnahme der Fertigstellungspflege und sorgt für eine langfristig funktionsfähige Begrünung. Zu erbringende Leistungen sind vorab zu vereinbaren. In Hinblick auf den Brandschutz und auf die Gesamtentwicklung sollten langfristige Verträge angestrebt werden, unter keinen Umständen jedoch eine Vertragsdauer kürzer als die Gewährleistungsfrist (Brandhorst, 2024).

Pflanzen im Boden oder in Pflanzgefäßen

Empfohlene Pflegemaßnahmen:

- Wässern
- Bodenlockerung
- Entfernen von Fremdbewuchs
- Entfernen von Totholz
- Nachpflanzen ausgefallener Pflanzen
- Freihalten von Einbauten (z. B. Fenstern, Türen, Traufen, Fallrohren, Blitzableitern, Kabeln)
- seil- oder strukturparallele Aufleitung von Starkschlingern in den ersten Jahren
- gegebenenfalls Rückschnitt von Stauden und Gehölzen von Unterpflanzungen

Pflanzenspezifische Schnitte zum geeigneten Zeitpunkt:

- starker Rückschnitt vieler sommerblühender Pflanzen sowie Gräser im Vorfrühling
- Kurztriebschnitt an z. B. Blauregen oder Wein
- Verjüngungsschnitt von Selbstklimmern zur Förderung der Haftung von Halteorganen an der zu begrünenden Fläche
- Sommerschnitt zur Förderung der Blühwilligkeit der Pflanzen
- Herbstschnitt an einziehenden Stauden oder blutenden Gehölzen

Bei bodengebundenen Begrünungen sind je nach Gestaltungsziel und Pflanzenauswahl ein bis sechs Pflegegänge pro Jahr ausreichend. Bei der Pflanzung von Gerüstkletterpflanzen, insbesondere Schlingern, wird die Stäbung der Baumschule vollständig entfernt, die Triebe werden entwirrt und einzeln in die Wuchsvorkonstruktion eingebunden. Die Haupttriebe werden gestaucht, um Spannungen sowohl an der Pflanze als auch an der Wuchsvorkonstruktion vorzubeugen (Pfoser, 2016; Brandhorst, 2024).

Wandgebundene Begrünungen, modular und flächig

Empfohlene Pflegemaßnahmen (Pfoser, 2016; Brandhorst, 2024):

- Entfernen von Fremdbewuchs
- Entfernen von Totholz
- Nachpflanzen ausgefallener Pflanzen
- Freihalten von Einbauten (z. B. Fenstern, Türen, Traufen, Fallrohren, Blitzableitern, Kabeln)
- gegebenenfalls Rückschnitt von Stauden und Gehölzen

Pflanzenspezifische Schnitte zum geeigneten Zeitpunkt:

- Pflegegang im Herbst (nicht zu früh ausführen, da manche Spätblüher bis zum Frost blühen; abgestorbene, verblühte, störende oder zu lang gewordene Pflanzenteile werden geschnitten und entfernt; siehe Abb. 4.52)
- Frühjahrspflege (sollte erst stattfinden, wenn kein oder kaum Frost mehr zu erwarten ist; Verjüngungsschnitte, damit die Pflanzen kompakt bleiben; bei allen immer- und wintergrünen Pflanzen sind verwelkte oder schlaffe Blätter/Triebe des alten Jahres zu beseitigen)

Bei wandgebundenen Begrünungen sind je nach Pflanzenauswahl, Anordnung und Vitalität zwei bis vier Pflegegänge pro Jahr ausreichend.

Für wandgebundene Bauweisen empfiehlt es sich, regelmäßig eine Analyse des Überschuss- oder des bevorrateten Wassers durchzuführen, insbesondere in Bezug auf

- EC-Gehalt,
- pH-Wert,
- Nachweis von Einzelnährstoffen (sofern erforderlich) und
- gegebenenfalls die Temperatur.

Bei der Feststellung von Mangelerscheinungen sind entsprechende Maßnahmen zu ergreifen:

Abb. 4.52: Abgestorbene, verblühte, störende oder zu lang gewordene Pflanzenteile werden im Rahmen des Pflegegangs im Herbst geschnitten/entfernt (Quelle: Stefan Brandhorst, Kirchzarten).

- Anpassung des pH-Wertes, um die Nährstoffaufnahme zu optimieren,
- Düngemaßnahmen, Gabe von Spurenelementen, falls erforderlich,
- Einsatz von Pflanzenstärkungsmitteln,
- Anwendung von Bodenhilfsstoffen.

> **Hinweis**
>
> Sollten Schadorganismen festgestellt werden, sind im Sinne des integrierten Pflanzenschutzes geeignete Pflanzenschutzmaßnahmen durchzuführen. Diese Maßnahmen stellen besondere Leistungen dar und sind mit dem Auftraggeber abzustimmen.

Wartung und Instandhaltung

Die Instandhaltung gemäß DIN 31051 „Grundlagen der Instandhaltung“ (2019) umfasst die Kombination aller technischen und administrativen Maßnahmen zur Erhaltung oder Wiederherstellung des funktionsfähigen Zustands (Instandsetzung). Alle Bauten, Bauteile, Maschinen und Geräte unterliegen aufgrund chemischer, physikalischer und biologischer Prozesse einer Abnutzung, die im Fall des Überschreitens der Abnutzungsgrenze zu einem Ausfall führt. Die Aufgabe der Instandhaltung besteht darin, durch Inspektion den funktionsfähigen Zustand festzustellen, ihn durch Wartung zu bewahren und bei Erreichen der Abnutzungsgrenze durch Instandsetzung oder gegebenenfalls durch Verbesserungsmaßnahmen wiederherzustellen (Bewässerungsrichtlinien, 2015).

Die technischen Einrichtungen für Vertikalbegrünungen umfassen neben der Bewässerungsanlage die Düngeeinrichtung, möglicherweise eine Wasseraufbereitungsanlage, gegebenenfalls eine Winterautomatik mit/ohne stationären Kompressor, eventuell eine Entkeimungsanlage sowie gegebenenfalls eine Zisternentechnik, ebenso die Konstruktion für den Halt der Pflanzen. Im Rahmen der Wartung erfolgen die Kontrolle der Sekundärkonstruktion bzw. des Begrünungsträgers auf Verkehrssicherheit und eventuell erforderliche Schnittmaßnahmen zum Schutz des Gebäudes und um die Vitalität (und gegebenenfalls Blühwilligkeit) der Pflanze zu erhalten. Begrünungen mit Kletterpflanzen an Seilen erfordern ein regelmäßiges Lockern oder Nachspannen der Seile und das Prüfen von Überlastsicherungen (siehe Abb. 4.53).

Alle Einrichtungen sind regelmäßig von Fachkundigen zu überprüfen und zu reinigen. Die Prüfung erfolgt durch Sichtkontrolle und durch Funktionstests. Die Intervalle für die Prüfung und/oder den Austausch einzelner technischer Komponenten werden durch Herstellervorgaben oder durch die (besondere) Beanspruchung definiert. Bei Einsatz einer Regenwasserzisterne sind deren Funktion und die vorgeschalteten Grob- und Feinsiebe in angemessenen Intervallen zu überprüfen bzw. zu reinigen. Der Zustand von Wuchshilfen und Wandmontagesystemen muss auf Schäden (Korrosion, Brüche/Risse, Überlastung) überprüft werden. Im Zuge der Pflege und Wartung ist auf Nestbau usw. der angesiedelten Fauna Rücksicht zu nehmen (siehe Abb. 4.54).

Abb. 4.53: Regelmäßige Prüfung der Seile, Seilschellen und Überlastsicherungen, eventuell Lockern/Nachspannen der Seile im Rahmen der Wartung einer Vertikalbegrünung

Abb. 4.54: Vogelnest in einer Fassadenbegrünung

Für jede technische Einrichtung ist ein Wartungs- und Instandhaltungskonzept zu erstellen, in dem alle technischen Komponenten aufgeführt, dem Bedienungsanleitungen beigefügt und in dem Wartungs- oder Austauschintervalle aufgeführt sind. Alle Reinigungsmittel müssen, sofern sie eingesetzt werden, schonend für die Umwelt und verträglich für die Pflanzen sein. Die Einwinterung bzw. die Aktivierung der Winterautomatik werden entsprechend dem jeweiligen Wartungs- und Instandhaltungskonzept vorgenommen. Dabei sind zum Schutz vor Frostschäden alle dem Frost ausgesetzten Leitungen zu entleeren. Inspektionen können vom Betreiber vorgenommen, Wartungen, Instandhaltungen und Austausch dürfen dagegen nur von Fachkundigen durchgeführt werden.

Vorteile einer regelmäßigen Instandhaltung:

- dauerhafte Erhaltung des vorgesehenen Begrünungsziels und der vorgesehenen Funktion der Fassadenbegrünung
- Verlängerung der Funktionalität der Konstruktionen
- Werterhaltung der Bausubstanz
- Vermeidung von unerwünschtem Wildwuchs und Erhalt der geplanten Vegetation
- Einhalten brandschutzrechtlicher Anforderungen
- Minimierung von Schäden und Folgekosten
- Erhaltung des positiven Images von Fassadenbegrünungen

Monitoring

Da die Pflanzen und letztlich der Begrünungserfolg direkt vom einwandfreien Betrieb der Bewässerungsanlage abhängen, sind die Kontrolle und das Monitoring wichtige Voraussetzungen für den Betrieb einer Anlage. Der Warneinrichtung bzw. Fehlermeldung kommt eine zentrale Bedeutung zu, da sie ein rechtzeitiges Eingreifen ermöglicht. Es stehen verschiedene Methoden zur Kontrolle und zum Monitoring zur Verfügung (Brandhorst, 2024):

- mobilfunkbasiertes Monitoring mit SMS-Warnoption,
- Bluetooth-Verbindung,
- Online-Schaltung mit App und/oder Browser-unterstützter Software,
- Schaltung auf Gebäudeleittechnik, bzw. Gebäudekontrollsystem,
- Verbindung mit Smart-Home Systemen bzw. KI-Programmen wie „Amazon Alexa".

Hilfreiche Sensoren für die Kontrolle und Überwachung:

- Impulswasserzähler zur Erfassung der Wassergaben und des Durchflussstroms
- Aufschaltung der verschiedenen Sensoren
- im Steuergerät integrierte Sensorik/Programmierung zur Detektion von Verkabelungsfehlern, Fehlströmen und Netzverlust der Anlage
- Infrarotkamera zur Kontrolle des Feuchtestands

Der Wasserbedarf ändert sich mit der Wetterlage und im Laufe des Vegetationsjahrs. Besonders im Sommer wird aufgrund höherer Temperaturen und der damit verbundenen Evapotranspiration mehr Wasser benötigt. Um den wechselnden Wasserbedarf möglichst optimal zu steuern, stehen verschiedene Sensoren und Einstellungen für Steuergeräte auf dem Markt zur Verfügung:

- Bodenfeuchtesensoren,
- Sonneneinstrahlungssensoren,
- Regensensoren,
- Luftfeuchtigkeitssensoren,
- Temperatursensoren,
- vorkonfigurierte, saisonale Anpassung,
- Online-Anpassung an lokale Wetterdaten.

Die Erfahrung zeigt, dass nicht alle Sensoren für Fassadenbegrünungen dauerhaft hilfreich sind oder dass sie nur mit erheblichem Aufwand eine zufriedenstellende Lösung darstellen. Beispielsweise müssen Feuchtesensoren regelmäßig kalibriert werden und liefern lediglich einen Referenzwert für einen einzelnen Punkt. Daher ist es kaum sinnvoll, die Bewässerung ausschließlich auf Basis dieses einen Referenzwerts auszulegen. Der Einsatz vieler Feuchtesensoren, verteilt auf größere Flächen, ist dagegen meist unwirtschaftlich.Demgegenüber ist eine Erfassung des Durchflusses in Kombination mit einer Anpassungsmöglichkeit an Wetterereignisse ein probates und bezahlbares Mittel und zentraler Bestandteil der Dokumentation. Alle Pflegemaßnahmen und Wartungsarbeiten, die Düngereingaben mit Art und Menge sowie eventuelle besondere Maßnahmen, wie Pflanzenschutz, sind in einem Pflege- und Wartungsbuch festzuhalten. Das Pflege- und Wartungsbuch ist um die digitalen Aufzeichnungen des Steuergeräts über Wasserdurchfluss, Temperaturverlauf und Wetterereignisse zu ergänzen. Es muss so lange fortgeführt werden, wie der Vertrag gültig ist (Brandhorst, 2024).

Zugänglichkeit

Ein wesentliches Planungskriterium ist die ganzjährige und dauerhafte Zugänglichkeit aller begrünten Flächen für Pflege- und Wartungsarbeiten.

Abb. 4.55: Kleinere Anlagen lassen sich mit Leitern oder Gerüstböcken erreichen (Quelle: Stefan Brandhorst, Kirchzarten).

Die Erreichbarkeit ist abhängig von der Fassaden-/Wandgröße, insbesondere von der Höhe sowie von der Begeh-/Anfahrbarkeit. In einer Höhe bis 1,80 m sind Begrünungen fußläufig erreichbar. Darüber kommen Gerüstböcke oder Leitern (bis 5 oder maximal 7 m) Standhöhe zum Einsatz (siehe Abb. 4.55). Für höhere Anlagen werden Steiger, Gerüste, Hubbühnen oder Industriekletterer (mit Gärtnerausbildung) benötigt.

Qualitätssicherung

Für Fassadenbegrünungen muss der abnahmefähige Zustand gemäß den Vorgaben der DIN 18916 bzw. FLL-Fassadenbegrünungsrichtlinien (Fassadenbegrünungsrichtlinien, 2018) festgestellt werden. Die Instandhaltungsleistungen zur Entwicklung und Unterhaltung anlog den FLL-Fassadenbegrünungsrichtlinien erfolgt in Anlehnung an die DIN 18919. Die RAL Gütegemeinschaft Vertikalbegrünungen e. V. vergibt nach festgelegten Gütesicherungsrichtlinien das RAL-Gütezeichen Vertikalbegrünung RAL GZ 580 für Produkte zur Wand- und Fassadenbegrünung. Sie ist eine vom RAL Deutschen Institut für Gütesicherung und Kennzeichnung e. V. anerkannte Organisation. Die Qualitätssicherung erstreckt sich dabei über die gesamte Prozesskette: von der Planung und Projektabwicklung über die Verwendung hochwertiger Baumaterialien und Komponenten bis hin zur Pflanzenqualität und Fernüberwachung während der Umsetzung und Erhaltung der Anlagen. Diese Qualitätsstandards gewährleisten die Nachhaltigkeit der ausgeführten Begrünungsprojekte und bieten dadurch einen Mehrwert sowohl für die Auftraggeber als auch für die Umwelt.

Hinweis

Die in diesem Kapitel zusammengefassten Kriterien basieren auf den FLL-Fassadenbegrünungsrichtlinien (Fassadenbegrünungsrichtlinien, 2018), die als umfassende Grundlage für die Planung, Ausführung und Pflege von Fassadenbegrünungen dienen. Weitere technische Regelwerke sind die DIN 18916, die DIN 18919 und die DIN 1986-30 „Entwässerungsanlagen für Gebäude und Grundstücke – Teil 30: Instandhaltung" (2012).

5 Lösungen für Wand- und Fassadenbegrünungen

Fassadenbegrünungen im Bestand kommt wegen ihres gestalterischen und ökologischen Potenzials eine wachsende Bedeutung zu. Mögliche Varianten werden nachfolgend genauer betrachtet.

In diesem Kapitel sind die wesentlichen Bauweisen zur Fassadenbegrünung mit ihren gestalterischen, bau- und vegetationstechnischen und wirtschaftlichen Kriterien beschrieben. Darüber hinaus sind die systemtypischen Vorteile einer jeden Begrünungsform. Für zu begrünende Gebäude sind neben den vorab genannten Punkten (Bodenverhältnisse, Wasserversorgung, Besonnung) vor allem die Wuchshöhe und die Wuchsleistung entscheidend: Eine rasche Begrünung ist gewünscht, eine zu hohe Wuchsleistung erhöht jedoch den Pflegeaufwand. Ein Einwachsen in sensible Bereiche oder versorgungstechnische Elemente ist zu verhindern. Ausschlusskriterium kann zudem die Giftigkeit von Pflanzen sein (Beeren, zum Teil auch Blätter).

Fassadenbegrünung mit Bodenanschluss

In unversiegelten Bereichen ist eine Begrünung von Fassaden meist unproblematisch. Dennoch sind die Bodenwasserverhältnisse zu klären (z. B. Beschaffenheit, Verläufe von Hausanschlüssen und Bauwerksdrainagen), gegebenenfalls geeignete Pflanzsubstrate zu verwenden und die Wasserspeicherfähigkeit des Standorts zu verbessern. Es ist insbesondere in der Anwuchsphase auf eine unterstützende Bewässerung zu achten und darauf, dass junge Pflanzen nicht beschädigt werden. Folgende Lösungen bieten sich je nach gewünschter Fassadenbeschaffenheit und gestalterischen Vorgaben bezüglich der Wuchsaufleitung der Pflanzen an:

- Selbstklimmer, immergrün,
- Selbstklimmer, sommergrün,
- Gerüstkletterpflanzen an vertikalen Seilen/Stäben,
- Gerüstkletterpflanzen an Netzstrukturen/Gittern,
- Gerüstkletterpflanzen an horizontalen Seilen/Stäben,
- einjährige Gerüstkletterpflanzen.

Werden Gerüstkletterpflanzen installiert, müssen eventuell vorhandene Bepflanzungen im Rahmen der Arbeiten (Anbringen der Wuchsaufleitung) geschützt werden. Vorhandene Balkone oder Loggien können bei der Wahl von Gerüstkletterpflanzen in die Gestaltung einbezogen werden. Auch vor Fensterflächen und Glasfassaden können sommergrüne Gerüstkletterpflanzen zum Einsatz kommen.

Fassadenbegrünungen mit Selbstklimmern oder Gerüstkletterpflanzen in versiegelten Bereichen sind anspruchsvoll in der Planung und Ausführung. Es ist davon auszugehen, dass dort unterirdisch Kabeltrassen und Hausanschlüsse für Gas, Wasser, Abwasser, Strom oder Kommunikationstechnik verlaufen. Der Boden ist zudem stark verändert. Deshalb muss auf ein geeignetes, überbaubares Pflanzsubstrat zurückgegriffen werden.

Bei bedingt geeigneten Bodenverhältnissen und/oder einer teilweisen Überbauung der Pflanzgrube kann gegebenenfalls auf folgende Lösungen zurückgegriffen werden:

- Wurzelraum im Boden mit Pflanzscheibe/Pflanzstreifen,
- Wurzelraum in Rücksprüngen/Nieschen,
- Wurzelraum in Pflanzbehältern/Containern.

Es ist zu prüfen, inwieweit Dachüberstände oder bestehende Gehölze die Wasserversorgung behindern oder verändern (Regenschatten).

Wandgebundene Begrünungen

Alternativ bieten sich die Lösungen der wandgebundenen Begrünung an, die keinen Anspruch an einen Boden- und Bodenwasseranschluss haben, da sie künstlich mit Wasser und Nährstoffen versorgt werden:

- Pflanzen in horizontalen Pflanzgefäßen (Einzel-/Linearbehälter),
- Pflanzen in modularen, vertikal ausgerichteten Einheiten,
- Pflanzen in flächigen Begrünungsträgern.

Bei engen Straßenquerschnitten gewährleisten Fassadenbegrünungen im Gegensatz zu großkronigen Bäumen eine bessere Durchlüftung der Straße und wirken somit der Ansammlung von Luftschadstoffen im Straßenraum (Tunneleffekt) entgegen.

In den folgenden Unterkapiteln werden unterschiedliche Lösungen bodengebundener und wandgebundener Fassadenbegrünung vorgestellt, um eine große Entscheidungsbandbreite zu bieten.

Mögliche Zielsetzungen der Fassadenbegrünung (Ökologie/Umweltaspekte, Umfeldverbesserung, Imagefaktor, Pflege-/Wartungsanspruch und Kostenvorteile) werden für eine erste Einschätzung bei jeder Lösung zum Vergleich mittels Piktogrammen dargestellt.

5.1 Direktbegrünung mit Bodenanschluss

Begrünungslösungen mit Boden-/Bodenwasseranschluss zeichnet in der Regel ein geringer Investitions- und Erhaltungsaufwand aus. Selbstklimmer haben den Vorteil, dass sie Fassadenflächen ohne die Hilfe von Rankgerüsten oder Wuchsvorkonstruktionen und daher kostengünstig bewachsen können. Sie bilden im Laufe der Jahre einen dichten Bewuchs (in der Altersform gegebenenfalls Sicherung gegen Abrutschen erforderlich) und stellen daher ein wichtiges Habitat und Trittsteinbiotop für Vögel und andere Tiere dar. Sie bilden sowohl im Sommer als auch im Winter eine homogene Fläche. Eine Direktbegrünung mit Selbstklimmern hat den höchsten Biotopwert aller Lösungen (Nektar im Herbst und Früchte in der Winterzeit). Andererseits bedürfen Selbstklimmer aber auch einer kontinuierlichen Pflege (Rückschnitt), um bautechnisch sensible Bereiche nicht zu gefährden. Mit Selbstklimmern lassen sich vor allem flächig wirkende Begrünungseffekte erzielen.

Abb. 5.1: Vollbegrünung eines ungedämmten Reihenendhauses aus den 1950er-Jahren mit Efeu

5.1.1 Selbstklimmer, immergrün

Gestalterische Kriterien

Die flächige Wirkung der Selbstklimmer wird durch die Auswahl immergrüner Pflanzen betont. Die Fassadenbegrünung bildet sowohl im Sommer als auch im Winter eine homogene Fläche. Sie stärkt damit den monolithischen Charakter eines Gebäudes. Wird der immergrüne Bewuchs nur in bautechnisch sensiblen Bereichen zurückgenommen, bleibt der archaische Habitus erhalten. Soll das architektonische Moment stärker betont werden, ist auch ein flächiger Schnitt möglich.

Die Begrünung mit Selbstklimmern ist eine Entscheidung auf Dauer (sichtbare Haftorgane und möglicherweise Verfärbung der Fassadenfläche nach Entfernung des Bewuchses).

Abb. 5.2: Efeu: Bienen- und Vogelweide, Nistplatz und Rückzugsmöglichkeit, Nahrung auch im Winter

Vegetationstechnische Kriterien

Hedera helix (Efeu) ist eine immergrüne Pflanze, die für diesen Einsatzzweck geeignet ist, entsprechende Pflege (Rückschnitt) vorausgesetzt (siehe Abb. 5.1). Wuchsbegrenzungen schützen vor Einwuchs in konstruktiv sensible Bereiche. Der geeignete Standort ist absonnig bis vollschattig, die Pflanze kann sich an die Bodenverhältnisse anpassen. Die Wuchsgeschwindigkeit beträgt ca. 1 m pro Jahr (Wuchshöhe ca. 25 m in ca. 25 Jahren. Efeu wächst in den ersten Jahren kaum, nach ca. zehn Jahren holt die Pflanze aber auf). Zur Blütenbildung kommt es erst nach ca. sieben bis zehn Jahren. Dann ist Efeu ein sehr wertvolles Nährgehölz für Bienen usw. im Herbst (Herbstblüher, Monate IX bis X). Die Früchte reifen im darauffolgenden Winter/Frühjahr (Nährgehölz für Vögel; siehe Abb. 5.2). Beeren verursachen möglicherweise Probleme durch Fleckenbildung und Selbstaussaat. Efeu lässt sich durch Stecklinge vermehren, Stecklinge aus Blütentrieben entwickeln jedoch keine Halteorgane (May, 2024).

Aufgrund des negativen Phototropismus (Einwuchs lichtfliehender Pflanzentriebe) sind ein fugen- und rissfreier Untergrund und der Schutz bautechnisch sensibler Bereiche durch jährlichen Pflegeschnitt zwingend erforderlich. Die erforderliche Infrastruktur zur Pflege beinhaltet Steiger oder Hubbühne, insbesondere wenn der Efeu flächig geschnitten werden soll.

Bautechnische Kriterien

Ein rissfreier und fugenloser Untergrund ist erforderlich (Massivwand, Beton oder Mauerwerk). Das Gesamtgewicht wird in die Wand eingeleitet, eventuell erfolgt eine unterstützende Lastabtragung über wärmebrückenreduzierte Halterungen. Oberflächen, wie kunststoffvergütete Anstriche und dünne Spachtelputze, sind für eine Begrünung mit Selbstklimmern ungeeignet (pflanzenphysiologisch geeigneter Untergrund erforderlich). Die Bewässerung in Trockenperioden muss in der Anwuchsphase gewährleistet sein (kein kalkreiches Wasser). Anforderungen an die Pflanzgrube und mögliche Kabeltrassen sind zu berücksichtigen.

Wirtschaftliche Kriterien

Diese Art der Begrünung ist, je nach gewünschter Wirkung, besonders preiswert (Pflanzenkosten und Installation). Pflege und Wartung sind mindestens einmal jährlich durchzuführen. Die Kosten dafür, wie auch der ökologische

Wert, steigen mit dem Alter der Begrünung und dem Höhenwachstum.

Kostengünstige Realisierungen sind durch eine einfache Zugänglichkeit möglich (Bau, Wartung). Nach Baukostenindex 2024 ist eine Begrünung mit Efeu mit ca. 0,50 €/m^2 besonders preiswert. Die Kosten für die Pflege/Wartung belaufen sich auf etwa 0 bis 15 €/(m^2 · a) (ohne Bewässerung), abhängig von der gewünschten Wirkung, zunehmend mit dem Höhenwachstum der Pflanze (z. B. wenn Leitern/Steiger erforderlich werden), jedoch abnehmend mit der Flächengröße (proportionale Einsparung, z. B. der Anfahrt).

Systemspezifische Vorteile

- Geringer Investitionsaufwand für die Begrünung
- keine Sekundärkonstruktion erforderlich, jedoch riss- und fugenfreier Untergrund
- Boden- und Bodenwasseranschluss (je nach Bodenbeschaffenheit keine künstliche Versorgung erforderlich)
- ganzjähriger Witterungs- und UV-Schutz der Fassade
- Substitution einer farblichen bzw. strukturellen Gestaltung der Fassadenoberfläche
- Lebensraum und Nahrung für Insekten und Vögel
- immergrüne Pflanze: Wärmehaltung durch Luftpolsterbildung, Schutz vor Auskühlung

Hinweise für einen größtmöglichen Begrünungserfolg

Die Begrünung mit Selbstklimmern ist eine Entscheidung auf Dauer (sichtbare Haftorgane und eventuell Verfärbung der Fassadenfläche, sichtbar nach Entfernung des Bewuchses; siehe Abb. 5.3).

Die Pflanzen sind negativ phototrop (Einwuchs lichtfliehender Pflanzentriebe), daher sind ein riss-/fugenfreier Untergrund und der Schutz bautechnisch sensibler Bereiche durch einen jährlichen Pflegeschnitt erforderlich.

Hedera-Arten und -Sorten haften primär an ihren jungen Trieben. Deshalb ist ein regelmäßiger Verjüngungsschnitt notwendig, um die Pflanze stabil an der Wand zu halten. Ein bloßer Rückschnitt der äußeren Triebe (ähnlich einem Heckenschnitt) fördert nicht die Bildung neuer Triebe, die für das Anhaften wichtig sind, mit der Gefahr, dass die Pflanze von der Wand abrutscht (siehe Abb. 5.4). Auch das Eigengewicht der Pflanze in ihrer Endgröße sowie Wind-, Schnee- und Eislasten ist zu berücksichtigen.

Zudem führt ein falscher Schnitt dazu, dass Efeu aufgrund seiner Wachstumsstruktur vermehrt Totholz bildet und Feinstaub einlagert. Das stellt eine erhebliche Brandlast dar und erhöht das Risiko im Vergleich zu anderen Kletterpflanzen deutlich. Aufgrund des Lichtfliehens immergrüner Direktbegrünungen (Hedera, Euonymus) sind Begrünungen von Fassaden/Wänden mit Fugen oder Vorschädigungen zu vermeiden (Fugeneinwuchs, Verstärkung von Vorschädigungen/Rissen und Sprengwirkung; siehe Abb. 5.5).

Abb. 5.3: Efeu-Haftorgane nach Bewuchsentfernung

Abb. 5.4: Abrutschen einer alten Efeubegrünung nach einem Sturmereignis (Quelle: Jörg Dettmar, Darmstadt)

Abb. 5.5: Einwuchs und Sprengwirkung durch lichtfliehende Triebe

Auch Holzfassaden und andere sensible Bekleidungen werden nicht direkt begrünt, sondern z. B. an einer Vorkonstruktion mit Gerüstkletterpflanzen, um eine Hinterlüftung zu gewährleisten. So werden Schädigungen, Verrottung, Pilz- und Schimmelbildung der Fassade vermieden (Feuchtebindung bei eng stehendem Bewuchs). Insbesondere die

Abb. 5.6: Wuchsbegrenzung durch korrosionsfreie Metallwinkel oder Fassadenrücksprünge

Abb. 5.7: Flächige Begrünung einer Wand mit Euonymus

Nichtbeachtung der Wuchshöhe selbstklimmender Pflanzen führt zum Einwachsen in Dachrandbereiche. Ein regelmäßiger Pflegeschnitt ist unumgänglich.

Wuchsbegrenzungen können zudem durch korrosionsfreie Metallrandwinkel oder Rücksprünge in der Wand-/Fassadenfläche erreicht werden (siehe Abb. 5.6). Unter bestimmten Umständen (z. B. größere Höhe) können leitende Profile mit gepulstem Strom (vgl. Weidezaun) installiert werden, um den Pflegeaufwand zu reduzieren.

Als Vorleistungen für Pflege und Wartung sind die Wasserversorgung in der Anwuchsphase und in extremen Trockenphasen sowie ein Stromanschluss vorzusehen. Mit zunehmender Wuchshöhe sind Hubsteiger o. Ä. unumgänglich. Efeu erweist sich in höherem Alter als trockenheitsresistent, anspruchslos und widerstandsfähig gegenüber Wind, benötigt jedoch zunehmend eine intensivere Pflege und sollte in der Altersform zusätzlich zu den Haftorganen mit wärmebrückenreduzierten Halterungen an der Wand fixiert werden. Als immergrüne Pflanze bietet er ganzjährig Nahrungs- und Lebensraum. Durch seine späte Blüte und Fruchtbildung ist er eine wunderbare Bienen- und Insektenweide im Herbst, bietet Vögeln Nahrung im Winter und leistet so einen unverzichtbaren Beitrag zur Biodiversität. Eine weitere selbstklimmende immergrüne Pflanze ist Euonymus fortunei (Kriechspindel). Er verhält sich ähnlich wie Efeu, ist jedoch in allen Belangen wesentlich langsamer und harmloser. Ein gelegentlicher Verjüngungsschnitt ist empfehlenswert, um Totholz zu vermeiden. Mit Euonymus entstehen dichte, vollbegrünte Flächen mit geringer Aufbauhöhe, die trockenheitsverträglich, anspruchslos und windfest sind (siehe Abb. 5.7).

5.1.2 Selbstklimmer, sommergrün

Gestalterische Kriterien

Durch die Auswahl eines sommergrünen Selbstklimmers wird die flächig-monochrome Wirkung der Direktbegrünung aufgehoben. Die Fassade erlebt einen jahreszeitlichen Wandel: im Austrieb bronzefarben, im Sommer glänzend grün (siehe Abb. 5.8), dann leuchtend goldorange bis scharlachrot oder dunkelkarminrot im Herbst (siehe Abb. 5.9), schließlich als dunkle Astnetzstruktur im Winter. Dadurch bieten sich sommergrüne Selbstklimmer besonders für ein spannungsvolles Spiel aus architektonischer Strenge und vegetativer Dynamik an. Durch Blüte und Fruchtbildung sind sie ebenso wie Efeu ein wichtiges Bienen- und Vogelnährgehölz, allerdings mit einer geringeren Habitatwirkung als Efeu, da sommergrün.

Abb. 5.8: Sommeraspekt von Parthenocissus cinquefoglia (Wildem Wein) – sommergrüne Fassadenbegrünung

Abb. 5.9: Herbstaspekt von Parthenocissus tricuspidata (Wildem Wein) – sommergrüne Fassadenbegrünung

Vegetationstechnische Kriterien

Parthenocissus tricuspidata ‚Veitchii' (Dreispitz-Jungfernrebe oder Wilder Wein) wäre für den Einsatzzweck geeignet, entsprechende Pflege (Rückschnitt) vorausgesetzt. Der Standort sollte sonnig bis halbschattig sein. Die Pflanze ist anpassungsfähig an den Boden, kann jedoch in sehr strengen Wintern leiden. Die Wuchsgeschwindigkeit beträgt ca. 1,3 m pro Jahr (erwartete Wuchshöhe ca. 12 bis 15 m [bis 20 m]), stark horizontal wachsend (Breite bis 40 m). Die Blütezeit ist in den Monaten VI bis VII, die Traubenausbildung im Herbst. Der Wilde Wein ist ein Nährgehölz für Vögel, verursacht aber Probleme mit Fleckenbildung und Selbstaussaat.

Wie Efeu ist die Pflanze negativ phototrop (Einwuchs durch lichtfliehende Triebe). Daher sind ein fugenloser Untergrund und der Schutz bautechnisch sensibler Bereiche durch jährlichen Pflegeschnitt zwingend erforderlich. Als Infrastruktur zur Pflege eignen sich Steiger oder Hubbühnen.

Bautechnische Kriterien

Ein fugenloser Untergrund ist erforderlich (Massivwand, Beton oder Mauerwerk). Das Gesamtgewicht wird in die Primärkonstruktion eingeleitet. Vom Statiker ist zuvor die maximale Belastbarkeit der Wand zu prüfen. Anstriche oder Putze, die ein Haften der Selbstklimmer verhindern, sind zu vermeiden – der Wuchsuntergrund muss pflanzenphysiologisch geeignet sein (siehe Abb. 5.10).

Die Bewässerung in Trockenperioden muss in der Anwuchsphase gewährleistet sein. Anforderungen an die Pflanzgrube und mögliche Kabeltrassen sind zu berücksichtigen, Wuchsbegrenzungen durch Metallrandwinkel sind gegebenenfalls erforderlich. Auch Fassadenrücksprünge sind zur Klärung des Wuchsbildes geeignet.

Abb. 5.10: Winteraspekt von Parthenocissus tricuspidata (Wildem Wein) – sommergrüne Fassadenbegrünung

Wirtschaftliche Kriterien

Die Kosten resultieren aus den Vorleistungen für die Pflege und Wartung: Ein Wasseranschluss sollte für die Anwuchsphase und für extreme Trockenzeitem vorgesehen sein, auch ein Stromanschluss ist anzuraten. Mit zunehmender Wuchshöhe werden Hubsteiger o. Ä. unumgänglich. Eine einfache Zugänglichkeit (für Pflege und Wartung) und die Krafteinleitung in Bestandswände/-fassaden ermöglichen eine kostengünstige Realisierung. Diese Begrünungsform ist besonders preiswert. Pflege und Wartung sollten einmal pro Jahr erfolgen. Die Kosten dafür steigen mit dem Höhenwachstum der Pflanzen (Problem: schwierige Erreichbarkeit).

Systemspezifische Vorteile

- Geringer Investitionsaufwand für die Begrünung
- keine Sekundärkonstruktion erforderlich, jedoch riss- und fugenfreier Untergrund
- je nach Bodenbeschaffenheit keine künstliche Versorgung erforderlich
- Witterungs- und UV-Schutz der Fassade im Sommer
- Substitution einer farblichen bzw. strukturellen Gestaltung der Fassadenoberfläche
- Lebensraum und Nahrung für Insekten und Vögel
- unterschiedliches Erscheinungsbild über das gesamte Jahr („sich wandelnde Fassade")

Hinweise für einen größtmöglichen Begrünungserfolg

Zur Vermeidung von Schäden durch sommergrüne Selbstklimmer, wie z. B. Wilden Wein (Parthenocissus tricuspidata und Parthenocissus quinquefolia), Kletterhortensie (Hydrangea petiolaris), Spalthortensie (Schizophragma hydrangeoides und Schizophragma integrifolium) sowie Trompetenblume (Campsis radicans und Campsis x tagliabuana), ist eine regelmäßige Pflege mit einem kontrollierten Rückschnitt entscheidend, um zu verhindern, dass die lichtfliehenden Pflanzen in sensible Bereiche (z. B. Fensterrahmen, Dachdeckungen) eindringen (siehe Abb. 5.11). Dies könnte langfristig zu baulichen Schäden führen.

Selbstklimmende Pflanzen (insbesondere Wilder Wein) sollten daher nicht über das vorgesehene Areal hinauswachsen, da die Haftscheiben nur schwer zu entfernen sind. Bauliche Wuchsbegrenzungen (Profile/Fassadenrücksprünge; siehe Abb. 5.12) sind hilfreich, um das Wachstum zu lenken. Man gewinnt dadurch etwas Zeit aufgrund der Richtungsänderung des Pflanzenwuchses.

Zudem sollte der Zustand der Fassadenoberfläche intakt und ohne Vorschädigungen sein, da die lichtfliehenden Pflanzen dort einwachsen und durch ihr Dickenwachstum Schaden anrichten würden. Eine regelmäßige Sichtprüfung der Wand/Fassade ist daher sinnvoll. Fassaden, die systematisch Fugen aufweisen (z. B. Ständer- und Fachwerkbauweisen, mehrschalige hinterlüftete und nicht hinterlüftete

Abb. 5.11: Vermeidung des Einwachsens in Dachrandbereiche durch Auskragung des Giebels und regelmäßige Pflege

Abb. 5.12: Rahmung durch Fassadenrücksprung nach nachträglicher Dämmung eines Bestandsgebäudes

Abb. 5.13: Rückverankerung eines Parthenocissus-Haupttriebs nach Fassadensanierung mit Neuaustrieb

Konstruktionen sowie Luftkollektorfassaden), sind für diese Begrünung ungeeignet. Massive Wandaufbauten können mit sommergrünen selbstklimmenden Pflanzen begrünt werden, sofern sie keine Fugen aufweisen oder die Fugen geschlossen sind (z. B. Sichtmauerwerk). Durch gezielte Begrenzung des Wuchses und rechtzeitige Pflege lassen sich Schäden an der Bausubstanz verhindern. Das „Abrutschen" älterer Begrünungen lässt sich durch eine regelmäßige Verjüngung und/oder durch Rückbinden der Pflanzen erreichen (mit wärmebrückenreduzierten Halterungen).

Wird ein Gebäude saniert, kann die Pflanze auf den Haupttrieb zurückgeschnitten werden. Die Haupttriebe werden vorsichtig abgelöst (ohne Stauchung des Wurzelhalses), mit Vlies geschützt und für den Zeitraum der Sanierung am Baugerüst befestigt. Im Anschluss an die Fassadensanierung werden die Triebe an wärmebrückenreduzierte Halterungen angebunden (siehe Abb. 5.13).

Die Haupttriebe treiben dann wieder aus, und die Fassade ist in kurzer Zeit wieder vollflächig begrünt. Parthenocissus tricuspidata und Parthenocissus quinquefolia (Wilde Weine) bilden Haftscheiben als Halteorgane aus. Dicke und schwere Triebe können jedoch nicht von den Haftscheiben gehalten werden. Daher sollten die Pflanzen in ausreichendem Abstand gepflanzt werden, auch, damit sich dicke Triebe nicht überlagern. Zudem sollten sie regelmäßig zurückgeschnitten werden.

Abb. 5.14: Hydrangea als mögliche Alternative zu Parthenoscissus

Abb. 5.15: Blühaspekt der Campsis

Ein Verjüngungsschnitt sorgt für eine gleichmäßige Verteilung der Triebe und verhindert die Bildung von Totholz. Der Schnitt sollte vorzugsweise in der Vegetationsruhe erfolgen, jedoch nicht kurz vor dem Neuaustrieb. Wilder Wein ist trockenheitsverträglich, anspruchslos und windfest (Brandhorst, 2024).

Hydrangea anomala ssp. petiolaris ist eine kräftige und schwerwüchsige Kletterpflanze (siehe Abb. 5.14), Schizophragma (Spalthortensie) ist weniger kräftig im Wuchs. Campsis (Trompetenblume) hat einen ausladenden und schweren Wuchs.

Für diese Arten werden trotz ihrer Haftorgane, aufgrund ihres Pflanzengewichts und weil sie nur punktuell haften (Hydrangea in schattigen, Campsis in sonnigen Bereichen), Wuchsvorkonstruktionen empfohlen. Anders als Gerüstkletterpflanzen wachsen sie jedoch über die Wuchsvorkonstruktion hinaus und können aufgrund ihrer lichtfliehenden Eigenschaft in sensible Bereiche vordringen (Fassadenfugen, Dach usw.). Ein jährlicher Rückschnitt ist daher notwendig, insbesondere wegen der weit ausladenden Triebe. Der optimale Zeitpunkt für den Rückschnitt ist im Spätwinter oder frühen Frühjahr. Campsis wird dabei ausgelichtet, um die Blütenbildung zu fördern (siehe Abb. 5.15). Da Hydrangea am mehrjährigen Holz blüht, sollten nur einzelne große Triebe entfernt werden. Stehengebliebene Triebe sollten im darauffolgenden Jahr geschnitten werden. Beide bevorzugen nährstoffreiche, eher feuchte Böden. Hydrangea ist empfindlich gegenüber Hitze. Campsis liebt warme Standorte und ist empfindlich gegenüber Wind (Brandhorst, 2024).

5.2 Gerüstkletterpflanzen

Gerüstkletterpflanzen bieten vielfältige Möglichkeiten, um die architektonische Aussage des Gebäudeentwurfs zu unterstreichen oder zu brechen. Zusätzlich zu den selbstklimmenden Pflanzen werden als Entscheidungs- und Anwendungshilfe zur Auswahl geeigneter Gerüstkletterpflanzen in den Abb. 5.32 bis 5.40 Kletterpflanzentafeln aufgeführt. Es sind vertikale, horizontale oder (partiell) flächenhafte Lösungen realisierbar. Durch die separate Wuchsebene bzw. Wuchsaufleitung können Gerüstkletterpflanzen besser geleitet werden als Selbstklimmer und sind daher an Bestandsbauten in Bereichen mit bautechnisch sensiblen Bauteilen weniger problematisch. Wichtig ist die Abstimmung von Pflanze und Wuchshilfe aufeinander. Diesbezüglich passieren durch fehlende Informationen oder fehlendes Fachwissen oft vermeidbare Fehler. Die Varianten können in den ersten Jahren durch temporäre, einjährige Pflanzen unterstützt werden, bis die gewünschte Wirkung der dauerhaften Pflanzen erreicht ist.

5.2.1 Gerüstkletterpflanzen an vertikalen Seilen, Stäben oder Rohren

Gestalterische Kriterien

Vertikale Wuchshilfen betonen die Höhe des Gebäudes und lassen es bei punktueller Verteilung gleichzeitig leichter erscheinen (vgl. Stadthaus M1, Freiburg; siehe Abb. 5.16). Es stehen immergrüne und sommergrüne Pflanzen zur Auswahl. Die Strenge der architektonischen Aussage kann durch die vertikalen Strukturen gesteigert werden, wird aber von Passanten und Anwohnern aufgrund des vegetativen Moments als angenehm empfunden.

Abb. 5.16: Stadthaus M1, Freiburg i. Br.: senkrechte Aufleitung der Begrünung an nicht rostenden Stahlseilen mit Abrutschsicherungen

Vegetationstechnische Kriterien

Die Wisteria sinensis (Glycine) führt schnell zum Begrünungserfolg und wird aufgrund ihres schönen Blütenschmucks gern verwendet. Als Starkschlinger und aufgrund ihrer extremen Wüchsigkeit sowie ihrer lichtfliehenden Eigenschaft ist sie jedoch von Fachfirmen zu pflanzen und zu pflegen – sie wird seilparallel aufgeleitet. Aristolochia macrophylla (Pfeifenwinde) ist als Schlinger/Winder bei regelmäßiger Pflege sehr gut geeignet. Ihre Wuchsgeschwindigkeit beträgt ca. 1,80 m pro Jahr, die Endhöhe liegt bei ca. 10 bis 12 m. Ein geeigneter Standort ist halbschattig bis schattig. Die Pflanze bevorzugt nahrhafte und ausreichend feuchte Böden. Ihre Blütezeit liegt in den Monaten VII bis VIII. Sie bildet kapselförmige Früchte sowie große herzförmige Blätter (30 cm groß) und hat eine auffallend grüne Rinde. Alternativ kann neben anderen Schlingern/Windern auch Actinidia arguta oder Actinidia chinensis (Kiwi, Höhe bis 7 m) zum Einsatz kommen. Beide sind aber etwas frostempfindlich und bevorzugen einen sonnigen Standort. Bei Actinidia chinensis ist der rote Jungaustrieb auffallend.

Die Wuchsaufleitung muss auf die Wuchskraft der Pflanze und das Fruchtgewicht abgestimmt sein. Der Schutz bautechnisch sensibler Bereiche durch jährlichen Pflegeschnitt ist erforderlich. Gerüstkletterpflanzen an vertikalen Wuchsaufleitungen (nicht rostenden Stahlseilen, Stäben und Rohren) sind besonders einfach zu pflegen, da der Pflegeschnitt nicht durch konstruktive horizontale Elemente erschwert wird, wie beispielsweise bei engen Rastern oder Rauten erschwert wird. Als Infrastruktur zur Pflege sind Steiger oder Hubbühne erforderlich.

Bautechnische Kriterien

Es sind stabile Aufleitungen auf Distanz zur Fassade anzubringen, dahinter eine punktweise Einleitung des Gesamtgewichts über die Tragkonsolen in die Primärkonstruktion. Die Bewässerung in Trockenperioden muss gewährleistet sein. Anforderungen an die Pflanzgrube und mögliche Kabeltrassen sind auch bei dieser Variante zu berücksichtigen. Gegebenenfalls sind Wuchsbegrenzungen erforderlich (z. B. korrosionsfreie Metallrandwinkel).

Wirtschaftliche Kriterien

Vorleistungen sind ein Wasseranschluss für extreme Trockenphasen sowie ein Stromanschluss. Mit zunehmender Wuchshöhe werden Hubsteiger o. Ä. unumgänglich. Die Kosten für Begrünungen mit Gerüstkletterpflanzen resultieren aus der Pflanzenwahl und der Wuchsvorkonstruktion. Pflege und Wartung sollten ein- bis zweimal jährlich erfolgen. Die Kosten für Pflege und Wartung steigen mit dem Höhenwachstum. Möglicherweise ist eine Baugenehmigung erforderlich.

Systemspezifische Vorteile

- Leitbare und separate Ebene
- wirtschaftlich sinnvolle Lösung
- größere Pflanzenauswahl als bei Selbstklimmern
- bei sinnvoller Planung wenig Auswirkung auf die Gebäudestatik
- Begrünung der bereits vorgesehenen Fassadenkonstruktionen möglich
- keine Schädigung der Fassadenoberfläche bei richtiger Anwendung und Pflege
- Witterungs- und UV-Schutz der Fassade
- vergleichsweise geringer Investitionsaufwand
- je nach Bodenbeschaffenheit nur in der Anwuchsphase künstliche Versorgung erforderlich
- Substitution einer farblichen bzw. strukturellen Gestaltung der Fassadenoberfläche
- Lebensraum und Nahrung für Insekten und Vögel
- Blüh- und Farbaspekte und bei sommergrünen Pflanzen zudem unterschiedliches Erscheinungsbild über das gesamte Jahr („sich wandelnde Fassade")

Hinweise für einen größtmöglichen Begrünungserfolg

Der statische Nachweis der Lastaufnahme in die tragende Konstruktion und für alle konstruktiv relevanten Teile ist zu erbringen (vertikale Lasten, Windlasten, thermische Materialveränderungen). Zur Aufleitung an senkrechten Wuchsvorkonstruktionen sind schlingende/windende Gerüstkletterpflanzen geeignet. Es können jedoch eventuell auch Pflanzen mit einer anderen „Kletterstrategie" (rankende Pflanzen und Spreizklimmer) angebunden werden. Dies erhöht jedoch den Pflegeaufwand. Vor Glas- und Luftkollektorfassaden sowie bei Fassaden mit transparenter Wärmedämmung (TWD-Fassaden) sollten ausschließlich sommergrüne Pflanzen gewählt werden, um im Sommer von der natürlichen Verschattung zu profitieren und in den Winter- und Übergangsmonaten die solaren Licht- und Wärmegewinne optimal nutzen zu können. Stütz- und Leitkonstruktionen sollten grundsätzlich rund oder abgerundet sein, damit sich die Pflanzen nicht im Zuge ihres sekundären Dickenwachstums verletzen. Bei starkschlingenden Pflanzen sollten stabile Rohre verwendet werden, oder es sollte an filigranen Konstruktionen (Stäbe, Seile) eine parallele Aufleitung der Pflanzen erfolgen (siehe Abb. 5.17). Dabei werden die jungen Triebe jährlich von der Aufleitung abgewickelt und angebunden. Bei Starkschlingern sollte in den ersten Jahren eine seilparallele Erziehung des Haupttriebs erfolgen, um Seilverkürzungen durch Dickenwachstum und damit verbundene Zugspannungen bzw. Zwängungen zu vermeiden.

Begrünungen an Seilen erfordern zudem ein regelmäßiges Lockern oder Nachspannen der Seile. Bei Konsolen/Wandhaltern im Seilverlauf wird der Trieb gestaucht und im Abstand (maximales Dickenwachstum beachten) bogenförmig herumgeführt, sodass es später nicht zum Einwachsen bzw. Abdrücken der Halterung/Konsole kommt. Um Auslenkungen zu vermeiden, sind pflanzenabhängig entsprechende Abstände zwischen den Aufleitungen zu berücksichtigen (siehe Abb. 5.18 und 5.19). Sollen mehrere Geschosse begrünt werden und kommen daher wüchsige Pflanzen zum Einsatz, genügen Aufleitungen alle 60 cm.

Jährlich sind die Seitentriebe bis auf wenige Augen zurückzunehmen, damit sie nicht den Haupttrieb umwachsen. Das könnte im Dickenwachstum zu pflanzenphysiologischen Schäden, ausbleibender Blühwilligkeit und Verkahlen führen.

Einige Schlinger entwickeln lichtfliehende Triebe (siehe Abb. 5.32 bis 5.40), die in Vorschädigungen oder offene Fugen eindringen und dadurch potenzielle Bauschäden verursachen können. Daher sollten diese Pflanzen mit ausreichendem Abstand installiert und in der Pflege kontrolliert werden (siehe Abb. 5.20).

Pflanzen an senkrechten Aufleitungen sind sehr einfach zu pflegen – vertikal an den drei offenen Seiten z. B. mit der Heckenschere. Nur an der rückwärtigen Seite ist auf Halterungen/Konsolen zu achten.

Ein Bepflanzungskonzept aus einheimischen Pflanzen ist nicht empfehlenswert, da die Auswahl zu gering ist und keine gestalterisch ansprechende Begrünung erreicht wird. Ist das Konzept auf die Stärkung der Biodiversität ausgelegt, können Pflanzen mit einem hohen Wert für Bienen, Schmetterlinge und Vögel bevorzugt werden (siehe Abb. 5.32 bis 5.40).

Wisteria sinensis (siehe Abb. 5.21) ist ein kräftig wachsender Starkschlinger mit enormer Wuchskraft der Triebe und der Wurzel. Mit einem jährlichen Zuwachs von 2 bis 4 m gehört sie laut FLL-Richtlinie zu einer eigenen Lastklasse. Aufgrund ihres hohen Gewichts und der damit verbundenen Kräfte benötigt die Pflanze viel Wurzelraum, einen großzügigen Abstand zur Wand sowie äußerst stabile Kletterhilfen bzw. eine parallele Aufleitung. Die Pflanze ist lichtfliehend. Sie wird mindestens zweimal jährlich zurückgeschnitten – die Langtriebe sowie die kräftigen Seitentriebe im Spätwinter und im Juli bzw. August die Seitentriebe auf zwei bis drei Augen, um die Blühfreudigkeit zu fördern. Im Alter sollte die Pflanze bei jedem Schnitt auf Totholz überprüft werden. Da die Pflanze Ausläufer bildet, sind alle bodennahen Triebe gründlich zu entfernen. Wisteria floribunda und Wisteria frutescens bleiben kleiner, werden jedoch genauso gepflegt.

Celastrus orbiculatus ist ein Starkschlinger mit erheblichem Dickenwachstum und Gewicht. Er verträgt einen kräftigen Rückschnitt, der idealerweise im Spätwinter erfolgen sollte. Eine parallele Aufleitung wird empfohlen, und bodennahe Triebe sind zu entfernen.

Fallopia baldschuanica ist eine sehr wüchsige Pflanze mit starkem Ausbreitungsdrang. Obwohl sie filigraner wirkt als andere Starkschlinger, ist ihr Gewicht infolge der massenhaften Triebe nicht zu unterschätzen. Die Pflanze ist nur schwer zu kontrollieren und bildet viel Totholz aus (Brandhorst, 2024). Daher ist sie zur Begrünung von Fassaden weniger zu empfehlen. Als Bienenweide ist sie jedoch von großem Nutzen und kann gut an Mauern und fensterlosen Wänden eingesetzt werden. Sie verträgt einen kräftigen Rückschnitt, vorzugsweise im Spätwinter. Fallopia benötigt konstant feuchte, nährstoffreiche Böden und ist empfindlich gegenüber Trockenheit und Wind.

Actinidia chinensis (Kiwi) ist äußerst wüchsig, mit stacheligen Trieben und großem Platzbedarf. Sie benötigt Abrutschsicherungen (integrierte Schellen oder waagerechte Strukturen) und muss mindestens zweimal jährlich zurückgeschnitten werden – überstehende Seitentriebe nach der Fruchtbildung und Langtriebe nach der Ernte. Eine gute Wasser- und Nährstoffversorgung sowie geschützte, warme Standorte sind wichtig. Actinidia arguta ist kleiner und pflegeleichter und kann auch in raueren Lagen Früchte bilden. Auch für diese Pflanze werden Abrutschsicherungen empfohlen. Actinidia kolomikta ist eine pflegeleichte Mini-Kiwi, die im Spätwinter zurückgeschnitten wird.

Lonicera periclymenum, das Waldgeißblatt, wächst stark und ist pflegeleicht, benötigt aber gelegentlich einen Auslichtungsschnitt. Lonicera tellmanniana ist ebenfalls stark wachsend, benötigt einen geschützten Standort und ist wenig anfällig für Schädlinge. Lonicera henryi ist eine immergrüne Pflanze, die bis zu 10 m hoch wachsen kann und ebenfalls pflegeleicht ist, jedoch eine gute Wasser- und Nährstoffversorgung benötigt. Lonicera heckrottii hat ähnliche Ansprüche wie Lonicera caprifolium, wächst jedoch schwächer. Lonicera brownii wächst langsam und ist anfällig für Schädlinge, benötigt jedoch nur gelegentliche Pflege. Lonicera japonica ist robust und pflegeleicht, während Lonicera caprifolium für ihren Blütenduft bekannt ist (siehe Abb. 5.22). Sie schätzt eine gute Wasser- und Nährstoffversorgung.

Abb. 5.17: Best Practice: seilparallele Aufleitung einer starkschlingenden Gerüstkletterpflanze (Wisteria)

Abb. 5.18: Auslenkung von Profilen (Umwinden, unzureichende Abstände) und Herauslösen der Halterungen

Abb. 5.19: Anders als diese Abbildung zeigt, sollten starkschlingende Pflanzen Halterungen nicht berühren und Seile nicht umwinden. Triebe sind deshalb mit ausreichendem Abstand bogenförmig um Halterungen herumzuführen, damit es mit dem Dickenwachstum der Pflanzen nicht zu einer Seilverkürzung oder dem Auslenken von Halterungen/Konsolen kommt.

Abb. 5.20: Stadthaus M1, Freiburg i. Br.: senkrechte Aufleitung der Begrünung mit ausreichenden Abständen zur Fassadenbekleidung

Abb. 5.21: Wisteria an einem denkmalgeschützten Altbau. Wuchsbegrenzung ist die Lisene zwischen Erdgeschoss und 1. OG.

Abb. 5.22: Blühaspekt von Lonicera im Herbst

Periploca graeca gedeiht an geschützten Standorten und ist pflegeleicht. Eine regelmäßige Kontrolle auf abgestorbene Triebe ist erforderlich. Schisandra chinensis wächst stark und benötigt gelegentliche Auslichtungsschnitte.

Akebia quinata ist eine schlank wachsende Pflanze für sonnige bis halbschattige Standorte. Für eine gute Deckung braucht sie engere vertikale Strukturen, um viele Verzweigungen bilden zu können, mit horizontalen Elementen, Abrutschsicherungen oder Sprossen. Ein Auslichtungsschnitt alle zwei Jahre genügt. Menispermum canadense ist eine filigrane Kletterpflanze, die bis zu 4 m hoch wächst und pflegeleicht ist, jedoch hochgiftig.

Aristolochia macrophylla wächst breit und hoch, ist pflegeleicht und gut schnittverträglich, während Aristolochia tomentosa kleiner und windverträglicher ist, bei gleichen Pflegeansprüchen (Brandhorst, 2024).

5.2.2 Gerüstkletterpflanzen an Netzstrukturen oder Gittern

Gestalterische Kriterien

An Gittern und Netzen kommen vor allem Rankpflanzen zum Einsatz, die sich mit ihren Blatt- oder Sprossranken an der Struktur fixieren. Ranker sind sommergrün. Somit tritt die Struktur in der Aufwuchsphase und im Winter, wenn die Pflanzen unbelaubt sind, als Gestaltungselement deutlich in Erscheinung. Im Sommer kann durch netz- oder gitterartige Rankhilfen der Eindruck eines grünen Vorhangs erzeugt werden. Je filigraner die Ausführung, desto stärker ist die schwebende Wirkung der Fassade als separate Ebene. Diese Lösung vermittelt eine große Leichtigkeit, mit der sie das Gebäude vollständig „umhüllt", etwa wie an der PTH St. Georgen, Frankfurt. So kann die Wirkung von selbstklimmenden Pflanzen ohne deren Nachteile erreicht werden. Die Fülle der Gestaltungsoptionen ist umfangreich – Raster/Rauten unterschiedlicher Feldweiten und eine große Pflanzenauswahl stehen zur Verfügung. Fassadenöffnungen, Regenfallrohre usw. müssen dabei sensibel eingebunden werden, um Gestaltung und Bauteilschutz zu vereinen.

Vegetationstechnische Kriterien

Neben angebundenen Kletterrosen (siehe Abb. 5.23) eignen sich dafür vor allem Ranker, wie z. B. Vitis-Arten (echter Wein), einige Clematis-Arten (Waldrebe) oder Ampelopsis glandulosa (Scheinrebe). Ein konsequenter Pflegeeinsatz ist auch bei dieser Variante erforderlich, um das gewünschte Wuchsbild zu erreichen. Durch die netz-/gitterartige Struktur wird allerdings die Pflege erschwert, und damit der Schutz bautechnisch sensibler Bereiche. Das Rankgerüst muss auf die Wuchskraft der Pflanze abgestimmt sein. Als Infrastruktur zur Pflege/Wartung dienen Steiger oder Hubbühnen.

Bautechnische Kriterien

Die Fassade/Wand wird von der separaten Begrünungsebene kaum beeinflusst. Lediglich für die Tragstruktur zwischen Begrünung und Gebäudefassade sind Montagevoraussetzungen bereitzustellen. Die Aussteifung wird

Abb. 5.23: Rosenspalier: Holzkonstruktion im Prinz-Georgs-Garten, Darmstadt

Abb. 5.24: PTH, Frankfurt: Laubengangverschattung und gleichzeitig Absturzsicherung

u. a. über Konsolen erreicht. Diese unterliegen einem statischen Nachweis. Die Rankkonstruktion muss auf die Wuchskräfte und das Gesamtgewicht (Gerüst, Pflanze, Frucht, Schnee-, Eis- und Windlast) abgestimmt sein (siehe Abb. 5.24). Die Bewässerung in Trockenperioden muss sichergestellt werden (künstlich/manuell). Anforderungen an die Pflanzgrube und mögliche Kabeltrassen sind zu berücksichtigen.

Wirtschaftliche Kriterien

Auch bei dieser Lösung bestehen die Vorleistungen für Pflege und Wartung aus der Errichtung eines Wasseranschlusses für extreme Trockenphasen und eines Stromanschlusses. Zur Pflege und Wartung werden gegebenenfalls mit zunehmender Wuchshöhe Hubsteiger o. Ä. erforderlich. Kosten resultieren zudem aus der Pflanzenauswahl, der Rankstruktur sowie einer eventuell nötigen Bewässerung in Anwuchs- und Trockenphasen. Pflege und Wartung sollten zweimal jährlich erfolgen. Die Kosten steigen mit dem Breiten- und Höhenwachstum der Pflanzen. Möglicherweise ist eine Baugenehmigung erforderlich.

Systemspezifische Vorteile

- Leitbare und separate Ebene
- wirtschaftlich sinnvolle Lösung
- Rankpflanzen nicht lichtfliehend, somit keine Gefahr für fugenreiche Fassaden
- bei sinnvoller Planung geringe Auswirkung auf die Gebäudestatik und die Fassade/Wand
- keine Schädigung der Fassadenoberfläche bei richtiger Pflanzenauswahl, Hinterlüftung und fachgerechter Konstruktion und Pflege
- Witterungs- und UV-Schutz der Fassade möglich
- je nach Bodenbeschaffenheit keine künstliche Versorgung erforderlich (außer in der Anwuchsphase und in lang anhaltenden Trockenperioden)
- Substitution einer farblichen bzw. strukturellen Gestaltung der Fassadenoberfläche möglich
- Lebensraum und Nahrung für Insekten und Vögel
- Blüh- und Farbaspekte und bei sommergrünen Pflanzen zudem unterschiedliches Erscheinungsbild über das gesamte Jahr („sich wandelnde Fassade")

Hinweise für einen größtmöglichen Begrünungserfolg

Ranker haben den großen Vorteil, dass sie nicht lichtfliehend sind. Es stehen jedoch nur sommergrüne Arten zur Auswahl, und die Pflege ist etwas aufwendiger. Rankende Pflanzen entwickeln spezielle Halteorgane, die auf Berührungsreize reagieren (Blattstiele, Sprossranken). Sie benötigen Rankhilfen mit geringen Durchmessern und Abständen. Die Maschenweite eines Gitters oder Netzes sollte jedoch so gewählt sein, dass eine Hand mit Gartenschere problemlos hindurchpasst (für die Pflege) und Triebe bequem geführt werden können (mindestens 12 cm in der Breite). Eine größere Maschenweite unterstützt die Selbstreinigungskraft der Begrünung, da Blätter abwehen können.

An diesen Konstruktionen dürfen keine schlingenden bzw. starkschlingenden Pflanzen aufgeleitet werden. Diese würden starke Auslenkungen in den Netzen/Gittern verursachen. Das Anbinden von Spreizklimmern ist möglich.

Vitis vinifera, der echte Wein, ist für eine Fassadenbegrünung mit rankenden Pflanzen geeignet, sofern herabfallende Trauben nicht stören. Die Pflanze benötigt einen regelmäßigen Schnitt, insbesondere im Spätwinter, um einen schönen Habitus und guten Ertrag zu gewährleisten. Vitis gmelinii ist eine geschützte Art, die bis zu 40 m hoch wachsen kann und einen tiefgründigen, feuchten Boden benötigt. Vitis coignetiae, der Scharlachwein, ist eine große, schwer wachsende Pflanze, die tiefgründigen, frischen bis mäßig feuchten Boden in sonnigen bis absonnigen, windgeschützten Lagen benötigt. In absonnigen Lagen werden die Blätter jedoch sehr groß und sind farblich weniger ansprechend. Die Pflanze ist gut schnittverträglich. Vitis riparia braucht eine gute Wasser- und Nährstoffversorgung in kalkarmen, frischen bis feuchten Böden. Es gibt traubenlose Züchtungen, die geringere Pflegeansprüche haben. Vitis amurensis ist hingegen schwachwüchsig und pflegeleicht, benötigt jedoch einen nährstoffreichen, frischen bis mäßig feuchten Boden mit gelegentlichem Auslichtungsschnitt.

Eine weitere Option ist Parthenocissus inserta, ein Wilder Wein ohne Haftorgane, dessen Pflegeansprüche ähnlich denen von Parthenocissus quinquefolia sind. Die Pflanze ist jedoch schwer zu beschaffen.

Die Gattung Clematis umfasst etwa 300 Arten mit unterschiedlichen Wuchs- und Pflegeansprüchen. Alle Clematis-Arten benötigen einen beschatteten Wurzelhals und sind empfindlich gegenüber Verdichtung, Austrocknung und Wurzelverletzungen. Clematis vitalba ist eine einheimische Art, die in mitteleuropäischen Wäldern bis zu 20 m lange Lianen bildet. Sie braucht im zeitigen Frühjahr einen starken Rückschnitt, um gut durchzutreiben. Clematis maximowicziana blüht im September/Oktober und wird im Spätwinter stark zurückgeschnitten. Clematis-Hybriden sind anspruchsvoll und benötigen einen nährstoffreichen, gut durchlässigen Boden. Ein kräftiger Rückschnitt im Frühjahr ist für die meisten von ihnen von Vorteil. Clematis viticella ist weniger anspruchsvoll, braucht aber ebenfalls einen kräftigen Rückschnitt. Clematis texensis wird bis zu 1,5 m hoch, bevorzugt geschützte Standorte und benötigt frischen, durchlässigen Boden. Clematis montana wächst stark und benötigt keinen Schnitt außer einer gelegentlichen Auslichtung nach der Blüte. Clematis macropetala ist pflegeleicht und braucht halbschattige, kühle Standorte mit gelegentlichem Auslichtungsschnitt. Clematis tangutica ist windfest, frosthart und pflegeleicht und benötigt ebenfalls nur gelegentlich einen Auslichtungsschnitt. Clematis alpina ist eine schwachwüchsige Kletterpflanze, die bis zu 3 m hoch wird und keinen Schnitt braucht (Brandhorst, 2024).

5.2.3 Gerüstkletterpflanzen an horizontalen Seilen und Stäben

Gestalterische Kriterien

Horizontale Wuchshilfen betonen die Länge eines Gebäudes, es wirkt dadurch niedriger und weniger monolithisch. Je nach Positionierung kann die Basis oder der obere Abschluss optisch hervorgehoben werden. Durch regelmäßigen Rückschnitt der Begrünung wird das horizontale Moment betont, bei fehlendem Rückschnitt ergibt sich ein eher bauschiges, wolkenartiges Bild. Es sind nur Kletterpflanzen mit entsprechend geringem Höhenwachstum geeignet. Folgt man der Kletterstrategie, so stehen Kletterrosen (fakultativ wintergrün; siehe Abb. 5.25) sowie die Bandbreite der Ranker als sommergrüne Pflanzen zur Auswahl (jahreszeitliche Dynamik).

Abb. 5.25: Kletterrose zur horizontalen Betonung der Bestandsfassade (Quelle: Sven Taraba, FassadenGrün, Leipzig)

Vegetationstechnische Kriterien

Neben den Kletterrosen ist Aristolochia macrophylla (Pfeifenwinde) als Schlinger/Winder bei regelmäßiger Pflege ebenso für den Einsatzzweck geeignet. Eventuell muss sie im Rahmen der Pflegearbeiten an die horizontale Kletterhilfe geleitet werden. Ihre Wuchsgeschwindigkeit liegt bei ca. 1,80 m pro Jahr, die Endhöhe beträgt ca. 10 bis 12 m. Ein geeigneter Standort ist halbschattig bis schattig. Die Pflanze bevorzugt nahrhafte und ausreichend feuchte Böden und blüht in den Monaten VII und VIII. Sie bildet kapselförmige Früchte und große herzförmige Blätter (30 cm groß). Ihre Rinde ist auffallend grün. Alternativ bieten sich Actinidia arguta oder Actinidia chinensis (Kiwi) sowie Campsis radicans und Campsis x tagliabuana ‚Mme. Galen' (Klettertrompete) an. Letztere ist eigentlich ein Selbstklimmer, der aber auch leicht schlingt und weniger Haftwurzeln ausbildet. Ein konsequenter Pflegeeinsatz ist erforderlich, um das gewünschte Wuchsbild zu erreichen. Gleiches gilt für die zahlreichen Lonicera-Arten (Geißblatt) und die sehr attraktive Akebia (Akebia). Das Rankgerüst muss auf die Wuchskraft der Pflanze abgestimmt sein. Ein Schutz bautechnisch sensibler Bereiche ist durch jährliche Pflegeschnitte zu erreichen. Als Infrastruktur zur Pflege der Pflanzen und zur Wartung der Wuchsvorkonstruktion dienen Steiger oder Hubbühnen.

Bautechnische Kriterien

Stabile Wuchshilfen mit ausreichender Feldweite und genügend Abstand zur Fassade sind erforderlich. Punktweise wird das Gesamtgewicht über die Tragkonsolen in die Primärkonstruktion eingeleitet. Eine Bewässerung muss in Trockenperioden gewährleistet sein (künstlich/manuell). Anforderungen an die Pflanzgrube und das Vorhandensein möglicher Kabeltrassen sind zu prüfen. Wuchsbegrenzungen in Form von Metallrandwinkeln sind je nach Pflanzenwahl gegebenenfalls erforderlich.

Wirtschaftliche Kriterien

Die Vorleistungen für die Pflege und Wartung sind ein Wasseranschluss für extreme Trockenphasen sowie ein Stromanschluss. Mit zunehmender Wuchshöhe wird ein Hubsteiger o. Ä. unumgänglich. Die Kosten entstehen durch die Pflanzenauswahl, die Wuchs-/Rankstruktur, die Installation und eine eventuell erforderliche Versorgung mit Wasser und Nährstoffen (zumindest in der Anwuchsphase). Die Pflege-/Wartungskosten sind abhängig von der Lage der Begrünung und steigen mit einem eventuellen Höhenwachstum. Pflege und Wartung sollten ein- bis zweimal jährlich erfolgen. Gegebenenfalls ist eine Baugenehmigung erforderlich.

Systemspezifische Vorteile

- Leitbare und separate Ebene
- vergleichsweise geringer Investitionsaufwand mit Kletterrosen und Rankern
- größere Pflanzenauswahl als bei Selbstklimmern
- bei sinnvoller Planung wenig Auswirkung auf die Gebäudestatik
- keine Schädigung der Fassadenoberfläche bei richtiger Planung, Umsetzung und Instandhaltung
- Witterungs- und UV-Schutz der Fassade möglich
- je nach Bodenbeschaffenheit keine künstliche Versorgung erforderlich
- Lebensraum und Nahrung für Insekten und Vögel
- Blüh- und Farbaspekte und bei sommergrünen Pflanzen zudem unterschiedliches Erscheinungsbild über das gesamte Jahr („sich wandelnde Fassade")

Hinweise für einen größtmöglichen Begrünungserfolg

Spreizklimmer nutzen ihre steifen Triebe, Dornen oder Stacheln, um sich in vorhandene Strukturen einzuhaken. Sie benötigen horizontale Strukturen oder große Maschenweiten, um ihre Triebe in die Kletterhilfen einflechten zu können. Sie sind nicht geeignet vor sensiblen Vorfassaden (z. B. vor Folienfassaden und als fakultativ wintergrüne Pflanzen auch nicht vor Luftkollektorfassaden). Zur Kategorie der Spreizklimmer gehören Kletterrosen (Climber und Rambler), aber auch Winterjasmin und Feuerdorn (keine Kletterpflanze, dennoch geeignet). Bei engeren Aufleitungen müssen Spreizklimmer angebunden werden, was den Pflegeaufwand erhöht. Rosen bevorzugen tiefgründige Böden, die jedoch nicht so feucht sein müssen wie bei vielen anderen Kletterpflanzen.

Beim Schnitt von Kletterrosen werden in der Regel nur drei Haupttriebe erhalten, während die übrigen entfernt werden. Falls nötig, können auch die Haupttriebe ersetzt werden. Totholz sollte immer beseitigt werden. Die Seitentriebe werden so gekürzt, dass ein schöner Habitus und ein guter Deckungsgrad an der Fassade entstehen. Dünne Triebe werden auf drei bis fünf Augen zurückgeschnitten, während schwache Triebe vollständig entfernt werden. Der ideale Zeitpunkt für den Schnitt ist im Frühjahr.

Bei öfter blühenden Rosa-Kletterrosen-Hybriden erfolgt ein Rückschnitt im Frühjahr und im Sommer während der Blüte, um die Blütenbildung zu fördern. Einmal blühende Rosen erhalten einen Sommerschnitt. Die meisten Hybriden benötigen tiefgründigen Boden mit mäßiger Wasser- und guter Nährstoffversorgung in voller Sonne.

Rosa arvensis, die Bodendeckerrose, wächst bis zu 5 m hoch, wenn ihr eine geeignete Kletterhilfe zur Verfügung steht. Sie benötigt einen nährstoffreichen Lehmboden und einen warmen Standort (sonnig bis halbschattig). Sie ist anspruchslos und braucht lediglich einen Rückschnitt im Frühjahr. Sie hat zudem einen hohen ökologischen Wert als Vogelschutz- und Nährgehölz. Rosa multiflora ist robust, windfest und wird bis zu 3 m hoch. Sie ist zudem anspruchslos und benötigt nur einen Frühjahrsschnitt. Auch sie ist von hohem ökologischem Wert. Rosa rubiginosa, die Weinrose, hat ähnliche Ansprüche, ist jedoch unempfindlich gegenüber Kalk.

Rambler-Rosen können sehr stark wachsen und erreichen Höhen von bis zu 12,50 m. Sie sind ebenfalls windfest und sollten nur im Frühjahr geschnitten werden, um den Vögeln die Hagebutten als Futter zu überlassen.

Rubus fruticosus, die Brombeere, ist invasiv und sollte nur eingesetzt werden, wenn eine intensive Pflege möglich ist. Rubus henryi, die Kletterhimbeere, ist ein immergrünes, anspruchsloses Gehölz, das bis zu 4 m hoch wächst. Sie benötigt einen windgeschützten Standort im Halbschatten und ist pflegeleicht. Ein Schnitt ist kaum nötig, kann jedoch die Blütenbildung fördern.

Pyracantha coccinea, der Feuerdorn, ist eine immergrüne Pflanze, die in Norddeutschland als Kletterpflanze beliebt ist, jedoch in der Schweiz wegen der Gefahr von Feuerbrand verboten ist. Sie benötigt eine weitmaschige Kletterhilfe und kann bis zu 5 m hoch werden. Der Feuerdorn verträgt Trockenheit gut, sollte jedoch nicht in zu nährstoffreichen Böden gepflanzt werden, da dies die Frostgefahr erhöht. Feuerdorn ist gut schnittverträglich. Es wird empfohlen, den Schnitt im Frühjahr durchzuführen.

Jasminum nudiflorum, der Winterjasmin, ist ein hitzeverträgliches, windfestes Gehölz, das bis 4 m hoch wird. Es benötigt nährstoffreichen, durchlässigen, tiefgründigen Boden und ist pflegeleicht. Ein gelegentlicher Auslichtungsschnitt ist erforderlich, besonders wenn die Pflanze als Hängepflanze verwendet wird (Brandhorst, 2024).

5.2.4 Einjährige Gerüstkletterpflanzen

Gestalterische Kriterien

Diese Lösung hat durch den einjährigen Wuchs bzw. durch den staudigen Wuchscharakter deutliche Vorteile in Hinblick auf den Schutz bautechnisch sensibler Bereiche.

Die Wahl einjähriger bzw. staudig wachsender Kletterpflanzen macht einen schnellen Begrünungserfolg auch temporär möglich. Die rasche Wuchsleistung der Pflanzen wirkt sich positiv auf die Gestaltung und Wahrnehmung des Gebäudes aus.

Abb. 5.26: Hopfen zur Begrünung mit einfährigen Kletterpflanzen (Quelle: Sven Taraba, FassadenGrün, Leipzig)

Vegetationstechnische Kriterien

Humulus lupulus (gewöhnlicher Hopfen) kommt als einjährige Kletterpflanze infrage, denn die Triebe der mehrjährigen Kletterstaude sind nur einjährig. Er erreicht eine Höhe von ca. 2,5 bis 6,0 m (auch 12,0 m). Die Standortansprüche sind halbschattig bis sonnig, tiefgründige, gleichmäßig frische Substrate werden bevorzugt.

Sollen die typischen Hopfen-Früchte sichtbar sein, müssen auch weibliche Pflanzen gesetzt werden. Die Blätter sind sehr rau (siehe Abb. 5.26). Das ergibt in öffentlichen Bereichen einen guten Selbstschutz vor mechanischer Beschädigung. Da die Triebe einjährig sind, ist eine dauerhafte Beschädigung (bei Schutz der Austriebsstelle) kaum möglich.

Auch u. a. Feuerbohnen eignen sich sehr gut für einen üppigen Begrünungserfolg bereits im ersten Jahr. Da die Pflanze nur einjährige Triebe hervorbringt, können keine Triebe dauerhaft einwachsen – ein großer Vorteil dieser Lösung. Ob die Triebe im Winter bzw. im darauffolgenden Frühjahr zurückgeschnitten werden, hängt von der gewünschten gestalterischen Wirkung ab. Abgestorbene Vorjahrestriebe können störend wirken. Als Infrastruktur zur Pflege dienen Steiger oder Hubbühnen.

Weitere einjährige Kletterpflanzen sind den Pflanzentafeln in Abb. 5.32 bis 5.40 zu entnehmen.

Bautechnische Kriterien

Stabile vertikale Aufleitungen auf Distanz zur Fassade mit punktweiser Einleitung des Gesamtgewichts über Tragkonsolen in die Primärkonstruktion sind erforderlich. Die Bewässerung in Trockenperioden muss gewährleistet sein. Anforderungen an die Pflanzgrube und mögliche Kabeltrassen sind zu berücksichtigen.

Wirtschaftliche Kriterien

Bei dieser Form der Begrünung werden für Pflege und Wartung ebenfalls ein Wasseranschluss (für extreme Trockenphasen) sowie ein Stromanschluss benötigt. Hubsteiger usw. erleichtern die Pflege und den Rückschnitt der vorjährigen Triebe. Kosten resultieren hauptsächlich aus der

Pflanzenwahl und der Wuchsaufleitung sowie aus der Instandhaltung, die ein- bis zweimal jährlich erfolgen sollte. Ob eine Baugenehmigung erforderlich ist, sollte geprüft werden.

Systemspezifische Vorteile

- Leitbare und separate Ebene
- temporäre Lösung, auch zur Ergänzung langsam wachsender dauerhafter Pflanzungen
- bei frühzeitiger Pflanzung einjähriger Gerüstkletterpflanzen bereits im Frühjahr bzw. frühen Sommer Erreichen der maximalen Wuchshöhe
- geringer Investitionsaufwand
- große Pflanzenauswahl für sonnige Standorte
- bei fachgerechter Planung geringe Auswirkung auf die Gebäudestatik
- keine Schädigung der Fassadenoberfläche bei richtiger Planung, Umsetzung und Instandhaltung
- je nach Bodenbeschaffenheit keine künstliche Versorgung erforderlich
- bienenfreundliche Arten
- Blüh- und Farbaspekte und zudem unterschiedliches Erscheinungsbild über das gesamte Jahr

Hinweise für einen größtmöglichen Begrünungserfolg

Die Wuchsaufleitung muss auf die Wuchskraft der Pflanze abgestimmt sein. Bei ausreichendem Abstand zu bautechnisch sensiblen Bereichen ist kein weiterer Schutz durch einen jährlichen Pflegeschnitt erforderlich. Von Vorteil ist der rasche Begrünungs- und gegebenenfalls Blüheffekt direkt im ersten Jahr. Allerdings bedarf es bei einjährigen Kletterpflanzen – sollte es sich nicht um eine einmalige Aktion handeln – eines jährlichen Organisationsaufwands. Denn die Pflanzen müssen (bis auf Hopfen) im Gegensatz zu Klettergehölzen/-stauden jährlich als Samen oder als vorkultivierte Pflanzen in den Boden eingebracht werden.

Humulus lupulus (Hopfen) ist eine Staude, die eine gute Wasser- und Nährstoffversorgung benötigt. Hopfen sollte im Herbst bodennah zurückgeschnitten werden, um brandschutztechnischen Anforderungen zu genügen. Durch den jährlichen bodennahen Rückschnitt kann er auch dort zum Einsatz kommen, wo eine Pflege in der Höhe nicht gut möglich ist (z. B. wenn keine Aufstellfläche für einen Steiger vorhanden ist; siehe Abb. 5.27).

Weibliche Hopfenpflanzen verströmen während der Blütezeit einen intensiven Geruch, der in konzentrierter Form als unangenehm wahrgenommen werden kann (bei Sonneneinstrahlung verstärkt). Männliche Pflanzen bilden keine duftenden Blütenzapfen aus und sind daher für Gebäudebegrünungen eher geeignet, es sei denn, Ziel ist die Ernte der Zapfen.

Abb. 5.27: Begrünung von Balkonen mit Hopfen (Quelle: Sven Taraba, FassadenGrün, Leipzig)

5.2.5 Sonderform spalierbare Gehölze

Gestalterische Kriterien

Spalierbare Gehölze eignen sich ebenfalls zur Fassadenbegrünung. Ihre flächenprägende, klare Wuchsform wird durch Leiten und Beschneiden der Pflanzen erzielt. Die Pflanzen können in verschiedenen Mustern wie dem klassischen Fächer, als Gitter oder in horizontalen, parallelen Linien gezogen werden. Sie können Fassaden betonen, Eingangsbereiche rahmen oder als natürliche Trennwände und Sichtschutz dienen. Spaliergehölze bieten das ganze Jahr über unterschiedliche visuelle Reize: Im Frühling und Sommer bilden die Blätter eine dichte, grüne Struktur, während im Herbst das Laub Farbwechsel zeigt. Im Winter bleibt oft das geometrische Astgerüst sichtbar, das eine ästhetische Wirkung durch klare Linien entfaltet. Laubabwerfende Arten bieten somit eine ganzjährige gestalterische Veränderung, während immergrüne Gehölze konstant grüne Akzente setzen. Einige spalierbare Gehölze (z. B. Apfel oder Birne) bieten zusätzlich dekorative Blüten oder Früchte (siehe Abb. 5.28).

Abb. 5.28: Junges Obstspalier zur Fassadenbegrünung und Nahrungsmittelgewinnung

Vegetationstechnische Kriterien

Gängige spalierbare Gehölze (in der Regel Spalierobst; siehe Abb. 5.29) bevorzugen sonnige bis halbschattige Standorte. Der richtige Lichteinfall ist wichtig, damit die Pflanze gleichmäßig wächst und Blüten oder Früchte entwickeln kann. Ein gut durchlässiger, nährstoffreicher Boden ist für die meisten Gehölze ideal.

In kalten Regionen sind frostharte Gehölze notwendig, die niedrigen Temperaturen standhalten. Bei Begrünungen in Pflanzscheiben/-streifen oder Pflanzgefäßen muss die Bewässerung dem begrenzten Wurzelraum angepasst werden. Integrierte Bewässerungssysteme können dabei unterstützen. Die Eignung der Gehölze hängt von ihrer natürlichen Wuchsform und ihrem Triebverhalten ab. Geeignete spalierbare Gehölze zeichnen sich durch flexible, leicht formbare Triebe aus, die sich gut an Trägersystemen (Spalieren, Drähten oder Gittern) befestigen lassen.

Ein regelmäßiger Rückschnitt ist notwendig, um die Pflanzen in ihrer Form zu halten und die gewünschte Struktur zu fördern. Beim Schnitt sollte darauf geachtet werden, dass die Pflanze nicht dauerhaft geschädigt wird. Sonst besteht das Risiko von Infektionen. Spalierbare Gehölze sind pflegeintensiv, da sie regelmäßig geschnitten werden müssen, um ihre Form zu erhalten. Die Wuchsgeschwindigkeit ist abhängig von der Veredelungsunterlage. Die Auswahl langlebiger und pflegeleichter sowie krankheitsresistenter Arten kann den Pflegeaufwand reduzieren.

Abb. 5.29: Spaliergehölze zur Nahrungsmittelgewinnung: Apfel

Bautechnische Kriterien

Spaliergehölze benötigen stabile Stützhilfen, die sowohl das Gewicht der Pflanzen tragen als auch eine geordnete Wuchsführung ermöglichen. Spaliere sollten aus korrosionsbeständigen Materialien bestehen, wie z. B. aus nicht rostendem Stahl, glasfaserverstärkten Kunststoffen oder wetterfestem Holz, um langfristig den Witterungseinflüssen standzuhalten. Die Dimensionierung ist daher sorgfältig zu planen. Ein ausreichender Abstand zur Fassade (mindestens 10 bis 15 cm) ist notwendig, um die Fassade vor Feuchtigkeit zu schützen und eine ausreichende Belüftung zu gewährleisten. Bei schweren Lasten (ausgewachsene, möglicherweise fruchttragende Gehölze) muss die Verankerung in tragenden Wänden oder soliden Unterkonstruktionen erfolgen, um die Stabilität zu gewährleisten. Windlasten müssen berücksichtigt werden. Es müssen Zugangsmöglichkeiten für die langfristige Instandhaltung der Spaliergehölze und die Ernte bedacht werden.

Abb. 5.30: Platanenkubus in Nagold (Quelle: © Ludwig/Schoenle)

Eine Innovation im Bereich des Begrünens mit Gehölzen ist der sogenannte Platanen-Kubus (10 × 10 × 10 m, Landesgartenschau Nagold 2012; siehe Abb. 5.30). Dabei wurden junge Platanen nebeneinander und übereinander angeordnet und zunächst durch leichte Stahlfachwerke stabilisiert. Diese Konstruktion ist ebenfalls denkbar an Wänden/Fassaden und kombiniert bodengebundene und in Substratbehältern gezogene Bäume. Durch das Veredeln der Gehölze zu einer „Gesamtpflanze" entsteht ein vernetzter Baumverbund, der seine endgültige Höhe, Stabilität und eine dichte Blattmasse in kürzerer Zeit erreicht als ein einzelner Baum. Sobald das verwachsene Baumgeflecht zu einer standfesten, vollständig bodengebundenen Struktur herangewachsen ist, können die Substratbehälter und das Traggerüst schrittweise entfernt werden.

Wirtschaftliche Kriterien

Der Preis für spalierbare Gehölze variiert je nach Art, Größe und Qualität der Pflanzen. Je nach Material des Trägersystems/Spaliers und der Komplexität der Bauweise können die Kosten erheblich variieren. Installations- und Baukosten sind zu berücksichtigen (Montageaufwand, abhängig von der Gebäudehöhe, und gegebenenfalls erforderliche bauliche Anpassungen, wie z. B. die Einrichtung von Bewässerungssystemen). Auch Pflege- und Wartungskosten müssen bedacht werden (regelmäßiger Rückschnitt, Wartung des Spaliers, eventuell der Betrieb eines Bewässerungssystems). Ein potenzieller Kostenausgleich entsteht, abgesehen von den üblichen Gebäudeoptimierungen und Umfeldverbesserungen, durch eine reiche Ernte von Spalierobst.

Systemspezifische Vorteile

- Leitbare und separate Ebene
- platzsparende Lösung auch für begrenzte Flächen
- klar definierte Struktur durch Steuerung der Wuchsform
- vielfältige Gestaltungsmöglichkeiten durch verschiedene Spalierformen und unterschiedliche Spaliergehölze
- langlebige Begrünungslösung
- Wirtschaftlichkeit in der Pflege durch klar strukturierte und gut zugängliche Triebe
- bei Spalierobstbäumen hohe Erträge auf kleinem Raum
- leichte Ernte durch gute Zugänglichkeit
- schnellere Fruchtbildung im Vergleich zu freistehenden Obstbäumen durch gezielte Wuchsführung und gleichmäßige Sonneneinstrahlung auf alle Pflanzenteile
- Kombination ästhetischer Vorteile mit dem Nutzen von erntefähigen Früchten
- vielfältige Sortenwahl
- keine Schädigung der Fassadenoberfläche bei richtiger Planung, Umsetzung und Instandhaltung
- je nach Bodenbeschaffenheit nach der Anwuchsphase keine künstliche Wasserversorgung erforderlich
- bienenfreundliche Lösung
- Blüh- und Farbaspekte und zudem unterschiedliches Erscheinungsbild über das gesamte Jahr

Hinweise für einen größtmöglichen Begrünungserfolg

Bei der Begrünung mit spalierfähigen Gehölzen ist eine stabile und langlebige Befestigung an einem Spalier oder an wärmebrückenreduzierten Halterungen erforderlich, um das Gewicht der Pflanzen zu tragen (inklusive Fruchtgewicht und Windlasten sowie Lasten aus Schnee und Eis). Ein ausreichender Abstand zwischen dem Gehölz und der Fassade gewährleistet eine gute Luftzirkulation und vermeidet Flecken durch verrottende Blätter und/oder Früchte sowie Feuchtigkeitsansammlungen, die zu Schimmelbildung führen können. Regelmäßige fachgerechte Rückschnitte sind für eine gute Fruchtbildung und die Erhaltung der Spalierform erforderlich. Dazu gehören der Formierungsschnitt in den ersten Jahren (Erziehungsschnitt), der Sommerschnitt, um z. B. bei Obstspaliergehölzen die Fruchtbildung zu fördern und die Nährstoffe in die Früchte zu lenken, der Winterschnitt in der Vegetationsruhe (Entfernen überflüssiger und zu langer Triebe, Zurückschneiden der Fruchttriebe auf ein bis zwei Augen), um Platz für neue Fruchtansätze im kommenden Jahr zu schaffen, und das Entfernen von Altholz, um das Wachstum neuer Fruchttriebe zu fördern und die Pflanze gesund zu halten.

5.3 Anwendungshilfe zur Begrünung mit Kletterpflanzen

Die folgenden Pflanzentafeln (siehe Abb. 5.32 bis 5.40 mit Erläuterung der Abkürzungen und Symbole in Abb. 5.31) ermöglichen eine mehrstufige Entscheidungsfindung zur Wahl einer geeigneten Kletterpflanze und ihrer entsprechenden Wuchshilfe.

Bei einer Entscheidung für Selbstklimmer sind Individualkriterien zu berücksichtigen, wie die Außenwandeignung und das Schadenspotenzial (lichtfliehende Triebe, Haftorgane), notwendige Wuchsbegrenzungen sowie Bedingungen im Fall eines Rückbaus der Begrünung.

Bei einer Entscheidung für Gerüstkletterpflanzen steht die Auswahl der Kletterhilfe im Vordergrund. Sie ist für das Gebäude gestaltungsrelevant, bestimmt über Form und Bereich der Begrünungsausbreitung (horizontale, vertikale oder gerasterte Ausbildung) und korreliert mit ihrem Aufbau (Stäbe, Rohre, Seile, Gitter, Netze) stark mit der Pflanzenauswahl im Hinblick auf die Übereinstimmung mit ihrer Kletterstrategie, das Pflanzeneigengewicht, die Schnee- bzw. Eislast und auch die Windlast sowie die Brandlast (Fassadenbegrünungsrichtlinien, 2018). Wuchshilfen müssen den Bedürfnissen der Pflanzen Rechnung tragen. So sollten Rasterabstände, Dimensionierung, Materialwahl und Vermeidung zu hoher Temperaturen durch eine helle Farbgebung, Anbringungstechniken (elastische Stabprofile, knicksichere Profile und hängende oder gespannte Seile) berücksichtigt werden (Fassadenbegrünungsrichtlinien, 2018). Bei für Starkschlinger unterdimensionierten Seilen und Stäben müssen die Triebe in der Aufwuchsphase regelmäßig abgewickelt und parallel zum aufgehenden Seil/Stab angeheftet werden (seilparallele Aufleitung).

Für eine saisonale Beschattung (z. B. vor Fenstern, Balkonen, Loggien, Luftkollektorfassaden und Fassaden mit transparenter Wärmedämmung) ist die Gruppe der laubabwerfenden Pflanzen (sommergrün) geeignet. Begrünungseinsätze in Synergie zu energieaktiven Außenwandfunktionen (Kühlung im Nahbereich von Photovoltaikanlagen, saisonale Beschattung) müssen interdisziplinär abgeklärt werden.

Hinweis

Die Giftigkeit der Pflanzen ist abhängig von der Verzehrmenge. Bei in den Abb. 5.31 bis 5.40 mit einem einzelnen, schwarzen Kreuz markierten Pflanzen sind tödliche Verzehrmengen unwahrscheinlich. Die mit roten Kreuzen gekennzeichneten Arten stellen eine ernstzunehmende Gefahr dar.

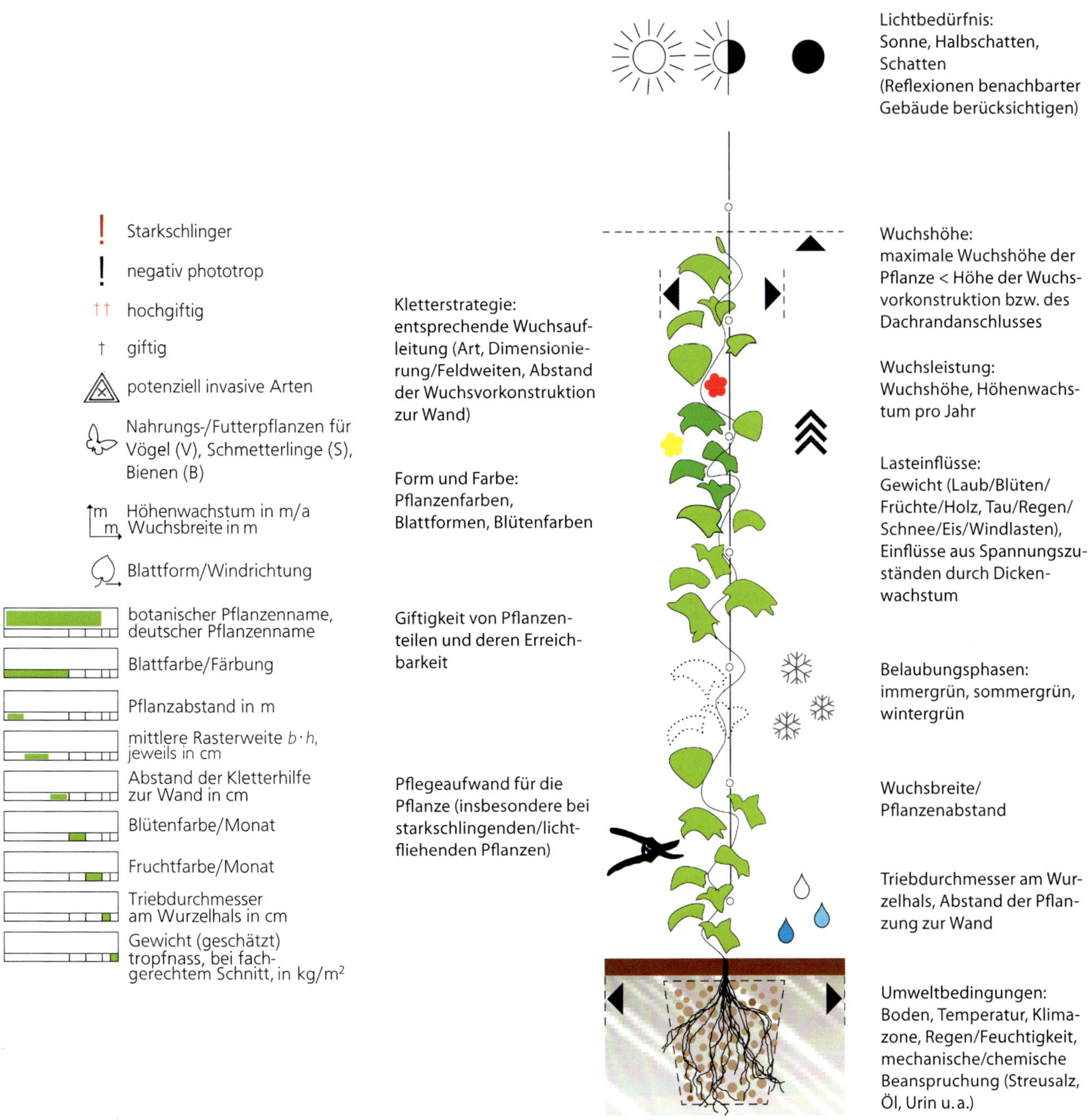

Abb. 5.31: Kriterien zur Pflanzenauswahl bodengebundener einjähriger und mehrjähriger Fassadenbegrünung (rechts) sowie Legende zu den Pflanzentafeln (links) in den Abb. 5.32 bis 5.40. Die in den Pflanztafeln verwendeten Abkürzungen hinter den botanischen und den deutschen Pflanzennamen entsprechen den in den FLL-Fassadenbegrünungsrichtlinien verwendeten: Blattranker/Blattstielranker (RB), Sprossranker (RS), Haftscheibenranker (RH), Spreizklimmer (K), Schlinger/Winder (S) und Wurzelkletterer (WK).

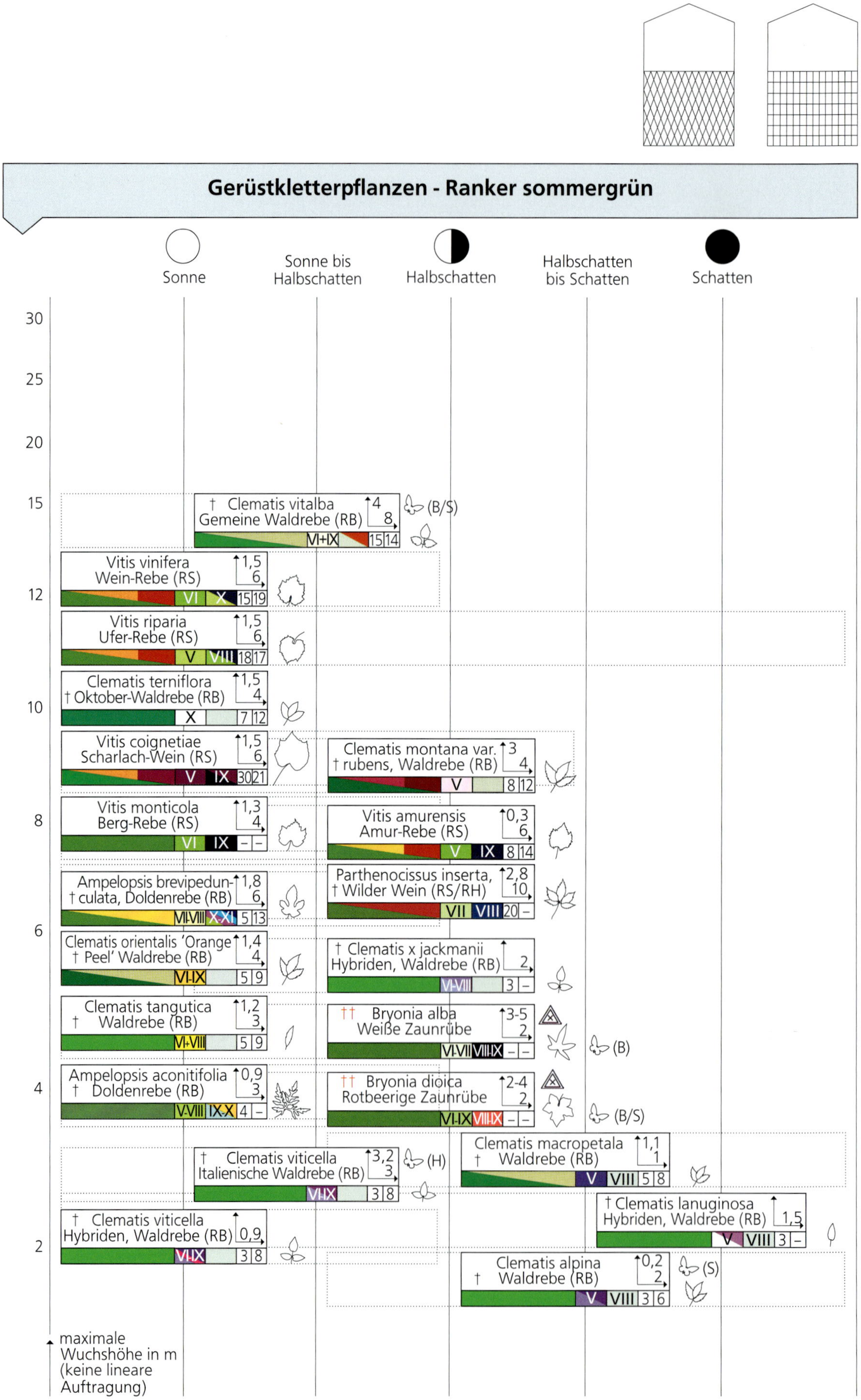

Abb. 5.32: System- und Pflanzenauswahl zur Begrünung mit Kletterpflanzen: Pflanztafel 1 (ohne Gewähr für Richtigkeit und Vollständigkeit) (Quellen der Daten: Althaus et al., 1991; Ludwig, 1994; Richtlinie für die Planung, Ausführung und Pflege von Fassadenbegrünungen mit Kletterpflanzen, 2000; Kiermeier, 2005; Haeupler/Muer, 2007; Global Nature Fund (GNF), 2017 [persönliche Mitteilung]; Fassadenbegrünungsrichtlinien, 2018; Van Groeningen, 2022; FloraWeb, 2024; Kletterpflanzen – Übersicht, 2024)

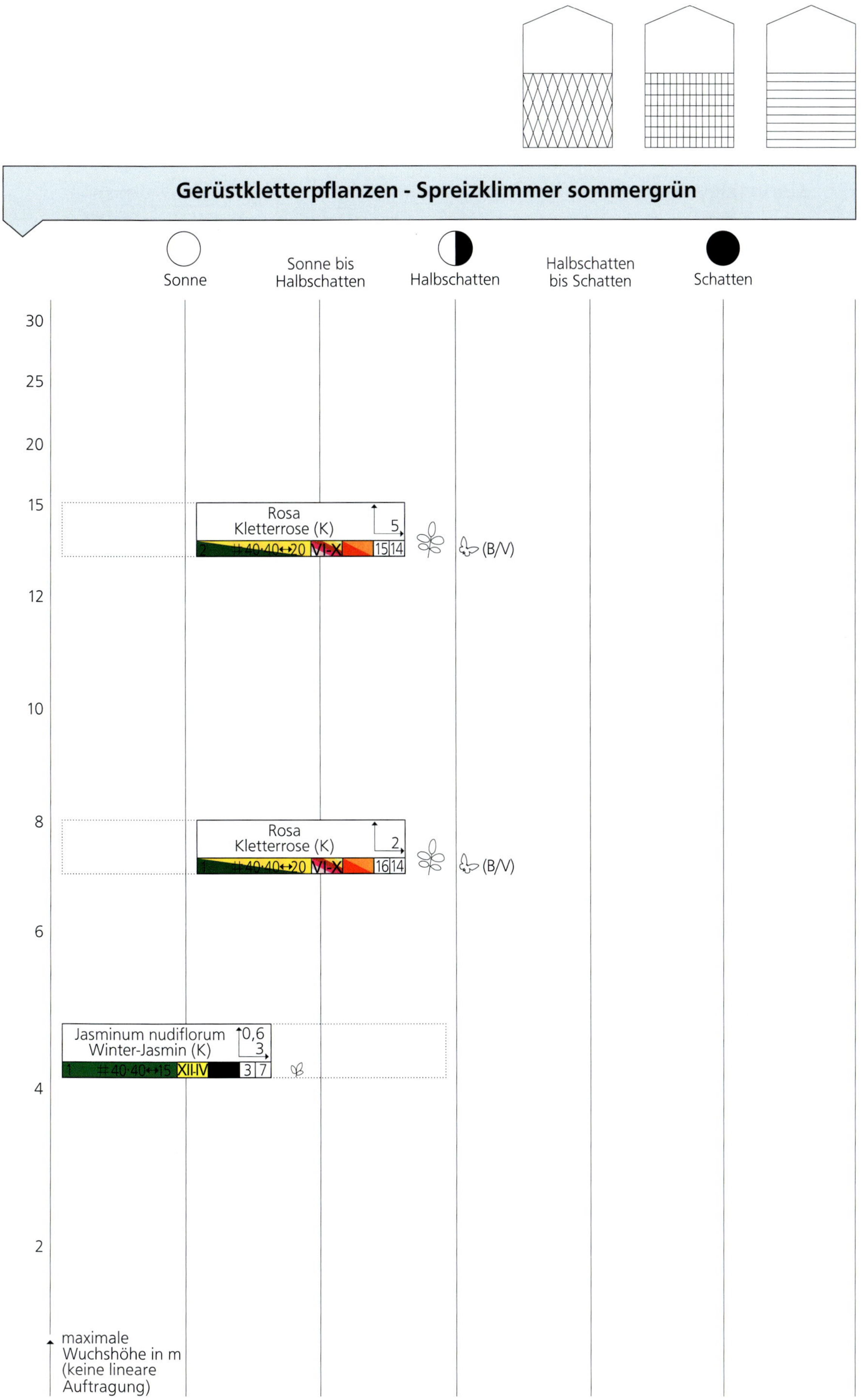

Abb. 5.33: System- und Pflanzenauswahl zur Begrünung mit Kletterpflanzen: Pflanztafel 2 (ohne Gewähr für Richtigkeit und Vollständigkeit) (Quellen der Daten: Althaus et al., 1991; Ludwig, 1994; Richtlinie für die Planung, Ausführung und Pflege von Fassadenbegrünungen mit Kletterpflanzen, 2000; Kiermeier, 2005; Haeupler/Muer, 2007; Global Nature Fund (GNF), 2017 [persönliche Mitteilung]; Fassadenbegrünungsrichtlinien, 2018; Van Groeningen, 2022; FloraWeb, 2024; Kletterpflanzen – Übersicht, 2024)

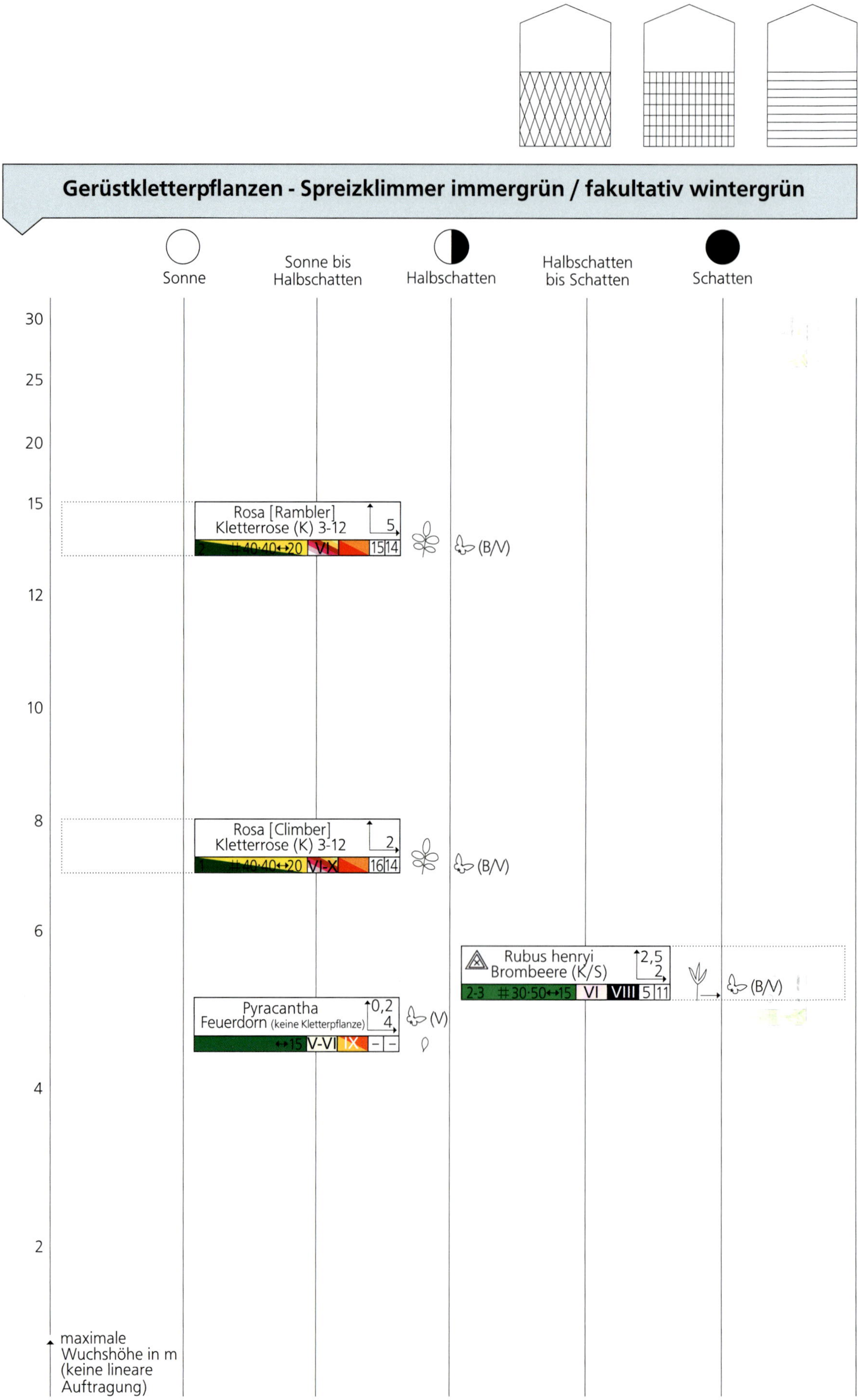

Abb. 5.34: System- und Pflanzenauswahl zur Begrünung mit Kletterpflanzen: Pflanztafel 3 (ohne Gewähr für Richtigkeit und Vollständigkeit) (Quellen der Daten: Althaus et al., 1991; Ludwig, 1994; Richtlinie für die Planung, Ausführung und Pflege von Fassadenbegrünungen mit Kletterpflanzen, 2000; Kiermeier, 2005; Haeupler/Muer, 2007; Global Nature Fund (GNF), 2017 [persönliche Mitteilung]; Fassadenbegrünungsrichtlinien, 2018; Van Groeningen, 2022; FloraWeb, 2024; Kletterpflanzen – Übersicht, 2024)

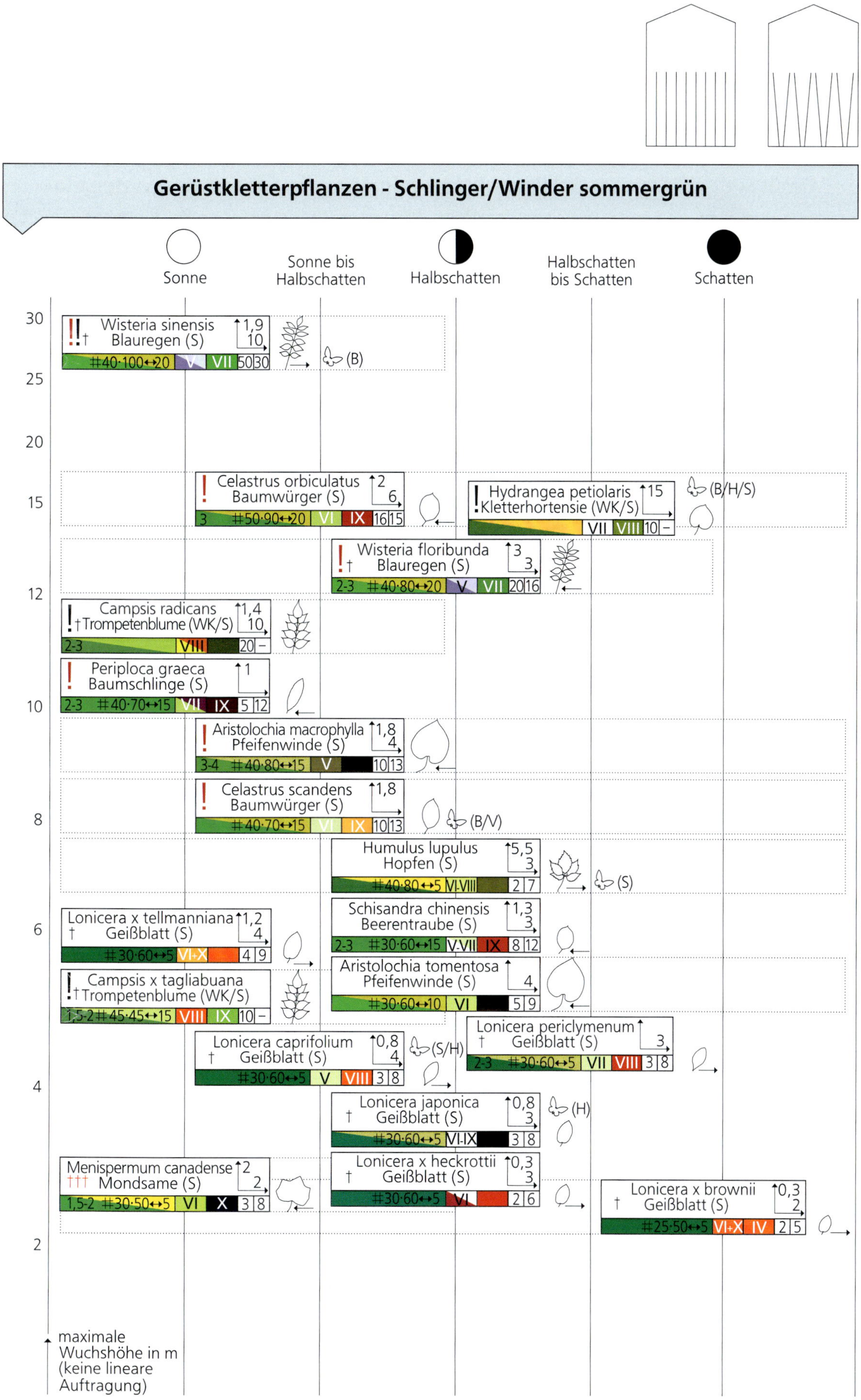

Abb. 5.35: System- und Pflanzenauswahl zur Begrünung mit Kletterpflanzen: Pflanztafel 4 (ohne Gewähr für Richtigkeit und Vollständigkeit) (Quellen der Daten: Althaus et al., 1991; Ludwig, 1994; Richtlinie für die Planung, Ausführung und Pflege von Fassadenbegrünungen mit Kletterpflanzen, 2000; Kiermeier, 2005; Haeupler/Muer, 2007; Global Nature Fund (GNF), 2017 [persönliche Mitteilung]; Fassadenbegrünungsrichtlinien, 2018; Van Groeningen, 2022; FloraWeb, 2024; Kletterpflanzen – Übersicht, 2024)

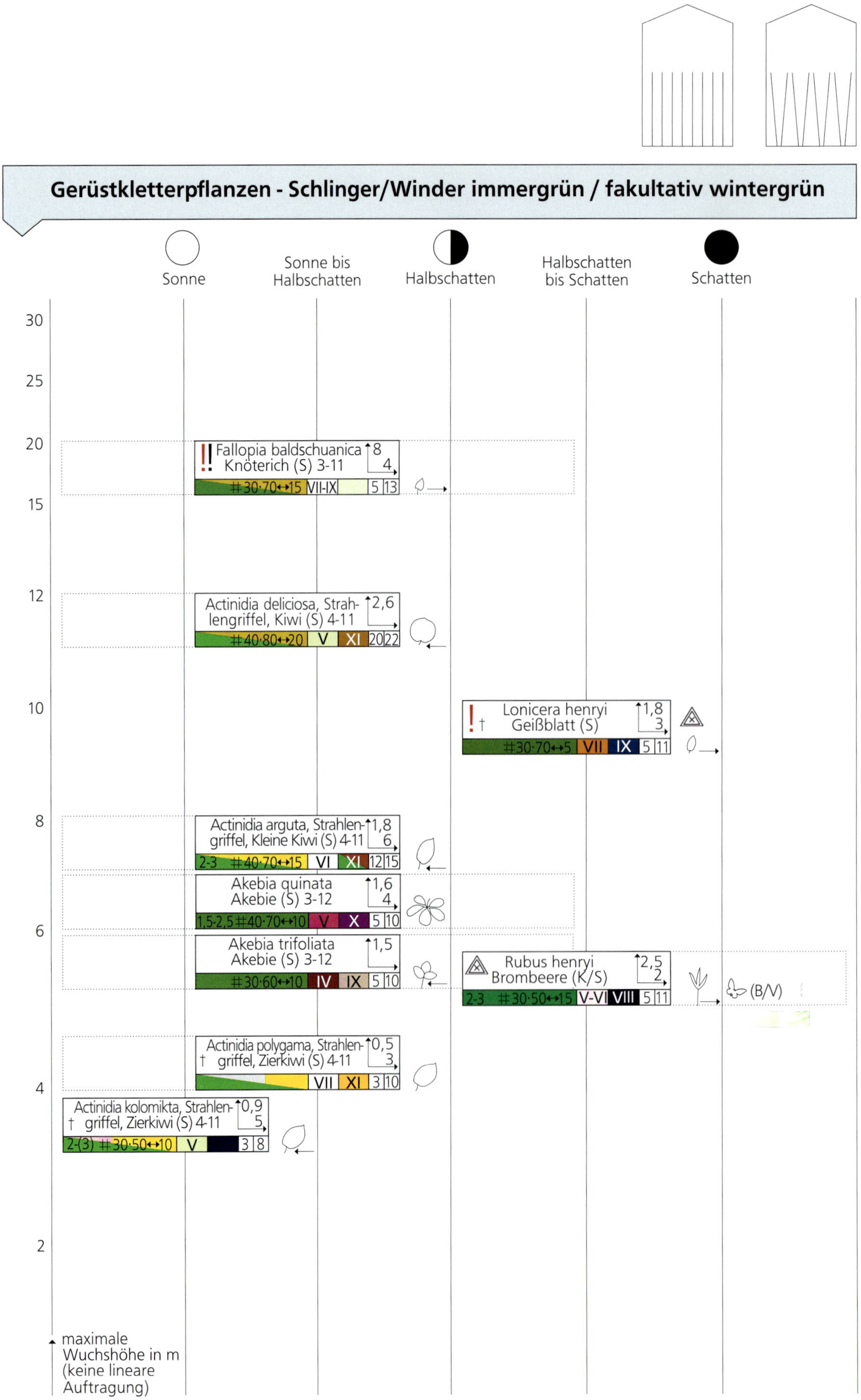

Abb. 5.36: System- und Pflanzenauswahl zur Begrünung mit Kletterpflanzen: Pflanztafel 5 (ohne Gewähr für Richtigkeit und Vollständigkeit) (Quellen der Daten: Althaus et al., 1991; Ludwig, 1994; Richtlinie für die Planung, Ausführung und Pflege von Fassadenbegrünungen mit Kletterpflanzen, 2000; Kiermeier, 2005; Haeupler/Muer, 2007; Global Nature Fund (GNF), 2017 [persönliche Mitteilung]; Fassadenbegrünungsrichtlinien, 2018; Van Groeningen, 2022; FloraWeb, 2024; Kletterpflanzen – Übersicht, 2024)

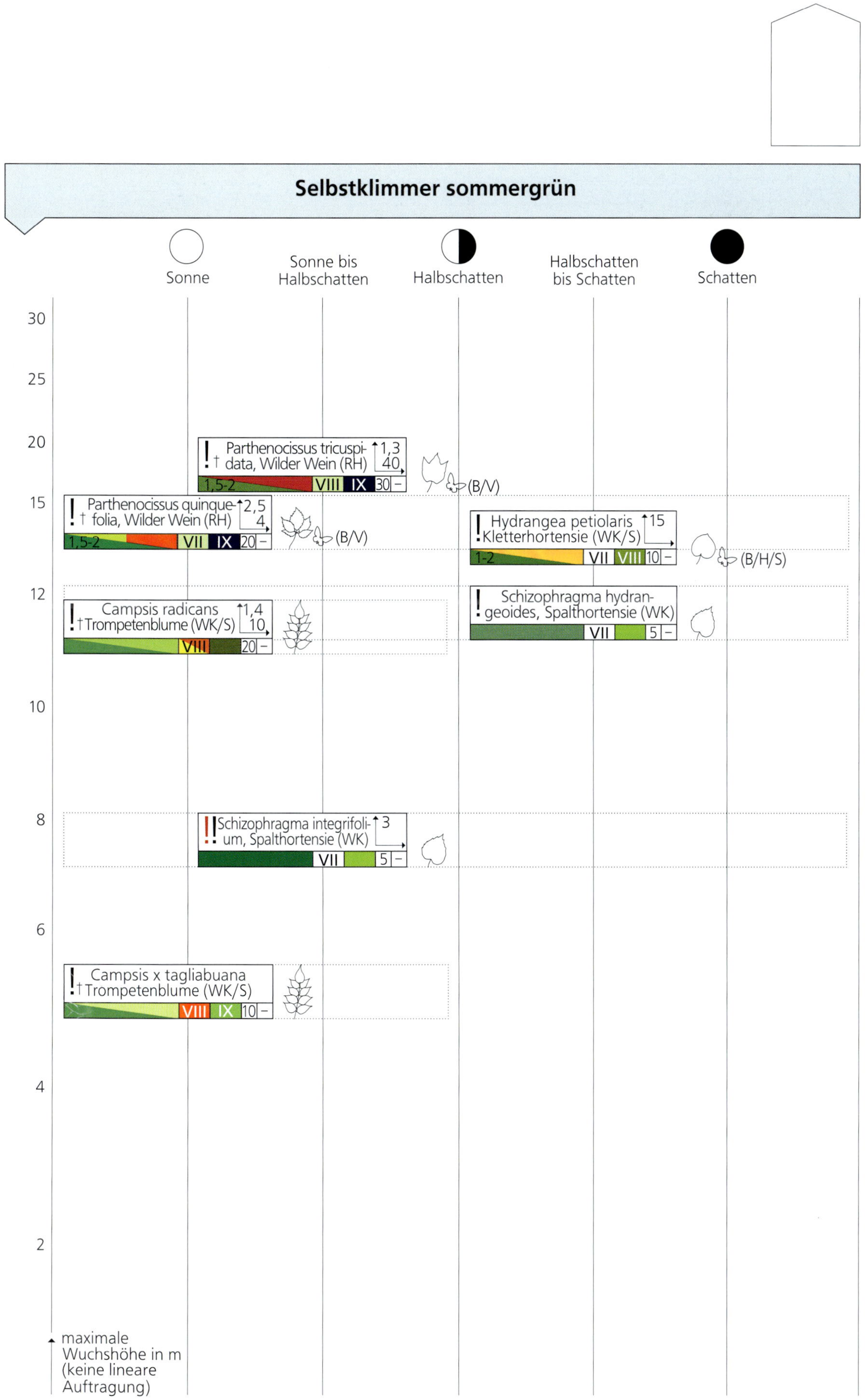

Abb. 5.37: System- und Pflanzenauswahl zur Begrünung mit Kletterpflanzen: Pflanztafel 6
(ohne Gewähr für Richtigkeit und Vollständigkeit) (Quellen der Daten: Althaus et al., 1991; Ludwig, 1994; Richtlinie für die Planung, Ausführung und Pflege von Fassadenbegrünungen mit Kletterpflanzen, 2000; Kiermeier, 2005; Haeupler/Muer, 2007; Global Nature Fund (GNF), 2017 [persönliche Mitteilung]; Fassadenbegrünungsrichtlinien, 2018; Van Groeningen, 2022; FloraWeb, 2024; Kletterpflanzen – Übersicht, 2024)

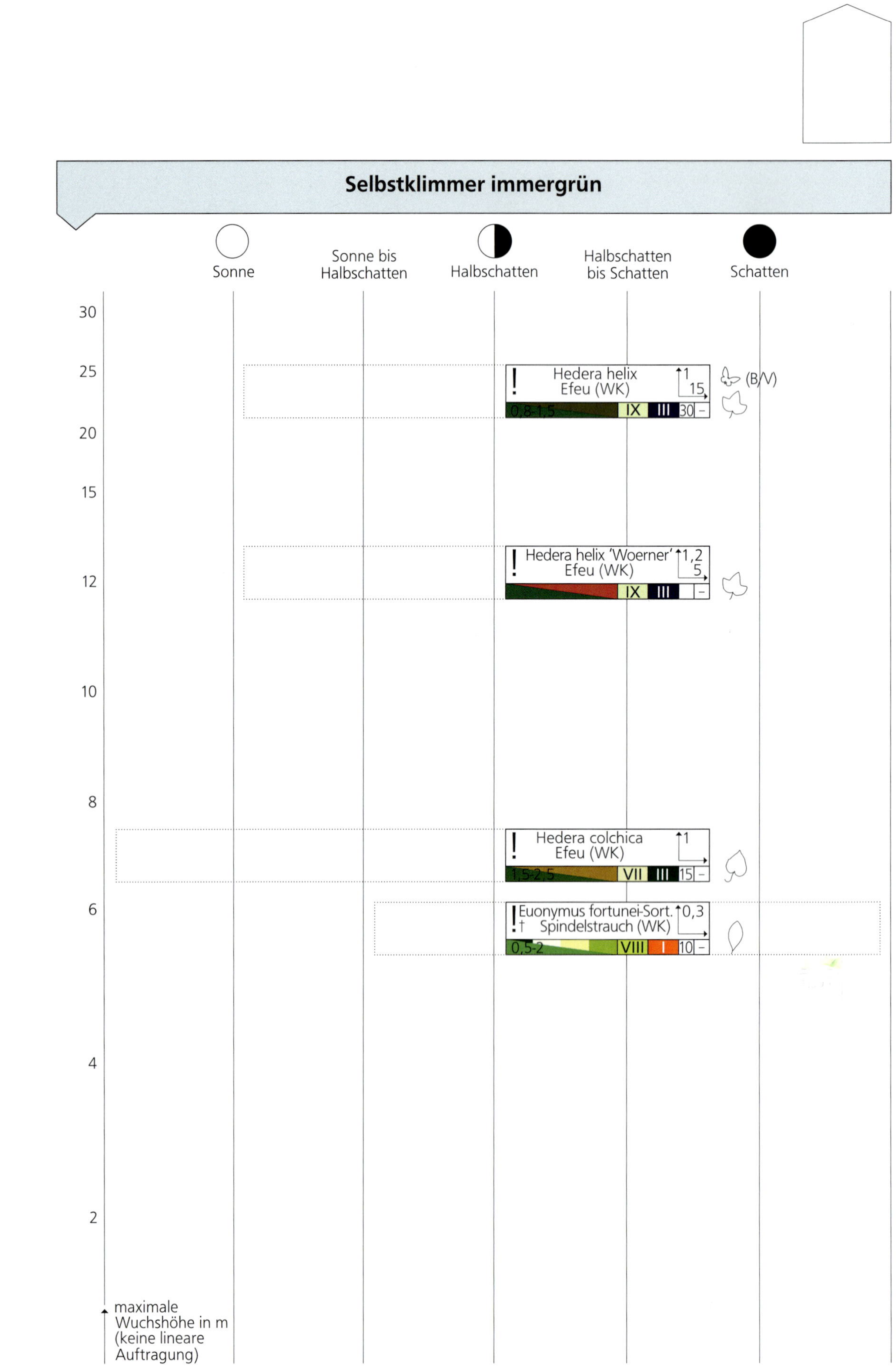

Abb. 5.38: System- und Pflanzenauswahl zur Begrünung mit Kletterpflanzen: Pflanztafel 7 (ohne Gewähr für Richtigkeit und Vollständigkeit) (Quellen der Daten: Althaus et al., 1991; Ludwig, 1994; Richtlinie für die Planung, Ausführung und Pflege von Fassadenbegrünungen mit Kletterpflanzen, 2000; Kiermeier, 2005; Haeupler/Muer, 2007; Global Nature Fund (GNF), 2017 [persönliche Mitteilung]; Fassadenbegrünungsrichtlinien, 2018; Van Groeningen, 2022; FloraWeb, 2024; Kletterpflanzen – Übersicht, 2024)

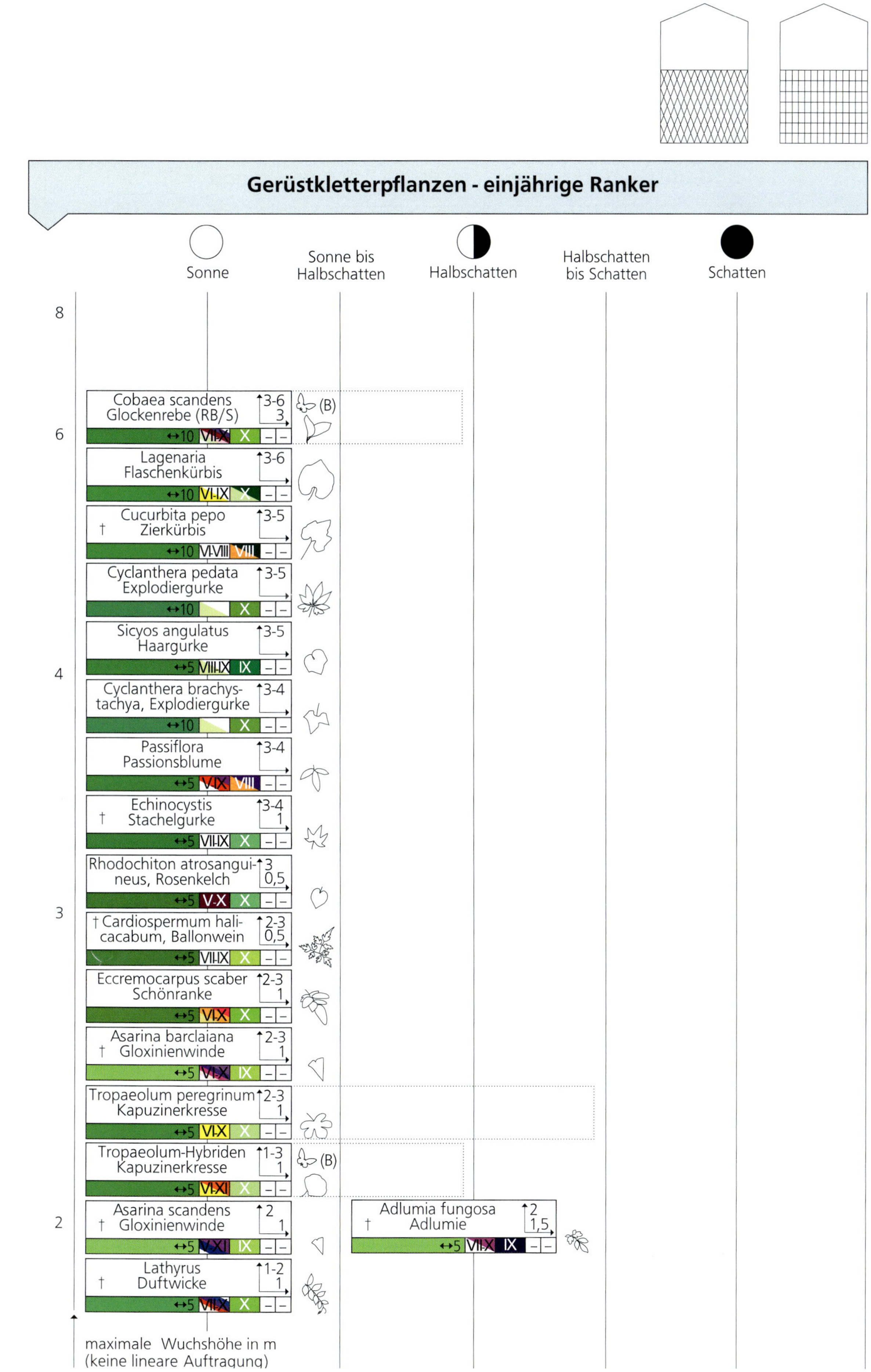

Abb. 5.39: System- System- und Pflanzenauswahl zur Begrünung mit Kletterpflanzen: Pflanztafel 8 (ohne Gewähr für Richtigkeit und Vollständigkeit) (Quellen der Daten: Althaus et al., 1991; Ludwig, 1994; Richtlinie für die Planung, Ausführung und Pflege von Fassadenbegrünungen mit Kletterpflanzen, 2000; Kiermeier, 2005; Haeupler/Muer, 2007; Global Nature Fund (GNF), 2017 [persönliche Mitteilung]; Fassadenbegrünungsrichtlinien, 2018; Van Groeningen, 2022; FloraWeb, 2024; Kletterpflanzen – Übersicht, 2024)

Abb. 5.40: System- und Pflanzenauswahl zur Begrünung mit Kletterpflanzen: Pflanztafel 9 (ohne Gewähr für Richtigkeit und Vollständigkeit) (Quellen der Daten: Althaus et al., 1991; Ludwig, 1994; Richtlinie für die Planung, Ausführung und Pflege von Fassadenbegrünungen mit Kletterpflanzen, 2000; Kiermeier, 2005; Haeupler/Muer, 2007; Global Nature Fund (GNF), 2017 [persönliche Mitteilung]; Fassadenbegrünungsrichtlinien, 2018; Van Groeningen, 2022; FloraWeb, 2024; Kletterpflanzen – Übersicht, 2024)

5.4 Wandgebundene Begrünungen

5.4.1 Horizontale Bauweise, Pflanzbehälter oder -regal

Gestalterische Kriterien

Begrünte Pflanzbehälter sind die technische und gestalterische Weiterentwicklung des klassischen Blumenkastens zu einer architekturbestimmenden Pflanzenintegration in die Fassade. Die steuerbare Wuchsdichte kann als Sonnenschutz, Ein- und Ausblickschutz oder als Gartenersatz (Terrassenumgrenzung mit Brüstungsfunktion, Vertical Farming) genutzt werden (siehe Abb. 5.41). Eine gleichzeitige Nutzung als saisonale Verschattung gelingt mit sommergrünen, laubabwerfenden Pflanzen. Bei einer Vorkultivierung der Pflanzen ist die sofortige Flächenwirkung mit Baufertigstellung möglich. Wesentlicher Teil der Gestaltung sind die Form- und Materialwahl der stark in Erscheinung tretenden Pflanzgefäße. Pflanzen sind in geeigneter Endgröße zu wählen. Andernfalls werden je nach Wuchshöhe, -breite und -geschwindigkeit Rückschnitte erforderlich.

Abb. 5.41: Fassadenbegrünung in Form von Gehölzen in Wuchsbehältern mit Brüstungsfunktion

Vegetationstechnische Kriterien

Die Pflanzenbandbreite reicht von Stauden, Gräsern, Farnen, Zwiebel- und Knollengewächsen über Kleingehölze bis hin zu Kletterpflanzen. Die Wuchsrichtung (steigend, kragend oder hängend) ist ebenso wie die Blattfärbung, die Blüh- und die Belaubungsphase in der Planung zu bedenken. Substrate für Kübelpflanzen kommen zum Einsatz. Bewässerungsanlagen (automatisch oder manuell gesteuert) benötigen eine Drainage, um der Substratübernässung bzw. dem Überlaufen der Pflanzgefäße vorzubeugen. Die Versorgungsdaten (Wassermenge, Nährstoffart und -menge, Lichtverhältnisse, Höhenlage usw.) haben Einfluss auf die Auswahl der Pflanzen und Pflanzengesellschaften. Die Pflanzbehälter begrenzen den Wurzelraum der Pflanzen. Daher ist die Pflanzenauswahl je nach Anforderungen an Winterhärte und Wurzelraum eingeschränkt. Die Mindestgröße von Pflanzgefäßen beträgt 60 × 60 cm ($h \times b$) im Querschnitt – je breiter, desto besser. Die Breite ist dabei von größerer Bedeutung als die Höhe. Eine Anstaubewässerung wird empfohlen. Andernfalls muss eine Überwässerung mit Ablauf erfolgen, ein Vielfaches an Wasser wird verbraucht und die Kanalisation wird belastet. Ist die Begrünung nicht gut erreichbar (z. B. über Wartungs-/Laubengänge, Loggien), wird die Pflege mithilfe eines Hubsteigers o. Ä. ausgeführt.

Bautechnische Kriterien

Die Einleitung des Gesamtgewichts erfolgt in die Primärkonstruktion oder wird über Loggien oder über eine Vorkonstruktion mit separaten Fundamenten abgetragen (siehe Abb. 5.42). Auf eine ausreichende Hinterlüftung der Begrünung und den Einsatz reflexionsarmer Gläser ist zu achten (Pflanzenwachstum, Vermeidung von Vogelschlag).

Abb. 5.42: Begrünung des Gästehauses Hunziker, Zürich: Abtragung des Gesamtgewichts der Begrünung über die Balkone

Wirtschaftliche Kriterien

Kosten resultieren aus der Pflanzenauswahl, den gestalterischen und konstruktiven Entscheidungen sowie der künstlichen Wasser- und Nährstoffversorgung. Zur Pflege/Wartung werden gegebenenfalls, je nach Konstruktion, mit zunehmender Wuchshöhe Hubsteiger o. Ä. erforderlich. Pflege und Wartung sollten je nach Pflanzenauswahl ein- bis zweimal jährlich erfolgen. Die Kosten steigen mit der Wüchsigkeit der Pflanzen. Eine Baugenehmigung ist erforderlich.

Systemspezifische Vorteile

- Variable Bepflanzung, bodenfrei, große Pflanzenauswahl
- keine Anforderungen an Boden-/Bodenwasseranschluss
- Vorkultivierung der Pflanzen möglich (gestalterische und ökologische Sofortwirkung)
- Flächenwirkung und Gestaltwechsel im Jahresverlauf über die Pflanzenauswahl steuerbar (Textur, Blattfärbung, Wuchsbild, Pflanzabstand, Dimension)
- Anpassungsfähigkeit an Maße der Fassadengeometrie
- Ein- und Ausblickschutz (abhängig von der Bauweise
- gegebenenfalls Substitution der Gebäudeaußenhaut, Brüstungsfunktion
- leichter Ersatz von Teilbereichen bei Pflanzenausfall (systemabhängig)
- durch Modularität Weiterbau oder Ergänzung nach Bedarf möglich
- Niederschlags- und UV-Schutz der Gebäudeaußenwand (abhängig von Pflanzendichte und -dimension)

Hinweise für einen größtmöglichen Begrünungserfolg

Die Lastaufnahme der tragenden Wand ist sicherzustellen, Befestigungen erfolgen wärmebrückenreduziert. Tragprofile müssen korrosions- und witterungsbeständig sein, Pflanzgefäße (Einzel- oder Linearbehälter) und Wasserleitprofile korrosions-, witterungs-, UV- sowie chemiebeständig und wasserdicht. Thermische Längenausdehnungen sind zu berücksichtigen. Weitere Anforderungen an die Pflanzmodule sind eine ausreichende Verformungsstabilität, Schadstoffreiheit und Recycelbarkeit. Vegetationstragschichten müssen bei ausreichender Wasser- und Lufthaltefähigkeit verrottungsstabil und wasserdurchlässig sein. Es gilt die Gütesicherung Substrate für Pflanzen RAL-GZ 250 (RAL-GZ 2520, 2018). Eine gute Durchwurzelbarkeit und Strukturstabilität sowie Schadstofffreiheit müssen gegeben sein. Der Substrat-pH-Wert ist auf die Pflanzen abzustimmen bzw. die Pflanzen auf den Substrat-pH-Wert. Der durchwurzelbare Raum muss ausreichend groß dimensioniert sein (mindestens 60 × 60 cm), um ein optimales Pflanzenwachstum sicherzustellen und Langlebigkeit zu gewährleisten (RAL-GZ 580, 2021). Best-Practice-Projekte, wie der MFO-Park in Zürich und das Institut für Physik der Humboldt-Universität Berlin-Adlershof, sind bald 25 Jahre alt, ohne dass Pflanzfgefäße aufgrund einer Durchwurzelung hätten ausgetauscht werden müssen (siehe Abb. 5.43).

Stand- und Windsogsicherheit sind nachzuweisen. Eine Anstaubewässerung ist im Sinne eines verantwortlichen Umgangs mit der Ressource Wasser sinnvoll. Die Pflanzen sind somit ausreichend versorgt, ohne eine andernfalls notwendige dreifache Überwässerung (mit Trinkwasser, das durchläuft und in die Kanalisation abgeleitet wird). Wurzelstaunässe ist durch Drainagen zu vermeiden. Die Be- und Entwässerung müssen der E DIN EN 1717 sowie der E DIN 1988-100 (Sicherung des Trinkwassers) gerecht werden. Das Bewässerungssystem ist automatisiert, frostgeschützt und mit einer Vorfilterung, Steuerungseinheiten (VDE-geprüft), Düngevorrichtung und Druckminderung auszustatten. Eine automatische Abschaltung ist für den Havariefall erforderlich. Notüberläufe und eine Winterautomatik samt Leitungsentleerung sind zu berücksichtigen. Tropfrohre sind horizontal zu verlegen und druckkompensiert mit Einwurzelungsschutz und einer Spülvorrichtung auszuführen. Die Austauschbarkeit der Bewässerungsleitungen/-tropfrohre usw. muss gewährleistet sein. Die Querschnitte müssen ausreichend dimensioniert sein. Eine Dämmung der Pflanzbehälter ist von Vorteil (Überhitzung). Pflanzabstände, Standortbedingungen und die Versorgung müssen den Lebensbereichkriterien der Pflanzen entsprechen, Pflanzengesellschaften müssen aufeinander abgestimmt sein. Regelmäßige Pflege und Wartung müssen sichergestellt werden.

Abb. 5.43: MFO-Park, Zürich, (links) und Physikinstitut Humboldt-Universität, Berlin-Adlershof (rechts)

5.4.2 Modulare Bauweise

Gestalterische Kriterien

Das Kennzeichen modularer Begrünungen ist die Gliederung der Sichtebene in ein Flächenraster. Neben dem Vorteil der Sofortwirkung (mögliche Vorkultivierung) und leichter Änderbarkeit können Oberflächentextur, Aufbaustärke, Farbgebung und Blühphase frei gestaltet werden.

Vegetationstechnische Kriterien

Für wandgebundene modulare Bauweisen steht eine umfängliche Pflanzenvielfalt zur Verfügung, wie Stauden (u. a. auch Gräser und Farne), Kleingehölze, Moose und Kletterpflanzen. Bezüglich Bauweise, Substrattechnik und zuverlässiger Wasser- und Nährstoffversorgung soll kein Kompromiss gemacht werden – Hochwertigkeit zahlt sich aus. Versorgungsdaten (Substratdicke, Wasserspeicherfähigkeit, Nährstoffart und -menge, Lichtverhältnisse, Höhenlage

Abb. 5.44: Vorkultivierte Module zur wandgebundenen Begrünung auf der Baustelle (vor Installation)

Abb. 5.45: Mannheim Q7: modulare wandgebundene Begrünung während der Installation

usw.) haben Einfluss auf die Auswahl der Pflanzen und Pflanzengesellschaften. Das senkrecht gehaltene Substratvolumen besteht in der Regel aus strukturstabilen, feuchtespeichernden Materialien mit ausreichender Luftkapazität (siehe Abb. 5.44). Die Substratdicke bestimmt das Wurzelvolumen sowie Wasseraufnahme, Pflanzenentwicklung und Resilienz. Be- und Entwässerungsleitungen sowie eventuell elektrische Leitungen für Temperatur- und Feuchtefühler sind erforderlich. Rinnensysteme zur Aufnahme von Schüttstoffsubstrat können ohne Begrünung ein fertiges Fassadenbild liefern. Deshalb kann bei dieser Bauweise mit sommergrüner Bepflanzung möglicherweise eine Winterbewässerung eingespart werden.

Abb. 5.46: Modulare Begrünung in Form vorgehängter hinterlüftetetn Bleche mit Pflanzrinnen

Bautechnische Kriterien

Durch handliche Montagevorgänge, leichten Geräteeinsatz und Vorkultivierung werden die Ergebnisse (besonders in Innenstädten) mit relativ kleiner und schneller Baustelleneinrichtung ermöglicht (siehe Abb. 5.45). Module sind vertikale, quadratische/rechteckige Substratkästen mit Bautiefen von ca. 8 bis 25 cm. Sie werden aus korrosionsfreien Metallen angeboten. Die Module werden auf die abgestimmte Unterkonstruktion montiert und durch ein Rohrsystem mit Wasser und Nährstoffen versorgt. Die Modulgröße wird bei händischer Montage durch das Eigengewicht begrenzt.

Größere Module erfordern ein geeignetes Hebegerät. Gegen Durchfeuchtung der Primärkonstruktion ist eine Abdichtungsebene oder eine ausreichende Hinterlüftung erforderlich (siehe Abb. 5.46). Der bauseitige Untergrund muss die Montagebedingungen der Begrünungskonstruktion aufnehmen können. Die Einleitung des Gesamtgewichts erfolgt in der Regel in die Primärkonstruktion (Prinzip vorgehängte hinterlüftete Fassade, wärmebrückenreduzierte Halterungen). Wuchsbegrenzungen an Leibungen von Fenstern und Türen (Brandschutz) und zu anderen sensiblen Bereichen in Form von Metallrandwinkeln sind erforderlich.

Wirtschaftliche Kriterien

Eine versorgungstechnische Anlage (Stromversorgung, Wasseranschluss, Steuerung und Dosierung der Wasser-/Nährstoffverteilung, gegebenenfalls Regenwasserbevorratung) wird benötigt (Betrieb, zwei- bis viermal pro Jahr Pflege sowie Wartung). Bei größeren Anlagen ist ein Hubsteiger erforderlich.

Systemspezifische Vorteile

- Bodenfreie, variable Bepflanzung
- umfangreiche Pflanzenauswahl
- Anpassungsfähigkeit an Maßvorgaben der Fassadengeometrie
- gute Hinterlüftung des Fassadenzwischenraums
- Transport, Zwischenlager und Montage ohne großen Platzbedarf
- Witterungs- und UV-Schutz der Gebäudeaußenwand
- gestalterische, klimatische und stadtökologische Sofortwirkung nach Vorkultivierung der Module
- Gestaltwechsel möglich
- Substitution der Gebäudesichtverkleidung möglich
- hohe Kühlwirkung durch künstliche Bewässerung (Verdunstung)
- abhängig von der Bauweise Erhöhung der Dämmwirkung
- Montagegeschwindigkeit wie bei einer Wandbekleidung
- Untergrund je nach Bauweise revisionierbar

Abb. 5.47: Modulare Begrünung mit erheblichem Leitungsaufwand zur Versorgung vieler kleinerer Einzelflächen

Hinweise für einen größtmöglichen Begrünungserfolg

Die Tragfähigkeit der Wand muss gewährleistet sein, Brandschutzrichtlinien sind einzuhalten. Wärmebrückenreduzierte Halterungen sind erforderlich. Tragprofile müssen korrosions- und witterungsbeständig sein, während Pflanzmodule sowie Wasserleitprofile korrosions-, witterungs-, UV- sowie chemikalienbeständig und wasserdicht sein müssen. Zudem sollten sie gegen Herausheben (z. B. durch Vandalismus) gesichert sein, zugleich aber auch leicht austauschbar. Die Konstruktion sollte eine effektive Wärmedämmung des bestehenden Gebäudes ermöglichen und thermische Längenausdehnungen berücksichtigen. Zusätzlich müssen die Pflanzmodule eine ausreichende Verformungsstabilität, Schadstofffreiheit und Recycelbarkeit aufweisen. Der durchwurzelbare Raum sollte ausreichend dimensioniert sein, um optimales Pflanzenwachstum und Langlebigkeit zu fördern. Das verwendete Substrat bzw. der Substratersatz muss die erforderlichen Lastannahmen erfüllen und auf eine optimale Wasserdurchlässigkeit bei ausreichender Wasser- und Luftspeicherfähigkeit abgestimmt sein. Es darf kein Substrat austreten oder herabfallen. Zudem müssen gute Durchwurzelbarkeit, Strukturstabilität und Schadstofffreiheit gegeben sein. Der pH-Wert des Substrats sollte den Bedürfnissen der Pflanzen entsprechen, bzw. die Pflanzen sollten nach dem pH-Wert des Substrats ausgewählt werden.

Die Be- und Entwässerung muss den Normen E DIN EN 1717 sowie E DIN 1988-100 entsprechen. Die Wasseraufbereitung sollte gemäß der örtlichen Wasserqualität erfolgen, Rohre sowie Fittings müssen DVWG-geprüft sein. Das Bewässerungssystem muss automatisiert sein und eine Vorfilterung, Steuerungseinheiten (VDE-geprüft), eine Düngevorrichtung sowie eine Druckminderung beinhalten. Winterautomatik und Leitungsentleerung sind ebenfalls zu berücksichtigen, und gegebenenfalls sollte eine UV-Anlage mit Vorfilterung installiert werden. Für den Fall einer Havarie sind eine automatische Abschaltung und Notüberläufe vorzusehen. Tropfrohre müssen horizontal verlegt, druckkompensiert und mit Wurzelschutz sowie einer Spülvorrichtung ausgestattet sein. Die Austauschbarkeit der Bewässerungsleitungen und Tropfrohre muss sichergestellt sein, die Querschnitte sollten ausreichend dimensioniert sein. Die Pflanzabstände, die Standortbedingungen und die Versorgung müssen den Lebensraumanforderungen der Pflanzen entsprechen, und die Pflanzengesellschaften sollten aufeinander abgestimmt sein. Es dürfen ausschließlich Pflanzen verwendet werden, die in vertikalen Anwendungen getestet wurden. Sie müssen gesund, gut entwickelt und frei von Schädlingen sein. Regelmäßige Pflege und Wartung sind zu gewährleisten (RAL-GZ 580, 2021). Viele kleinere Einzelflächen sind eventuell gestalterisch ansprechend, minimieren jedoch die Robustheit der Begrünungen sowie die ökologischen Leistungen und benötigen zudem oft mehrere Kilometer an Leitungslängen (siehe Abb. 5.47).

5.4.3 Flächige Bauweise

Gestalterische Kriterien

Wandgebundene flächige Begrünungen bieten Lösungen für eine teil- oder ganzflächig homogene Fassadenbegrünung, wo ein Boden- bzw. Bodenwasseranschluss nicht verfügbar ist (siehe Abb. 5.48 und 5.49). Die Bepflanzung erfolgt in der Regel nach dem Entwurf eines Pflanzplans. Der Aufbau ist schnell realisierbar (bester Wert für begrünte Fläche pro Zeit aller Begrünungslösungen). Das fertige Begrünungsbild ist in der Regel binnen zwei bis drei Monaten gegeben. Da bei flächigen Bauweisen die Bepflanzung meist vor Ort erfolgt (im gleichen Substrat vorkultivierte Planzen mit Pflanzung in Einschlitzungen des Geotextils), benötigt sie etwas Zeit, um sich zu etablieren und einen Flächenschluss zu erreichen und damit das angestrebte Begrünungsbild.

Abb. 5.48: Musée du Quai Branly, Paris: flächige wandgebundene Begrünung

Abb. 5.49: Glogauer Straße, Berlin: flächige wandgebundene Begrünung

Vegetationstechnische Kriterien

Die Pflanzenauswahl erfolgt nach den Kriterien Geselligkeit, Ausmaß der Wuchsdynamik, Färbungen und Licht-, Wasser- bzw. Nährstoffbedarf. Es steht eine umfängliche Pflanzenvielfalt zur Verfügung, wie Stauden (u. a. auch Gräser und Farne), Kleingehölze, Moose und Kletterpflanzen. Die Pflanzen werden einzeln mit ihren Wurzeln in Einschlitzungen des Geotextils eingesetzt und überwachsen es vollständig.

Eine dauerhafte technische Versorgung mit Wasser und Nährstoffen ist unumgänglich. Auf ökologischen Einsatz und Wirtschaftlichkeit der Anlage ist zu achten. Wirtschaftlich sind größere zusammenhängende Begrünungen. Die Aufteilung einer Fassadenbegrünung in mehrere kleinere Einzelflächen führt zu Mehrkosten durch einen erhöhten Leitungsaufwand für die Versorgung mit Wasser und Nährstoffen.

Die Bewässerung, die Nährstoffart und -menge, die Lichtverhältnisse, die Exposition usw. haben Einfluss auf die Auswahl der Pflanzengesellschaften. Während die Hauptverteilung der Wasser- und Nährstoffversorgung in der tragenden Sekundärkonstruktion liegt, sind die dünneren Tropfschläuche in der Regel direkt hinter dem Vlies verlegt. Be- und Entwässerungsleitungen sowie gegebenenfalls elektrische Leitungen für Temperatur- und Feuchtefühler sind erforderlich. Je weniger Substrat verwendet wird, desto kürzer sind die Intervalle der Wasser- und Nährstoffversorgung. Bei größeren Anlagen ist der Einsatz von Hubsteigern o. Ä. erforderlich. Eine geeignete Aufstellfläche ist vorzusehen.

Bautechnische Kriterien

Die Montage erfolgt an einer systemeigenen, hinterlüfteten, ganzflächigen, verrottungsfreien Trägerplatte bzw. Unterkonstruktion. Horizontal- und Vertikalkräfte werden über die Hinterlüftungsfuge hinweg in die tragende Außenwand eingeleitet (Eigengewicht feucht, Pflanzen- und Niederschlagsgewicht, Windkräfte). Die Lastabtragung erfolgt in die Gebäudewand/Primärkonstruktion. Der bauseitige Untergrund muss die Montagebedingungen der Begrünungskonstruktion aufnehmen können (Prinzip vorgehängte hinterlüftete Fassade, wärmebrückenreduzierte Halterungen; siehe Abb. 5.50 und 5.51). Der Zwischenraum muss gut hinterlüftet sein.

Be- und Entwässerungsleitungen sowie eventuell elektrische Leitungen für Temperatur- und Feuchtefühler sind erforderlich. Flächenausschnitte können wie bei Modulbauweisen auf die Fenster bzw. die Verglasung der Gebäudeaußenwand reagieren.

Dem Brandschutz ist Rechnung zu tragen (z. B. durch Mindestabstand zum Dachrand, Brandriegel zwischen den Geschossen, Metallrandwinkel an Fenstern und Türen).

Abb. 5.50: Best Practice: weit auskragende, stabile Halterungen zur Aufleitung der Begrünung, um eine ausreichende Hinterlüftung zwischen der Begrünung und der gedämmten Fassade zu gewährleisten

Abb. 5.51: Kö-Bogen 2, Düsseldorf: Begrünung mit 8 km Hainbuchenhecken

Abb. 5.52: Kö-Bogen 2, Düsseldorf: Steuerungszentrale für die Begrünungen

Wirtschaftliche Kriterien

Eine versorgungstechnische Anlage (Stromversorgung, Wasseranschluss, Steuerung und Dosierung der Wasser-/Nährstoffverteilung, möglicherweise Regenwasserbevorratung) ist das Herz der Anlage. Zur Instandhaltung sind regelmäßige Wartungs-/Pflegeintervalle vorzusehen (bei guter Planung der Begrünung und Technik etwa zwei- bis viermal pro Jahr).

Systemtypische Vorteile

- Freihaltung der Bodenfläche (z. B. Schaufenster, Garagenzufahrten, Gebäudeeingänge)
- kurzfristige Flächenwirkung (zwei bis drei Monate) sowie gestalterische, klimatische und stadtökologische Wirkung
- leichte Bauweise, bester Wert für begrünte Fläche pro Zeit
- zusätzliche Kühlwirkung durch künstliche Bewässerung, erhöhte (temperaturabhängige) Verdunstungsleistung
- Erhöhung der Dämm-/Pufferwirkung (abhängig von der Bauweise)
- ganzjähriger Witterungs- und UV-Schutz der Gebäudeaußenwand
- spätere Erweiterung nach Bedarf möglich
- Substitution der Gebäudesichtverkleidung

Hinweis

Die Planung, Ausführung und dauerhafte Pflege wandgebundener Begrünungen müssen nach anerkannten Regeln der Technik erfolgen und sind von Fachfirmen der Gebäudebegrünung auszuführen, um ein fehlerfreies und dauerhaftes Ergebnis sicherzustellen.

Hinweise für einen größtmöglichen Begrünungserfolg

Die Konstruktion sollte eine Wärmedämmung des Bestandsbaus ermöglichen und thermische Längenausdehnungen berücksichtigen.

Die Tragfähigkeit der Wand muss sichergestellt werden, während die Brandschutzrichtlinien eingehalten werden. Befestigungen müssen wärmebrückenreduziert sein.

Tragprofile müssen zwängungsfrei sowie korrosions- und witterungsbeständig sein. Verbindungs- und Befestigungselemente müssen ebenfalls korrosions- und witterungsbeständig sein. Trägerplatten müssen wasser- und chemiebeständig sein und dauerhaft elastisch und wasserdicht auf Fuge gesetzt werden. Wasserleitprofile sind korrosionssicher und wasserdicht auszuführen. Weitere Anforderungen an die Fläche und Vlieslagen sind eine ausreichende Verrottungsstabilität, Tragfähigkeit und Wasserdurchlässigkeit. Herstellerprüfzeugnisse müssen vorliegen.

Das Substrat oder der Substratersatz muss die erforderlichen Lastannahmen erfüllen und eine optimale Wasserdurchlässigkeit sowie ausreichende Wasser- und Lufthaltefähigkeit aufweisen. Organische Bestandteile sollten minimiert werden, und es darf kein übermäßiges Substrat austreten oder herabfallen. Eine gute Durchwurzelbarkeit, Strukturstabilität und Schadstofffreiheit sind ebenfalls erforderlich.

Der pH-Wert des Substrats sollte auf die Pflanzen abgestimmt sein, oder die Pflanzen sollten an den pH-Wert des Substrats angepasst werden. Be- und Entwässerung müssen der E DIN EN 1717 sowie E DIN 1988-100 entsprechen.

Die Wasseraufbereitung sollte entsprechend der örtlichen Wasserqualität erfolgen, Rohre sowie Fittings müssen DVWG-geprüft sein (siehe Abb. 5.52). Das automatisierte Bewässerungssystem sollte mit einer Vorfilterung, Steuerungseinheiten (VDE-geprüft), einer Düngevorrichtung und einer Druckminderung ausgestattet sein. Eine Winterautomatik mit Leitungsentleerung ist ebenfalls vorzusehen. Gegebenenfalls sollte eine UV-Anlage mit Vorfilterung installiert werden. Für den Fall einer Störung muss eine

Abb. 5.53: Für die Vertikale geeignete Pflanzen einer wandgebundenen Begrünung

automatische Abschaltung vorgesehen sein, und Notüberläufe sind zu realisieren. Tropfrohre sind horizontal zu verlegen und druckkompensiert auszuführen. Sie sollten mit Wurzelschutz und einer Spülvorrichtung ausgestattet sein. Die Austauschbarkeit der Bewässerungsleitungen und Tropfrohre muss gewährleistet sein. Leitungsquerschnitte sind ausreichend zu dimensionieren.

Pflanzabstände, Standortbedingungen und die Versorgung müssen den Lebensraumanforderungen der Pflanzen entsprechen, und die Pflanzengesellschaften sollten aufeinander abgestimmt sein (siehe Abb. 5.53). Die Pflanzen sollten im Konkurrenzverhalten verträglich sein. Dann sind zwei Pflegegänge im Jahr ausreichend. Ausläufertreibende Pflanzen sollten sich in der Fläche verbreiten dürfen. Es dürfen nur Pflanzen verwendet werden, die in vertikalen Anwendungen getestet wurden.

5.5 Entscheidungshilfe für Lösungen zur Fassadenbegrünung im Vergleich

Um das Pflanzenthema dauerhaft nutzbringend und beherrschbar in die Bestandsarchitektur aufzunehmen, stehen zahlreiche Grundsatzentscheidungen an. Die Kombination der zur Erstellung der Fassade und der Fassadenbegrünung nötigen Techniken legt nahe, einen Überblick über die aktuellen Anwendungsmöglichkeiten zu geben. Dazu stellt Abb. 5.54 eine Grundlage zur Erfassung der jeweiligen Planungskriterien und ihrer Lösungswege zur Verfügung. Die Abbildung gibt Informationen zu Bauweise und Anwendungsbedingungen und nennt wirtschaftliche sowie ökologische Kriterien zu verschiedenen Arten der boden- und der wandgebundenen Gebäudebegrünung und zu ihren Mischformen. Grundlagen dafür sind Recherchen und Auswertungen zur Systembreite der Begrünungsmöglichkeiten, zu Gestaltung, Leistungsfaktoren sowie konstruktiven und vegetationstechnischen Kriterien, die das Gerüst für Abb. 5.54 bilden:

- Art der Begrünungsanwendung (Grundsatzwahl boden- oder wandgebunden, eventuell Mischform),
- bevorzugte Pflanzenverwendung und -wirkung,
- Art der Sekundärkonstruktion,
- gestalterische Kriterien in Abstimmung auf Gestaltungsspielraum, Flächenwirkung,
- bautechnische Anforderungen (Versorgung, Statik und Bautenschutz),
- Eignung in Bezug auf die Primärkonstruktion,
- wirtschaftlich möglicher Rahmen sowie gegebenenfalls mögliche Einsparungen (Investition/Substitution),
- ökologische Potenziale in Abstimmung mit dem Anspruch an die energetische Wirkung, die mögliche Artenvielfalt sowie die mikroklimatische Relevanz.

Mit diesen Vorklärungen leiten die Entscheidungsparameter in die weitere Planungsabfolge und Realisierung über.

bodengebundene Begrünung

flächenförmiger Direktbewuchs der Fassade

Selbstklimmer:
Wurzelkletterer, Haftscheibenranker

- ohne Kletterhilfe

leitbarer Bewuchs mit Gerüstkletterpflanzen (entspr. Kletterstrategie)

Schlinger, Ranker, Spreizklimmer, spalierbare Gehölze

- Kletterhilfe/Spalier erforderlich (Stäbe, Rohre, Seile, Gitter, Netze)

Mischformen

Kombination aus boden- und fassadengebundener Begrünung bzw. steigender und hängender Bepflanzung

Schlinger, Ranker, Spreizklimmer, spalierbare Gehölze; Stauden (u. a. auch Gräser, Farne, bedingt Zwiebel- und Knollengewächse), Kleingehölze

- Substrat in Gefäßen (Einzel- oder Linearbehälter)
- Kletterhilfe/Spalier erforderlich (Stäbe, Rohre, Seile, Gitter, Netze)

gestalterische Kriterien

Flächenwirkung in 5 bis 20 Jahren[1)]

Gestaltungsspielraum: gering bis mittel

Flächenwirkung in 3 bis 12 Jahren[1)]

Gestaltungsspielraum: mittel

Flächenwirkung in 3 bis 12 Jahren[1)], bei Vorkultur: sofort

bautechnische Anforderungen

Wurzelung in Bodenfläche bzw. mit Oberboden- und Bodenwasseranschluss

Wasserversorgungsanlage standortbezogen, bei Bedarf

Eignung für folgende Wandausbildungen

- massive Wandaufbauten (auf geschlossene Fugen und intakte Außenhülle achten! Haftgrund auf pflanzenphysiologische Eignung prüfen![1)])

- massive Wandaufbauten
- Holzkonstruktionen vollflächig bekleidet oder ausgefacht (bedingt[1)])
- Metallkonstruktionen vollflächig bekleidet oder ausgefacht (bedingt[1)])
- Vorsatzschalen (bedingt[1)])
- vorgehängte hinterlüftete Fassade (VHF) (bedingt[1)])
- Wärmedämm-Verbundsysteme (WDVS)
- Luftkollektor-Fassaden

- massive Wandaufbauten
- Holzkonstruktionen vollflächig bekleidet oder ausgefacht (bedingt[1)])
- Metallkonstruktionen vollflächig bekleidet oder ausgefacht (bedingt[1)])
- Vorsatzschalen (bedingt[1)])
- vorgehängte hinterlüftete Fassade (VHF) (bedingt[1)])
- Wärmedämm-Verbundsysteme (WDVS)
- Luftkollektor-Fassaden

wirtschaftliche Kriterien

Investitionsaufwand: gering

Investitionsaufwand: gering bis hoch

Investitionsaufwan

Einsparungspotenzial Fassadengestaltung in Abhängigkeit vom Pflanzenwachstum

Pflegeaufwand: mittel, zunehmend[1)]

Wartungs- und Instandhaltungsaufwand: gering[1)]

Wartungs- un
haltungsaufwan

ökologische Potenziale

Verschattung - ganzjährige energetische Relevanz bei laubabwerfenden Pflanze

mögliche Artenvielfalt (Flora/Fauna) am Standort: gering bis hoch[1)]

mögliche Artenvielf
am Stando

mikroklimatische Relevanz mittel bis langfristig[1)]

mikroklimatische Relevanz mittelfristig[1)]

Abb. 5.54: Systematische Übersicht über Fassadenbegrünungslösungen

wandgebundene Begrünung

Pflanzen in horizontalen Vegetationsflächen
Pflanzgefäße an Tragkonstruktionen

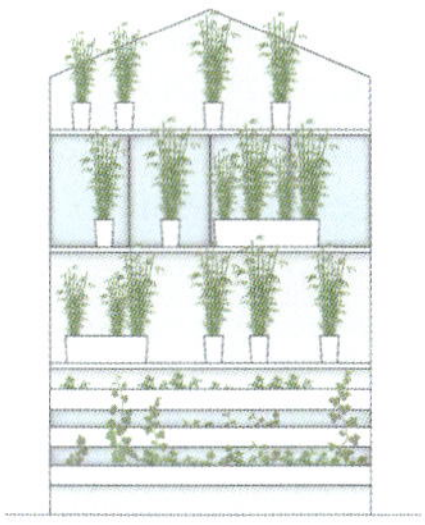

Stauden (u. a. auch Gräser, Farne, bedingt Zwiebel- und Knollengewächse), Kleingehölze; Schlinger, Ranker, bedingt Spreizklimmer

- Substrat in Gefäßen (Einzel- oder Linearbehälter)

Pflanzen in senkrechten Vegetationsflächen, vertikale Gärten

modulare Systeme

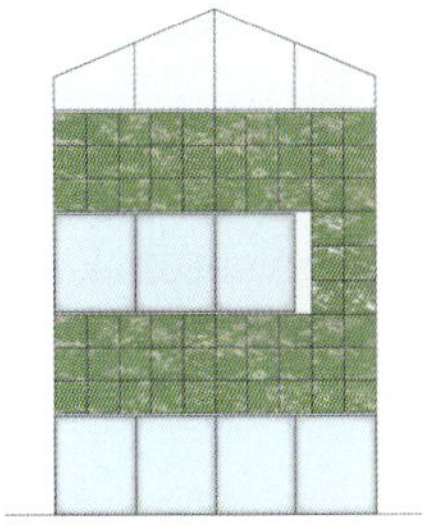

Stauden (u. a. auch Gräser, Farne), Kleingehölze, Moose; bedingt Wurzelkletterer, Spreizklimmer

- Substrat in Elementeinheiten aus Körben/Gabionen, Matten, Kassetten
- Substrat tragende Rinnensysteme
- direkt begrünte Kunst- und Naturstein-platten mit begrünungsfördernder Oberflächenrauheit

flächige Konstruktionen

Stauden (u. a. auch Gräser, Farne), Kleingehölze, Moose; bedingt Wurzelkletterer, Spreizklimmer

- Textilsysteme
- Textil-Substrat-Systeme
- Metallblechsystem mit Öffnungen zu Vegetationsflächen (Textil bzw. Substratträger)
- Direktbegrünung auf nährstoff-tragender Wandschale

Flächenwirkung bei Vorkultur: sofort

Flächenwirkung bei Vorkultur: kurzfristig

Gestaltungsspielraum: groß

Wurzelung in Substratsystemen, keine Anforderung an Bodenausbildung und Bodenwasseranschluss, ohne Kontakt zum Baugrund

Wasser- und Nährstoffversorgungsanlage erforderlich

auaufsichtlich relevant, statischer Nachweis erforderlich, tragende Bauteile: Korrosionsschutz oder nicht rostendes Material

Schutz der Fassade gegen Feuchte und Durchwurzelung erforderlich

- massive Wandaufbauten
- Holzkonstruktionen vollflächig bekleidet oder ausgefacht (bedingt[1])
- Metallkonstruktionen vollflächig bekleidet oder ausgefacht (bedingt[1])
- Vorsatzschalen (bedingt[1])
- vorgehängte hinterlüftete Fassade (VHF) (bedingt[1])
- Wärmedämm-Verbundsysteme (WDVS)
- Luftkollektor-Fassaden

- massive Wandaufbauten
- Holzkonstruktionen vollflächig bekleidet oder ausgefacht (bedingt[1])
- Metallkonstruktionen vollflächig bekleidet oder ausgefacht (bedingt[1])
- Vorsatzschalen (bedingt[1])
- vorgehängte hinterlüftete Fassade (VHF) (stattdessen[1])
- Wärmedämm-Verbundsysteme (WDVS), bedingt

- massive Wandaufbauten
- Holzkonstruktionen vollflächig bekleidet oder ausgefacht (bedingt[1])
- Metallkonstruktionen vollflächig bekleidet oder ausgefacht (bedingt[1])
- Vorsatzschalen (bedingt[1])
- vorgehängte hinterlüftete Fassade (VHF) (stattdessen[1])
- Wärmedämm-Verbundsysteme (WDVS)

ttel bis hoch

Investitionsaufwand: hoch

sofortiges Einsparungspotenzial der Fassadengestaltung

Pflegeaufwand: mittel bis hoch / gärtnerisch[1]

tand-
ttel bis hoch[1]

Wartungs- und Instandhaltungsaufwand: hoch[1]

ora/Fauna)
ttel[1]

mögliche Artenvielfalt (Flora/Fauna) am Standort: groß[1]

sofortige mikroklimatische Relevanz bei Vorkultur[1]

5.6 Hinweise zu Verträgen und Ausschreibungen

5.6.1 Vorbemerkungen

Nach Klärung der Konstruktion, der standortabhängigen Entscheidung zur Art der Begrünung nach Anspruch, Lebensbereich und Habitus (z. B. Wuchsverhalten, Belaubungsphase, Textur, Färbung) und nach der interdisziplinären Entwurfsplanung mit der Festlegung aller technischen und vegetationstechnischen Details (z. B. Position, Konstruktion, Material, Wasser- und Nährstoffversorgung) erfolgt die Ausschreibung der Leistungen zur Umsetzung (u. a. vertragliche Vereinbarungen von Bauleistungen, Gewährleistungen, Pflege und Wartung). Diese berücksichtigt neben Versorgung und Infrastruktur auch die Terminierung, den Umfang, die Gewährleistung sowie die Pflege- und Wartungsleistungen.

> **Hinweis**
>
> Dieses Unterkapitel beinhaltet allgemeine Hinweise zu Verträgen und Leistungsbeschreibungen zur Fassadenbegrünung. Die aufgeführten Positionen müssen jeweils an spezielle Anforderungen des Bauvorhabens angepasst und können gegebenenfalls durch individuelle Punkte ergänzt werden.

Grundsätzlich werden die erforderlichen Leistungen für Pflege und Wartung unterschieden in die Pflege der Pflanzen und die Wartung der technischen Anlagen.

Der Bieter muss garantieren, dass er die Kompetenz hat, die Vitalität der Pflanzen zu beurteilen. Er muss erkennen können, ob und welche Mangelerscheinungen vorliegen und wie diese beseitigt werden können. Ein Schädlingsbefall muss von ihm bestimmt werden können. Er muss geeignete Maßnahmen im Sinne des integrierten Pflanzenschutzes vorschlagen und durchführen können. (Hinweis: Chemische Pflanzenschutzmaßnahmen dürfen nur im äußersten Notfall eingesetzt werden. Der Auftraggeber oder der Betreiber ist darüber in Kenntnis zu setzen bzw. sein Einverständnis ist einzuholen.) Darüber hinaus muss der Bieter garantieren, in Hinblick auf Gefährdungsbeurteilung und Höhenarbeit geschultes und entsprechend ausgerüstetes Personal bei den Pflegemaßnahmen einzusetzen.

Die folgenden Unterkapitel enthalten mehrere stichpunktartige Aufzählungen, die Ausschnitte aus Leistungsbeschreibungen verschiedener Firmen und Unternehmer wiedergeben (raderschallpartner Landschaftsarchitekten, freiraumsüd Landschaftsarchitekten und Stefan Brandhorst). Sie dienen dem Verständnis, der Anregung sowie der Unterstützung in Projekten. Abrechnungseinheiten sind projektspezifisch mit Mengenangaben zu ergänzen.

5.6.2 Leistungsbeschreibung

Eine Leistungsbeschreibung zur Fassadenbegrünung im Bestand sollte klar und detailliert einzelne Arbeitsschritte sowie Anforderungen für die Umsetzung an bestehenden Wand-/Fassadenflächen darlegen. Die im Folgenden aufgeführten allgemeinen Hinweise müssen geprüft und an das spezifische Bauvorhaben angepasst werden. Dabei sind Faktoren wie Erreichbarkeit, Fassadengröße, Statik und bauliche Gegebenheiten zu berücksichtigen. Gemäß § 7 VOB/A vom 31. Januar 2019, zuletzt geändert am 6. September 2023, ist der Auftraggeber verpflichtet, die geforderten Leistungen so eindeutig und umfassend zu beschreiben, dass alle Bieter die Angaben gleichermaßen verstehen und ihre Preise sicher und ohne aufwendige Vorarbeiten kalkulieren können.

Einrichtung der Baustelle

> **Hinweis**
>
> In den Einheitspreisen der nachfolgend beschriebenen Baustelleneinrichtung ist eine einmalige, vollständige Bauunterbrechung von bis zu zwei Monaten einzukalkulieren.

Folgende Leistungen sind laut persönlichen Mitteilungen von Stefan Brandhorst, raderschallpartner Landschaftsarchitekten und freiraumsüd Landschaftsarchitekten in die Leistungsbeschreibung aufzunehmen.

Baustelleneinrichtung

- Baustelle einrichten, inklusive Bereitstellung von Wasser und Strom, inklusive aller zur Durchführung der Arbeiten erforderlichen Geräte, Werkzeuge und Hilfsmittel (Vorhalten und Räumen inklusive Materialtransport)
- Bestandspläne und Revisionsunterlagen erstellen und aushändigen
- Bauzaun einrichten/umsetzen
- Wegeprovisorien wie z. B. Fußgängerbrücken herstellen/entfernen (Bedarfsposition)
- Plattendruckversuche gemäß DIN 18134 „Baugrund – Versuche und Versuchsgeräte – Plattendruckversuch" (2012) zur Überprüfung der Tragfähigkeit des anstehenden Untergrunds und des verbauten Tragschichtmaterials durchführen (Bedarfsposition)
- Gerüst aufstellen (Bedarfsposition)
- Mobilkran an- und abtransportieren (Bedarfsposition)
- Mobilkran einsetzen, inklusive Fahrer bzw. Fahrerin (Bedarfsposition)
- Hubarbeitsbühne (Größe nach Anforderung für Installation/Pflege an der Grünfassade) liefern, aufstellen, vorhalten und räumen, inklusive aller Nebenkosten wie Kraft- und Schmierstoffe, Versicherung, An- und Abfahrt und gegebenenfalls Fachpersonal der Verleihfirma (Bedarfsposition)

Verkehrsrechtliche Anordnung

- Verkehrsrechtliche Anordnung (VAO) zur Sondernutzung der Straße / des Gehwegs / des Platzes im öffentlichen Bereich beantragen, inklusive Erstellen eines Verkehrszeichenplans
- Genehmigung einholen, inklusive aller anfallenden Gebühren (siehe Abb. 5.55)

Abb. 5.55: Genehmigungen für Teilsperrungen sind rechtzeitig einzuholen.

Kontrolle nach ZTV-SA

(Zusätzliche Technische Vertragsbedingungen und Richtlinien für Sicherungsarbeiten an Arbeitsstellen an Straßen [ZTV-SA])

- Preis pro Begehung/Kontrollfahrt
- Abrechnung nach durchgeführten Kontrollen

Absperrmaßnahmen

- Absperrmaßnahmen gemäß genehmigtem Verkehrszeichenplan liefern, aufstellen und räumen, inklusive Abnahme durch die Polizei und inklusive Mietgebühren

Wartung und Unterhaltung der Verkehrszeichenanlage

- Wartungs- und Unterhaltungsarbeiten der Verkehrszeichenanlagen wie Blinklichter oder Ampeln während der Sondernutzung der Straße / des Gehwegs / des Platzes im öffentlichen Bereich durchführen, inklusive Verbrauchskosten

Stundenlohnarbeiten

- Stundenverrechnungssätze gemäß den preisrechtlichen Vorgaben ermitteln

Die Stundenverrechnungssätze gelten unabhängig von der Anzahl der zu verrechnenden Stunden. Der Verrechnungssatz für die jeweilige Fachkraft umfasst sämtliche Aufwendungen, insbesondere den tatsächlichen Lohn einschließlich vermögenswirksamer Leistungen mit Zuschlägen für Gemeinkosten (Sozialkassenbeiträge, Winterbauumlage u. Ä.) sowie Lohn- bzw. Gehaltsnebenkosten und Zuschläge für Überstunden. Arbeiten auf Stundenlohnbasis werden nur dann vergütet, wenn ihre Ausführung von der Bauüberwachung angeordnet wurde (gemäß § 2 Nr. 10 VOB/B vom 7. Januar 2016). Zuschläge für Mehrarbeit, Nachtarbeit, Sonntags- und Feiertagsarbeit sowie Erschwerniszuschläge sind nicht in den Stundenverrechnungssätzen enthalten, sondern müssen gesondert vereinbart und nachgewiesen werden.

Reisekosten für Arbeitnehmer / Übernachtungsaufwand

- Logis und Auslöse für Mitarbeiter

Verantwortlicher Mitarbeiter

- Verantwortlichen Mitarbeiter gemäß MVAS 99 „Merkblatt über die Rahmenbedingungen für erforderliche Fachkenntnisse zur Verkehrssicherung von Arbeitsstellen an Straßen" (1999) und ZTV-SA 97 (ZTV-SA 97, 2001) mit Nachweis, Eignung und Qualifikation für Arbeitsstellensicherung für die gesamte Bauzeit stellen (verantwortlich für die Richtigkeit der Beschilderung und der Durchführung der Verkehrsumlegung über die gesamte Bauzeit)

Stundenlohnarbeiten durch Baugeräte

Stundenlohnarbeiten durch Baugeräte (z. B. Lkw, Radbagger, Radlader, Minibagger, Kleingeräte wie Bohrmaschine, Motorsäge) erfolgen auf ausdrückliche Anforderung durch den Auftraggeber (AG). Der Verrechnungssatz für das jeweilige Gerät umfasst sämtliche Aufwendungen für den Einsatz, insbesondere Gerätevorhalte- und Betriebsstoffkosten sowie sämtliche Zuschläge einschließlich der Kosten für das Bedienungspersonal. Der Verrechnungssatz gilt für das zum Zeitpunkt des Abrufs einsatzbereit auf der Baustelle befindliche Baugerät. Vergütet werden die tatsächlich geleisteten Arbeitsstunden ohne An- bzw. Abtransport.

Standortaufbereitung für bodengebundene Fassadenbegrünungen

(Persönliche Mitteilungen von raderschallpartner Landschaftsarchitekten und freiraumsüd Landschaftsarchitekten)

Abbrucharbeiten

- Strauchfläche/Strauch/Kleinbaum roden, Grasnarbe zerkleinern, Oberböden, Rohböden abräumen/lösen, laden und abfahren
- Beläge, Tiefborde, vorhandene Fundamente, Rohrleitungen, Elektroleitungskabel usw. auf-/abbrechen und entsorgen
- Rinnenplatten, Schächte, Kies, Natursteine, Findlinge usw. aufnehmen, reinigen und zur Wiederverwertung lagern
- Unrat entsorgen, Elektroverteilerschacht abbauen
- Leuchten abklemmen, ausbauen, reinigen, lagern

Geländebearbeitung

- Rohböden lösen, laden, zwischenlagern und wieder einbauen, Zulage Handaushub nach Aufwand
- Wandkies liefern und einbauen
- Aushub entlang von Bestandsgebäuden lösen und abfahren, Mauern/Gebäudesockel freilegen (gegebenenfalls Handaushub einkalkulieren), abfahren
- Bodenaushub für Leitungsgräben und Schachtbauwerke profilgerecht (bis 1 m UK Gelände, Sohlenbreite 40 bis 60 cm gemäß DIN EN 1610 „Einbau und Prüfung von Abwasserleitungen und -kanälen" [2012]) und zur Wiederverwendung lagern

- Bodenaushub profilgerecht für Wurzelgruben der Kletterpflanzen (Volumen bis 2 × 1,5 m (Breite/Tiefe) unter OK Gelände) entsorgen
- Bodenaushub für Fundamente für Einbauten (bis 1 m unter OK Gelände, Aushubbreite 40 bis 80 cm) entsorgen
- Suchgraben (zur Freilegung von Kabeln/Leitungen) lösen und zur Wiederverfüllung lagern, Aushubtiefe bis 1,75 m, einschließlich Handarbeit, Leitungen einmessen und als Skizze der Bauleitung aushändigen
- Planum herstellen (für Fundamentsohlen, Leitungsgräben und Schachtbauwerke)
- Gräben verfüllen
- Aushubmaterial laden und abfahren
- Füllstoff (Sand) für Einbettung von Kabeln und Rohrleitungen (Bettung 1 und 2 nach DIN EN 1610) verfüllen und verdichten, Mengenermittlung nach DIN EN 1610

Hinweis

Erschwernis durch Kabel- und Rohrkreuzungen im Aushubbereich einschließlich Sicherung wird nicht gesondert vergütet und ist miteinzuberechnen.

Entwässerungsarbeiten – Drainagen

- Spül- und Kontrollschacht mit/ohne Sandfang nach DIN 4095 „Baugrund; Dränung zum Schutz baulicher Anlagen; Planung, Bemessung und Ausführung“ (1990) mit füllbarem Doppelboden zur Stand- und Auftriebsicherheit inklusive Kiesfüllung, Reduktionsmuffen DN 200/100 und Schachtabdeckung (Guss) liefern und einbauen
- Stangendrähnrohre DN 100 in erforderlicher Länge (inklusive Verbindungsmuffen) liefern und verlegen (Mindestgefälle 0,5 %), Wasseraufnahme und Abflussleistung nach DIN 4095
- Sickerpackung für Drainagegräben in Korngrößenabstufung 16/32, Sieblinie B (DIN 1045 „Tragwerke aus Beton, Stahlbeton und Spannbeton“ [Normenreihe]), liefern und einbauen
- Filtervlies (aus 100 % Polyester-Endlosfilamenten, filterstabil, Geotextil-Robustheitsklasse 2, Gewicht 125 g/m^2, 1,1 mm dick, Stempeldurchdrück-Kraft 1,3 kN, charakteristische Öffnungsweite 0,08 mm, Wasserdurchlässigkeit 90 l/(s · m^2), für Drainagegräben und Versickerungsmulde liefern und vollständig und lückenlos (Überlappung > 10 cm) nach Herstellerangaben verlegen

Entwässerungsarbeiten – Entwässerungsleitungen

- Entwässerungskanal/-leitungen DN 100 (DIN 4033 „Entwässerungskanäle und -leitungen aus vorgefertigten Rohren – Richtlinien für die Ausführung“ [1963]) gemäß DIN EN 14758-1 „Kunststoff-Rohrleitungssysteme für erdverlegte drucklose Abwasserkanäle und -leitungen – Polypropylen mit mineralischen Additiven (PP-MD) – Teil 1: Anforderungen an Rohre, Formstücke und das Rohrleitungssystem“ (2023) und unter Beachtung der DIN EN 1610 und der Hersteller-Verlegeanleitung verlegen
- Bögen, Reduzierstücke, Abzweige, Überschiebmuffen, Muffenstopfen als Zulage
- Kanalanschluss an bestehende Leitung bis DN 150 inklusive Freilegen des Anschlussstutzens und Einsetzen der Bögen und Muffen
- Höhenanpassung der Schachtbauwerke, Schachtabdeckung auspflasterbar, inklusive Füllung der Deckelwanne/Schachtabdeckung entsprechend DIN EN 124 „Aufsätze und Abdeckungen für Verkehrsflächen“ (Normenreihe), ohne Lüftungsöffnungen, einschließlich Schmutzfangkorb mit einbau- und fahrtrichtungsunabhängiger rutschfester Oberfläche
- Entwässerungsrinnen nach DIN EN 1433 „Entwässerungsrinnen für Verkehrsflächen –Klassifizierung, Bau- und Prüfgrundsätze, Kennzeichnung und Beurteilung der Konformität“ (2005) und DIN 19580 „Entwässerungsrinnen für Verkehrsflächen – Dauerhaftigkeit, Einheitsgewicht und Bewertung der Konformität“ (2010), frost-/tausalzbeständig, mit Sicherheitsfalz und integriertem Kantenschutz, flüssigkeitsdicht, mit Abdeckung (mit allgemeiner bauaufsichtlicher Zulassung Z-74.4-51)
- erforderliche Erdarbeiten und Untergrundverdichtung sowie das Versetzen auf Betonfundament nach Herstellerangaben in EP einkalkulieren
- Entwässerungsrinne als gedeckte Kastenrinne mit durchgehender Rostauflage, aus Edelstahl (Belastung A 15, in Anlehnung an DIN EN 1433) mit integriertem Sinkkasten, Schlammeimer und Ablaufstutzen (DN 100) inklusive Abdeckung (z. B. Längsstabrost aus V2A) liefern sowie nach Herstellerangaben verlegen
- Seitenstützen aus mindestens Betongüte C12/15 nach DIN EN 206-1 „Beton – Teil 1: Festlegung, Eigenschaften, Herstellung und Konformität“ (2001)
- Hofablauf mit Einlaufrand stückverzinkt nach DIN EN ISO 1461 „Durch Feuerverzinken auf Stahl aufgebrachte Zinküberzüge (Stückverzinken) – Anforderungen und Prüfungen“ (2022)mit quadratischem Einlaufrand aus Stahl S235JR, hohlraumfrei unterfüttert, liefern sowie nach Herstellervorschrift höhen- und fluchtgerecht auf Betonfundament verlegen, mit umlaufenden, 8 cm breiten Seitenstützen aus mindestens Betongüte C12/15 nach DIN EN 206-1, und an die Rohrleitung anschließen

Elektrotechnische Vorarbeiten

- Kabelschutzrohre D(a) = 75 mm unter Beachtung der DIN EN 1610 und der Verlegeanleitung des Herstellers liefern und fachgerecht nach Planung verlegen
- Zulage für Bögen inklusive Lieferung und fachgerechtem Einbau
- Abstandhalter, Muffen, Doppelsteckmuffen, Endkappen, Markierung von Kabeltrassen liefern und montieren/verlegen
- Fundamente für Leuchten inklusive Lieferung und Einbau durch Elektrogewerk (ausrichten, fixieren, verfüllen)
- Kabelzugschacht wiederaufbauen

Wasseranlagen

- Entleerungsschacht DN 300 (Betonrohr und Schachtabdeckung) liefern und höhen- und fluchtgerecht versetzen
- Unterwassermotorpumpen-Set (Pumpe mit Steuerung, Rückschlagventil, schwimmendem Ansaugfilter, Schlauch- und Befestigungsmaterialien) liefern und nach Herstellerangaben in bestehendem Grundwasserschacht einbauen
- Druckleitungen (1″) liefern und in vorbereiteten Leitungsgraben verlegen
- Schrägsitzventil für Winterentleerung des Standrohrs liefern und fachgerecht montieren, einschließlich Montage- und Dichtmaterial
- Bewässerungsanlage für Tropfbewässerung der Kletterpflanzen
- Getrieberegner der Staudenpflanzung inklusive Steuergerät, Grundverrohrung (einschließlich der erforderlichen Leitungen, Verbinder, Winkel, Übergangsverschraubungen, Zuleitungen, Kupplungen), Bodenfeuchtesensor und Ventilkästen für Feinfilter (einschließlich der erforderlichen Niederspannungsleitungen), Durchflussüberwachung, Mikrobewässerung mit druckkompensiertem Tropfrohr, Beetbewässerung für die Staudenpflanzung
- Bewässerungsanlage planen und auslegen, inklusive Datenaustausch (Fertigungsbeginn erst nach schriftlicher Freigabe durch die Objektüberwachung bzw. den Auftraggeber)
- Bewässerungsanlage gemäß freigegebener Planung liefern und vor Ort installieren, einschließlich aller erforderlichen Bestandteile zur betriebsbereiten Nutzung
- Auftraggeber einweisen

Baukonstruktion

- Sauberkeitsschichten für erforderliche Punkt- und Streifenfundamente herstellen (je nach Planung)
- Schnitt vorhandener Tiefbordsteine 12 × 30 cm als Passstück und Randanschluss
- Noppenfolie (als mechanischer Schutz der Grundmauern und Betonfertigteile) liefern und fachgerecht auf senkrechter Fläche verlegen; Verlegung und mechanische Befestigung nach Herstellervorschrift; auf sorgfältige Überlappung (mindestens 20 cm) der Bahnen achten

Befestigte Flächen

- Erdplanum unter Massenausgleich herstellen und Untergrund der Beläge verdichten
- Geogitter und Vliesstoff als geosynthetische Trenn- und Bewehrungslage zur Bodenbewehrung frei Baustelle liefern und nach Herstellerangabe einbauen (auf dem Erdplanum); die Bahnen an den Stößen mindestens um 0,50 m überlappen; den Verbundstoff im Vor-Kopf-Einbau beschütten (Die Überlappungen, Verschnitt, Windsicherung und Mehraufwendungen werden nicht gesondert vergütet, sondern sind in die Einheitspreise einzukalkulieren.)
- Frostschutz- und Tragschicht gemäß ZTV T-StB 95 (2002), in Platzflächen und Gehwegen, Verformungsmodul mindestens EV_2 100 MN/m², Verdichtungsgrad D_{Pr} mindestens 103 %, Mindestwasserdurchlässigkeit $k_f \geq 5{,}4 \cdot 10^{-5}$ m/s, aus Kies-Sand-Gemisch, Körnung 0/45, Schichtdicke über 15 bis 50 cm, einschließlich Herstellung des Planums
- Zulage für gebrochenes Material (Bedarfsposition)
- Ausgleichsschicht auf vorhandener Tragschicht, Einbau von Splitt-Sand-Gemisch gemäß ZTV SoB StB 04 (2007) in Platzflächen, Verformungsmodul mindestens EV_2 100 MN/m², Verdichtungsgrad D_{Pr} mindestens 103 %, Mindestwasserdurchlässigkeit $k_f \geq 5{,}4 \cdot 10^{-5}$ m/s, aus Kiesschotter-Sand-Gemisch, Körnung 0/16 mm, Schichtdicke bis 10 cm, Abrechnung nach Auftragsprofilen (Die Wasserdurchlässigkeit und der Verdichtungsgrad sind unbedingt einzuhalten.); vorhandene Tragschicht vorher oberflächig auflockern, um eine Verzahnung der Körnungen zu gewährleisten
- Pflaster-/Plattenbeläge mit garantierter Frost- und Tausalzbeständigkeit, erhöhtem Abrieb- und Witterungswiderstand, ansonsten Güteeigenschaften nach DIN EN 1338 „Pflastersteine aus Beton – Anforderungen und Prüfverfahren“ (2003) und DIN EN 1339 Berichtigung 1 „Platten aus Beton – Anforderungen und Prüfverfahren“ (2006) liefern und verlegen; die Steine/Platten entsprechend dem vorgegebenen Verlegemuster auf einer Bettung aus Edelbrechsand-Splitt-Gemisch der Körnung 0 bis 5 mm in 3 bis 5 cm Stärke verlegen, mit Edelbrechsand-Splittgemisch der Körnung 0 bis 5 mm einsanden, einschlämmen und abrütteln
- SZ-Wert des Fugenmaterial ≥ 18; dabei VOB/C ATV DIN 18318 „Pflasterdecken und Plattenbeläge, Einfassungen“ (2019), Abschnitt 3.3, die ZTVP-StB 2000 vom 15. Mai 2005, das Merkblatt für Flächenbefestigungen mit Pflasterdecken und Plattenbelägen in ungebundener Ausführung (MF P 1, 2024) und die Einbauempfehlungen des Herstellers beachten; die RStO 12/24 (2024), die ZTV SoB-StB 04 (2007) und die TL SoB-StB 04 (2007) beachten
- Bettungsmaterial, bestehend aus Edelbrechsand-Splitt-Gemisch 0 bis 5 mm, Hartgestein, gebrochene Gesteinskörnung, SZ 8/12 ≤ 18 (Schlagzertrümmerungswert), geeignet für die Anforderungen der zu erwartenden Belastung Bk0,3 liefern und einbringen (Die Sieblinien von Tragschicht- und Bettungsmaterial müssen aufeinander abgestimmt und filterstabil sein.); Bettungsdicke nach Verdichtung gemäß VOB/C ATV DIN 18318 4 ± 1 cm (Abrechnung nach Flächenaufmaß)
- Zulage für Einbau des Flächenpflasters als Einzeiler
- Pflaster-/Plattenmaterialien per Nassschnitt schneiden (Abrechnung nach Längenaufmaß)
- Unterhaltungspflege der ungebundenen Fugen: ungebundene Fugen nach 3 Monaten nach Verkehrsfreigabe auf vollständige Füllung hin überprüfen und gegebenenfalls nachfugen
- gegebenenfalls Zulage für Flächenvertiefung für Sauberläufer, Einbau der Sauberläufer bündig in die Pflaster-/Plattenbeläge
- gegebenenfalls wassergebundene Wegedecke: dynamische Schicht aus Splitt-Brechsand-Gemisch gemäß „Fachbericht zu Planung, Bau und Instandhaltung von Wassergebundenen Wegen“ des FLL (2007)

Hinweis

Die Geotextil-Robustheitsklasse des Vliesstoffs (siehe Abb. 5.56) ist gemäß „Merkblatt für die Anwendung von Geotextilien und Geogittern im Erdbau des Straßenbaus" (1994) nachzuweisen. Der Geoverbundstoff verfügt über ein gültiges IVG-Produktzertifikat, Nachweise einer Eigen- und Fremdüberwachung und eine CE-Kennzeichnung. Liegt kein IVG-Produktzertifikat vor, muss eine Baustoff-Eingangsprüfung gemäß ZTV E-Stb 09 (2009) durchgeführt werden.

Abb. 5.56: Geotextil einer wandgebundenen Begrünung mit Jungpflanze nach dem Einbringen in die zu begrünende Fläche

Abb. 5.57: Überbaubares Substrat mit Luftporen und wasserspeichernden Bestandteilen, Langzeit-Organikträgern, Sand zur Drainage sowie, falls erforderlich, z. B. Granit für den Frostschutz

Vegetationstechnische Vorarbeiten

- Tiefenlockerung der Pflanzquartiere, Breite der Quartiere über 50 bis ca. 200 cm
- Arbeitstiefe über 30 cm bis ca. 1 m unter GOK (Sohle der Wurzelgrube), flächige Lockerung durch Aufreißen vor Auftrag des Pflanzsubstrats, Bearbeitungstiefe 30 cm, Bodenklasse 3 bis 5 (VOB/C ATV DIN 18300 „Erdarbeiten" [2019])
- Substrat, überbaubar (siehe Abb. 5.57):
  - Untersubstrat A1, überbaubar, Einbaudicke je nach Substrat 30 cm über verzahnter Sohle, liefern und profilgerecht einbauen; Ausführung gemäß Detailplan/Profilschnitt (Lieferung einer homogenen Mischung mit folgender Zusammensetzung in Vol.-%: 40 % Schottergemisch 32/64, 25 % Schottergemisch 16/32, 15 % Blähschiefer 8/16, 10 % Brechsand 0/4), und in separater Lieferung einstreuen und leicht einschwemmen auf fertig eingebauter Schicht: 10 % Baumgruben-Kohlesubstrat grob; Einbau in Wurzelgruben, Einbaubreite über 50 bis 200 cm; Abrechnung nach Volumenaufmaß im eingebauten Zustand
  - Untersubstrat A2, überbaubar, Einbaudicke bis 60 cm, liefern und profilgerecht über Untersubstrat A1 einbauen; Ausführung gemäß Detailplan/Profilschnitt (Lieferung einer homogenen Mischung mit folgender Zusammensetzung in Vol.-%: 25 % Mischschotter 16/32, 35 % Mischschotter 8/16, 15 % Blähschiefer 8/16, 10 % Brechsand 0/4, 10 % Bionika Baumgrubenkohle, 5 % Bionika Schwarzerde TP30); Einbau in Wurzelgruben, Einbaubreite über 50 bis 200 cm; Abrechnung nach Volumenaufmaß im eingebauten Zustand
  - Vegetationssubstrat Untersubstrat: tragfähiges Wurzelsubstrat vom Typ B gemäß ZTV-Vegtra-Mü (2018) liefern und profilgerecht aufbringen, Ausführung gemäß Detailplan/Profilschnitt, tragfähiges mineralisches Einschichtsubstrat zur unterirdischen Erweiterung von Wurzelgruben unter Verkehrsflächen als durchwurzelbarer Unterbau liefern, in Lagen von 50 und 40 cm einbauen und mechanisch verdichten auf > 95 % D_{Pr}; zu erreichende Tragfähigkeit EV_2 > 80 MPa; erforderliche Eigenschaften des Substrats (gemessen bei Verdichtungsgrad 95 % D_{Pr}): verdichtungsstabil, korngestuft Körnung 0/32 mm, Korngrößenverteilung gemäß TL SoB-StB, Kies 0/32, Schlämmkorngehalt (d < 0,063 mm) < 10 Masse-%, Sandkorngehalt (d = 0,063^{-2} mm) > 30 Masse-%, Überkorn 32 bis 63 mm < 10 Masse-%, Gesamtporenvolumen: > 35 Vol.-%, Luftgehalt bei p_F 1,8: > 15 Vol.-%, maximale Wasserkapazität > 25 Vol.-%, Wasserdurchlässigkeit 0,0005 bis 0,0500 cm/s, Wassergehalt bei Lieferung: < wPr (= ca. 15 Masse-%), pH-Wert: 6,5 bis 8,2, Salzgehalt in wässriger Lösung < 150 mg pro 100 g TM, Salzgehalt in Gipslösung < 100 mg pro 100 g TM, Anteil an organischer Substanz 1 bis 2 Masse-%, Schüttdichte lieferfeucht: 1,25 bis 1,35 t/m^3 (DIN EN 1097-3 „Prüfverfahren für mechanische und physikalische Eigenschaften von Gesteinskörnungen – Teil 3: Bestimmung von Schüttdichte und Hohlraumgehalt" [1998]), Einbau in Wurzelgruben, Einbaubreite über 50 bis 200 cm, Auftragsstärke über 50 bis ca. 90 cm, Abrechnung nach Volumenaufmaß im eingebauten Zustand
- Substrat, nicht überbaubar (siehe Abb. 5.58):
  - Obersubstrat A, nicht überbaubar, liefern und profilgerecht einbauen (Einbaudicke 50 cm über Untersubstrat A2), einschließlich Feinplanie; zulässige Abweichung von der Sollhöhe: 2 cm, Ausführung gemäß Detailplan/Profilschnitt; Lieferung einer homogenen Mischung mit folgender Zusammensetzung in Vol.-%: 30 % Schottergemisch 8/16, 20 % Blähschiefer 8/16, 10 %

Abb. 5.58: Nicht überbaubares Substrat: Materialien mit Luftproen, wasserspeichernd, Sand zur Drainage, ggf. mit Langzeit-Organikträgern

Brechsand 1/4, 20 % Landerde sandig/lehmig, 20 % Bionika Schwarzerde TP30
- Vegetationssubstrat Obersubstrat: nicht tragfähiges Baumsubstrat gemäß Typ A der ZTV-Vegtra-Mü (2018) und gemäß FLL-Empfehlung für Baumpflanzungen (Empfehlungen für Baumpflanzungen - Teil 2, 2010), PG-Bauweise 1, als Obersubstrat für intensive Begrünungen liefern und profilgerecht aufbringen, einschließlich Feinplanie; zulässige Abweichung von der Sollhöhe: 2 cm; Ausführung gemäß Detailplan/ Profilschnitt; Einbau in Pflanzquartiere, Einbaubreite über 60 bis 100 cm; Auftragsstärke über 20 bis 65 cm, im Bereich der Fassadenbegrünung; Verwendung als nicht überbaubares Vegetationssubstrat für den einschichtigen Einbau in offene Wurzelgruben der Kletterpflanzen; mit dauerhafter Stabilität gegen Verrüttelungen; durchwurzelbar bis mindestens 200 cm Tiefe; erforderliche Eigenschaften des Substrats (gemessen bei Verdichtungsgrad 85 % D_{Pr}): verdichtungsstabil, korngestuft mit Körnung 0/16 bis 0/32 mm, Korngrößenverteilung gemäß Sieblinienband A, Schlämmkorngehalt (d < 0,063 mm) 10 bis 20 Masse-%, Sandkorngehalt (d = $0{,}063^{-2}$ mm) > 35 Masse-%, Gesamtporenvolumen: > 45 Vol.-%, Luftgehalt bei WK_{max}: > 10 Vol.-%, maximale Wasserkapazität: > 35 Vol.-%, Wasserdurchlässigkeit k_F: 0,001 bis 0,010 cm/s, Wassergehalt bei Lieferung: < WPr (= ca. 20 Masse-%), pH-Wert: 6,5 bis 7,9, Salzgehalt in wässriger Lösung: < 200 mg pro 100 g TM, Salzgehalt in Gipslösung: < 100 mg pro 100 g TM, Anteil an organischer Substanz: 2,5 bis 4,0 Masse-%, Schüttdichte lieferfeucht: 1,0–1,1 t/m³ (DIN EN 1097-3), Einbau in Wurzelgruben, Einbaubreite über 50 bis 200 cm; Auftragsstärke über 50 bis ca. 100 cm; Abrechnung nach Volumenaufmaß im eingebauten Zustand
- Lieferscheine kontrollieren

- Bodenaktivator für Neuanpflanzungen und Aussaaten als Bodenhilfsstoff unter Verwendung von pflanzlichen Stoffen; Nährstoffgehalte: 1,5 % N Gesamtstickstoff, 1,0 % P_2O_5 Gesamtphosphat, 1,0 % K_2O Gesamtkaliumoxid, 35,0 % organische Substanz bewertet als Glühverlust, 6,0 % basisch wirksame Bestandteile bewertet als CaO (Neutralisationswert); Ausgangsstoffe und Nebenbestandteile: Traubenkernmehl, Dolomit-Gesteinsmehl, kohlensaurer Magnesiumkalk, Tonmineralien, Knochenmehl (Kategorie 2 gemäß Verordnung [EG] Nr. 1069/2009 vom 21. Oktober 2009), 2,0 % MgO Gesamtmagnesiumoxid; Bedarf: 100 bis 150 g/m² in die oberste Bodenschicht einarbeiten; Oberboden, bauseits in Bodenmiete gelagert, laden, zum Einbau im Baustellenbereich fördern und profilgerecht auftragen, Boden steinfrei; Auftragsfläche eben bis leicht geneigt bis maximal 1:4, Auftrag in Rasenflächen 10 cm, in Pflanzflächen 30 cm
- Vegetationstragschicht der Pflanz- und Rasenflächen lockern durch Fräsen in zusammenhängenden Flächen, Tiefe 15 cm, Steine ab 5 cm Durchmesser, Fremdkörper und schwer verrottbare Pflanzenteile ablesen, nach Stoffen getrennt sammeln (Stoffe werden Eigentum des Auftragnehmers und sind zu beseitigen), Bodengruppe vier bis fünf nach DIN 18915; Feinplanum für Pflanz-, Rasen- und Wiesenflächen, Arbeiten in zusammenhängenden Flächen, zulässige Abweichung von der Sollhöhe: 2 cm, Anschlüsse an Kanten, Wege- und Platzbeläge oberflächengleich, Steine von mehr als 3 cm Durchmesser, Fremdkörper und schwer verrottbare Pflanzenteile ablesen (Stoffe werden Eigentum des Auftragnehmers und sind zu beseitigen), Bodengruppe vier bis fünf nach DIN 18915; Pflanzflächen düngen, mit organisch-mineralischem NPK-Dünger mit Magnesium und Eisen 12-4-6(-2) mit Sofort- und Langzeitwirkung; Menge: 60 g/m²

Pflanz- und Saatarbeiten

- Pflanzenlieferung Fassadenbegrünung (Kletterpflanzen):
  - Mengengerüst gemäß Pflanzliste in Anlage
  - Pflanzenlieferung einschließlich aller Transporte, Abladen und fachgebundenen Nebenarbeiten gemäß den Qualitätsbestimmungen der DIN 18916, der FLL-Richtlinien, des BDB und der Deutschen Staudenzüchter BDS (Der Lieferbetrieb ist verbindlich vorgegeben und kann vom Auftragnehmer nicht verändert werden. Zur Abrechnung kommt der Netto-Lieferwert zuzüglich Ab- bzw. Aufschlag des Bieters für die Abwicklung der Leistungen der Pflanzenlieferung [Einkaufsrabatt/ Wiederverkäufervorteil, Aufwand für Organisation, Abwicklung, Zuschläge für Wagnis und Gewinn, Gebühren für Vorfinanzierungen, Nebenkostenumlage].)
  - Pflanzarbeit für Fassadenbegrünung: Leistung einschließlich Baustelleninstallation, Geräteeinsatz, Pflanzentransport und -verteilung gemäß Bepflanzungsplan, in vorhandenes Substrat setzen, Stäbungen in den Kletterpflanzen entfernen, Pflanzen an bestehender Seilkonstruktion aufbinden, düngen, gut angießen, Erstellungspflege, Baustelle reinigen (Als Abrechnungsgrundlage dient die Pflanzenliste.); Abrechnung nach Stückzahlen, Wuchshöhen über 150 bis 500 cm
- Pflanzenlieferung Gehölze, Kletter- und Heckenpflanzen:
  - Mengengerüst gemäß Pflanzliste (Anlage)
  - Pflanzenlieferung einschließlich aller Transporte, Abladen und fachgebundenen Nebenarbeiten gemäß den Qualitätsbestimmungen der DIN 18916, der FLL-

Richtlinien, des BDB und der Deutschen Staudenzüchter BDS (Der Lieferbetrieb ist nicht verbindlich vorgegeben und kann vom Auftragnehmer frei gewählt werden. Er ist bei Auftragsvergabe zu benennen. Der Auftraggeber behält sich vor, die Pflanzenqualität im Lieferbetrieb zu überprüfen.)

- Pflanzenlieferung Kletterpflanzen, mehrtriebig, verpflanzt, mit Ballen oder Container, Höhe bis 200 cm:
  - in herzustellende Pflanzgrube pflanzen
  - Haupttriebe fachgerecht an der Wuchsvorkonstruktion anbinden
  - Topfballen vor dem Pflanzen durchdringend wässern
- Pflanzenlieferung Bodendecker, Kleinstrauch, Halbstrauch, Staude, Ziergras mit Topfballen, Blumenzwiebeln:
  - in herzustellende Pflanzgrube pflanzen, in Vegetationsflächen als Gruppenpflanzung bis maximal 20 Stück (Die Zwiebeln dürfen sich in der Pflanzgrube nicht berühren.)
  - Topfballen vor dem Pflanzen durchdringend wässern
  - Mulchschicht herstellen, ganzflächig auf Pflanzflächen, Mulchstoff: Rindenmulch aus Kiefernrinde, Körnung 10/40, gütegesichert, Dicke über 5 bis 7 cm

Hinweis

Die Pflanzung der Kletterpflanzen und Gehölze erfolgt im Herbst.

Fertigstellungspflege

- Zeitraum zwischen Pflanzung und Abnahme der Vegetationsflächen
- Pflegemaßnahmen Fassadenbegrünung im ersten Standjahr:
  - Zeitraum ein Jahr beginnend ab Pflanzdatum
  - Pflege und Unterhaltsleistungen für die Fassadenbegrünung mit Gerüstkletterpflanzen, Sorten und Lieferqualität gemäß Pflanzenliste, mit Garantie für Pflanzenersatz während der Dauer von Pflege- und Unterhaltsmaßnahmen
  - Unterhaltsleistungen: Bewässerung und Düngung kontrollieren und regulieren, Pflanzen pflegen, schneiden, formieren, binden und Pflanzenschutz artgerecht, nach Bedarf; nicht angewachsene oder durch unsachgemäße Pflege abgestorbene Pflanzen ersetzen
  - Pflege unter Zuhilfenahme von notwendigem technischem Gerät wie Arbeitsbühne, Leiter usw. (Der Einsatz einer Arbeitsbühne wird gesondert vergütet.), Abfuhr von Grüngut auf Deponie des Auftragnehmers, einschließlich Deponiegebühren
  - Abrechnungsgrundlage: Pflanzenliste; Abrechnung nach Anzahl der Pflegegänge, Wuchshöhen über 150 bis 600 cm
  - Zulage für Scherenarbeitsbühne bis Arbeitshöhe 12,5 m, Abrechnung nach Einsatz, arbeitstäglich, inklusive Anfahrt
  - Ausführung der Pflegegänge der Pflanzflächen im 3-Wochen-Rhythmus (witterungsabhängig)
  - Pflanzflächen lockern: unerwünschten Aufwuchs abtrennen und beseitigen, Bearbeitungstiefe unter Beachtung der jeweiligen Pflanzenart, im Mittel 3 cm, ausdauernde Wurzeln von unerwünschtem Aufwuchs ausgraben, Abfall und Steine ab 5 cm Durchmesser entfernen (Anfallende Stoffe werden zum Eigentum des Auftragnehmers und sind zu beseitigen.)
  - Pflanzflächen wässern; Mindestwassermenge je Arbeitsgang: 15 l/m², Anzahl der Arbeitsgänge: ca. acht pro Jahr
  - Mulchschicht nachbessern, ganzflächig, auf Pflanzflächen, Mulchstoff: Rindenmulch aus Kiefernrinde, Körnung 10/40, gütegesichert, Dicke über 5 bis 7 cm
  - Pflanzflächen düngen: organisch-mineralischer NPK-Dünger mit Magnesium und Eisen 12-4-6(-2) mit Sofort- und Langzeitwirkung, Menge: 60 g/m²

Standortaufbereitung für Gerüstkletterpflanzen in Linearbehältern

(Persönliche Mitteilung von Stefan Brandhorst)

Wuchsvorkonstruktion, Pflanztröge

- Wuchsvorkonstruktion: Rankgitter aus Edelstahl V2A aus punktgeschweißten Stäben, 6 mm, mit Einzelpunkthaltern, Maße 200 × 100 cm, Maschenweite 25 cm, inklusive Befestigungsmaterial, wärmebrückenreduziert, liefern und montieren
- Pflanztrog aus Aluminium, Materialstärke 3,0 mm, Höhe 600 mm, Breite 1.200 mm, Tiefe 600 mm, Sichtseiten beschichtet in Standard-RAL-Farbe 7016, inklusive angeschweißtem Rohr Stirnblech (DN 50, dreimal), Innenseiten gedämmt mit Styrodur 30 mm, liefern, montieren und nach FLL-Richtlinien befüllen (siehe Abb. 5.59)

Abb. 5.59: Begrünung in Linearbehältern

Pflanzen

- Gerüstkletterpflanzen, vorkultiviert, 150 bis 200 cm, mTb, für die Begrünung der Wuchsvorkonstruktion liefern, einpflanzen und wässern; Stützstäbe entfernen, alle Triebe entwirren und jeweils einzeln in die Wuchsvorkonstruktion einbinden (Leistung inklusive Bindegut und fachgerechtem Pflanzschnitt)
- Stauden als Unterpflanzung der Bodenquartiere liefern und einpflanzen (Tiarella cordifolia 12 Stk./m², Vinca minor 12 Stk./m²)

Bewässerung

- Tropfschlauch verlegen (m): Tropfschlauch 16 mm, Tropferabstand 30 cm, liefern und in Pflanzbeeten und Pflanztrögen der Kletterpflanzen als Ringleitung verlegen (inklusive aller notwendigen Fittings und Erdanker)
- Bewässerungstechnik bestehend aus: Mobilfunk-Router, Düngedosiereinrichtung über elektrische Injektionspumpe und Wasserzähler, Stammlösungsbehälter 200 l, Filter, sieben Magnetventile (Anzahl der notwendigen Bewässerungskreisläufe), Manometer, Pumpenstart-Relais, Frostsensor, Steuerung mit Fernwartung (Web-basiert), Zugriff über Smartphone oder Tablet möglich, 24 V AC, automatischer Winterbetrieb mit Druckluftentleerung und stationärem Kompressor, Vorlaufbehälter für die Wassertrennung nach E DIN EN 1717 mit mindestens 125 l Füllmenge
- Vorlaufbehälter mit folgenden Einrichtungen ausstatten: Nachspeiseeinrichtungen (Anschluss ½" AG), Anschlussmuffe für Notüberlauf HT 50 o, Niveauschalter Niedrigwasserstand als Trockenlaufschutz für die Pumpe, Hochdruckpumpe, Warneinrichtungen (online) über Fernwartung möglich für Stromausfall, Niedrigwasserstand im Vorlaufbehälter, Netzverlust, Leckage, kein Durchfluss
- Ausstattung Technikraum Wasser herstellen, Rohre/Leerrohre/Kabel, Anschlüsse, Leitungen verlegen (Frischwasserleitung/Trennstation, Trennstation/Bewässerungskabinett, Bewässerungskabinett/Winterautomatik, Winterautomatik/Begrünung inklusive Material)
- Ausstattung Technikraum Elektrik herstellen, Kabel verlegen, Anschlüsse Elektrik (Wasserstandssensorik Trennstation/Steuergerät, Frostsensorik/Steuergerät, Tauchpumpe/Steuergerät inklusive Material)

Hinweis

Die Wassertrennung hat gemäß E DIN EN 1717 mit freiem Auslauf zu erfolgen.

Übergabe

- Übergabe und Dokumentation: Dokumentation der gesamten Anlage; Unterlagen digital einreichen (USB-Speichergerät), auf Wunsch auch in Papierform
- Inbetriebnahme und Übergabe an den Vertreter des Auftraggebers vor Ort; Einweisung in Steuerung, Pflege und Wartung

Pflege von Kletterpflanzen und Unterpflanzungen

Vorratsdüngung bei Kletterpflanzen

- Vorratsdüngung der Pflanzflächen mit 50 g/m² hochwertigem umhülltem Langzeitdünger mit sechs Monaten Vorhaltezeit (6M) im Frühjahr (entweder bei Pflanzung oder bei Fertigstellungspflege)
- insgesamt ca. X m² Pflanzfläche

Fertigstellungspflege

- Fertigstellungspflege Kletterpflanzen nach DIN 18916 bis zum abnahmefähigen Zustand über ein Jahr:
  - Unkraut entfernen, Pflanzflächen lockern, Schnittmaßnahmen, Triebe einbinden
  - Hubsteiger anliefern, vorhalten und räumen
  - insgesamt ca. X m² Pflanzfläche und X m² Fassadenfläche
- Fertigstellungspflege bodendeckender Stauden, Gräser und Kleingehölze nach DIN 18916 bis zum abnahmefähigen Zustand über ein Jahr:
  - bodendeckende Pflanzen entsprechend ihren Anforderungen im angepassten Rhythmus schneiden
  - einziehende Stauden im Herbst zurückschneiden, Halbsträucher und Gräser im Frühjahr
  - abgeblühte Blütenstände über das Jahr entfernen
  - welke und tote Triebe entfernen (Über den Rand der Pflanzgefäße überhängende Stauden sind erwünscht, sofern allzu auskragende Triebe vermieden werden.)
  - Schnittgut und Unkraut abtransportieren und Schnittgut an dafür vorgesehenen Schnittgut-Sammelstellen entsorgen
  - insgesamt ca. X m² Pflanzfläche

Entwicklungs- und Unterhaltungspflege

- Entwicklungs- und Unterhaltungspflege der Kletterpflanzen nach DIN 18919 bis zum abnahmefähigen Zustand über fünf Jahre nach der Abnahme der Pflanzen mit mindestens zwei Pflegegängen pro Jahr:
  - pflanzengerechter Rückschnitt, Schnittgut abtransportieren, inklusive Entsorgungskosten
  - Pflanzflächen und Pflanzen hinsichtlich Krankheits- und Schädlingsbefall überwachen
  - Funktionsfähigkeit der Pflanztröge, Verankerungen, Wuchsaufleitungen/Rankhilfen sowie Be- und Entwässerungseinrichtungen überprüfen
  - Boden lockern und unerwünschten Aufwuchs beseitigen
  - Kletterpflanzen schneiden und Stauden pflegen, Schnittgut abtransportieren
  - Triebe einbinden
  - Hubsteiger anliefern, vorhalten und räumen
  - insgesamt ca. X m² Pflanzfläche und X m² zu begrünende Fassadenfläche
- Entwicklungs- und Unterhaltungspflege bodendeckender Stauden, Gräser und Kleingehölze nach DIN 18919 bis zum abnahmefähigen Zustand über vier Jahre nach der Abnahme der Pflanzen mit mindestens vier Pflegegängen pro Jahr:
  - bodendeckende Pflanzen entsprechend ihren Anforderungen im angepassten Rhythmus schneiden
  - einziehende Stauden im Herbst zurückschneiden, Halbsträucher und Gräser im Frühjahr
  - abgeblühte Blütenstände über das Jahr entfernen
  - welke und tote Triebe vermeiden (Über den Rand der Pflanzgefäße überhängende Stauden sind erwünscht, sofern allzu auskragende Triebe vermieden werden.)
  - Schnittgut und Unkraut abtransportieren und Schnittgut an dafür vorgesehenen Schnittgut-Sammelstellen entsorgen
  - insgesamt ca. X m² Pflanzfläche

Pflege wandgebundener Begrünungen

Visuelle Kontrolle

- Visuelle Kontrolle der Begrünung auf Vitalität sowie eventuellen Befall mit Krankheiten und Schädlingen
- Kontrollberichte erstellen (Die Kontrollberichte sind dem AG innerhalb von drei Werktagen vorzulegen und gegebenenfalls gegenzeichnen zu lassen.)

Rückschnitt der Vegetation

- Abgestorbene, verblühte, störende oder zu lang gewordene Pflanzenteile zurückschneiden (Die pflanzenphysiologischen Besonderheiten sind beim Schnittzeitpunkt zu berücksichtigen.)
- Fremdaufwuchs entfernen
- anfallendes Material aufnehmen und geordnet entsorgen, inklusive Deponiegebühren pro Jahr (Abrechnung je Arbeitsgang)

Nachpflanzung für ausgefallene oder kümmerliche Pflanzen

- Pflanzenlieferung: Ausfall ermitteln (siehe Abb. 5.60) und Pflanzen gemäß Pflanzplan und ursprünglichem Pflanzbild liefern
- Pflanzarbeit: Pflanzen wurzelnackt in den Pflanzträger einpflanzen und befestigen (Sofern die Pflanzen in mineralischem Substrat angezogen wurden, dürfen sie auch mit dem Ballen eingepflanzt werden.)

Abb. 5.60: Erforderliche Nachpflanzung ausgefallener Pflanzen

Wartung der technischen Anlage und Düngung

> **Hinweis**
>
> Der Anbieter garantiert, dass er die technischen Kenntnisse für die Wartung sämtlicher Komponenten der Bewässerungsanlage besitzt und in der Lage ist, unter Beanspruchung stehende Teile im Turnus der Betriebsmodi zu tauschen oder zu reparieren.

Über sämtliche Wartungsarbeiten ist Buch zu führen. Das Wartungsbuch bzw. einzelne Blätter daraus sind dem Auftraggeber oder dem Betreiber auf Wunsch vorzulegen. Das Wartungsbuch muss eine lückenlose Dokumentation aller Wartungsmaßnahmen beinhalten. Bei Verwendung einer Web-basierten Steuerung ist zusätzlich eine lückenlose digitale Dokumentation nachzuweisen.

Die nachfolgenden Ausschreibungsstichpunkte beziehen sich jeweils auf die Jahreskosten. Alle Abrechnungseinheiten sind für ein Jahr anzufragen. Die Preise der Bieter dienen als Grundlage für einen im Anschluss an die Herstellung der Vertikalbegrünung zu schließenden Wartungsvertrag.

- Entwässerungsrinne reinigen, Laub und Unrat entfernen, auf Dichtigkeit und eventuelle Korrosion überprüfen, Sieb über Fallrohranschluss reinigen und spülen (Leistung bei jedem Pflege- und Wartungsgang)
- Pflanzgefäße von außen säubern und Entwässerungsanschluss kontrollieren (Leistung bei jedem Pflege- und Wartungsgang)
- Düngen über automatische Düngedosieranlage: Stammlösung mit für Flüssigdünger geeigneten, gut löslichen Nährsalzen ansetzen (Beim Ansetzen ist darauf zu achten, dass der Dünger komplett aufgelöst wird; es ist ein entsprechendes Rührwerk einzusetzen.)

> **Hinweis**
>
> Der Dünger ist entsprechend der Jahreszeit, (stickstoffbetont im Frühjahr, kaliumbetont im Sommer und verwässert im Herbst), der verfügbaren Wasserqualität, dem Nährstoffbedarf der Pflanzen und dem Bodengefüge zu wählen.

Wartung einer Bewässerungsanlage

Allgemeine Wartungsleistungen

- Wartung und Inspektion der Bewässerungsanlage nach Wartungsbuch turnusmäßig zweimal pro Jahr durch einen Bewässerungstechniker (siehe Abb. 5.61)

Abb. 5.61: Wartung der Komponenten einer Bewässerungsanlage

- alle Bauteile wie Magnetventile und Pumpen auf einwandfreie Funktion prüfen
- Filter säubern, Vorlaufbehälter/Becken reinigen
- Wartungsbuch mit Log-Daten führen
- Verbrauchsgüter wie Osmosefilter und Verschleißteile wie Pumpen, Pumpenköpfe, Dichtungen und Magnetventile austauschen, regelmäßige Verschleißteile (außer Pumpe) und Verbrauchsgüter inbegriffen
- Anlage im Herbst winterfest machen durch Ausblasen sämtlicher Leitungen (Ein mobiler Kompressor inklusive erforderlichem Zubehör ist vom Auftragnehmer mitzubringen.)
- Wiederinbetriebnahme im Frühjahr: sämtliche Leitungen auf Dichtigkeit bzw. Tropfrohre auf Funktion überprüfen; alle technischen Einrichtungen, insbesondere bewegliche Teile, auf Funktion und reibungslosen, einwandfreien Betrieb überprüfen; gleichmäßige Durchfeuchtung der Vegetationsflächen überprüfen; Niederschrift des Prüfprotokolls in das Wartungsbuch
- Düngung gemäß Düngeplan entsprechend der Vegetation und der Wasserqualität (Für Fassadenbegrünungen sind jahreszeitlich angepasste Düngergaben vorzunehmen.); Düngestammlösung im Stammlösungsbehälter mit hochwertigen Flüssigdüngern mischen und herstellen; Inbetriebnahme der Düngedosiereinrichtung inklusive Reinigung des Fußventils und Entlüften der Anlage

Hinweis

Die Düngelösung ist zweimal im Jahr anzusetzen: im Frühjahr mit einem stickstoffbetonten Dünger, im Sommer mit einem kalibetonten Dünger. Über die verwendeten Dünger und die eingesetzte Menge ist Buch zu führen.

Wartung der elektronischen Düngedosieranlage

- Stammlösungsbehälter ausspülen und reinigen (einmal jährlich im Herbst)
- Fußventil bei Ansetzen einer neuen Stammlösung reinigen (bei jedem Neuansetzen)
- Niveauschalter kontrollieren, alle drei Jahre austauschen
- Anlage entlüften (bei jedem Neuansetzen)
- Funktion der gesamten Anlage bei jedem Neuansetzen kontrollieren (Der Impuls des Wasserzählers muss den Injektionsschlag auslösen; daraufhin muss die Stammlösung eingespritzt werden.)
- Ansaug- und Injektionsschläuche kontrollieren und spülen (dreimal jährlich), bei Bedarf austauschen (alle drei Jahre)
- Düngedosierkopf bei Bedarf austauschen (alle drei Jahre)

Wartung des Vorlaufbehälters bzw. der Trennstation

- Behälter ausspülen und reinigen (zweimal jährlich)
- Nachspeiseeinrichtung auf Funktion des Ventils sowie richtige Position des Schwimmers und festen Sitz kontrollieren (bei jedem Wartungsgang)
- Nachspeiseeinrichtung/Schwimmer austauschen (alle fünf Jahre)
- Niveauschalter kontrollieren (bei jedem Wartungsgang), alle drei Jahre austauschen
- Hauptpumpe tauschen (alle fünf Jahre)

Wartung einer Osmoseanlage

- Filterset nach Herstellerangaben und entsprechend der Wasserqualität tauschen (mindestens alle sechs Monate)
- Nachkohlefilter tauschen (mindestens einmal jährlich)
- Membran tauschen inklusive Dichtringen (mindestens alle zwei Jahre)
- Pumpe kontrollieren (bei jedem Wartungsgang), alle drei Jahre bei Bedarf austauschen
- auf Dichtigkeit der gesamten Anlage kontrollieren (bei jedem Wartungsgang)
- auf Funktion der Anlage/Wassermessung kontrollieren (bei jedem Wartungsgang)

Wartung der Winterautomatik

- Winterautomatik durch Öffnen der entsprechenden Ventile aktivieren (im Herbst, vor Frost), durch Schließen der Ventile deaktivieren (nach der Frostperiode)
- automatische Entleerungsventile auf Funktion kontrollieren (bei Frühjahrswartung), bei Bedarf austauschen (alle drei Jahre)
- Tropfröhrchen und Tropfer auf Funktion überprüfen (nach der Frostperiode), bei Bedarf austauschen (alle zwei Jahre)

Wartung einer Bewässerungsanlage ohne Winterautomatik

- Anlage im Herbst einwintern: Leitungen ausblasen, kontrollieren, dass an keiner frostgefährdeten Stelle Wasser verblieben ist, Steuerung abschalten
- Anlage im Frühjahr wieder in Betrieb nehmen: Filter reinigen und Dichtungen ersetzen, jeden einzelnen Kreis ansteuern, dabei Magnetventile auf Funktion prüfen, Magnetventile nach Bedarf austauschen (alle drei Jahre), alle Fittings/Verbindungen auf Dichtigkeit prüfen, Verbraucher (Tropfer, Regner) auf Funktion prüfen

Wartung weiterer technischer Einrichtungen der Bewässerungsanlage

- Filter reinigen (bei jedem Wartungsgang)
- Filter auf Dichtigkeit kontrollieren (bei jedem Wartungsgang), Dichtungen der Filter nach Bedarf austauschen (alle drei Jahre)
- Magnetventile, speziell der elektrischen Anschlüsse, kontrollieren (bei jedem Wartungsgang), nach Bedarf austauschen (alle drei Jahre)

Hinweis

Motorventile sind kostspieliger, jedoch langlebiger. Das kann eine Bewässerungsanlage insgesamt wirtschaftlicher machen. Sie können jedoch nicht im Außenraum eingesetzt werden.

Prüfen der elektrischen Komponenten

- Elektrische Komponenten nach VDE durch einen Elektriker prüfen lassen, inklusive Erstellen des Prüfberichts (Der Prüfbericht ist bei der Anlage zu hinterlegen und mit einem Stempel nachzuweisen.)

Fernwartung

- Regelmäßige Fernwartung an jedem Arbeitstag (siehe Abb. 5.62)
- Störmeldungen umgehend bearbeiten (Fehler an elektrischen Leitungen oder Netzverlust werden dem Auftraggeber nach deren Auftreten mitgeteilt.)
- wöchentlich Programmeinstellungen und Sensorik überprüfen
- alle wichtigen Werte speichern und/oder ausdrucken (für eine lückenlose Dokumentation)

Sicherung des Netzwerks

- Router installieren
- Netzwerkvertrag durch pünktliche Vorauszahlung dauerhaft aufrechterhalten

Abb. 5.62: Steuerungseinheiten einer Bewässerungsanlage mit Möglichkeit der Fernwartung

6 Bedingungen für eine erfolgreiche Dachbegrünung im Bestand

Die erfolgreiche Umsetzung von Dachbegrünungen im Bestand erfordert eine sorgfältige Planung und die Berücksichtigung zahlreicher technischer, ökologischer und rechtlicher Faktoren. Anders als bei Neubauten, bei denen die Begrünung von Anfang an in die Planung einbezogen werden kann, stellt die Begrünung bestehender Dächer eine besondere Herausforderung dar. Für die nachträgliche Realisierung einer Dachbegrünung müssen bauliche Voraussetzungen genau analysiert, muss die Tragfähigkeit des Daches geprüft und müssen klimatische sowie standortbezogene Faktoren berücksichtigt werden. Nur durch eine sorgfältige Vorbereitung können langfristige Schäden vermieden werden, und der gewünschte Nutzen der Begrünung erreicht wird erreicht.

Besonders im Bestand spielen auch wirtschaftliche und rechtliche Aspekte eine wichtige Rolle. Eine gründliche Kosten/Nutzen-Analyse und die Prüfung potenzieller Fördermöglichkeiten sind entscheidend, um die wirtschaftliche Rentabilität sicherzustellen. Zudem müssen rechtliche Rahmenbedingungen, wie Planungs- und Baurechtsvorschriften sowie mögliche Nachbarschaftsrechte, von Anfang an in die Planung einbezogen werden. Die Kombination dieser Faktoren schafft die Grundlage für eine erfolgreiche und dauerhafte Begrünung, die nicht nur das Mikroklima verbessert, sondern auch zur Energieeffizienz und ästhetischen Aufwertung des Gebäudes beiträgt.

Darüber hinaus bietet die Begrünung von Bestandsdächern die Möglichkeit, bestehende Sanierungsmaßnahmen ökologisch zu erweitern. Konzepte, die eine Sanierung mit einer Begrünung verbinden, ermöglichen Verbesserungen in gebäudeenergetischer Hinsicht, wie z. B. Schutz vor Witterung und Temperaturextremen. Auch multifunktionale Dächer (u. a. Solargründächer, Biodiversitätsdächer, Retentionsdächer) stellen zukunftsweisende Lösungen dar.

In den folgenden Unterkapiteln werden Anwendungs- und Ausschreibungshilfen für Dachbegrünungen im Bestand vorgestellt, die die verschiedenen Einflussfaktoren, die funktionalen und gestalterischen Zielsetzungen sowie die notwendigen Handlungsschritte zeigen.

6.1 Grundlagenanalyse

Für den bestmöglichen Begrünungserfolg ist eine umfassende Analyse unerlässlich. Diese beinhaltet zunächst eine finanzielle Klärung, gefolgt von der Ermittlung standortbezogener Rahmenbedingungen, wie Lage, Exposition und Klimadaten. Darüber hinaus müssen planungsrelevante Aspekte in Hinblick auf eine bauamtliche Genehmigung geprüft werden, einschließlich planungs- und nachbarrechtlicher Vorgaben. Bei Sanierungsprojekten sollte zudem untersucht werden, wie die Begrünung im Bestand synergetisch in ein ökologisches oder energetisches Sanierungskonzept integriert werden kann. Konstruktive Klärungen, wie z. B. die Klärung der vorhandenen Dachkonstruktion, der Dacheignung und der Tragfähigkeit, sind entscheidend für die Auswahl der Art der Dachbegrünung.

Schritte der Grundlagenanalyse

1. Ermittlung von Kosten und Nutzen (Klärung des vorhandenen Budgets, möglicher Förderungen und potenziell möglicher Einsparungen durch eine Dachbegrünung)
2. standortbezogene Klärungen, wie Lage, Exposition und Klimadaten
3. Klärung planungsrechtlicher und nachbarrechtlicher Bedingungen und Vorgaben des Denkmalschutzes (Auflagen, Abstandsflächen, Brandlast, Eingriffs- und Ausgleichsregelung)
4. konstruktive Klärungen, wie z. B. Dachkonstruktion und Dacheignung (Tragfähigkeit, Statik)
5. Chancenklärung eines energetischen/ökologischen Begrünungseinsatzes
6. Klärung der Art der Begrünung (Priorität Gewichtseinsparung oder Nutzung?)

6.1.1 Klärung von Kosten und Nutzen der Dachbegrünung

Bei der Realisierung einer Dachbegrünung stellt sich auch die Frage nach der Wirtschaftlichkeit. Investitions- und Betriebskosten sollten in einem günstigen Verhältnis zu den langfristigen Vorteilen stehen. Investitionskosten für die Begrünung setzen sich aus den Aufwendungen für die Planung, die Realisierung (Materialien, wie Substrat, Pflanzen, Drainage), die Instandhaltung (Pflege und Wartung) und eventuell nötige statische Anpassungen zusammen. Eine frühzeitige Kostenplanung und die Einholung mehrerer Angebote sind wichtig, um unnötige Mehrkosten zu vermeiden. In vielen Kommunen gibt es zudem Förderprogramme, die Dachbegrünungen finanziell unterstützen. Diese Programme können einen Teil der Investitionskosten decken und sollten bei der Finanzplanung berücksichtigt werden. Langfristige Kosteneinsparungen und positive Aspekte für das Allgemeinwohl sind ebenfalls zu berücksichtigen. So bieten Dachbegrünungen sowohl für Gebäudeeigentümer als auch für die Kommune Vorteile. Diese ergeben sich vor allem aus ökologischen Vorteilen, dem baulichen Schutz und einer erhöhten Aufenthaltsqualität. Auch mögliche Substitutionen durch Dachbegrünungen (z. B. Bekiesung oder im Rahmen einer Sanierung auszutauschende Dachdeckungen/Dachbeläge) können gegengerechnet werden (siehe Abb. 6.1).

Um die Ressourcennutzung einer Begrünung umfassend zu bewerten, ist eine wirtschaftliche Lebenszyklusanalyse empfehlenswert. Dabei werden alle Phasen des Lebenszyklus betrachtet: von der Planungsphase über die Herstellung (inklusive Materialwahl, Produktion und Transport), die Konstruktion (Lieferung, Baustelleneinrichtung, Montage) und die Nutzungsphase (Betriebs-, Pflege- und Instandhaltungskosten) bis hin zur Erneuerung (Teil- oder Gesamterneuerung) sowie zu Rückbau und Entsorgung (Recycling, Weiterverwendung oder Deponie).

Eine Untersuchung von neun begrünten Dächern in Hamburg erfasste sowohl Investitions- als auch Unterhaltungskosten und analysierte ihren ökonomischen Nutzen sowie ihre Wirkung (Auf die Dächer – fertig – grün!, 2024). Die Ergebnisse zeigen, dass mit zunehmender Dachgröße die Kosten pro Quadratmeter Dachfläche sinken. Dies gilt ebenfalls für die nachträgliche Begrünung von Bestandsbauten. Je früher und konsequenter Dachbegrünungen in die Planungsphase einer Sanierung integriert werden, desto rentabler wird die Investition. Über einen Zeitraum von 40 Jahren sind die Lebenszykluskosten von frei bewitterten Dachabdichtungen und Gründächern nahezu identisch (Gebäude Begrünung Energie, 2014; Auf die Dächer – fertig – grün!, 2024). Die Herstellungskosten einer extensiven Dachbegrünung liegen zwischen 40 und 45 €/m² Dachfläche. Laut Expertenmeinung entstehen für Begrünungen bei Aufstockungen oder Umbauten unter der Voraussetzung sorgfältiger Planung keine signifikanten Mehrkosten bei statischen Anforderungen, erforderlichen Änderungen der Attika oder während des Bauprozesses. Der zusätzliche statische Aufwand für eine Extensivbegrünung beträgt maximal 3 bis 4 €/m², und eine Attikaerhöhung ist oft nicht notwendig. Sollte sie dennoch erforderlich sein, liegen die Kosten bei etwa 6,50 bis 8,50 €/m². Zusätzliche Baukosten treten in der Regel nicht auf, es sei denn, es handelt sich um eine reine nachträgliche Begrünungsmaßnahme. Um unnötige Kosten zu vermeiden, wird empfohlen, Angebote von mehreren Firmen einzuholen und verschiedene Bauweisen sowie Baustoffe zu vergleichen. Bereits in der Planungsphase sollte auf Kostenoptimierung geachtet werden. Zudem sollten die Funktionalität sowie auch Synergieeffekte berücksichtigt werden.

Im Rahmen der naturschutzrechtlichen Eingriffsausgleichsregelung werden Gründächer als Minderungsmaßnahme bei der Bilanzierung berücksichtigt. Dadurch können Eingriffe in die ökologischen Werte eines Grundstücks direkt vor Ort teilkompensiert werden. Dadurch verringert sich der Bedarf an kostenintensiven Ausgleichsmaßnahmen an anderer Stelle. Repräsentative Bauwerksbegrünungen verbessern zudem die Akzeptanz bei den Nutzern und steigern den Wert des Gebäudes durch die Schaffung zusätzlicher nutzbarer Freiflächen. Die Nutzung von Gründächern für Freizeit und Erholung bietet darüber hinaus die Möglichkeit, durch Vermietung, Verpachtung oder Verkauf zusätzliche Einnahmen zu generieren. Laut einer Schätzung des TÜV Süddeutschland kann der finanzielle Mehrwert intensiv begrünter Immobilien zu einer Steigerung der Mieteinnahmen um 6 bis 8 % führen (Auf die Dächer – fertig – grün!, 2024).

Betriebskosteneinsparungen durch nachträgliche Gründächer sind ebenfalls möglich, beispielsweise durch eine eventuelle Reduktion der Niederschlagswassergebühren pro Quadratmeter Gründach und Jahr (abhängig von den Regelungen der jeweiligen Kommune). Zusätzlich lassen sich durch den zusätzlichen Schutz vor Auskühlung in der

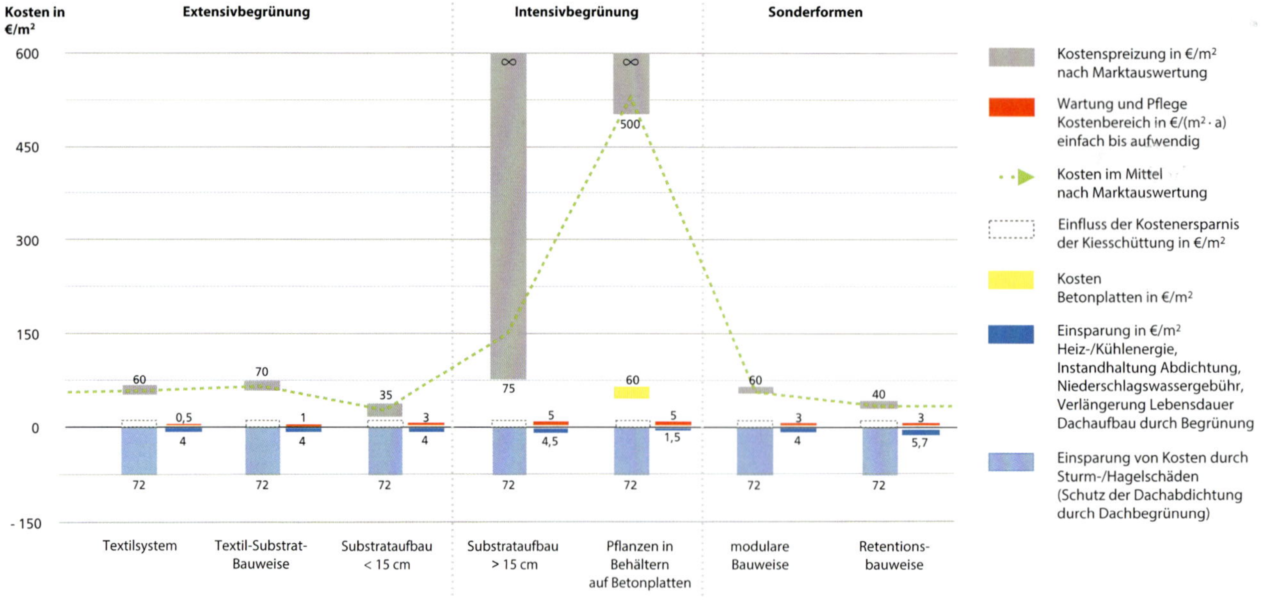

Abb. 6.1: Unterschiedliche Lösungen der Dachbegrünung im Kostenvergleich. Die Variablen sind abhängig vom Auftragsvolumen, von den Systemkosten, von der Pflanzenauswahl und -dichte, von der Technik der Wasser- und Nährstoffversorgung sowie von der Lage und Erreichbarkeit.

kalten Jahreszeit Heizkosten senken und durch die Verdunstungskühlung im Sommer Kühlkosten reduzieren. Der Schutz der Dachabdichtung vor Witterungseinflüssen und mechanischen Belastungen sowie vor extremen Temperaturunterschieden und UV-Strahlung trägt ebenso zur Verlängerung der Lebensdauer der Abdichtung bzw. des Daches bei. In Kombination mit Photovoltaikanlagen kann die Verdunstungskühlung die Umgebungstemperatur senken. Dies erhöht den Wirkungsgrad der Module und verkürzt die Amortisationszeit der Investition. Gründächer werden im Rahmen der DGNB-Zertifizierung für nachhaltiges Bauen als positiver Faktor berücksichtigt. Auch in den Förderprogrammen der KfW können Dachbegrünungen bei Sanierungen oder energetischen Einzelmaßnahmen gefördert werden. Darüber hinaus sind ökonomische Vorteile zu nennen, die sich aus der Verbesserung des Arbeits- und Wohnumfelds, der Aufwertung der Gebäudegestaltung, der Verbesserung des Mikroklimas, der Schallminderung sowie der Bindung und Filterung von Schadstoffen und der Förderung der Artenvielfalt ergeben. Diese Aspekte sind jedoch im Zusammenhang mit den Baukosten nicht quantifizierbar.

6.1.2 Standortbezogene Klärungen

Eine erfolgreiche nachträgliche Dachbegrünung im Bestand hängt maßgeblich von der Berücksichtigung standortbezogener Faktoren ab. Die Begrünung muss an die spezifischen Gegebenheiten des Gebäudes und seiner Umgebung angepasst werden, um sicherzustellen, dass die Pflanzen optimal gedeihen und die ökologischen, ästhetischen und energetischen Vorteile ausgeschöpft werden können. Zu den wesentlichen Standortfaktoren zählen die Lage des Gebäudes, klimatische Bedingungen, Lichtverhältnisse sowie die individuellen Bedürfnisse der Pflanzengesellschaften (z. B. Temperatur, Feuchtigkeit und Versorgung mit Nährstoffen).

Erforderliche Vorklärungen zur Position und Art der Begrünungsfläche:

- Höhe über Normalnull
- Klimazone/Winterhärte
- Himmelsrichtung (Nord, Süd, Ost, West)
- durchschnittlicher Jahrestemperaturverlauf (Tiefst-/Höchsttemperaturen)
- durchschnittliche Sonnenscheindauer (Globalstrahlung)
- regionaler Jahresverlauf der Niederschlagsmengen
- vorherrschende Windrichtung und -stärke
- Sonstiges (z. B. Einflüsse des Klimawandels oder regionale klimatische Besonderheiten)

Lage und Ausrichtung des Gebäudes

Die geografische Lage und die Ausrichtung des Daches sind für den Erfolg der Begrünung zu berücksichtigen. Der Grad der Besonnung/Beschattung beeinflusst die Pflanzenwahl. Dächer, die starkem Wind oder großen Niederschlagsmengen ausgesetzt sind, erfordern spezielle Anpassungen bei der Auswahl der Pflanzen und Drainagen sowie bei der Planung des Begrünungsaufbaus.

Wind kann insbesondere auf höheren Gebäuden, in offenen Lagen und in Eck- und Randbereichen problematisch für die Begrünung sein. Schutzstreifen, windfeste Pflanzen und ein entsprechend stabiler Aufbau (Lagesicherung) der Dachbegrünung sind dort besonders wichtig.

Die Dauer und Intensität der Sonneneinstrahlung beeinflussen die Auswahl der Pflanzenarten. Auf sonnenexponierten Dächern kommen hitze- und trockenheitsresistente Pflanzen zum Einsatz, während schattigere Dächer Pflanzen erfordern, die an weniger Licht angepasst sind.

Zu berücksichtigende Einflussfaktoren der umgebenden Elemente:

- dauerhaft freistehendes Gebäude oder Erwartung späterer Anbauten
- regelmäßige Verschattung aus Baulichkeiten des Umfelds
- regelmäßige Verschattungen aus nahebei stehender oder geplanter Vegetation (z. B. Bäumen)
- Pflanzenstandort im Regenschatten aufsteigender Bauteile oder anderer Hochbauten
- gründachtangierende Überbauungen (z. B. Sonnenschutz, Dachüberstände, Balkone)
- regelmäßige Sonnenlichtreflexion durch benachbarte helle Wandflächen, Glas- bzw. Spiegelfassaden oder Glas- bzw. Solardächer
- Aufheizung naher Wandoberflächen, insbesondere Metallfassaden, sowie dunkler Putzschichten auf Wärmedämmung

Klima

Das lokale Klima gibt vor, welche Pflanzenarten für eine Dachbegrünung geeignet sind und wie sie sich langfristig entwickelt. Zu den relevanten klimatischen Faktoren gehören Temperatur, Niederschlagsmengen, Frostperioden sowie die Luftfeuchtigkeit.

Dachflächen sind großen Temperaturunterschieden ausgesetzt (über den Tag bzw. über das Jahr). Während sie sich im Sommer stark aufheizen und schnell abkühlen (durch Sonne, Wolken, Niederschläge), sind sie im Winter Frost und Kälte ausgesetzt. Die Auswahl von Pflanzen, die temperaturtolerant sind und sowohl Hitze als auch Frost überstehen, ist daher entscheidend. Hitze ist für Pflanzen weniger problematisch, sofern sie gut mit Wasser versorgt sind.

In Regionen mit geringen Niederschlagsmengen muss ein effizientes Bewässerungssystem eingeplant werden, um die Pflanzen mit ausreichend Wasser zu versorgen. In regenreichen Gebieten sollte das Dach über eine gute Drainage verfügen, um Staunässe zu vermeiden.

Ebenfalls zu beachten sind Veränderungen infolge des Klimawandels: Auf langanhaltende Hitze, Trockenperioden bis zu einem halben Jahr und unvorhersehbare Starkregenereignisse ist mit einer vorausschauenden Planung der Bewässerungsinfrastruktur zu reagieren.

Lichtverhältnisse

Die Lichtverhältnisse auf Dächern variieren je nach Standort, Gebäudehöhe und umgebender Bebauung. Pflanzen haben unterschiedliche Ansprüche an Licht, sodass die Planung der Begrünung auf die spezifischen Lichtverhältnisse des Standorts abgestimmt werden muss.

Gründächer, die der Sonne ungeschützt ausgesetzt sind, erfordern Pflanzen, die an intensive Sonneneinstrahlung angepasst sind, wie Moose, Sukkulenten sowie trockenheitsresistente Gräser, Kräuter und Kleingehölze.

Auf Dächern mit wenig direkter Sonneneinstrahlung, beispielsweise auf Gebäuden, die von höheren Bauten umgeben sind, sind schattenverträgliche Pflanzenarten, wie Moose und Stauden (u. a. auch Gräser und Farne), für halbschattige oder absonnige Standorte geeignet.

Boden- und Substratbedingungen

Für die Auswahl geeigneter Pflanzen ist die Beschaffenheit des verwendeten Substrats entscheidend. Das Substrat muss den Pflanzen nicht nur Halt bieten, sondern auch ihre Nährstoffversorgung und Wasseraufnahme sicherstellen.

Je nach geplanter Pflanzenauswahl muss die Substratdicke angepasst werden. Extensivbegrünungen benötigen in der Regel eine dünnere Substratschicht (ca. 5 bis 15 cm), während intensivere Begrünungen, wie Rasenflächen oder Sträucher, eine dickere Substratschicht brauchen (>15 cm und mehr).

Die Substratwahl erfolgt auf der Basis, dass eine langfristige Nährstoffversorgung der Pflanzen gesichert sein muss. Eine regelmäßige Düngung kann insbesondere bei extensiven Dachbegrünungen notwendig sein, da der Nährstoffgehalt des Substrats im Laufe der Zeit abnimmt.

Ausgewählte Pflanzen

Die Wahl der Pflanzen ist wesentlich für eine erfolgreiche Dachbegrünung. Sie muss auf die Standortbedingungen abgestimmt sein und die Bedürfnisse der Pflanzen in Bezug auf Licht, Wasser, Nährstoffe und Pflege berücksichtigen:

- Trockenheitsresistente Pflanzen: Für Dächer mit intensiver Sonneneinstrahlung und geringem Niederschlag sind Pflanzen wie Sukkulenten, Sedum-Arten und spezielle Gräser geeignet, da sie mit wenig Wasser auskommen. Steht ausreichend Wasser zur Verfügung, sind Pflanzen mit guter Transpirationsrate zur Verbesserung des Klimas zu bevorzugen.
- Pflegeleichte Pflanzen: Besonders bei extensiven Dachbegrünungen sollten pflegeleichte Pflanzen gewählt werden, die sich an die natürlichen Gegebenheiten anpassen und nur wenig Pflegeaufwand erfordern. Dazu zählen vor allem Sedum-Arten, Moose und niedrige Stauden. Kann Pflege darüber hinaus gewährleistet werden, sind Pflanzen zu bevorzugen, die der Biodiversität und Verdunstung dienen (siehe Abb. 6.2).
- An widrige Bedingungen angepasste Pflanzen: In Bereichen mit extremen Witterungsbedingungen, wie starken Winden oder großen Temperaturunterschieden, sollten widerstandsfähige Pflanzen verwendet werden, die sowohl Trockenheit und Wind als auch Kälte vertragen. Ist mit Wind zu rechnen, müssen Pflanzen mit einer Windangriffsfläche gesichert werden.

Abb. 6.2: Biodiverse Dachbegrünung auf der Wohnanlage Wagnis 4 in München

Wasser- und Nährstoffversorgung

Die kontinuierliche Wasserversorgung ist essenziell für die Vitalität der Pflanzen. Besonders bei intensiven Dachbegrünungen oder in trockenen Regionen sollten effiziente Bewässerungssysteme eingeplant werden, um eine ausreichende Versorgung sicherzustellen und Trockenstress der Pflanzen zu vermeiden.

Je nach Standort und Pflanzenwahl kann es notwendig sein, eine automatische Bewässerung zu integrieren, um die Pflanzen zu jeder Zeit mit ausreichend Wasser zu versorgen (siehe Abb. 6.3). Der Wasserfluss wird regelmäßig kontrolliert.

Die regelmäßige Zufuhr von Nährstoffen (Düngung) ist für ein gesundes Wachstum der Pflanzen unerlässlich. Auch bei extensiven Dachbegrünungen sollten regelmäßig Nährstoffgaben erfolgen. Intensivbegrünungen sind von einer regelmäßigen pflanzenangepassten Nährstoffversorgung abhängig.

Abb. 6.3: Tropfschläuche der frisch gepflanzten intensiven Begrünung des Bunkers in St. Pauli, Hamburg

6.1.3 Planungs- und nachbarrechtliche Umfeldbedingungen

Die Klärung planungs- und nachbarrechtlicher Rahmenbedingungen ist ein wesentlicher Bestandteil der Dachbegrünung im Bestand. Nur durch eine frühzeitige und umfassende Prüfung der rechtlichen Voraussetzungen können spätere Konflikte und Verzögerungen vermieden werden, damit die Begrünung langfristig erfolgreich umgesetzt werden kann. Die nachfolgenden Beschreibungen dienen als Grundlage. Es empfiehlt sich, Fachkräfte aus den Bereichen Baurecht, Brandschutz und Nachbarrecht einzubeziehen, um alle relevanten Aspekte zu berücksichtigen und rechtliche Sicherheit zu gewährleisten.

Bauplanungsrecht

Planungsrechtliche Rahmenbedingungen legen fest, welche baulichen Maßnahmen in bestimmten Gebieten oder auf einzelnen Gebäuden zulässig sind. Bei der Planung einer Dachbegrünung im Bestand muss u. a. der Bebauungsplan berücksichtigt werden:

Der Bebauungsplan der jeweiligen Kommune legt fest, welche baulichen Maßnahmen auf einem Grundstück erlaubt sind. In vielen Kommunen gibt es Vorschriften, die Dachbegrünungen ausdrücklich fördern oder sogar vorschreiben. In der Regel werden im Plan Vorgaben für Neubauvorhaben definiert. Es können jedoch auch Bestandsbauten mitaufgeführt sein, die in bestimmtem Umfang geändert, saniert oder renoviert werden. Es ist daher notwendig, den lokalen Bebauungsplan zu prüfen, um zu klären, ob Dachbegrünungen zulässig sind und ob bestimmte Vorgaben, wie etwa die Art der Begrünung oder die Verwendung von bestimmten Materialien, eingehalten werden müssen.

Denkmalschutz

Bei denkmalgeschützten Gebäuden gelten besondere Auflagen, die auch eine Dachbegrünung betreffen können. In solchen Fällen müssen die zuständigen Denkmalschutzbehörden frühzeitig in den Planungsprozess einbezogen werden, um zu prüfen, ob und unter welchen Bedingungen eine Dachbegrünung möglich ist. Für eine Dachbegrünung bei baulichen Anlagen, die in der Denkmalliste eingetragen oder als Denkmal anerkannt sind, ist eine denkmalschutzrechtliche Genehmigung im Einzelfall erforderlich. Es muss geprüft werden, ob die Begrünung mit den Schutzzielen und dem Schutzumfang des Denkmals vereinbar ist. Dabei sind die Gebäudefassaden in ihrem ursprünglichen Zustand zu erhalten. Sollte der Begrünungsaufbau nicht hinter einer bestehenden Attika, die von außen nicht sichtbar ist, untergebracht werden können, muss er so weit vom Dachrand zurückgesetzt werden, dass die Ansichten des Gebäudes unverändert bleiben. Zudem ist der Nachweis erforderlich, dass die geschützte Bausubstanz für die zusätzlichen Lasten durch den Gründachaufbau, die Wasserrückhaltung und die Sicherheitsbauteile, wie Absturzsicherungen, geeignet ist.

Brandschutz

Dachbegrünungen müssen die geltenden Brandschutzvorschriften erfüllen. Je nach Gebäudeart und Begrünungstyp können besondere Anforderungen an die Materialien und die bauliche Ausführung gestellt werden, um den Brandschutz sicherzustellen, wie z. B. in Hinblick auf Substratdicke, Abstände und Schutzstreifen. Es muss geklärt werden, ob spezielle Brandschutzauflagen für das Gebäude gelten und ob die geplante Begrünung diesen Anforderungen entspricht. Insbesondere bei Dachgärten, die als Aufenthaltsfläche genutzt werden sollen, muss sichergestellt werden, dass die Zugänglichkeit für die Feuerwehr im Brandfall gewährleistet ist.

> **Hinweis**
>
> In der Regel ist für nachträgliche Dachbegrünungen eine Baugenehmigung der Bauaufsichtsbehörde erforderlich, da sie die Gebäudestatik beeinflussen werden.

Nachbarrecht

Neben den planungsrechtlichen Vorgaben müssen auch nachbarrechtliche Regelungen beachtet werden, um Konflikte mit angrenzenden Grundstückseigentümern oder Mietern zu vermeiden. Nachbarrechtliche Aspekte sind daher in der Planung zu berücksichtigen:

- Sicht- und Lichtschutz: Eine Dachbegrünung kann die Sicht- oder Lichtverhältnisse von Nachbargrundstücken beeinflussen. Pflanzen sind keine baulichen Elemente und daher nicht abstandsflächerelevant. Dennoch sollte insbesondere bei intensiven Dachbegrünungen eine mögliche Beeinträchtigung der Nachbarschaft geprüft werden. In einigen Fällen kann es notwendig sein, Einverständniserklärungen einzuholen, um spätere Streitigkeiten zu vermeiden.
- Wasserabfluss und Entwässerung: Dachbegrünungen können das Abflussverhalten von Regenwasser verändern. Es muss sichergestellt werden, dass die Entwässerung des Daches keine negativen Auswirkungen auf angrenzende Grundstücke hat. Die Planung eines geeigneten Entwässerungssystems ist daher unerlässlich.
- Laub- und Pflanzenwachstum: Besonders bei intensiven Dachbegrünungen oder Begrünungen, die über die Dachkante hinausragen, können herunterfallende Blätter, Früchte oder überhängende Pflanzen zu Konflikten mit Nachbarn oder im öffentlichen Raum führen. Daher ist sicherzustellen, dass das Pflanzenwachstum keine Beeinträchtigungen verursacht und eine regelmäßige Pflege eingeplant wird, um Probleme dieser Art zu vermeiden.
- Als Aufenthaltsfläche nutzbare Dachgärten: Es ist zu bedenken, dass es zu Belästigungen von Nachbarn durch Lärm und unerwünschte Einblicke kommen kann. Vorkehrungen dagegen können die vorherige Abstimmung mit den Betroffenen, Nutzungsbeschränkungen und gegebenenfalls mit den Nachbarn abzustimmender Sichtschutz sein.

Nutzungsrecht und Zugänglichkeit

Bei der Planung einer Dachbegrünung im Bestand ist die Zugänglichkeit des Daches für die Realisierung, Pflege und Wartung sicherzustellen. Dabei spielen sowohl eigentumsrechtliche als auch nachbarrechtliche Fragen eine Rolle.

Bei Mehrparteienhäusern oder Mietobjekten ist zu klären, ob alle Eigentümer oder Mieter einer Dachbegrünung zustimmen und wie der Zugang zu den Dächern für Installation und Pflege organisiert werden kann. Falls eine gemeinsame Nutzung von Freiflächen wie Dachterrassen vorgesehen ist, müssen klare Nutzungsregelungen getroffen werden.

Dachbegrünungen erfordern eine regelmäßige Pflege, etwa in Form von Bewässerung, Rückschnitt und Überprüfung der Entwässerung. Verantwortlichkeiten zur Instandhaltung müssen geklärt werden und ebenso, wie der Zugang zum Dach langfristig gewährleistet werden kann, insbesondere in Mehrparteiengebäuden oder Gewerbeimmobilien.

Hinweis

Bei der Planung von als Aufenthaltsflächen nutzbaren Dachflächen ist zu beachten, dass giftige Pflanzenbestandteile eine Gefahr für Kleinkinder sein können (z. B. Kindergärten, Krankenhaus-Freiräume und Spielplätze). Deshalb dürfen diese Pflanzen nicht für Kinder zugänglich sein (DGUV Information 202-023, 2006).

Verantwortlichkeiten und Haftungsrecht

Mit der Installation einer Dachbegrünung entstehen neue Verantwortlichkeiten und Haftungsfragen, die frühzeitig geklärt werden müssen.

Im Falle von Schäden, die durch die Begrünung entstehen, wie etwa durchfeuchtete Dächer oder Schäden an benachbarten Gebäuden infolge unzureichender Pflege, müssen klare Regelungen zur Haftung getroffen werden. Es ist ratsam, frühzeitig die Haftungsfrage zwischen Eigentümern, Mietern und eventuell beauftragten Dienstleistern zu klären.

Vor der Installation einer Dachbegrünung sollten bestehende Gebäudeversicherungen überprüft werden, um sicherzustellen, dass mögliche Schäden im Zusammenhang mit der Begrünung abgedeckt sind. In einigen Fällen kann es erforderlich sein, den Versicherungsschutz anzupassen oder spezielle Versicherungen abzuschließen. Elementarversicherungen sowie Sturm- und Hagelversicherungen können sich wegen des Schutzes der Dachhaut durch die Dachbegrünungen positiv auf den Beitrag auswirken.

6.1.4 Konstruktive Grundlagen zur Dachbegrünung im Bestand

Die Realisierung einer Dachbegrünung im Bestand erfordert eine detaillierte Auseinandersetzung mit den baulichen und technischen Voraussetzungen. Anders als bei Neubauten, bei denen die Begrünung von Anfang an Teil der Planung ist, müssen im Bestand die vorhandenen Strukturen genügen oder angepasst werden. Häufig müssen zusätzliche Maßnahmen ergriffen werden. Im Folgenden werden wesentliche konstruktive Grundlagen für Dachbegrünungen im Bestand beschrieben sowie Anforderungen an die Tragfähigkeit, Dachabdichtung, Dränage, Substratschichten und auch technische und vegetationstechnische Grundlagen.

Durch sorgfältige Analyse, Planung und Ausführung kann die Dachbegrünung optimal an die baulichen und klimatischen Bedingungen angepasst werden, um sowohl die Erfüllung technischer Anforderungen als auch die Entwicklung einer gesunden Vegetation zu gewährleisten.

Generelle Vorklärungen zu baulichen und technischen Voraussetzungen

Notwendige Voruntersuchungen

Vor der Begrünung müssen Voruntersuchungen zur Unversehrtheit vorhandener Dachabdichtungen und Klärungen zu technischen Einrichtungen durchgeführt werden. Das geplante Begrünungsziel ist dabei zu berücksichtigen.

Zuerst muss der aktuelle Zustand des Daches beurteilt werden: offenliegende Dachabdichtung, Zustand der An- und Abschlüsse, Zustand der Dachrandabdeckung, Zustand der Anschlussschienen und Koppleisten, Zustand der Fugenversiegelung, Wurzelschutz (ja/nein, FLL-konform), Dachneigung, Lichtkuppeln sowie Rauch- und Wärmeabzugsanlage (Art und Zustand), Zugangsmöglichkeit, Art und Intensität der Nutzung und zulässige Verkehrslast in kN/m^2.

Anschließend werden die zu begrünenden Flächen, die Begrünungsart und die Pflegeziele festgelegt. Es muss geklärt werden, ob technische Anlagen nötig sind bzw. nachgerüstet werden müssen und ob und wie sie später gewartet werden müssen.

Wichtig ist auch zu wissen, ob es einen Wasseranschluss und eine Entwässerung gibt (Anzahl der Abläufe, Notüberläufe, Lage) und ob Kontrollschächte (Anzahl, Lage), eine Rinnenheizung (ja/nein; Zustand) sowie ein Stromanschluss vorhanden sind (Lage, Stromstärke).

Geklärt werden muss auch, ob Eindeckungen (Kies), Rand- und Sicherheitsstreifen (Kies, Platten) vorhanden sind und in welchem Zustand sie sind.

Zudem muss bestimmt werden, welche Pflege-, Wartungs- und Instandhaltungsmaßnahmen erforderlich sind, einschließlich Art, Umfang und Fristen für die Ausführung. Unerlässlich ist auch die Klärung, ob es Aufenthalts- und Sanitärräume sowie Lagermöglichkeiten gibt.

Erforderliche Vorklärungen zu baulichen Elementen:

- statische Prüfung von lastaufnehmenden Bauteilen, Abstimmung der Begrünungsform (extensiv/intensiv) und Pflanzenwahl (z. B. bei Bäumen)
- Klärung der Erhaltungsqualität, baulicher Renovierungsbedürftigkeit des Daches und voraussichtlicher Renovierungsintervalle
- Vorklärungen zur Sicherung gegen Windverwirbelung bzw. -umlenkung sowie der Windschleusenbildung
- Auswahl der passenden Begrünungsform bzw. geeigneter Pflanzen in Abhängigkeit von der Dachnutzung (z. B. begehbare Flächen, Solarenergiegewinnung mit Überlagerung/Verschattung)
- Bestimmung der Lage und Ausbildung erforderlicher Begrenzungen der Wuchsausbreitung (z. B. unter Fenstern, zu aufsteigenden Bauteilen, zu Flächen aktiver Solarenergiegewinnung)

Klärung vorhandener technischer Infrastruktur

Zur Planung und Realisierung einer nachträglichen Dachbegrünung im Bestand ist eine Analyse der vorhandenen technischen Infrastruktur des Gebäudes notwendig. Diese Prüfung dient der Klärung, ob bestehende bauliche Gegebenheiten und technische Installationen für eine Dachbegrünung geeignet sind. Mögliche erforderliche Anpassungen weden identifiziert. Neben der Prüfung der Zugänglichkeit, der Dachkonstruktion und deren Tragfähigkeit, der Dachabdichtung, der Brandschutzauflagen sowie der zur Verfügung stehenden Entwässerung müssen die vorhandene elektrische Infrastruktur und eine mögliche Wasserversorgung überprüft werden (siehe Abb. 6.4).

Zur nachträglichen Installation von Dachbegrünungen, nutzbaren Freiräumen oder der Kombination von Dachbegrünung und Photovoltaikanlagen muss sichergestellt werden, dass Stromanschlüsse zur Instandhaltung oder Nutzung der Fläche über Dach geführt werden können und eine eventuell vorhandene Gebäudeinstallation erweiterbar ist.

Bei intensiv genutzten Dachflächen wie Dachgärten oder -terrassen kann eine Lichtinstallation erforderlich sein. Daher wird geprüft, ob die elektrische Infrastruktur dies zulässt oder ob zusätzliche Installationen notwendig sind.

Der vorhandene Blitzschutz ist zu klären und im Zuge der Flächenänderungen für die Dachbegrünung entsprechend anzupassen.

Es wird geklärt, ob bereits Wasseranschlüsse auf dem Dach vorhanden sind oder ob diese nachträglich installiert werden müssen. Bekannte Problemstellen sind zu berücksichtigen (z. B. Druckverluste durch Leitungslängen bzw. vertikalen Anstieg).

Für eine effiziente Wasserversorgung und um den Pflegeaufwand zu minimieren, kann eine automatisierte Bewässerung mit Sensoren/Wasserverbrauchskontrolle sinnvoll sein. Die Bewässerung muss auf die spezifischen Bedürfnisse der Pflanzen abgestimmt sein. Dafür müssen die Leitungsführungen und die Wasserzufuhr geprüft und gegebenenfalls nachgerüstet werden.

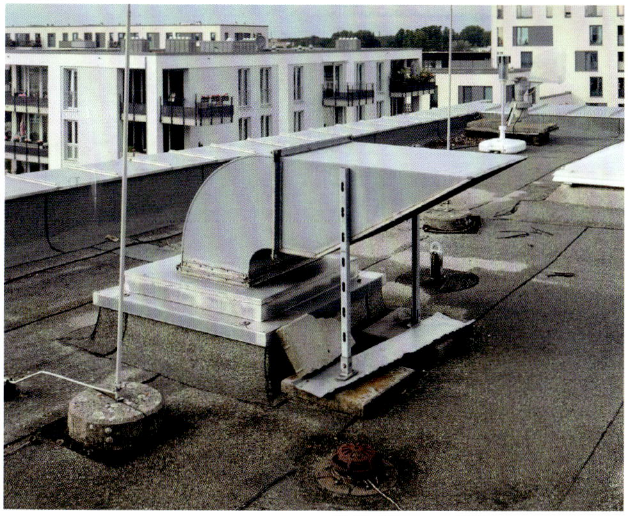

Abb. 6.4: Bestandsdach: Klärung der vorhandenen Konstruktion und Infrastruktur

Eventuell steht eine Wasserspeicherlösung/Zisterne zur Wasserbevorratung zur Verfügung oder wird nachgerüstet. Für den Pumpenstrom ist in diesem Fall ein Stromanschluss erforderlich. Zu beachten ist, dass für Zisternenwasser Feinstaubfilter notwendig sind, um Feinstoffablagerungen in Leitungen und Abgabestellen zu verhindern (Versinterung). Wird das gespeicherte Wasser zur Bewässerung der Pflanzen genutzt, ist sicherzustellen, dass es keine wachstumshemmenden Bestandteile hat (u. a. Biozide aus Fassadenanstrichen, Weichmacher oder wachstumshemmende Chemikalien aus z. B. Dachabdichtungen oder Wurzelschutzbahnen).

Erforderliche Vorklärungen zu Infrastruktur und Versorgung:

- Klärung der Erreichbarkeit der Dachfläche für Pflege/Wartung (Treppe, Aufzug), Vorhaltung von Stellflächen für Wartungsgerät und -gerüst (Standort für Steiger bzw. Scherenhubtisch und Lagerort für Materialanlieferung)
- Klärung, ob ein Leitungswasseranschluss bzw. eine Regenwasserbevorratung (z. B. Zisterne) vorhanden ist und ob sie sich für die Bewässerung eignen
- Überprüfung der Möglichkeit der frostfreien Unterbringung einer Bewässerungsanlagentechnik, gegebenenfalls mit Nährstoffdosieranlage
- Bestimmung der Möglichkeit zur Abführung von überschüssigem Wasser unterhalb der Begrünungsebene; falls erforderlich, Abstimmung mit der Stadtentwässerung
- Klärung der Energieversorgung (Geräte zur Pflege und Wartung, Klärung der Kabelstränge/Leitungsführung)
- Berücksichtigung von Zuluft-, Abluft- bzw. Abgas- oder Dampfauslässen
- Berücksichtigung zusätzlicher Installationen (z. B. Absturzsicherung, Blitzschutz, Kabel)

Klärung von Tragfähigkeit und Statik

Die Begrünung bringt zusätzliches Gewicht auf die Dachkonstruktion. Die Dachstruktur muss daher ausreichende Tragfähigkeit (Krafteinleitung, Kraftweiterleitung) aufweisen, um das zusätzliche Gewicht inklusive Substrat, Pflanzen und gegebenenfalls Wasseranstau zu tragen. Eine statische Berechnung durch einen Fachingenieur ist notwendig, um die Belastbarkeit des Daches zu prüfen.

Dabei müssen sowohl die statischen Lasten (Eigengewicht der Begrünung; siehe Abb. 6.5) als auch die dynamischen Lasten (Nutzlasten, Wasser, Schnee, Wind) berücksichtigt werden. Für die Planung der Dachbegrünung ist es erforderlich zu wissen, in welchen Bereichen keine oder eine leichte Begrünung (Extensivbegrünung) möglich ist oder ob über tragenden Strukturen (tragenden Wänden oder Stützen) genügend Lastreserven vorhanden sind, um eventuell auch Intensivbegrünungen aufbringen zu können. Ist das Bestandsdach bekiest, sind nach der Entfernung der Kiesschicht in der Regel ausreichend Lastreserven vorhanden, um stattdessen nachträglich eine extensive Dachbegrünung aufbringen zu können. Eine statische Überprüfung ist dennoch erforderlich.

Im Folgenden werden übliche Dachkonstruktionen aufgeführt, die bei Bestandsbauten vorzufinden sind.

Abb. 6.5: Berlin, Darwinstraße: Dachbegrünung mit Großbaumverpflanzungen (Gestaltung: Grüntuch Ernst Architekten)

Abb. 6.6: Einschalig ungedämmte Dachkonstruktionen: Massivkonstruktion, Ortbeton oder Fertigteil mit Abdichtung

Generelle Vorklärungen zur Begrünungsanwendung

Die statische Belastbarkeit der Konstruktion und die Bedürfnisse der Pflanzen stehen im Vordergrund einer Planung. Diese Kriterien bilden die Basis für technische Lösungsmöglichkeiten von Dachbegrünungen. Der langfristige Erfolg einer Begrünung kann nur gewährleistet werden, wenn die Pflanzen unter möglichst natürlichen Bedingungen gedeihen können. Eine Vorklärung der baulichen Eignung der bestehenden Dachkonstruktion (für Bewuchs und Installation) ist unerlässlich.

Mögliche Dachkonstruktionen in Bestand oder Sanierung:

- ungedämmte Dachkonstruktionen: einschalig ungedämmte Dachkonstruktionen und zweischalig ungedämmte Dachkonstruktionen
- gedämmte Dachkonstruktionen: einschalig gedämmte, unbelüftete Dachkonstruktionen, Umkehrdächer und zweischalig gedämmte Dachkonstruktionen

Einschalig ungedämmte Dachkonstruktionen

Ungedämmte Massivdächer (z. B. von Unterführungen, Garagen oder Nebengebäuden) sowie auch ungedämmte Dächer in Skelettbauweise mit intakter Abdichtung eignen sich, je nach möglicher Auflast, für alle Begrünungsaufbauten (siehe Abb. 6.6, 6.7 und 6.8). Eine statische Nachberechnung ist jedoch erforderlich.

Zweischalig ungedämmte, belüftete Dachkonstruktionen

Bei dieser Art der Dachkonstruktion sind alle leichten Begrünungsaufbauten über einer intakten Abdichtung möglich (siehe Abb. 6.9). Die Tragkraft ist jedoch vor Begrünung zu prüfen.

Abb. 6.7: Einschalig ungedämmte Dachkonstruktionen: Stahlskelett-Bauweise, Trapezblech, Wellblech, Platten

Abb. 6.8: Einschalig ungedämmte Dachkonstruktionen: Holzskelett-Bauweise, Brettlage/Tafeln mit Abdichtung

Abb. 6.9: Zweischalig ungedämmte, belüftete Dachkonstruktionen: Massivkonstruktion und Gefälleaufbau in Holzbauweise mit Abdichtung

Einschalig gedämmte, unbelüftete Dachkonstruktionen

Für Dämmungen unter Dachlasten, wie Dachbegrünungen, Pflanzbehältern und Retentionsaufbauten (siehe Abb. 6.10, 6.11 und 6.12), gilt maximale Druckfestigkeit. Punktlasten sind zu vermeiden, um die Dämmung und Elastizität der Dachhaut nicht zu überbeanspruchen. Eine innere Dampfsperrebene ist unerlässlich, weil durch die Kühle begrünter Dächer selbst in der warmen Jahreszeit ein Temperaturgefälle von innen nach außen herrschen kann, sodass Undichtigkeiten eine Kondensation innerhalb der Dämmebene bewirken können.

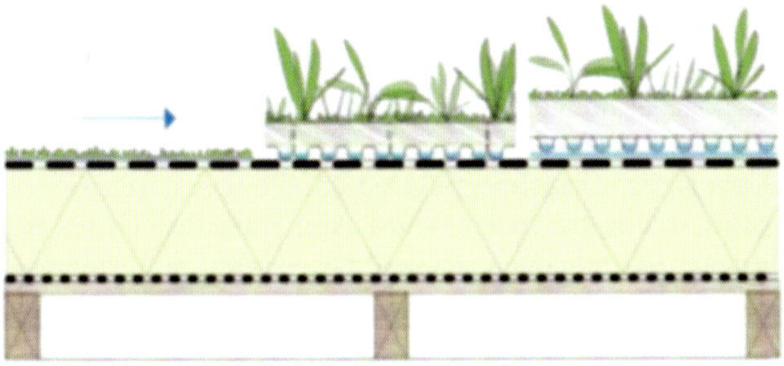

Abb. 6.10: Einschalig gedämmte, unbelüftete Dachkonstruktionen: Holzskelett-Bauweise mit Trapezblech und Dampfsperre, gedämmt, Abdichtung

Abb. 6.11: Einschalig gedämmte, unbelüftete Dachkonstruktionen: Massivkonstruktion mit Dampfsperre, gedämmt, Abdichtung

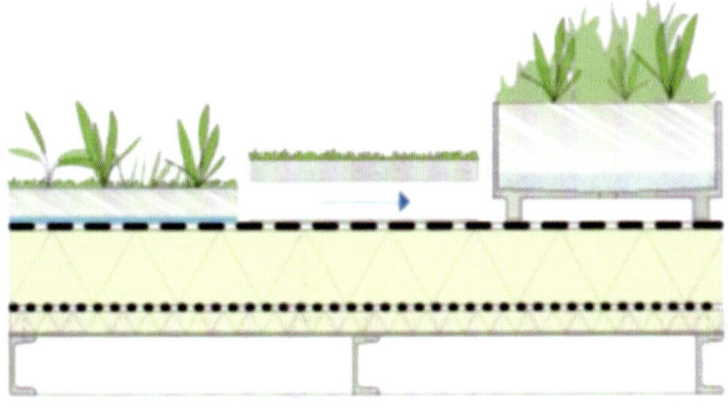

Abb. 6.12: Einschalig gedämmte, unbelüftete Dachkonstruktionen: Stahlskelett-Bauweise mit Trapezblech und Dampfsperre, gedämmt, Abdichtung

Umkehrdächer

Bereits abgedichtete tragende Konstruktionen (z. B. Stahlbetondecken), die nachträglich gedämmt werden, bezeichnet man als Umkehrdächer. Die Wärmedämmung liegt im Nassen auf der Abdichtung und muss daher gut ablüften können. Es dürfen auf diesen Dachkonstruktionen keine dampfsperrenden Begrünungen oder ein flächiger Wasseranstau ohne Hinterlüftung aufgebracht werden. Zur Begrünung ist eine druckfeste Dämmung erforderlich (siehe Abb. 6.13 und 6.14). Die Tragkraft der Konstruktion muss zuvor geklärt werden.

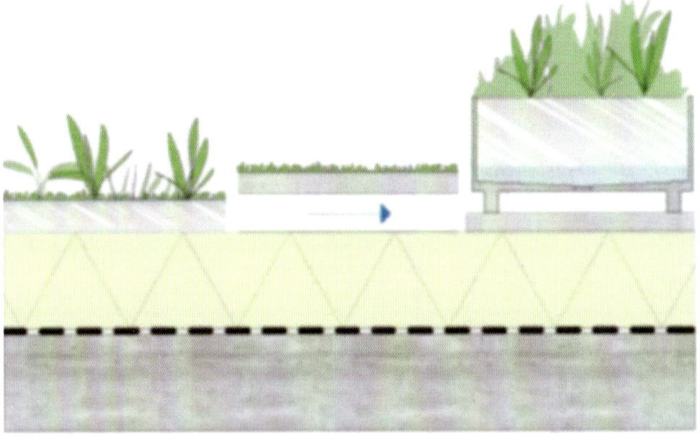

Abb. 6.13: Umkehrdächer: Massivkonstruktion mit Perimeterdämmung über Abdichtung, sturmsicher beschwert

Abb. 6.14: Umkehrdächer: Massivkonstruktion mit Dampfsperre, gedämmt und abgedichtet, mit zusätzlicher Perimeterdämmung, sturmsicher beschwert

Zweischalig gedämmte, belüftete Dachkonstruktionen

Sparrendächer und Massivkonstruktionen mit Gefälleaufbau eignen sich für alle „leichten“ Begrünungstechniken auf einer separaten, abgedichteten Tragschicht (siehe Abb. 6.15 und 6.16). Eine statische Nachberechnung ist erforderlich. Im Rahmen einer Sanierung können anstelle einer Neueindeckung mit z. B. Dachziegeln, Dachsteinen oder Metalleindeckungen Begrünungen aufgebracht werden. Die Kosten für harte Bedachungen können zugunsten der Begrünung eingespart werden.

Die bestehende Dachdämmung muss ausreichend bemessen sein, um den Anforderungen der Energieeinsparverordnung (EnEV) bzw. des Gebäudeenergiegesetzes (GEG) zu entsprechen. Eine Analyse durch einen Bauphysiker ist ratsam, um die Gesamteffizienz zu gewährleisten.

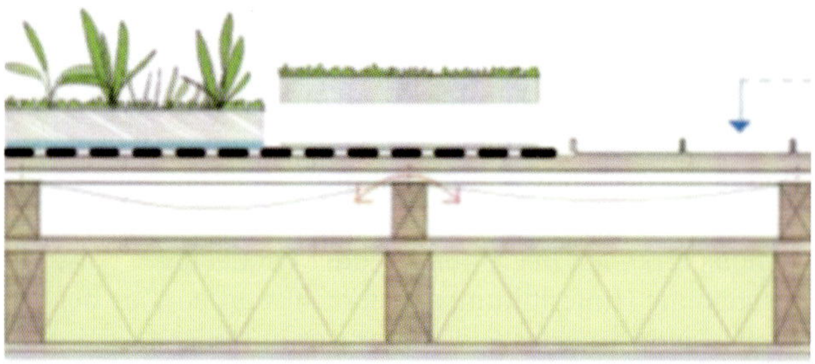

Abb. 6.15: Zweischalig gedämmte, belüftete Dachkonstruktionen: Sparrendach mit Schalung, Unterspannbahn und Dachdeckung aus z. B. Dachziegeln, Dachstein, Schindeln, Platten, Blech

Abb. 6.16: Zweischalig gedämmte, belüftete Dachkonstruktionen: Massivkonstruktion mit Gefälleaufbau in Holzbauweise mit Abdichtung

Generelle Vorklärungen zur Dachabdichtung

Der Schutz vor Feuchtigkeit ist ein zentrales Thema. Eine mangelhafte Abdichtung oder unzureichender Feuchteschutz können zu schweren Schäden an der Bausubstanz führen. Feuchtigkeitsansammlungen sind daher zu vermeiden. Es muss sichergestellt werden, dass keine Staunässe innerhalb des Begrünungsaufbaus entsteht, die die Dachabdichtung belastet oder ein Eindringen von Wasser in die Dachkonstruktion ermöglicht. Die Dachabdichtung muss vor der Begrünung auf ihre Funktionstüchtigkeit überprüft werden. Eine intakte, wurzelfeste Abdichtung ist entscheidend, um langfristig das Eindringen von Wasser in die Bausubstanz zu verhindern. Falls notwendig, muss eine zusätzliche Wurzelschutzfolie verlegt werden.

Bauphysikalische Aspekte

Die Dachbegrünung beeinflusst sowohl das thermische als auch das feuchtigkeitsbezogene Verhalten des Daches. Bauphysikalische Faktoren sind zu klären, um das Gebäude vor Schäden zu schützen und die Funktionsfähigkeit der Begrünung zu sichern. Zunächst wirkt sich eine Dachbegrünungen positiv auf die Wärmehaltung des Gebäudes aus, da sie Temperaturschwankungen auf der Dachfläche mindert und die Energieeffizienz verbessert. Wechselwirkungen zwischen der eventuell bestehenden Dachdämmung und der Begrünung sind jedoch zu berücksichtigen.

Bei nachträglichen Begrünungen ist es wesentlich, die bauphysikalische Balance zwischen Dämmschicht und Dachkonstruktion zu erhalten. Eine korrekt angebrachte Dampfsperre verhindert, dass Wasserdampf aus dem Inneren des Gebäudes in die Dachkonstruktion aufsteigt und dort Kondenswasser bildet, das zu Feuchteschäden führen könnte. Ein fehlerhafter Schichtenaufbau (eingeschlossenes Wasser) führt zwangsläufig zu Bauschäden. Auch Wärmebrücken sind zu vermeiden. Eine durchdachte Planung, die Statik, Abdichtung, Entwässerung und Wärmedämmung berücksichtigt, ist unerlässlich, um die bauphysikalischen Anforderungen zu erfüllen und eine langfristige Funktionalität sicherzustellen. Eine enge Zusammenarbeit mit Bauphysikern, Statikern und Fachplanern ist daher erforderlich, um alle statischen und bauphysikalischen Anforderungen zu erfüllen.

Dachneigung

Die Neigung des Daches hat Einfluss auf die Art der Begrünung und die notwendigen technischen Maßnahmen. Flachdächer mit einer Neigung von bis zu 5 ° eignen sich besonders gut für Begrünungen. Sie bieten eine stabile Grundlage für Substratschichten und Pflanzen, wenn die Entwässerung gut geplant wurde, um Wasseranstau zu verhindern. Bei geneigten Dächern bis etwa 15 ° sind einfache Begrünungen ebenfalls realisierbar. Bei steileren Dächern werden spezielle Konstruktionen (z. B. Schubsicherungen oder Gitterstrukturen) erforderlich, um ein Abrutschen des Substrats zu verhindern.

Dachabdichtung und Wurzelschutz

Eine wurzelfeste Dachabdichtung oder eine zusätzlich auf die Dachabdichtung aufgebrachte Wurzelschutzbahn (materialabhängig in einem Stück oder überlappend verlegt) verhindert Schäden durch eindringendes Wasser. In der DIN 18531-3 „Abdichtung von Dächern sowie von Balkonen, Loggien und Laubengängen – Teil 3: Nicht genutzte und genutzte Dächer – Abdichtungsbauarten, Ausführung und Details“ (2024) wird auf den Nachweis gemäß DIN EN 13948 „Abdichtungsbahnen – Bitumen-, Kunststoff- und Elastomerbahnen für Dachabdichtungen – Bestimmung des Widerstandes gegen Wurzelpenetration“ (2008) hingewiesen. Um bauliche Schäden an Dachbahnen durch den Begrünungsaufbau bzw. die Vegetation zu vermeiden, sollten die Dachbegrünungsrichtlinien der Forschungsgesellschaft Landschaftsentwicklung Landschaftsbau (FLL) berücksichtigt werden (Dachbegrünungsrichtlinien, 2018).

Um zu verhindern, dass Wurzeln der Pflanzen die Abdichtung durchdringen und Schäden verursachen, ist in der Regel ein Wurzelschutz erforderlich. Bei Kunststoff-Abdichtungsbahnen wird die Wurzelfestigkeit durch mechanische Widerstandsfähigkeit sichergestellt. Bei Bitumenabdichtungen gibt es neben Bahnen mit „mechanisch-technischem“ Wurzelschutz auch Bahnen, die mit einem chemischen Wurzelschutz versehen sind. Der dabei eingesetzte chemische Wirkstoff kann jedoch bei Regen ausgewaschen werden (wachstumshemmend, daher nicht für eine Wasserspeicherung zur Pflanzenbewässerung geeignet) und in das Grundwasser gelangen. Daher sind die Bestandteile einer Dachabdichtung auf Umweltverträglichkeit zu prüfen, um die Ressource Wasser zu schützen. Gegebenenfalls ist ein mechanisch-technischer Wurzelschutz vorzuziehen. Folien müssen langlebig und witterungsbeständig sein.

Dichtigkeitsprüfung von Dachabdichtungen

Eine intakte Dachabdichtung ist unerlässlich, um die Gebäudesubstanz vor eindringendem Wasser zu schützen. Vor der Installation der Begrünung sollte daher geprüft werden, ob die bestehende Abdichtung Schäden aufweist oder alterungsbedingt erneuert werden muss (siehe Abb. 6.17).

Abb. 6.17: Dachsanierung aufgrund einer Undichtigkeit

Folgende Verfahren stehen u. a. zur Verfügung:

- Visuelle Inspektion: Das Dach wird von Fachkräften visuell auf sichtbare Schäden, Risse oder Undichtigkeiten geprüft. Dies ist eine kostengünstige und schnelle Lösung, mögliche Leckagen, die nicht oberflächlich sichtbar sind, können jedoch übersehen werden.
- Wasseranstau: Ein Teil des Daches oder das gesamte Dach wird mit Wasser geflutet, um festzustellen, ob Feuchtigkeit eindringt. Dieses Verfahren eignet sich nur zur Kontrolle der Dichtigkeit von Flachdächern. Eventuelle Undichtigkeiten können dabei jedoch zu Schäden führen.
- Rauchgasverfahren: Ein gesundheitlich unbedenklicher Rauch-Luft-Mix wird mit Überdruck in das Schichtenpaket geleitet. Im Bereich von Leckagen tritt dann sichtbarer Rauch aus. Dieses Verfahren zeigt Leckagen auch an schwer zugänglichen Stellen. Bei sehr großen Dächern kann jedoch (zu) schnell ein Druckabfall erfolgen.
- Tracer-Gas-Verfahren/Formiergasverfahren: Ein ungiftiges Prüfgas wird in den Dachaufbau eingebracht. Mithilfe von Gasdetektoren wird in geringsten Konzentrationen nachgewiesen, ob und wo Gas entweicht. Dies dient der genauen Lokalisierung von Leckagen, ist jedoch relativ aufwendig und kostspielig.
- Thermografie (Infrarotprüfung): Mit einer Infrarotkamera werden Temperaturunterschiede im Dachaufbau analysiert. Undichtigkeiten verursachen oft Feuchtigkeitsansammlungen, die zu Temperaturschwankungen führen. Vorteil dieses Verfahrens ist die schnelle Analyse großer Flächen (sichtbare Wärmeverluste auch bei Kies und bis 12 cm Begrünungsaufbau)ohne Beeinträchtigung des Daches. Die Prüfung ist jedoch abhängig von Wetterbedingungen (kühle Nacht nach einem warmen Tag). Drohnen, ausgestattet mit Thermografie- oder Multispektralkameras, können zur Inspektion großer Dachflächen genutzt werden.
- Widerstandsmessverfahren/Elektronenstrommessung: Diese Variante ist zur Leckageortung sinnvoll, wenn bereits Undichtigkeiten im Innenraum sichtbar sind. Auf einer befeuchteten Dachfläche fließt gepulster Strom zur Leckage. Eine sehr genaue Lokalisierung von undichten Stellen ist somit auch bei minimalen Schäden möglich. Das Messgerät wird an die Gebäudeerdung angeschlossen. Das Verfahren funktioniert auf allen nicht leitfähigen Dachabdichtungen, auch unter Kies und vorhandenen Begrünungen.
- Ortsfeste bzw. integrierte sensorgestützte Leckageortung: Sensoren werden beim Neubau oder bei einer Sanierung in gleichmäßigen Abständen oder an besonders anfälligen Bereichen in Dämmplatten eingefügt und anschließend mit einem Dachscanner initial erfasst. Jeder Sensor kann dauerhaft daraufhin überprüft werden, ob seine Umgebung feucht oder trocken ist. Das Auslesen erfolgt kabel- und batterielos über ein Lesegerät via App mit dem Smartphone/Tablet (Temperatur, Luftfeuchte und Wasser).

Schutzlage

Das Schutzvlies ist wichtiger Bestandteil des Schichtaufbaus einer Dachbegrünung. Es schützt die Dachabdichtung vor mechanischen Beschädigungen, die durch das Substrat, Pflanzenwurzeln oder die Dränageschicht verursacht werden könnten. Die Schutzlage (Masse mindestens 300 g/m^2) wird auf der wurzelfesten Abdichtung/Wurzelschutzbahn und unterhalb der Dränageschicht verlegt. Dies stellt sicher, dass die Dachabdichtung bei der Installation und während des Betriebs des Gründachs nicht beschädigt wird. Das Vlies sollte vollflächig, überlappend (nach Herstellerangabe) und faltenfrei verlegt werden, um eine durchgehende Schutzschicht zu gewährleisten.

Drainage und Wassermanagement

Für eine langfristig vitale Dachbegrünung ist eine gut funktionierende Drainage unerlässlich. Sie bietet Pflanzen Wasser in kürzeren Trockenphasen, sorgt dafür, dass überschüssiges Regenwasser zuverlässig abgeleitet wird, und verhindert Staunässe, die die Pflanzen schädigen oder die Dachkonstruktion belasten könnte.

In der Regel werden spezielle Drainageschichten installiert, die überschüssiges Wasser ableiten, gleichzeitig aber eine ausreichende Feuchtigkeit für die Pflanzenwurzeln halten. Diese Schichten bestehen z. B. aus Kies oder vorzugsweise aus leichterem Bims, häufig jedoch auch aus Kunststoffplatten oder -matten mit Hohlräumen, in denen das Wasser gespeichert wird, bis es über die Entwässerung abgeführt wird (siehe Abb. 6.18). Besonders bei Flachdächern ist eine effiziente Entwässerung entscheidend. In den meisten Fällen sind die bestehenden Entwässerungslösungen auf den erhöhten Wasserabfluss einer nachträglichen Begrünung nicht ausgelegt. Deshalb müssen die Kapazitäten der Dachentwässerung überprüft und eventuell angepasst werden. Es können zusätzliche Entwässerungspunkte oder größere Wasserableitungsquerschnitte erforderlich werden. Notüberläufe, z. B. als zusätzliche Wasserspeier am Dachrand (sekundäre Tiefpunkte), sind vorgeschrieben.

Abb. 6.18: Drainagen aus Kies, Bims oder (Bio-)Kunststoff

Abb. 6.20: Bunker St. Pauli, Hamburg: temporäres Baugeländer

Generelle Vorklärungen zur Zugänglichkeit und Verkehrssicherheit

Die Pflege und Wartung einer Dachbegrünung ist entscheidend für deren langfristige Vitalität und Gestaltungswirkung. Daher muss bereits vor der Planung geklärt werden, wie der Zugang zum Dach für Pflegearbeiten gewährleistet werden kann. Es sollten sichere Zugangsmöglichkeiten zum Dach vorhanden sein, um regelmäßige Inspektionen, Wartungsarbeiten und Pflege der Pflanzen unfallfrei durchführen zu können. Dies kann über Wartungsluken, Leitern oder Außengerüste erfolgen. Aus Erfahrung werden jedoch Gründächer besser gepflegt, wenn ein direkter Zugang über Räumlichkeiten, ein Treppenhaus oder einen über Dach geführten Aufzug möglich ist. Die Zugänglichkeit muss zudem den Sicherheitsbestimmungen der Feuerwehr entsprechen. Genügend Platz für die Anlieferung von Materialien sollte gebäudenah zur Verfügung stehen. Für eventuell erforderliche Teilsperrungen im öffentliche Raum sind rechtzeitig Genehmigungen einzuholen.

Sicherheitsvorkehrungen sind einzuhalten. Je nach Gebäudehöhe und Dachneigung sind Absturzsicherungen (siehe Abb. 6.19) oder Geländer (siehe Abb. 6.20) notwendig, um Bau- und Wartungsarbeiten sicher durchführen zu können. Diese müssen bei der Planung der Begrünung berücksichtigt und gegebenenfalls nachgerüstet werden. Im Bestand eignen sich insbesondere auflastgehaltene Vorrichtungen, mit denen nachträgliche Dachdurchdringungen vermeidbar sind.

Abb. 6.19: Auflastgehaltener Sicherungspunkt

Extensive Begrünungen sind relativ pflegeleicht und erfordern nur gelegentlich Nährstoffversorgung, Rückschnitte und Freihalten der Sicherheitsstreifen sowie Entfernen unerwünschter Vegetation (etwa ein bis zwei Kontrollgänge pro Jahr). Falls nötig, kann auch Nachpflanzen und Wässern erforderlich werden. Intensive Begrünungen hingegen müssen regelmäßig bewässert und gepflegt werden, was einen höheren Pflege- und Wartungsaufwand bedeutet. Um die sichere Instandhaltung/Nutzung des Daches zu gewährleisten, muss, den entsprechenden Richtlinien folgend, die Verkehrssicherheit nachgewiesen werden. Planung und Ausschreibung richten sich nach den Anforderungen der Unfallverhütungsvorschriften und Schutzmaßnahmen, wie etwa Absturz- und Durchsturzsicherungen für Bau- und Instandhaltungsarbeiten.

Wichtige Vorschriften umfassen u. a. die berufsgenossenschaftlichen Regelungen BGV C22 „Unfallverhütungsvorschrift Bauarbeiten“ (DGUV Vorschrift 38, 2019) und die dazugehörigen Durchführungsanweisungen sowie die Vorschriften der Gartenbau-Berufsgenossenschaft VSG 4.2 „Unfallverhütungsvorschrift Gartenbau, Obstbau und Parkanlagen“ (VSG 4.2, 2021).

Für spätere Pflege- und Wartungsarbeiten sind ausreichend hohe und stabile Brüstungen oder Geländer erforderlich. Andernfalls ist die Installation eines Anseilschutzes gemäß DIN EN 795 „Persönliche Absturzschutzausrüstung – Anschlageinrichtungen“ (2012) unumgänglich. Dafür müssen entsprechende Anschlagpunkte (siehe Abb. 6.19) bauseits zur Verfügung gestellt werden. Bei bestehender Dachabdichtung empfiehlt es sich, Anschlagpunkte zu installieren, die die Dachhaut nicht durchdringen. Beispielsweise können sie an tragenden, aufsteigenden Bauteilen oder durch Sicherungssysteme, die mittels Auflasten fixiert werden, befestigt werden. Arbeitstechnisch sicherer und zu bevorzugen sind jedoch Geländer, die ebenfalls nachträglich auflastgehalten installiert werden können, oder Brüstungen.

6.1.5 Chancenklärung eines energetischen/ökologischen Begrünungseinsatzes

Neben der Verbesserung des Umfelds durch Maßnahmen wie Kühlung, Regenwasserrückhaltung und eine erhöhte Aufenthaltsqualität liegt der Fokus auf der Steigerung der Energieeffizienz von Bestandsgebäuden, um den Energieverbrauch zu senken und gleichzeitig Komfort und Behaglichkeit zu gewährleisten. Sowohl bei Sanierungen als auch im Neubau erfolgt dies in zwei aufeinanderfolgenden Schritten: zunächst durch passive Strategien, um Energieverbräuche und -verluste zu minimieren, dann gegebenenfalls ergänzend durch die Nutzung erneuerbarer Energien in Form von aktiven Systemen und regenerativen Energiequellen.

Gebäudeoptimierung durch Dachbegrünung

Um die Potenziale von Dachbegrünungen hinsichtlich einer energetischen Optimierung zu verdeutlichen, werden im Folgenden deren Auswirkungen auf die Bedarfe Wärme, Kälte, Luft, Licht und elektrische Energie näher erläutert.

Wärmehaltung

Gebäudebegrünungen tragen zur Minderung von Temperaturextremen bei, indem sie eine ausgeglichenere Temperaturamplitude im Vergleich zur Außentemperatur aufweisen (siehe Abb. 6.21). Begrünte Dächer zeigen im Vergleich zu einem Bitumendach eine deutlich geringere Tag-Nacht-Temperaturdifferenz.

Dies ist vor allem dem sommerlichen Wärmeschutz zuträglich, dem im Vergleich zum winterlichen Wärmeschutz eine größere Relevanz zugeschrieben wird. Bei begrünten Dächern führt der Substrataufbau zusätzlich zur Verringerung von Wärmeverlusten, abhängig von der vorhandenen Dämmstärke, der beruhigten Luftschicht, dem Volumen der Blattmasse, der Substratschicht und des Dachaufbaus (Höhe, Material, Wassersättigung bzw. Luftschicht bei Drainage). Ein extensiv begrüntes Dach mit einer 10 cm dicken Substratschicht bietet unter maximaler Wassersättigung einen zusätzlichen R-Wert von 0,14 bis 0,40 m^2K/W. Verglichen mit einem bekiesten Dach führt eine 10 bis 15 cm dicke extensive Dachbegrünung zu 3 bis 10 % geringeren Wärmeverlusten im Winter (Köhler/Malorny, 2009; Scharf et al., 2012). Da in der Regel etwa 15 bis 20 % der Wärme über das Dach verloren geht, ist dieser Puffereffekt besonders vorteilhaft. Messungen auf den Dächern der Ufa-Fabrik in Berlin ergaben eine Temperaturamplitude von 50 K bei einem Bitumendach gegenüber nur 10 K bei einem begrünten Dach (siehe Abb. 6.22 und 6.23). Das sorgt für angenehmer temperierte Räume und bietet auch bei maschineller Klimatisierung wirtschaftliche Vorteile (Konzepte der Regenwasserbewirtschaftung, 2010).

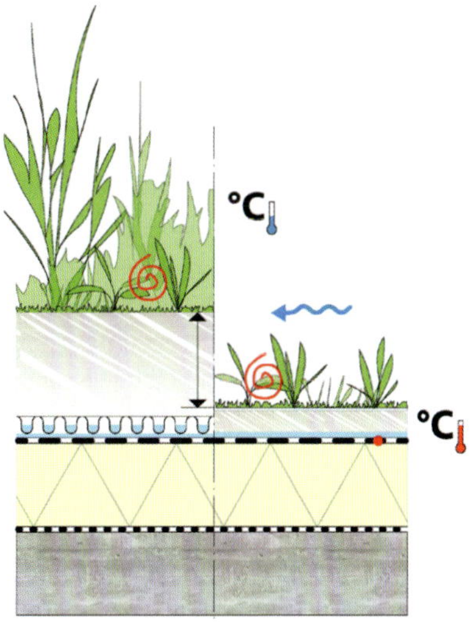

Abb. 6.21: Pufferwirkung intensiver/extensiver Dachbegrünung: Darstellung der Einflussfaktoren (vorhandene Dämmstärke, beruhigte Luftschicht durch Volumen/Blattmasse, Substratschicht des Dachaufbaus [Höhe, Material, Wassersättigung, Luftanteil der Drainage])

Abb. 6.22: Ufa-Fabrik, Berlin: Die Begrünung des Gründachs (hier Herbst-/Winteraspekt) erhöht die Dämmwirkung um 3 bis 10 %.

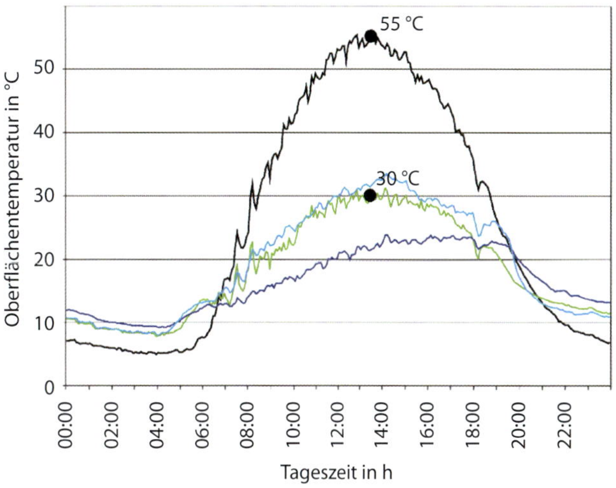

Abb. 6.23: Ufa-Fabrik, Berlin-Tempelhof, Messung der Oberflächentemperatur: Temperaturverlauf auf dem Bitumendach (schwarze Kurve) im Vergleich zum Temperaturverlauf auf dem extensiv begrünten Flachdach (grüne Kurve) (nach einer Untersuchung von Schmidt [Schmidt, 2003])

Kühlung

Der Verdunstungskühlung liegt der thermodynamische Prozess des Phasenwechsels von Wasser zugrunde. Bei einem Phasenwechsel von flüssig zu gasförmig entzieht Wasser der Umgebung Energie: 680 kWh/m^3 bei einer Temperatur von 30 °C.

Diese Energiemenge wird der Luft in Form von Wärme entzogen, wodurch die Lufttemperatur sinkt. Bezogen auf 1 l Wasser entspricht dies 0,68 kWh. Dieser Wert entspricht der Verdunstung von 1 mm Wasser auf 1 m^2 Fläche (Konzepte der Regenwasserbewirtschaftung, 2010). In einer Messung zur Verdunstung über Pflanzgefäße auf einem Dachgarten wurde während einer Vegetationsperiode eine Verdunstungsmenge von 200 l/m^2 festgestellt (Bambach, 2012). Dies führte durch die Verdunstungsenergie zu einer Abkühlung der Luft um 136 kWh/m^2.

So können sich Bitumen- oder Kiesdächer im Sommer auf 40 bis 55 °C und weit mehr aufheizen, während begrünte Dächer deutlich niedrigere Oberflächentemperaturen aufweisen (Konzepte der Regenwasserbewirtschaftung, 2010).

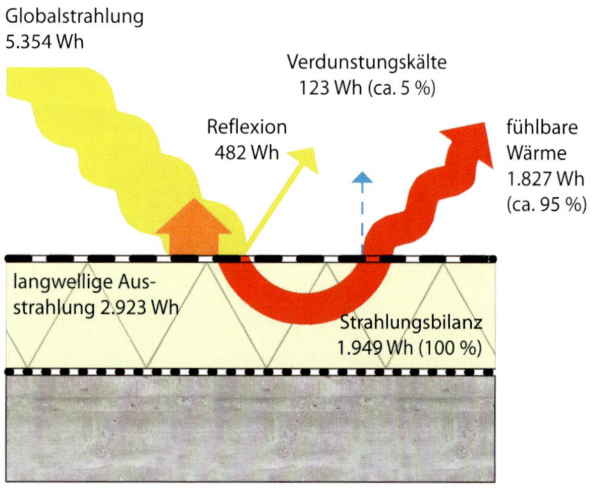

Abb. 6.24: Energiebilanz eines unbegrünten Daches im Tagesmittel. Es findet keine Kühlung statt, da die Verdunstung ohne Pflanzen sehr gering ist und nur auf der Verdunstung von Oberflächenwasser beruht (nach einer Untersuchung von Schmidt [Schmidt, 2003]).

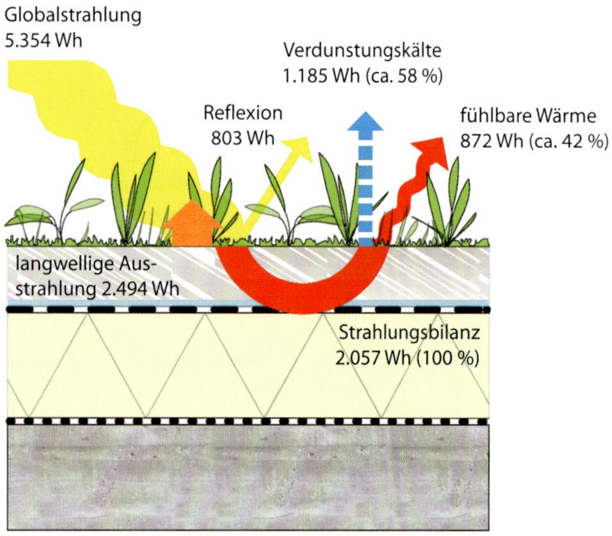

Abb. 6.25: Energiebilanz eines Gründachs im Tagesmittel. 58 % der Strahlungsbilanz werden in Verdunstungskälte umgewandelt (nach einer Untersuchung von Schmidt [Schmidt, 2003]).

Sind die Begrünungen vital, werden die Flächen in der Regel niemals wärmer als die Umgebungslufttemperatur. Das kann im Vergleich zu einer frei bewitterten Dachabdichtung eine Temperaturreduktion der Fläche von bis zu 50 °C und mehr bedeuten (siehe Abb. 6.24 und 6.25). Das Umfeld wird gekühlt, Wärmeinseleffekte werden stark abgemildert.

Lüftung

Dachbegrünungen können die natürliche Lüftung unterstützen, indem sie die Temperaturextreme auf Bauteilen reduzieren: Im Sommer kühlen sie die umliegenden Flächen, während im Winter die Pflanzen und das Substrat als natürlicher Puffer wirken. Wie bereits erläutert, erfolgt die Senkung der Oberflächentemperatur im Sommer durch die Verdunstungskühlung der Pflanzen und des Substrats, die langwellige Strahlung wird verringert. Dadurch wird die nächtliche Zuluft nicht durch die abstrahlende Wärme der Gebäudehülle aufgeheizt, was den Effekt der Nachtabsenkung verstärkt. Weitere Vorteile sind die Luftbefeuchtung sowie die Filterung von Feinstaub durch die Pflanzen, deren Blattoberfläche zur Ab- und Adsorption atmosphärischer Schadstoffe beiträgt und so die Luftqualität in der Nähe von Gebäuden verbessert (siehe Abb. 6.26) (Kuttler, 2010).

Abb. 6.26: Dachgarten FIAT, Turin: Lüftung

Licht- und Sonnenschutz

Die Verschattung und die Verdunstungskühlung von Pflanzen erzeugen einen Kühleffekt, indem sie die langwellige Strahlung vermindern (Konzepte der Regenwasserbewirtschaftung, 2010). Konventionelle Sonnenschutzsysteme reduzieren zwar die kurzwellige Sonneneinstrahlung, wandeln diese jedoch in langwellige Strahlung und sensible Wärme um, im Gegensatz zur Begrünung, die durch ihre natürliche Verdunstungskälte diese Umwandlung verhindert (Konzepte der Regenwasserbewirtschaftung, 2010).

Zur Anwendung kommt ein Licht-/Sonnenschutz in Form von Kletterpflanzen an Dachpergolen (siehe Abb. 6.27) oder vor Luftkollektorflächen. Für den saisonalen Einsatz sind sommergrüne Pflanzen geeignet, da ihre Verschattungswirkung und Begrünungsdauer zeitlich mit dem notwendigen Sonnenschutz übereinstimmen: Im Sommer verschattet das Laub die Sonneneinstrahlung, während durch

Abb. 6.27: MFO-Park, Zürich, Neu-Oerlikon: Pflanzendach (Großpergola) zur Beschattung

Abb. 6.28: Solargründach: Photovoltaik-Aufdachanlage auf einer extensiven Dachbegrünung (Erhöhung des Wirkungsgrads der Photovoltaikanlage um ca. 1 bis 2 %)

den Laubfall im Herbst/Winter bis in das Frühjahr hinein solare Wärmegewinne möglich werden. Der Zwischenraum von Luftkollektorfassaden kann sich ungeschüzt auf 80 °C aufheizen – im Winter willkommen zur Aufheizung von Flächen (Bauteilaktivierung) oder Innenräumen, im Sommer kein Problem, da die erwärmte Luft einfach abgeführt werden kann. Besser ist es jedoch, gerade im Sommer dem städtischen Umfeld weniger Wärme zuzuführen. Unter einfachen begrünten Dachpergolen wird im Sommer eine hervorragende Aufenthaltsqualität erreicht, während dahinter liegende Räume angenehm temperiert bleiben. Die Pflanzen tragen in beiden Anwendungsfällen maßgeblich zur Reduzierung von Kühllasten bei.

Einsparung elektrischer Energie

Das Thema der Energieeinsparung auf Dachbegrünungen betrifft gleich mehrere Anwendungsfälle, so z. B. vordergründig die Gewinnung solarer Energien, aber auch die Einsparung durch technische Verbraucher (z. B. durch Prozesswasserkühlung).

Photovoltaik (PV) wird zur regenerativen Stromerzeugung aus Sonnenlicht genutzt. Eine Dachbegrünung kann dabei den Wirkungsgrad der PV-Anlage positiv beeinflussen. Die Verdunstungskühlung verringert die Aufheizung der PV-Module und fördert so deren Effizienz. Aktuelle Forschungen beweisen Leistungssteigerungen von 1,0 bis 2,6 % bei PV-Modulen auf begrünten Flachdächern im Vergleich zu frei bewitterten Dächern (siehe Abb. 6.28) (Dong et al., 2020). Die Module dürfen jedoch nicht beschattet werden, um eine Ertragsminderung zu vermeiden.

Bei Solarthermie ist die Leistung sowohl von der direkten Sonneneinstrahlung als auch von der Umgebungstemperatur abhängig. Je größer der Temperaturunterschied zwischen Außenluft und Absorber, desto höher ist der Wärmeverlust des Kollektors. Zwar können Verdunstungskühlung und Verschattung leistungsmindernd wirken, jedoch ist dieser Effekt gering. Typische Betriebstemperaturen von Flachkollektoren liegen zwischen 60 und 90 °C (Hegger et al., 2007), und bei einer Temperaturdifferenz von 7 K kann der Wirkungsgrad eines aufgeständerten Flachkollektors

Abb. 6.29: Kelterei Possmann, Frankfurt a. M.: Das Retentionsdach mit Prozesskühlung ermöglicht eine Kühlkosteneinsparung von 6.000 € pro Jahr.

um etwa 4 % sinken, wobei der Nutzungsgrad um etwa 1 % abnimmt.

Das Wasser des Wassergründachs der Kelterei Possmann in Frankfurt wird zur Prozesskühlung im Kreislauf geführt: Wasser wird auf das Dach geleitet, wo ihm durch Verdunstung und die natürliche Verschattung der Wasserpflanzen Wärme entzogen wird (siehe Abb. 6.29). Das gekühlte Wasser wird anschließend in das Lager der Kelterei geleitet, um den produzierten Apfelsaft und Apfelwein zu kühlen. Über einen Wärmetauscher wird dem Wasser zusätzlich Energie entzogen, bevor es zurück auf das Dach geleitet wird und der Kühlkreislauf erneut beginnt. Dieser Prozess führt zu einer jährlichen Einsparung von Kühlenergie in Höhe von 6.000 €. Zudem bieten Wassergründächer auch Potenzial für die Reinigung von Betriebswasser. So nutzt beispielsweise die Firma John Deere in Mannheim eine auf dem Dach installierte Pflanzenkläranlage, um Chemikalien aus dem Produktionswasser zu filtern und dieses erneut in den Produktionsprozess zurückzuführen.

Material- und Ökobilanz

Dachbegrünungen und ihre Substrate schützen Dachabdichtungen vor UV-Belastung und vor Temperaturschock (Undichtigkeiten der Abdichtung aufgrund hoher Temperaturgegensätze im Sommer). Sturm- und Witterungsereignisse (vor allem Hagelkörner von 4 cm Durchmesser) sind in der Lage, harte Bedachungen und frei bewitterte Dachabdichtungen zu zerstören. Die Folgen sind hohe Sanierungskosten (ca. 75 €/m²). Die Lebensdauer der Dachabdichtung wird durch eine Begrünung deutlich verlängert. Der durchschnittliche Sanierungszyklus begrünter Dächer liegt bei etwa 40 Jahren und mehr, im Vergleich zu unbegrünten, frei bewitterten Dächern mit Sanierungsaufwendungen ca. alle 25 Jahre.

Umfeldverbesserung durch Dachbegrünung

Dachbegrünungen bieten nicht nur Vorteile im Hinblick auf die Gebäudeoptimierung, sondern tragen auch positiv zum städtischen Umfeld bei. Sie gewährleisten eine Rückhaltung von Regenwasser bei Regen-/Starkregenereignissen und schaffen zusätzliche Flächen für die Verdunstung. Es enstehen Rückhalteflächen auf privatem Grund, die wichtige Schnittstellen zum Stadtraum darstellen. In diesem Zusammenhang rückt das gebäudenahe Umfeld in den Fokus (Gebäude Begrünung Energie, 2014). Im Folgenden werden Aspekte wie Regenwasserverdunstung, Überhitzungsvermeidung, Reduktion der Luftverschmutzung, Akzeptanz, Lärmminderung und Förderung der Biodiversität im Zusammenhang mit dem Thema Dachbegrünung näher betrachtet.

Vermeidung von Überhitzung

Dachbegrünungen erzeugen durch Evapotranspiration – also die Verdunstung über Pflanzen und Substrate – einen natürlichen Kühlungseffekt. Dieser wirkt hauptsächlich außerhalb der Gebäudehülle, kühlt dabei die Bauteiloberflächen und reduziert die langwellige thermische Strahlung. Unbegrünte Dächer hingegen wandeln etwa 95 % der Strahlung in Wärme um. Dies führt aufgrund der höheren Oberflächentemperaturen zu einer verstärkten langwelligen Abstrahlung. Im Gegensatz dazu nutzt eine extensive Dachbegrünung in den Sommermonaten rund 58 % der Strahlungsenergie für Verdunstungskälte (Konzepte der Regenwasserbewirtschaftung, 2010). Diese Kühlung der Gebäudeoberflächen wirkt sich positiv auf das städtische Mikroklima aus.

Verdunstungsleistung

Durch den hohen Versiegelungsgrad in Städten wird Niederschlagswasser schnell abgeleitet, was zu einem Mangel an Verdunstungsleistung führt. Die Nutzung der städtischen Flächenressource Dach zur Begrünung bietet ein großes Potenzial, zum Feuchterückhalt als Ausgleich für versiegelte Flächen.

In Forschungen von Daniel Kaiser und Manfred Köhler (Kaiser et al., 2019) wurde eine Verdunstungsleistung dünnschichtiger bewässerter, vitaler Dachbegrünungsaufbauten (8 cm) von ca. 4 l/(m² · Tag) festgestellt (siehe Abb. 6.30). Diese Verdunstung spielt eine wesentliche Rolle

Abb. 6.30: Ufa-Fabrik, Berlin, Dachbegrünung: Verdunstungsleistung von ca. 4 l/(m² · Tag) der dünnschichtigen bewässerten Aufbauten (8 cm) (Quelle der Daten: Kaiser et al., 2019)

bei der Gebäudekühlung und hilft, die Bildung von „Hitzeinseln" in dicht bebauten Stadtgebieten zu verhindern. Es ist daher wichtig, den Versiegelungsgrad so gering wie möglich zu halten, auch, weil Regenwasserverdunstung entscheidend für die Bildung von neuem Niederschlag ist. Ein Rückgang der lokalen Verdunstung führt zu einer direkten Reduktion der regionalen und überregionalen Niederschläge und in der Folge zu lang anhaltenden Trockenperioden.

Regenwasserrückhalt

Die Regenwasser-Rückhaltefunktion von Gebäudebegrünungen trägt zudem dazu bei, Überlastungen der Kanalisation und Rückstau infolge von Starkregenereignissen zu verringern. So können urbane Überschwemmungen verhindert werden kann. Besonders intensive Dachbegrünungen weisen eine hohe Rückhalteleistung auf: Das Wasser wird im Substrat und in der Drainageebene zurückgehalten und steht somit den Pflanzen zu Verfügung, kann verdunsten, für die Bewässerung z. B. in einer Zisterne gespeichert oder zeitverzögert in die Kanalisation abgeleitet werden.

Abb. 6.31: Wilmina-Hotel, Berlin: Die Dachbegrünungen bewirken eine Senkung der Niederschlagswassergebühr (Gestaltung: Grüntuch Ernst Architekten).

Je nach Aufbau und Bepflanzung kann eine intensive Dachbegrünung 60 bis 90 % der jährlichen Niederschlagsmenge auf der Fläche zurückhalten und wieder in den natürlichen Wasserkreislauf einbringen. Diese hohe Rückhalteleistung wirkt Überschwemmungen entgegen und entlastet städtische Abwassersysteme besonders bei Starkregenereignissen. In einigen Kommunen greift die gesplittete Abwassersatzung als Anreiz zur Flächenentsiegelung. Eigentümer werden so zur Senkung der Niederschlagswassergebühr dazu motiviert, Regenwasser dezentral zu versickern und/oder zu speichern (Flächenentsiegelung, Dachbegrünung, Regenwasserspeicherung in Zisternen; siehe Abb. 6.31).

Reduktion der Luftbelastung

Ein weiterer positiver Effekt von Dachbegrünungen ist ihre Fähigkeit, Staub und Feinstaub zu binden. Die Blattoberfläche der Pflanzen ermöglicht die Ab- und Adsorption von Spurenstoffen, was zu einer Verbesserung der Luftqualität führt (Kuttler, 2010).

Im Vergleich zu herkömmlichen Dachmaterialien bietet die Begrünung zudem den Vorteil, über ihre Lebensdauer klimawirksames CO_2 zu speichern. Die Lebensdauer einer extensiven Dachbegrünung wird üblicherweise auf etwa 40 Jahre geschätzt (Nutzungsdauern von Bauteilen, 2017). In einer Untersuchung zu extensiven Gründächern wurde nach drei Jahren eine CO_2-Bindung von 0,8 bis 0,9 kg/m^2 in der oberirdischen Biomasse festgestellt (Herfort et al., 2013). Intensive Begrünungen und Moose erzielen dabei höhere Werte (Frahm, 2008; Weber, 2011). Es ist jedoch zu beachten, dass die CO_2-Reduktion durch die Speicherung in der Biomasse nicht dauerhaft ist, da beim Verrottungsprozess CO_2 wieder freigesetzt wird (Herfort et al., 2013).

Minderung der Lärmbelastung

Eine Reduktion der Lärmintensität kann durch Entfernung (Minderung), Reflexion (Streuung) und Absorption (Dämpfung) erreicht werden. Dachbegrünungen weisen ein signifikantes Potenzial zur Schallminderung auf. Insbesondere Begrünungsaufbauten mit hohem Massegewicht des Substrats, wie bei intensiven Begrünungen, fördern den Abbau der Schallenergie. Die auftreffenden Schallschwingungen verbrauchen durch die Erregung der Substratmasse einen wesentlichen Teil ihrer Energie, während die Reflexion infolge der weichen, unebenen Oberfläche gering bleibt. Dabei wirkt sich positiv aus, dass die lose Schüttung von Substratmischungen eine gute „Schallschluckfähigkeit" besitzt: Sie können infolge ihres hohen Feuchtgewichts und ihrer amorphen Zusammensetzung kaum zu Schwingungen angeregt werden, da ihnen selbst im durchwurzelten Zustand eine Reaktion als Membran nicht möglich ist. Poröse Materialien, wie Erde, Kies oder Dämmstoffe, absorbieren Schallenergie durch interne Reflexionen, während dichte, raue Oberflächen die Schallenergie diffus streuen (Pfoser, 2016).

Der Minderungseffekt durch die Pflanzen selbst hängt von der Blätterdichte, der Blattfläche und -dicke sowie der Blattstellung ab (siehe Abb. 6.32) (Kunstmann/Dietrich, 2009). In Forschungsprojekten wurden folgende Werte zur Lärmminderung ermittelt: Bei einem begrünten Satteldach konnte eine Reduktion des Verkehrslärms von 1,1 dB bei einer Fahrgeschwindigkeit von 30 km/h und 3,3 dB bei 130 km/h nachgewiesen werden. Bei einem begrünten Flachdach betrug die maximale Lärmminderung des Verkehrslärms bei 1.000 Hz 6 dB.

Abb. 6.32: Lärmminderung durch Dachbegrünung (je nach Substrathöhe bzw. Pflanzen um –5 bis –46 dB) erhöht die Passanten- und Besucherfreundlichkeit sowie die Aufenthalts- und Kommunikationsqualität.

Erhöhung der Attraktivität

Die Akzeptanz von Dachbegrünungen ist infolge der ökologischen, sozialen und gestalterischen Aspekte hoch.

Dachbegrünungen dienen der ästhetischen Aufwertung von Gebäuden, sie schaffen Aufenthaltsqualität durch attraktive und nutzbare Freiflächen und bieten neue soziale Treffpunkte in urbanen Gebieten (siehe Abb. 6.33). Besonders in dicht besiedelten Stadtteilen, wo Freiraum knapp ist, sind diese Flächen wertvolle Ergänzungen für das Stadtleben.

Ein wachsendes Interesse gibt es zudem am innerstädtischen Obst- und Gemüseanbau auf Dachgärten (siehe Abb. 6.34). Diese Form der urbanen Landwirtschaft bietet nicht nur die Möglichkeit, frische Lebensmittel direkt in der Stadt anzubauen, sondern stärkt auch das Bewusstsein für Nachhaltigkeit und Selbstversorgung.

Abb. 6.33: Köbogen 2, Düsseldorf: Die Dachbegrünung bietet Grün- und Freiraum trotz städtischer Dichte.

Abb. 6.34: Wagnis 4, München: Die Dachbegrünung wird für die lokale Nahrungsmittelerzeugung genutzt und fördert so bei kurzen Wegen das soziale Miteinander.

Abb. 6.35: Highline, New York

Ein herausragendes Beispiel für die Akzeptanz und den Erfolg begrünter städtischer Flächen ist die Highline in New York, ein städtischer Park, der auf einer stillgelegten Hochbahnstrecke im Westen Manhattans errichtet wurde. Er erstreckt sich über etwa 2,3 km und verbindet das Viertel Meatpacking District im Süden mit der 34th Street im Norden. Dieser Park zieht jedes Jahr Millionen von Besuchern an und zeigt so eindrucksvoll, wie die Begrünung von Bestandsbauten nicht nur zur ästhetischen Aufwertung von Stadträumen beitragen kann, sondern auch als sozialer Raum, als Ort der Erholung, Begegnung und ökologischen Bildung dient, der die Lebensqualität und das Wohlbefinden der Stadtbewohner verbessert (siehe Abb. 6.35).

Vergrößerung der Biodiversität

Dachbegrünungen fördern die Flora und Fauna in urbanen Räumen. Je nach Art der Dachbegrünung, insbesondere in Bezug auf die Erfüllung möglichst vollständiger Lebensraumanforderungen, können unterschiedliche Tiergruppen und -arten vorkommen. Auf flachen Extensivbegrünungen sind vor allem flugfähige Blütenbesucher zu finden, darunter Käfer, Ameisen, Wanzen, Zikaden sowie Larven von

Abb. 6.36: Dachbegrünungen zur Vorbeugung des Artensterbens (z. B. durch Sicherung der Nahrungskette und der Bestäubung)

Zweiflüglern und Marienkäfern. Da die dünnen Substratschichten im Jahresverlauf extremen Temperaturschwankungen ausgesetzt sind, können sich jedoch die meisten Bodenlebewesen dort nicht dauerhaft ansiedeln. Deshalb wird die Population jährlich neu aufgebaut. Dennoch bieten geeignete Pflanzen über das Jahr verteilt Nahrungsquellen für fliegende Insekten, wie Wildbienen, Schmetterlinge und Schwebfliegen (siehe Abb. 6.36).

Schon Extensivbegrünungen können somit ganzjährig als Nahrungsquelle für Bienen und Schmetterlinge dienen. Ein Vergleich von drei begrünten Dächern zeigte, dass die Käferpopulationen auf zwei extensiv begrünten Dächern 78 bzw. 183 Tiere (aus fünf Familien) umfassten, während auf einem intensiv begrünten Dach 358 Käfer gezählt wurden. Wildbienen wurden auf allen Dächern beobachtet. Dabei wurden bei den Extensivbegrünungen zehn bzw. 13 Arten und bei der Intensivbegrünung 18 Arten gezählt. Erst ab einer Substrathöhe von 15 cm können trockenheits- und frostempfindliche Tierarten überleben. Dadurch erhöht sich die Biodiversität signifikant, und stabile Nahrungs- und Nährstoffkreisläufe werden gefördert (Mann, 1996).

In der Kombination Gründach/Solarenergienutzung zeigen erste Erkenntnisse des Forschungsprojekts SMARTRoofs (Zürcher Hochschule), dass Solargründächer eher als Trockenhabitate zu bezeichnen sind. In feuchten Nischen können sich jedoch verschiedene Tiergruppen, wie z. B. Asseln, Hundertfüssler und Gehäuseschnecken, ansiedeln, die ansonsten auf extensiven Dachbegrünungen kaum überleben können. Arten, die auf größere besonnte Flächen angewiesen sind (z. B. viele Heuschreckenarten), werden durch Solaranlagen eher benachteiligt. Bienenarten profitieren kaum, da sie wärmeliebend sind und besonnte Standorte bevorzugen. Für viele Pflanzenarten bringen die zusätzlichen beschatteten und feuchten Bereiche jedoch Vorteile.

Ingesamt zeigt sich, dass durch höhere Substrataufbauten, Oberflächenmodulationen, eine vielfältige Bepflanzung, vegetationsfreie Areale (z. B. Sand- oder Lehmlinsen, Kiesbeete, Schotterflächen) und die Einbringung von Totholz, Nisthilfen und Wasserelementen sowie durch zusätzliche beschattete Bereiche wertvolle ganzjährige Lebensräume und komplexe ökologische Beziehungen entstehen. Durch die Förderung von Nährstoffkreisläufen und die Schaffung vielfältiger Habitate tragen gerade intensive Begrünungen wesentlich zur Stärkung des städtischen Ökosystems bei und unterstützen die Anpassungsfähigkeit der Flora und Fauna an urbane Bedingungen.

6.2 Bedingungen für die Realisierung

Die Realisierung einer Dachbegrünung im Bestand erfordert eine gründliche Planung, die sowohl technische, rechtliche und gestalterische als auch wirtschaftliche Aspekte berücksichtigt. Bestehende Gebäude stellen spezifische Anforderungen, die es zu analysieren und in das Begrünungskonzept zu integrieren gilt. Im Folgenden werden wesentliche technische und vegetationstechnische Faktoren beschrieben, die für eine erfolgreiche Umsetzung von Dachbegrünungen im Bestand entscheidend sind.

6.2.1 Brandschutztechnik

Zur Eindämmung von Flächenbränden bei trockenen Dachbegrünungen gilt die DIN 4102-7 „Brandverhalten von Baustoffen und Bauteilen – Teil 7: Bedachungen – Anforderungen und Prüfungen“ (2018). Für Extensiv- und Intensivbegrünungen gibt es dabei unterschiedliche Anforderungen. Bei Intensivbegrünungen ist der Aufwand geringer, da diese aufgrund regelmäßiger Bewässerung und Pflege sowie wegen der dickeren Substratschicht als weniger brandgefährdet eingestuft werden.

Bei Extensivbegrünungen wird ein ausreichender Widerstand gegen Flugfeuer und strahlende Wärme vorausgesetzt, wenn eine Substratschicht von mindestens 3 cm Dicke mit maximal 20 % organischen Bestandteilen verwendet wird. Sollte diese Anforderung nicht erfüllt sein oder werden Vegetationsmatten aus Kunstfasern verwendet, muss ein Einzelnachweis nach DIN 4102-7 bei 15 ° Dachneigung in trockenem Zustand ohne Begrünung erbracht werden.

Zudem müssen Gebäudeabschlusswände, Brandwände oder vergleichbare Wände mindestens 30 cm über das begrünte Dach hinausgeführt werden (bezogen auf die Oberkante der Substratschicht). Falls diese Wände nicht über das Dach hinausgeführt werden müssen, genügt eine 30 cm hohe Aufkantung aus nicht brennbaren Materialien oder ein 100 cm breiter Streifen aus massiven Platten (Baustoffklasse A) bzw. eine mindestens 5 cm dicke Schicht aus Grobkies (siehe Abb. 6.37 und 6.38).

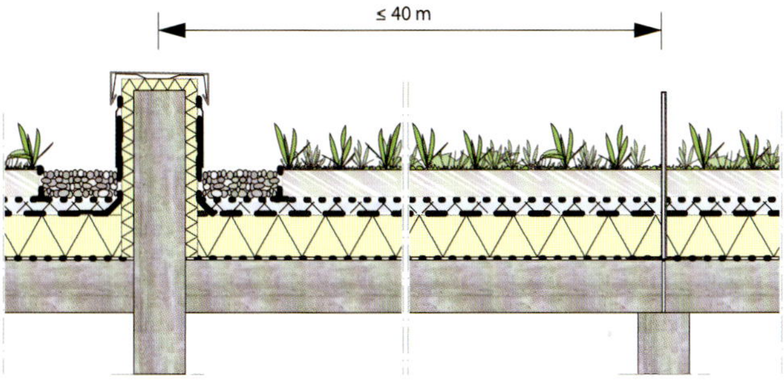

Abb. 6.37: Alle 40 m über das Dach reichende aufgehende Wände, mindestens aus Baustoffklasse A gemäß DIN 4102-7 (nach Slama, 1989)

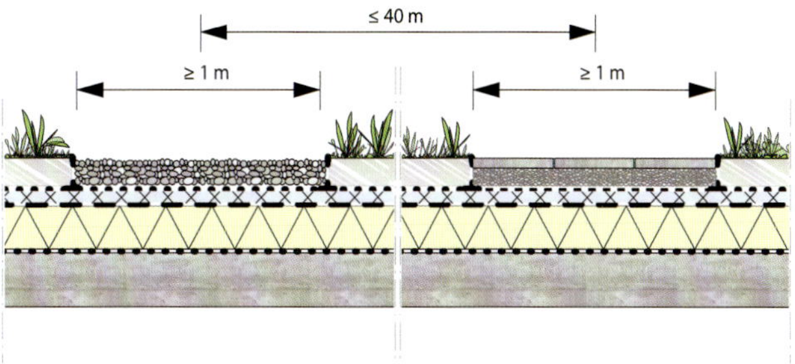

Abb. 6.38: Alternativ mindestens alle 40 m Streifen aus Kies oder Betonplatten nach DIN 4102-7 (nach Slama, 1989)

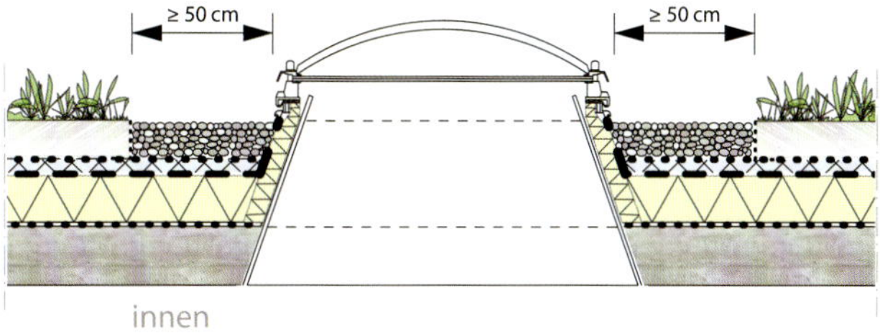

Abb. 6.39: Schutzstreifen um Dachöffnungen nach DIN 4102-7 (nach Slama, 1989)

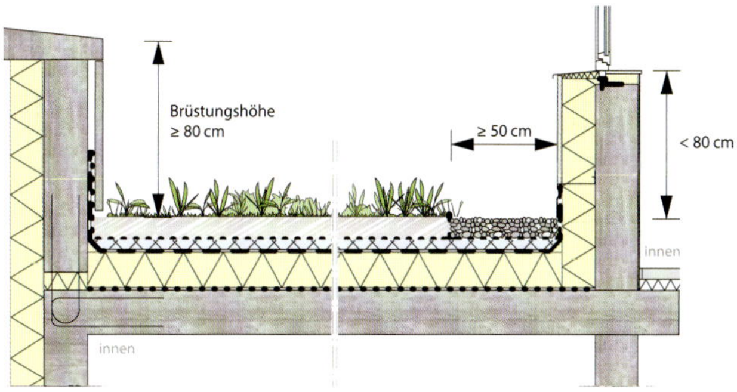

Abb. 6.40: Kiesstreifen vor aufgehenden Wänden mit Brüstungshöhe der Fenster < 80 cm nach DIN 4102-7 (nach Slama, 1989)

Abb. 6.41: DESY, Hamburg: Schutzstreifen mit Rasengittersteinen anstelle von Kies

Vor Öffnungen in der Dachfläche, wie Dachfenstern oder Lichtkuppeln, sowie vor Wänden mit Öffnungen ist ein mindestens 50 cm breiter Streifen aus massiven Platten oder aus einer mindestens 5 cm dicken Schicht aus Grobkies anzulegen (siehe Abb. 6.39 und 6.40), es sei denn, die Brüstung der Wandöffnung liegt mehr als 0,8 m über der Oberkante des Substrats.

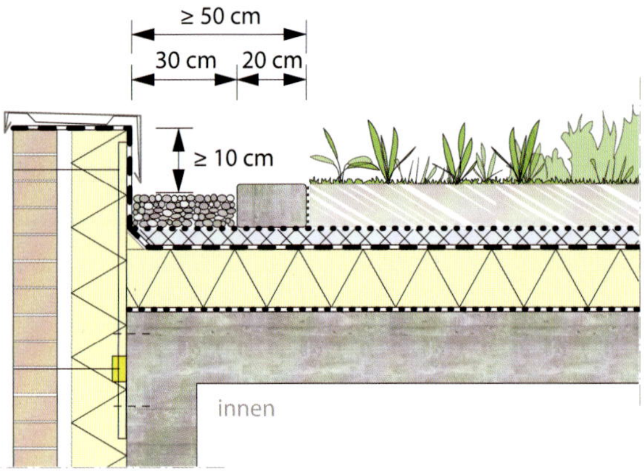

Abb. 6.42: Abstandsstreifen aus Kies und Betonrandstein, aufgehende Abdichtung durch abnehmbares Vorhangblech geschützt (nach Krupka, 1992)

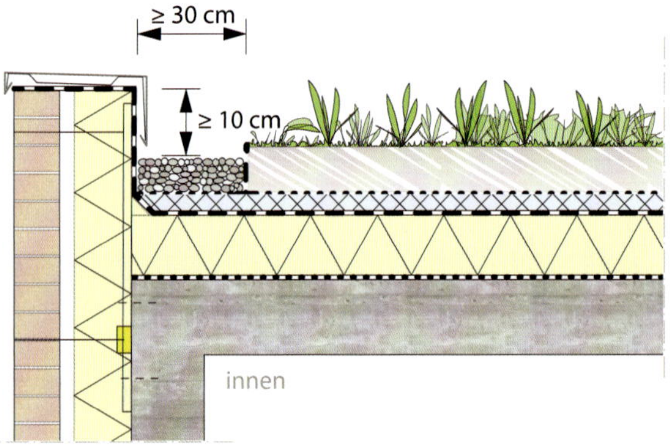

Abb. 6.43: Lösung ohne Betonrandstein, stattdessen Winkellochblech als Randstütze aus nicht rostendem Stahl (nach Krupka, 1992)

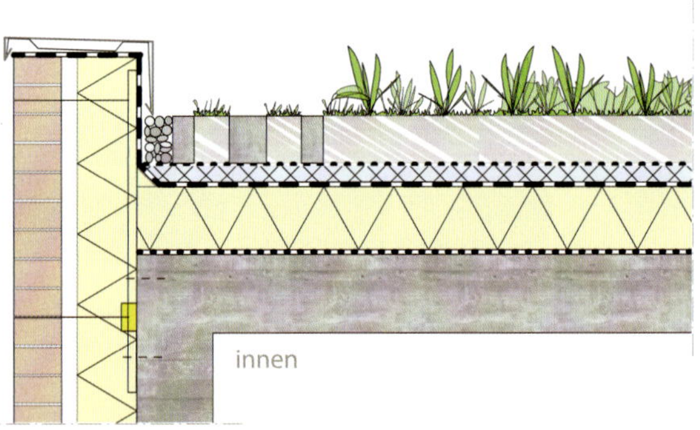

Abb. 6.44: Erhöhte Auflast im Dachrandbereich durch Rasengittersteine, Kiesstreifen für Maßtoleranzen und Temperaturschwankungen (nach Köhler et al., 2012)

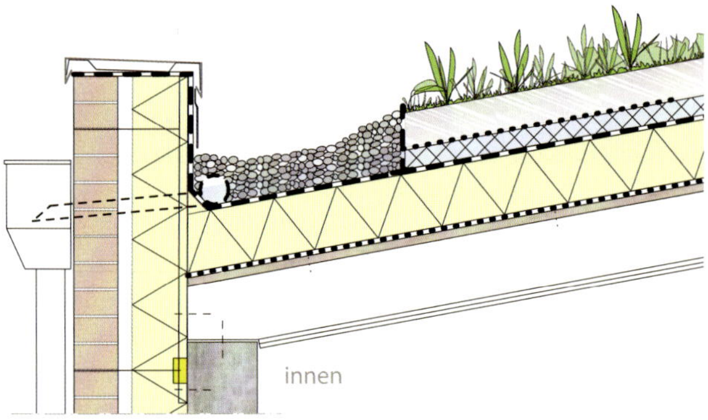

Abb. 6.45: Substratbegrenzung und Ausbildung der Randrinne mit Drainage sowie Entwässerung bei leicht geneigtem Dach

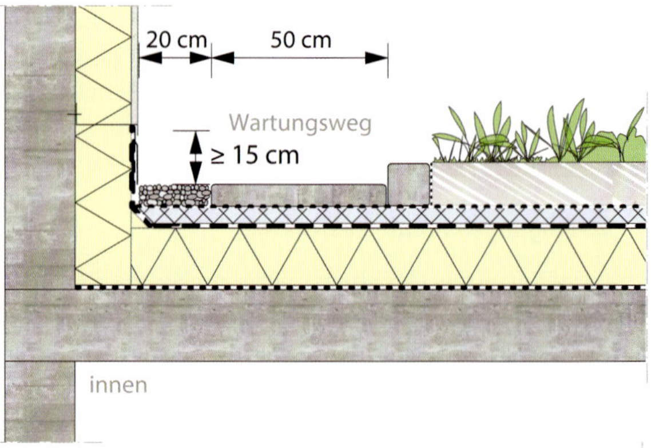

Abb. 6.46: Schutzstreifen am aufgehenden Bauteil, gleichzeitig den Brandschutzanforderungen genügend; Abdichtung durch Vorhangblech geschützt (nach Krupka, 1992)

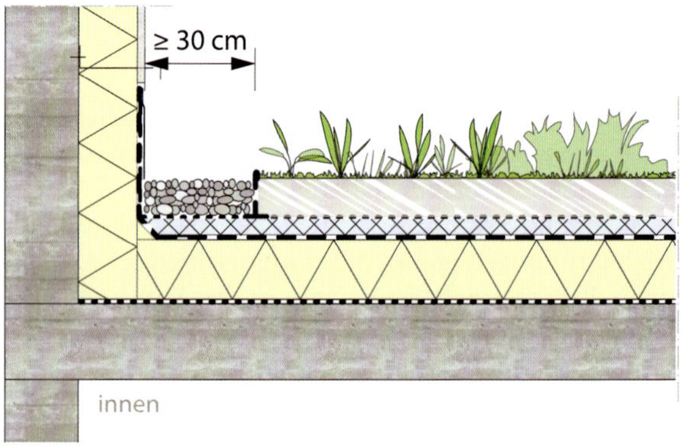

Abb. 6.47: Ausreichender Schutzstreifen bei erhöhter Abdichtung gegen Einwurzelung; durch Abdeckprofil verwahrte Abdichtung (nach Köhler et al., 2012)

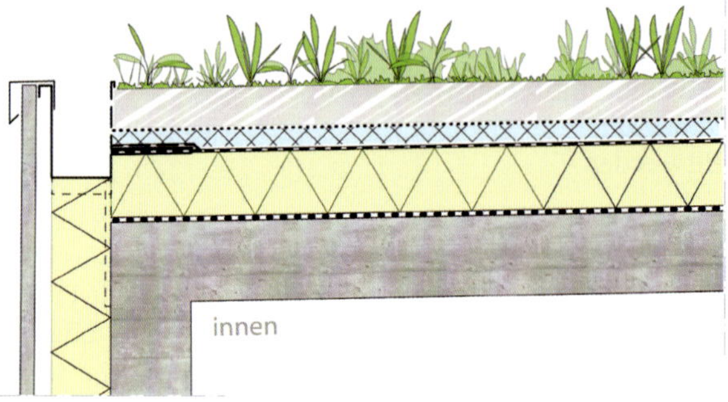

Abb. 6.48: Formal reduzierte Randausbildung; Vorkehrungen gegen Substratverwirbelung durch Windkräfte erforderlich (z. B. Textil-Substrat-Bauweise)

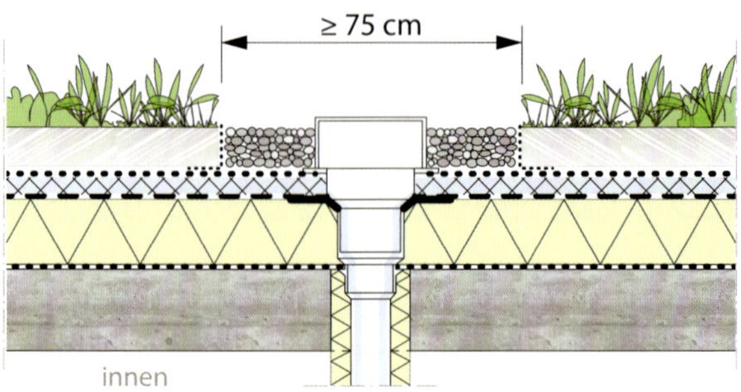

Abb. 6.49: Vegetationsfreier Schutzstreifen um einen Dachablauf mit Kontrollschacht (nach Krupka, 1992)

Für Dachausstiege ist eine Fläche von mindestens 1 m × 1 m mit massiven Platten oder einer mindestens 5 cm dicken Schicht aus Grobkies zu versehen. Bei Reihenhäusern mit giebelständigen Gebäuden muss im Bereich der Traufe ein horizontal gemessener, mindestens 100 cm breiter, stets unbegrünter Streifen mit einer nicht brennbaren Dachhaut versehen werden.

6.2.2 Schutzstreifen

Dachbegrünungen und ihre Randbereiche sowie auf Dächern installierte technische Anlagen sind erheblichen natürlichen Einflüssen ausgesetzt. Die verwendeten Materialien und Verbindungen müssen nicht nur jahreszeitlichen, sondern auch spontanen Temperaturschwankungen standhalten. Es ist daher wichtig, eine entsprechende Dilatation (Flexibilität) der Verbindungen, Randausbildungen und Materialzuschnitte zu berücksichtigen. Abdichtungsränder und -anschlüsse müssen zudem zuverlässig gegen das Eindringen von Pflanzenwurzeln gesichert sein. Der Schutzstreifen kann entweder horizontal (siehe Abb. 6.41) oder durch ein vertikales Hochführen der Abdichtung ausgeführt werden.

Die gesamte Abdichtung sollte vollflächig vor UV-Strahlung und thermischen Belastungen geschützt werden. Besonders sensible Anschlussbereiche zwischen der Begrünung und technischen Elementen, wie Dachabläufen, Entwässerungsrinnen und Dachrändern, müssen jederzeit zugänglich sowie leicht zu reinigen und zu warten sein. Wie in den Prinzipschnitten dargestellt (siehe Abb. 6.42 bis 6.49), sind ausreichend breite, sturmsichere Randausbildungen (eventuell mit Wartungswegen) vorteilhaft, um die Anschlussbereiche übersichtlich und kontrollierbar zu halten (siehe Abb. 6.50). Für die Begrünung von Hochhausdächern oder Dächern, die an Hochhausfassaden angrenzen, gelten spezielle brandschutztechnische Anforderungen. Laut den Vorschriften des Brandschutzes müssen die Dachbauteile grundsätzlich aus nicht brennbaren Materialien bestehen.

Ausnahmen sind möglich, wenn vor der aufragenden Hochhausfassade oder Fassadenteilen ein durchgehender Streifen von mindestens 50 cm Breite aus nicht brennbarem Material verlegt wird (z. B. massive Platten der Baustoffklasse A oder eine mindestens 5 cm dicke Schicht Grobkies). Pflanzen mit hohem Gehalt an ätherischen Ölen, wie beispielsweise Kiefern, sind für Dachbegrünungen auf Hochhausdächern nicht zulässig.

Im Rahmen des Baugenehmigungsverfahrens muss eine Dachaufsicht vorgelegt werden, die Angaben zur Bepflanzung sowie zur Pflege- und Wartungskonzeption enthält. Darin sind zudem Rückschnitt- und Bewässerungsmaßnahmen sowie weitere notwendige Pflege- und Wartungsmaßnahmen zur Instandhaltung zu erläutern.

Weiterführende Literatur:

- Flachdachrichtlinie (FR Flachdach, 2016)
- Dachbegrünungsrichtlinien des FLL (Dachbegrünungsrichtlinien, 2018)

Abb. 6.50: Horizontaler und vertikaler Schutzstreifen: sturmsichere Randausbildung mit angrenzendem Weg

- DIN 18531 „Dachabdichtungen; Begriffe, Anforderungen, Planungsgrundsätze [zurückgezogen]“ (1991)
- DIN 18195 „Abdichtung von Bauwerken – Begriffe“ (2017)
- DIN 4102-7 „Brandverhalten von Baustoffen und Bauteilen – Teil 7: Bedachungen – Anforderungen und Prüfungen“ (2018)
- DIN V ENV 1187 „Prüfverfahren zur Beanspruchung von Bedachungen durch Feuer von außen [zurückgezogen]“ (2006)
- Mustererlass der ARGEBAU „Brandverhalten begrünter Dächer“ (Mustererlass der ARGEBAU, 1989)
- § 4 VStättVO (Versammlungsstättenverordnung vom 28. April 2004, zuletzt geändert durch Verordnung vom 21. Dezember 2021)

6.2.3 Naturschutz und ökologische Aufwertung

In § 9 Abs. 3 Satz 1 Nr. 4 BNatSchG (Bundesnaturschutzgesetz vom 29. Juli 2009, zuletzt geändert am 23. Oktober 2024) werden die Anforderungen und Maßnahmen zur Verwirklichung der Ziele des Naturschutzes und der Landschaftspflege definiert. Die Umsetzung fördert insbesondere den Biotopverbund und die Biotopvernetzung sowie die Entwicklung von Vielfalt, Eigenart und Schönheit der Natur und Landschaft. Sie zielen zudem auf den Schutz von Luft und Klima, die Steigerung des Erholungswerts und die Erhaltung sowie Schaffung von Freiräumen in besiedelten Gebieten ab. Eine Dachbegrünung kann als Minderungs- oder Ausgleichsmaßnahme für Eingriffe in Natur und Landschaft dienen, wenn sie bestimmte Bausteine der Biodiversität umsetzt, darunter:

- Auswahl eines geeigneten Substrats und Oberflächenmodulation zur Förderung der Artenvielfalt,
- Schaffung vegetationsfreier Zonen, wie Sand- oder Lehmlinsen, Kies- oder Schotterflächen,
- Rückzugsmöglichkeiten für Bodentiere, z. B. durch Substratanhügelungen, Gehölzpflanzungen oder erhöhte Pflanzbeete,
- Integration von Futterpflanzen für Insekten und Vögel in die Bepflanzung (Blühaspekte ganzjährig),

Abb. 6.51: In die Dachbegrünung integrierte Nisthilfe

- Einbringen von Totholz, wie Asthaufen, Wurzelstöcken oder Baumscheiben,
- Nutzung von wind- und wassersicheren Nisthilfen für Vögel und Insekten (siehe Abb. 6.51),
- Einfügen von Wasserelementen, wie Wassertränken oder Teichen, gegebenenfalls mit geeigneter Flora (Dachbegrünungsrichtlinien, 2018).

Diese Elemente der Biodiversität eignen sich zur ökologischen Aufwertung von begrünten Dächern sowohl bei Bestandsgebäuden als auch bei Neubauten. Ziel ist die Erweiterung des Lebensraums und des Nahrungsangebots, um die Artenvielfalt zu steigern. Ein detaillierter Ausführungsplan sollte idealerweise unter Einbeziehung von Biologen erstellt werden. Je nach örtlicher Flora und Fauna können weitere spezifische Maßnahmen erforderlich sein. Um die Biodiversität zu fördern, und zur Anrechnung der Dachbegrünung als Minderungs- oder Ausgleichsmaßnahme kann die Verwendung von standortgerechtem Pflanzenmaterial oder gebietseigenem Saatgut vorgeschrieben werden.

Bei der Ableitung des von begrünten Dächern abfließenden Niederschlagswassers in Gewässer (Grund- oder Oberflächengewässer) ist es wichtig, dass Dachabdichtungen und Gründachaufbauten ohne wachstumshemmende Materialien hergestellt werden (biozidfrei, weitgehend frei von Weichmachern aus Kunststoffen, ohne Altlasten usw.).

Hinweis

Ist ein Dachbegrünungsvorhaben auch auf die Lebensbedingungen von Wildtieren, wie Bienen, Schmetterlingen, Käfern und Vögeln, gerichtet, sind zweckdienliche Informationen bei der Deutschen Wildtierstiftung erhältlich.

6.2.4 Umgang mit technischen Aufbauten

Es ist das Ziel, den Platzbedarf für Gebäudetechnik zugunsten von Begrünungen zu minimieren.

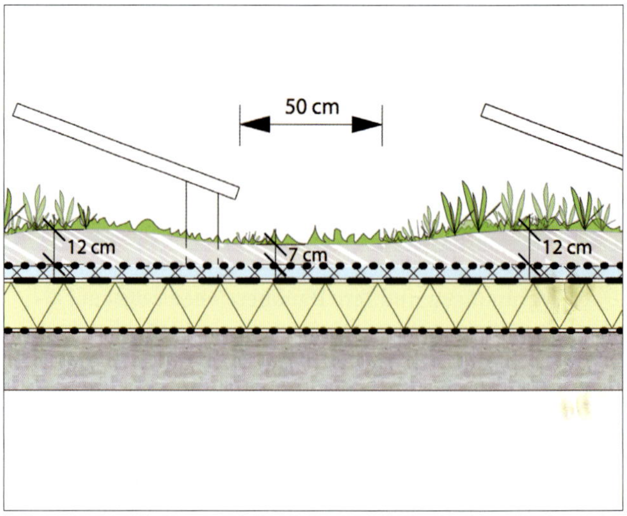

Abb. 6.52: Solaranlagen und Dachbgerünung: Unterschiedliche Substrathöhen sind das Grundprinzip der Habitatverbesserung von Lebewesen.

Solaranlagen

Um die Grünfläche nicht einzuschränken, können Solaranlagen (Photovoltaik/Solarthermie) aufgeständert in eine Dachbegrünung integriert werden. Die Pflanzenhöhe vor den Solarpaneelen wird durch eine geringere Substrathöhe (bis 7 cm) und eine gute Entwässerung kontrolliert, um Verschattungen zu vermeiden (siehe Abb. 6.52). Niedrigwachsende Arten ohne oder mit kurzen Blütenständen sind für eine solche Dachbegrünung geeignet. Hinter den Paneelen kann die Substrathöhe auf bis zu 12 cm erhöht werden, um die Artenvielfalt zu fördern und das Pflanzenwachstum zu unterstützen (Naturschutz auf Dachbegrünungen in Verbindung mit Solaranlagen, 2013).

Entlüftungs- und Klimaanlagen

Emissionen aus Verbrennungsprozessen enthalten schädliche Stoffe, wie Säuren und Pflanzengifte. Diese Schadstoffe können den Stoffwechsel und das Erbgut der Pflanzen beeinträchtigen. Durch die Emissionen von Warm- und Kaltluft sowie die von diesen Anlagen erzeugten Luftströmungen können Frost- und Trockenschäden an Pflanzen entstehen. Abgase aus Kaminen, insbesondere SO_2, schädigen vor allem immergrüne Pflanzen. Daher sollte im Einflussbereich von Abgasen und Luftströmungen geprüft werden, welche Pflanzenarten geeignet sind. Falls erforderlich, sollten entsprechende Abstandsflächen vorgesehen werden (Dachbegrünungsrichtlinien, 2018).

Absturzsicherung

Die Vorgaben der Gartenbau- und Bau-Berufsgenossenschaften bezüglich Absturzsicherungen bei Ausführungs-, Pflege- und Wartungsarbeiten auf Bauwerken müssen eingehalten werden (z. B. bauliche Absturzsicherungen, wie Absperrungen, Geländer oder Zäune sowie Anschlagpunkte für den Anseilschutz). Bei Arbeiten auf Dächern sind gemäß den geltenden Unfallverhütungsvorschriften Absturzsicherungen erforderlich, wenn die Absturzhöhe mehr als 3 m beträgt.

Abb. 6.53: Arbeitsgeländer um extensive Dachbegrünung

Für andere Arbeitsbereiche mit Absturzgefahr, wie beispielsweise Fassadenarbeiten, ist eine Sicherungsmaßnahme ab einer Höhe von 2 m vorgeschrieben. Dies gilt für Arbeiten auf Dächern, Dachterrassen, Balkonen und Fassaden ebenso wie für Begrünungsarbeiten, Bau- und Instandhaltungsmaßnahmen. Sind keine Sicherungen vorhanden, gilt die Herstellung dieser Vorkehrungen als eine besondere Leistung.

Bei Neubauten ebenso wie bei Bestandsbauten sind ortsfeste Absturzsicherungen vorzuziehen. Geeignete Absturzsicherungen:

- ortsfeste Geländer (unter Beachtung der jeweiligen Landesbauordnung)
- nachträglich angebrachte Geländer gemäß Unfallverhütungsvorschrift, mit Handlauf (mindestens 100, maximal 130 cm Höhe), Knieleiste (mindestens 30, maximal 50 cm Höhe) und Fußleiste (mindestens 5 cm Höhe)
- Anschlagpunkte für Seile mit Sicherungsgeschirren, angepasst an die Fallstrecke und die Stoßkraft (Änderungen durch Falldämpfer berücksichtigen)

Sind keine Absturzsicherungen vorhanden, müssen für jedes Betreten der Fläche geeignete Sicherungsmaßnahmen eingerichtet werden, wie z. B. mobile Geländer (siehe Abb. 6.53), Gerüste, Fangnetze oder Hubarbeitsbühnen. Diese Sicherungen sind vom Auftraggeber zu vergüten.

6.2.5 Pflanzenauswahl und Pflanzung

Bei einer Dachbegrünung ist die Berücksichtigung vegetationstechnischer Kriterien zentral für ihre Funktion und Langlebigkeit. Diese Kriterien umfassen Aspekte wie das lokale Klima, die Zusammensetzung des Substrats, die Wasserspeicherung und die Auswahl geeigneter Pflanzenarten. Dabei spielen die Widerstandsfähigkeit der Pflanzen gegen extreme Witterungsbedingungen, ihre Toleranz gegenüber Trockenheit und Nährstoffmangel sowie der Pflegeaufwand eine entscheidende Rolle. Diese Faktoren müssen sorgfältig auf die spezifischen Bedingungen des Daches (Neigungswinkel, Sonneneinstrahlung und Niederschlagsmenge) abgestimmt werden, um eine erfolgreiche und und langfristig vitale Begrünung sicherzustellen.

Für extensive Begrünungen, die sich aufgrund des geringen Gewichts besonders gut für nachträgliche Begrünungen im Bestand eignen, kommen Pflanzen mit wenig Wasserbedarf infrage, wie Sedum, Moose, Gräser und Kräuter. Diese Pflanzen sind pflegeleicht und kommen auch mit extremen Wetterbedingungen gut zurecht. Intensive Dachbegrünungen bieten eine größere Pflanzenvielfalt, darunter Stauden, Gehölze und sogar Bäume. Sie können auf Bestandsbauten über tragenden Stützen, Wänden und anderen stabilen Tragstrukturen zum Einsatz kommen, erfordern jedoch eine intensivere Pflege, regelmäßige Bewässerung und Nährstoffversorgung. Dafür bieten sie diverse ökologische Vorteile (höhere Verdunstungsleistung, Nahrungs- und Lebensraum für Insekten und Vögel, Gestaltungsvielfalt usw.).

Abb. 6.54: Schutz der Wurzelballen zur Zwischenlagerung

Abb. 6.55: Bunker St. Pauli, Hamburg: Lagerung der Pflanzen für die Dachbegrünung

Pflanzen sind bei der Anlieferung zu prüfen (Art/Sorte, Größe, Vitalität, Beschädigung, Ballenfeuchtigkeit, Ballenfestigkeit, Schädlinge, Allgemeinzustand). Der Transport und das Abladen müssen geschützt erfolgen (Sackleinen, Vliesummantelung, Tragegurt). Der Abstellort zur Zwischenlagerung sollte durch eine Absperrung oder einen Bauzaun geschützt werden. Die Pflanzen sollten abgedeckt, beschattet und feucht gehalten maximal 48 Stunden gelagert werden. Dauert die Lagerung länger als 48 Stunden, müssen die Wurzelballen eingeschlagen werden (siehe Abb. 6.54 und 6.55).

Ballen dürfen nicht gequetscht werden, denn die Versorgung der Pflanzen erfolgt über ihre Wurzelspitzen. Der restliche Ballen dient nur der Statik. Triebe sollten nicht abbrechen, Rinden müssen z. B. mit Vlies geschützt werden. Pflanzungen sollten nicht vor dem 30. April erfolgen.

Saatgut

Saatgut bezeichnet trockene, ruhende, generative Fortpflanzungsorgane, wie Samen, Früchte, Scheinfrüchte, Fruchtstände oder Teile davon. Heimisches Saatgut fördert die Biodiversität auf der Dachbegrünung. Samen sind jedoch nicht unbegrenzt lagerbar.

Sprossen

Sedum-Sprossen sind lebendige Pflanzenteile bzw. Triebe der Sedum-Pflanzen. Es sollten mindestens vier verschiedene Sorten ausgebracht werden, um den Anwuchserfolg zu erhöhen. Sedum-Sprossen bilden einen flächigen ökologischen „Schutzbelag" (60 bis 80 g/m^2). Sie werden ausgestreut, eingearbeitet (z. B. mit einem Mauerhammer), gewalzt, gewässert (mit 10 l/m^2) und brauchen dann etwa sechs bis acht Wochen, bis sie anwachsen (erst werden Wurzeln ausgebildet, bevor das Wachstum beginnt). In den ersten Wochen ist eine durchdringende Wässerung erforderlich. Sprossen sollten vor dem Ausbringen nur kurz gelagert werden, maximal 24 Stunden (im Kühlschrank oder kalten Kaller, nicht im Plastiksack).

Vegetationsmatten

Dabei handelt es sich um in Gärtnereien vorkultivierte Pflanzenmatten mit/ohne Trägermaterial. Sie eignen sich für eine schnelle/sofortige Flächendeckung bei Windsog und möglicher Erosion und sind daher auch eine sehr gute Lösung für Schrägdachbegrünungen. Sie werden auf dem Substrat aufgelegt, ausgerollt, überlappend verlegt, gegebenenfalls fixiert (mit Holzankern, Netzen und Verbindern) und durchdringend gewässert (mit 10 l/m^2).Verrottbare Trägermatten werden eingesetzt, wenn eine schnelle Verwurzelung möglich ist. Nicht verrottbare Trägermatten sind für den Schrägdachbereich geeignet. Vegetationsmatten sollten nach der Anlieferung sofort ausgerollt werden.

Zwiebeln

Pflanzenzwiebeln lieben die Sonne und haben es in der Regel in absonnigen Bereichen schwer. Das unterirdische Speicherorgan versorgt die Pflanze auch in Trockenzeiten. Kleine Zwiebeln funktionieren auf Dachbegrünungen sehr gut. Geliefert werden sie im Topfballen, in der Topfpalette oder wurzelnackt. Zwiebeln werden ausgetopft, ausgelegt, eingepflanzt (Tiefe = zwei- bis dreimal die Zwiebelhöhe) und gewässert (mit 10 l/m^2).

Stauden

Darunter versteht man krautige mehrjährige Pflanzen, die als Rhizome, Wurzelsprosse oder Erneuerungsknospen überwintern. Klein- und Flachballenstauden sind für Dachbegrünungen gut geeignet. Sie sollten gezielt in sandigem, mineralischem, nährstoffarmem Substrat angezogen werden. Sie werden im Topfballen, in der Topfpalette oder wurzelnackt geliefert. Rhizombildende Pflanzen sind für Dachbegrünungen ungeeignet, da die Rhizome Wurzelschutzbahnen und Dachabdichtungen durchdringen. Stauden und Halbsträucher werden ausgetopft, es wird ein Pflanzloch gebildet (1.5-mal so groß wie der Ballen), die Pflanze wird eingestellt und ausgerichtet, das Ballentuch wird belassen und nur geöffnet. Das Pflanzloch wird verfüllt, die Pflanze wird angedrückt und gewässert (mit 10 bis 15 l/m^2, bzw. mit 10 l/m^2 bei einem Halbstrauch). Man benötigt ca. 12 bis 15 Stück/m^2 Kleinballenstauden, auf einem Schrägdach bis zu 20 Stück/m^2.

Sträucher

Sträucher sind verholzende Pflanzen (Gehölze). Sie bilden keinen Stamm als Hauptachse aus, sondern mehrere grundstämmige Triebe. Daher sind sie weniger windanfällig als Bäume (weniger Windlasten, Punktlasten, Hebel). Geliefert werden sie mit Ballen, im Topf oder wurzelnackt. Zunächst erfolgt ein Pflanzschnitt. Die Pflanzen werden ausgestellt, es wird ein Pflanzloch hergestellt (1.5-mal so groß wie der Ballen), die Pflanze wird eingestellt und ausgerichtet (Höhe = Oberkante des Ballens). Das Ballengewebe wird belassen und nur umgeschlagen. Der Wurzelballen wird gesichert. Unterflurverankerungen bestehen aus Matten, Platten oder Strukturgittern – es sollten keine Pfähle oder Schlaganker verwendeet werden. Das Pflanzloch wird verfüllt, angetreten und bei wurzelnackter Ware eingerüttelt und eingeschlämmt, um die Hohlräume zu schließen. Kleinsträucher werden mit 15 bis 20 l Wasser pro Pflanze eingegossen, Sträucher bis 175 cm Höhe mit 35 bis 50 l pro Pflanze.

Bäume

Bäume sind ausdauernde und verholzende Pflanzen, die eine dominierende Sprossachse aufweisen, die durch sekundäres Dickenwachstum an Umfang zunimmt. Sie sollten als Spalier erzogen werden (Äste horizontal führen). Ein gesteuerter Astwuchs führt zu weniger großen und weniger dichten Kronen und damit zu weniger Windangriff und größerer Windsicherheit. Geliefert werden Bäume mit Ballen, im Topf oder wurzelnackt. Für Dachbegrünungen nicht geeignet sind tiefwurzelnde Bäume, wurzelagressive Bäume (z. B. Akazien) und bruchgefährdete Arten (z. B. Robinien). Klimabäume weisen eine größere Toleranz bezüglich Trockenheit, Regen/Starkregen und Frost auf. Bäume mit einem Stammumfang bis 18 werden mit 80 bis 120 l eingegossen, bis Stammumfang 25 cm mit 100 bis 150 l und bis Stammumfang 50 cm mit 200 bis 300 l pro Pflanze (Traut, 2024).

6.2.6 Versorgungstechnik

Substrat

Die Zusammensetzung von Substraten für Dachbegrünungen orientiert sich an den speziellen Bedürfnissen der Pflanzen und den klimatischen Bedingungen auf Dächern. Substrate bestehen meist aus einer Mischung von mineralischen Materialien wie Lava, Bims (Luftporen, Wasserspeicher) oder Ziegelsplitt (Wasserspeicher) und organischen Bestandteilen wie Kompost. Die Mischung sorgt für gute Drainage, ausreichende Nährstoffversorgung und Stabilität der Pflanzen. Wichtig ist die Wasserspeicherfähigkeit des Substrats, um den Pflanzen in Trockenperioden ausreichend Feuchtigkeit zu bieten. Sowohl die Wasseraufnahmefähigkeit des Substrats als auch die Rückhaltefunktion der Drainschicht dienen sowohl bei Extensiv- als auch bei Intensivbegrünungen als temporärer Wasserspeicher.

Dicke und Zusammensetzung der Substratschicht hängen von der Art der Begrünung ab (extensiv oder intensiv). Bei extensiven Begrünungen, die pflegeleichte und trockenheitsresistente Pflanzen wie Sedum oder Gräser umfassen, ist die Substratschicht in der Regel 5 bis 15 cm dick. Das Substrat muss für diese Begrünungsform leicht, durchlässig und nährstoffarm sein, um den Wasserabfluss zu erleichtern und das Gewicht zu minimieren. Intensive Begrünungen, bei denen auch Rasen, Sträucher und sogar Bäume gepflanzt werden, erfordern eine dickere Substratschicht von mehr als 15 cm (für Bäume mindestens 80 cm). Das Substrat muss für eine intensive Begrünung nährstoffreicher und schwerer sein, um größere Pflanzen zu stützen und zu versorgen.

Bei einer künstlichen Bewässerung muss die Wasserhärte beachtet werden (pH-Wert 6–8,5, Carbongehalt max. 6g/l). Ggf. muss eine Entkalkung des Wassers erfolgen.

Die Qualität des Substrats bestimmt maßgeblich den Erfolg der Dachbegrünung (Preiss, 2013). Wesentliche Kriterien:

- hohe Formstabilität
- wenig organische Bestandteile
- geringes Gewicht (Trockenzustand)
- hohe durchgängige Wasserspeicherfähigkeit
- ausreichende Luftkapazität bei Wassersättigung
- gute Aufnahmefähigkeit von Nährstoffen
- gute Resistenz gegen pH-Wert-Verschiebung (z. B. bei saurem Regen)
- frei von Schädlingen, Krankheitserregern und Samenverunreinigung
- geringer Feinanteil, um Verhärten/Verschlämmen zu vermeiden

Be- und Entwässerung

Jede Art von Dachbegrünung erfordert eine sorgfältig geplante Be- und Entwässerung, die bereits in der frühen Planungsphase berücksichtigt werden sollte. Eine durchdringende Startbewässerung ist erforderlich, weitere Bewässerungen erfolgen in Trockenphasen nach Bedarf.

Um Trockenperioden zu überbrücken, sollte für Extensivbegrünungen eine Bewässerungsmöglichkeit (z. B. Wasseranschluss zur manuellen Bewässerung) eingeplant werden, sodass die Wasser- und Nährstoffversorgung bei Bedarf sichergestellt ist (siehe Abb. 6.56). Während bei Extensivbegrünungen eine Bewässerung meist nur während der Anwuchsphase notwendig ist und vereinzelt Notbewässerungen in langanhaltenden Trockenperioden erforderlich werden, bleibt eine ausreichende Bewässerung und Nährstoffversorgung bei Intensivbegrünungen in allen Wachstumsphasen unverzichtbar. Sinnvoll ist eine gesteuerte Wasser- und Nährstoffversorgung (gegebenenfalls Steuerung durch Feuchtesensoren).

Insbesondere bei Flachdächern ist die Entwässerung entscheidend, um überschüssiges Wasser zuverlässig abzuführen. Staunässe ist unbedingt zu vermeiden. Intensive Begrünungen oder solche in trockenen Regionen erfordern ein effektives Bewässerungssystem, um das langfristige Überleben der Pflanzen sicherzustellen. Automatische Bewässerungssysteme können den Pflegeaufwand reduzieren.

Folgende Lösungen zur Bewässerung gibt es:

- oberirdische Beregnung über Getrieberegner (für große Flächen), Düsen (kleinere Flächen), Tropfer (für Einzelpflanzen) oder Tropfschläuche (für eine flächige oder lineare Versorgung; siehe Abb. 6.57),
- Unterflurbewässerung mit Verteilerplatten, Tropfschläuchen oder Retentionsflächen/-boxen.

Für Tropfer und Tropfschläuche werden Druckminderer benötigt.

Rechtliche Vorgaben erfordern eine Systemtrennung für die Bewässerung einer Dachbegrünung: Im Sinne des Trinkwasserschutzes darf keine direkte Einleitung in das Trinkwassernetz erfolgen.

Abb. 6.56: Wagnis 4, München: Möglichkeit der manuellen Bewässerung einer Dachbegrünung mit Regenwasser

Abb. 6.57: Bewässerung mit Tropfschläuchen

Tabelle 6.1: Erforderliche Tätigkeiten zum Betrieb einer Bewässerungsanlage

Tätigkeitsbereiche	Aufgaben
Einwinterung	• Zuleitung vor Ventilen absperren (langsam) • Steuerung auf „off" stellen • System ausblasen • Ventile manuell geöffnet lassen • Filter reinigen • Dokumentation erstellen
Inbetriebnahme im Frühjahr	• Ventile schließen • Zuleitung öffnen (langsam, um Druckschlag auf die Leitungskomponenten zu vermeiden) • nacheinander einzelne Kreise manuell öffnen und befüllen, bis keine Luft mehr kommt, dann schließen • Steuerung auf „on" stellen • Testlauf aller Kreise mit manueller Ansteuerung durchführen • Regner, Düsen und Filterpatrone reinigen/ersetzen • Einstellungen kontrollieren/korrigieren • Dokumentation erstellen
allgemeine Wartung (Reinigung, Prüfung, Ersatz)	• Vorfilter kontrollieren und reinigen • Filtersätze der Düsen kontrollieren/ersetzen • Ventile kontrollieren und bei Undichtigkeit austauschen • Verschraubungen auf festen Sitz und Dichtigkeit prüfen • Düsenaufsätze austauschen • Düsen bei Regnern tauschen, gegebenenfalls Getriebe tauschen • Batterie am Steuergerät tauschen • Dokumentation erstellen

Die Steuerung erfolgt über eine elektronisch programmierbare Steueranlage. Es sind mechanisch oder elektrisch geregelte Absperreinrichtungen erforderlich.

Die Wasserentnahme sollte (zur Bewässerungskontrolle) auf getrennten Zählern erfolgen. Wird ein separater Wasserzähler für die Begrünungsbewässerung installiert, können zudem Zahlungen für Abwasser vermieden werden.

Eventuell geltende kommunale Vorgaben für eine maximale Wasserentnahme sind zu berücksichtigen.

Wesentliche Kriterien zur Planung und Dimensionierung der Bewässerung:

- Zwischen 4 und 5 bar Druck sollten am Übergabepunkt messbar sein.
- Es ist zu überprüfen, ob eine ausreichende Wasserfördermenge gewährleistet ist.
- Der Leitungsdurchmesser muss ausreichend sein (Druckverlust in der Leitung beachten: 10 m Leitungsanstieg = Druckverlust von 1 bar).
- Kenndaten von Regnern und Düsen sind zu berücksichtigen.
- Beregnungskreise müssen sinnvoll angelegt werden. Sollte der Druck nicht ausreichen, empfiehlt es sich, zwei Wasserkreise zu installieren und die Anzahl der Düsen zu halbieren.
- Die erforderliche Länge der Tropfschläuche ist zu berechnen.
- Leitungstrassen müssen festgelegt werden, um Konflikte mit Einbauten, anderen Leitungen und Bepflanzungen zu vermeiden.
- Für die Wartung muss die Zugänglichkeit sichergestellt werden.
- Die Steuerkabellängen sind zu begrenzen (maximal 5 bis 20 m, je nach Hersteller).

Die Steuerungs-/Ventiltechnik ermöglicht eine automatisierte Steuerung der Bewässerung mit verschiedenen Einstellungen (z. B. Wochentag, Uhrzeit, Bewässerungskreis, Dauer, Zyklen, Pausen). Eine manuelle Steuerung ist möglich. Eine automatisierte Steuerung ist entweder batteriebetrieben oder netzgebunden (dann Anschluss durch Elektrofachkraft). Eine Fernsteuerung über Smartphone-App oder WLAN ist möglich, ebenso die Installation von Regensensoren und Erdfeuchtemessern.

Die für den erfolgreichen Betrieb einer Bewässerungsanlage erforderlichen Maßnahmen sind in Tabelle 6.1 zusammengefasst.

Eine automatisierte Bewässerung bedarf eines Pflege-/Wartungsvertrags.

6.2.7 Instandhaltung (Pflege und Wartung)

Dachbegrünungen unterscheiden sich wesentlich von bodengebundenen Grünflächen. Gerade Extensivbegrünungen sind extremen Temperaturunterschieden, starkem Wind, langen Trockenphasen und kurzzeitigen Überflutungen ausgesetzt. Der fehlende Bodenanschluss, die begrenzte Substratschicht und die Höhenlage machen Dächer zu stark exponierten Flächen, zum Teil sogar zu Extremstandorten. Diese Herausforderungen müssen bei der Planung, aber auch bei der Ausführung sowie der späteren Pflege/Wartung beachtet werden. Neben den Anforderungen, die einzelne Pflanzenarten mit sich bringen, sollten auch die lokalen Gegebenheiten, wie z. B. das Mikroklima, berücksichtigt werden. Dazu zählen zudem Faktoren wie die Dachneigung, die örtliche Niederschlagsmenge und -verteilung, Lichtverhältnisse (Sonne, Schatten), Windverhältnisse sowie Reflexionen von Glas-, Metallflächen und Fassadenoberflächen (z. B. bei weißem Anstrich). Je sorgfältiger die Dachbegrünung unter Berücksichtigung dieser spezifischen Gegebenheiten geplant und umgesetzt wird, desto schneller wird das Begrünungsziel erreicht. Dadurch können anschließende Pflegeaufwendungen minimiert werden. Um eine wirtschaftliche Pflege und Wartung sicherzustellen, sollten bereits während der Planung folgende Punkte bedacht werden:

- Maßnahmen zur Gewährleistung der Arbeitssicherheit,
- Zugänglichkeit der Dachfläche,
- ausreichend dimensionierte und gut erreichbare Wasseranschlüsse,
- Stromanschlüsse.

Die Dachbegrünungsrichtlinien regeln die Gewährleistung (Verjährungsfrist) für den Schichtenaufbau und die Begrünung (Dachbegrünungsrichtlinien, 2018). Darin wird empfohlen, die folgenden Verjährungsfristen für die Gewährleistung zu vereinbaren:

- zwei Jahre für die Herstellung des Schichtenaufbaus und der technischen Einrichtungen,
- zwei Jahre für die Herstellung der Vegetation, sofern der Auftragnehmer mit der Entwicklungspflege beauftragt wurde.

Die Gewährleistung nach Abnahme innerhalb der Verjährungsfrist greift nur, wenn die Mängel auf fehlerhafte Leistungen des Auftragnehmers zurückzuführen sind. Andernfalls bedarf es der Klärung, wer den Mangel zu vertreten und zu beseitigen hat.

Vorteile einer regelmäßigen Instandhaltung:

- dauerhafte Erhaltung des vorgesehenen Begrünungsziels und der vorgesehenen Funktion der Dachbegrünung, auch als Ausgleichmaßnahme
- Verlängerung der Funktionalität der Abdichtung
- Sicherstellung der Gebrauchstauglichkeit technischer Einrichtungen
- Werterhaltung der Bausubstanz
- Vermeidung von unerwünschtem Wildwuchs und Erhalt der geplanten Vegetation
- Einhalten brandschutzrechtlicher Anforderungen
- Minimierung von Folgeschäden und Folgekosten
- Erhaltung des positiven Images von Dachbegrünungen

Pflege

Eine Dachbegrünung benötigt, je nach Art der Begrünung (extensiv oder intensiv), unterschiedliche Pflegemaßnahmen. Einsatz und Zeitpunkt richten sich nach den Pflanzengesellschaften, dem Bedarf, der Witterung und dem Anspruch des Arbeitgebers. Zeitansätze für die Pflege sind individuell zu kalkulieren. In der Regel werden folgende Pflegemaßnahmen unterschieden:

- Fertigstellungspflege (während der Anwuchsphase vor der Abnahme),
- Entwicklungspflege (laufende Maßnahmen nach Etablierung der Dachbegrünung nach der Abnahme),
- Unterhaltungspflege.

Die Fertigstellungspflege gehört zur Erstellung einer Dachbegrünung. Nach etwa zwölf bis 15 Monaten sollte ein abnahmefähiger Zustand erreicht sein. Dieser ist erreicht, wenn eine ordnungsgemäße Ausführung der Begrünungsarbeiten festgestellt wird (siehe Abb. 6.58). Bei ordnungsgemäßer weiterer Pflege können eine artgerechte Weiterentwicklung und eine anhaltende Funktionsfähigkeit der Begrünung erwartet werden. Mindestanforderungen der Abnahmefähigkeit nach Dachbegrünungsrichtlinien (2018):

- Ansaat: 60 % Flächendeckung und 60 % der ausgesäten Arten nachweisbar
- Sprossensaat: 75 % der Sprossen angewachsen und 60 % Flächendeckung
- Fertigrasen: 95 % Flächendeckung
- Vegetationsmatten: 80 % Flächendeckung

Die Leistungen der Fertigstellungspflege sind besondere Leistungen, die in Einzelpositionen auszuschreiben sind. Dazu gehören nach eventuellem Ausfall von Pflanzen auch Ersatzpflanzungen bis hin zum gewünschten Deckungsgrad.

Abb. 6.58: Pflanzung einer Dachbegrünung. Im Anschluss erfolgt die Fertigstellungspflege (etwa zwölf bis 15 Monate) (Quelle: Oswald gARTen, Wendisch-Evern).

Die Entwicklungspflege von Extensivbegrünungen umfasst ein bis zwei Kontrollgänge pro Jahr. Sie beinhaltet die Nährstoffversorgung, die Überprüfung auf Krankheits- und Schädlingsbefall und anderweitige erkennbare Schäden, das Entfernen von unerwünschtem Aufwuchs, Rückschnitt und Freihalten der Sicherungsstreifen, Nachsaaten oder Nachpflanzungen sowie die Kontrolle und Reinigung der technischen Einrichtungen, insbesondere der Be- und Entwässerung. Ziel ist eine Bodendeckung von 90 % nach in der Regel zwei Jahren.

Im Anschluss erfolgt die Unterhaltungspflege mit den zuvor genannten Maßnahmen der Entwicklungspflege zur Aufrechterhaltung der Zielvegetation.

Eine fehlende Pflege kann Schäden nach sich ziehen, wie Windverwehungen und Substratabrutschungen, Ansiedelung von unerwünschtem Fremdbewuchs, Zusetzen von Dachabläufen mit Laub, Zusetzen von Dachabläufen mit Laub usw.

Hinweis

Die mögliche Entsorgung von Grünschnitt/Biomasse ist im Vorfeld zu klären (gegebenenfalls Kompostierung).

Extensive Dachbegrünung

Extensivbegrünungen erfordern vergleichsweise wenig Pflege. In der Regel sind vier bis sechs Einsätze pro Jahr für die Fertigstellungspflege ausreichend, für die Entwicklungspflege genügen zwei bis drei Einsätze. Ein bis zwei Kontrollgänge pro Jahr reichen in der anschließenden Unterhaltungspflege aus. Der Richtwert zur Pflege extensiver Begrünungen liegt bei ca. 1,5 bis 2,5 min./m² und Einsatz. Dabei können folgende Arbeiten notwendig werden:

- Düngung,
- Bewässerung,
- Lockern des Substrats,
- Auffüllen von Substrat bei Fehlstellen,
- Mähen/Schnitt (siehe Abb. 6.59),
- Entfernen von Konkurrenz/Fremdaufwuchs,
- Entfernen von Laub und abgestorbenen Pflanzenteilen,
- Beseitigung von Schnittgut,
- Beseitigung von Unrat,
- Nachsaat bei Fehlstellen,
- Nachpflanzen bei Lücken,
- erforderlicher Pflanzenschutz.

Abb. 6.59: Pflege/Mähen einer extensiven Dachbegrünung (Quelle: Oswald gARTen, Wendisch-Evern)

Intensive Dachbegrünung

Der Pflegeaufwand für intensive Dachbegrünungen ist mit dem für einen intensiv gepflegten Garten vergleichbar.

Sie benötigen regelmäßige Pflege und Kontrolle, wobei vier bis acht Pflegegänge pro Jahr notwendig sein können. Dabei sollte während der Pflege und Wartung Rücksicht auf die ansässige Fauna genommen werden (z. B. Nestbau). Zur Pflege von Intensivbegrünungen können folgende Maßnahmen erforderlich werden:

- Auflockern und Säubern der Pflanzflächen,
- Rückschnitt, Verjüngung von Pflanzen, Auslichtung und Entfernen von Konkurrenz/Fremdaufwuchs,
- Beseitigung von Unrat,
- Düngung,
- Bewässerung,
- Auftragen von Mulch,
- Entfernen von Laub und abgestorbenen Pflanzenteilen,
- Maßnahmen zum Winterschutz,
- Überprüfung und gegebenenfalls Entfernen/Korrektur von Verankerungen,
- Kontrolle der Funktionalität der Bewässerungsanlagen.

Rasen- und Wiesenflächen

Rasen- und Wiesenflächen auf Dächern zählen ebenfalls zu den Intensivbegrünungen. In der Regel sind dafür zwei bis zwölf Pflegegänge pro Jahr notwendig. Dabei können folgende Pflegemaßnahmen anfallen:

- Mähen und Entfernen/Schneiden von Fremdaufwuchs,
- Beseitigung des Schnittguts,
- Entfernen von Unrat,
- Düngung,
- Bewässerung,
- Pflanzenschutzmaßnahmen,
- Entfernen von Laub und abgestorbenen Pflanzenteilen,
- Vertikutieren,
- Belüftung des Bodens (Aerifizieren),
- Aufbringen von Sand,
- Überprüfung und Funktionskontrolle der Bewässerungsanlagen.

Wartung und Instandhaltung

Die Häufigkeit von Wartungsmaßnahmen hängt von verschiedenen Faktoren ab, wie der Dachneigung, den thermischen, mechanischen, chemischen, biologischen und sonstigen Umwelteinflüssen sowie der Belastung und Alterung der Dachabdichtung. In der Regel sollten Wartungsarbeiten zweimal jährlich durchgeführt werden. Ein Mängelprotokoll ist zu erstellen und vom Auftragnehmer und Auftraggeber zu unterzeichnen.

Die Wartung hat zum Ziel, den Sollzustand zu erhalten und die Funktionsfähigkeit von Sicherheitseinrichtungen, technischen Anlagen sowie der Dachabdichtung und aller An- und Abschlüsse sicherzustellen. Dabei umfasst die Wartung die regelmäßige Überprüfung der Funktionsfähigkeit und gegebenenfalls Maßnahmen wie Reinigung, kleinere Nachbesserungen und Reparaturen. Sollten umfangreichere Maßnahmen zur Wiederherstellung des Sollzustands notwendig sein, sind diese als Instandsetzungsarbeiten separat zu vereinbaren. Instandsetzungsmaßnahmen, wie das Ergänzen oder Erneuern der Wärmedämmung, die Reparatur von beschädigten Dachabdichtungen, das Erneuern von Kittfugen oder die Befestigung von Verwahrungen, Abdeckungen und Kappleisten, gelten als besondere Leistungen und sind nicht Teil der regulären Wartung. Diese Leistungen müssen individuell vereinbart werden.

Zur Wartung gehören auch die Kontrolle und Reinigung der Entwässerungseinrichtungen (z. B. Ablaufschächte und Rinnen) sowie die Prüfung ihrer Funktionsfähigkeit, insbesondere bei Regen. Zudem werden Aussinterungen überprüft. Sicherheitsrelevante und technische Einrichtungen, wie Absturzsicherungen, Rinnenheizungen, Lichtkuppeln, Rauch- und Wärmeabzugsanlagen und Dachentlüfter, werden ebenfalls inspiziert. Spezielle Leistungen im Rahmen der Wartung:

- Freihalten von Rand- und Sicherheitsstreifen sowie Platten- und anderen Belägen von unerwünschtem Bewuchs
- Reinigung von Rinnen, Kontrollschächten, Dachabläufen und weiteren Entwässerungseinrichtungen
- Überprüfung und Funktionskontrolle der Bewässerungsanlage (einschließlich Batterien, Ventilen, Filtern, Schwimmern usw.)
- Überprüfung der Funktion und Stabilität von Absturzsicherungen und Befestigungsvorrichtungen für den Anseilschutz
- Funktionsprüfung, Wartung und Reinigung von Lichtkuppeln und anderen Belichtungseinrichtungen
- Reinigung von Be- und Entlüftungsöffnungen
- Wartung von Rauch- und Wärmeabzugsanlagen
- Funktionskontrolle und Reinigung der Rinnenheizung
- Untersuchung von Holz auf Schädlings- oder Fäulnisbefall und gegebenenfalls Erneuerung des Holzschutzes
- Reinigung von Dachrinnen und Fallrohren
- Reinigung von Dachabläufen (Ablaufschächten und Notüberläufen)
- Frostsicherung der Wasserleitungen
- Instandhaltung und Wartung der Dachabdichtung

Um die Lebensdauer der Begrünung und des Daches zu verlängern, sollten frei bewitterte Bereiche der Dachabdichtung regelmäßig auf Schäden oder Abnutzungserscheinungen überprüft werden. Dies gilt besonders für Übergänge zu Drainagesystemen, Durchdringungen, Stützen, Einbauteile sowie weitere An- und Abschlüsse. Die Wartung kann darüber hinaus folgende Aufgaben umfassen:

- Entfernen von Verschmutzungen, Laub und unerwünschtem Pflanzenbewuchs in den Bereichen von Rand- und Sicherheitsstreifen sowie an Anschlüssen, Abschlüssen, Durchdringungen und Einbauteilen,
- Reinigung von Plattenbelägen, einschließlich Säuberung der Fugen,
- Überprüfung von Abdeckungen, Verwahrungen und Kappleisten sowie gegebenenfalls Nachbesserung der mechanischen Befestigung,
- Kontrolle und, falls erforderlich, Nachbesserung von Kittfugen,
- Ausgleich von Unebenheiten oder Verwehungen bei Schüttgütern.

Zugänglichkeit

Ein wichtiges Planungskriterium ist die ganzjährige, dauerhafte Zugänglichkeit aller begrünten Flächen für Pflege- und Wartungsarbeiten. Regelmäßige Pflanzenkontrollen sind unerlässlich, und die Wartungsintervalle müssen eingehalten werden. Der Einsatz von Feuchtesensoren bzw. einer Bewässerungssteuerung mit Fernwartung ist von Vorteil. Dafür müssen Stromanschlüsse vorhanden sein.

Es empfiehlt sich, ein Pflegekonzept zu erstellen, das alle notwendigen Maßnahmen zur Instandhaltung systematisch erfasst, insbesondere bei wechselnden Pflegefachkräften. Dabei sollten Daten, wie Wasserqualität, Nachspeisung, Nährstoffgehalt, Wartungsintervalle und die Lage der Entleerungsstellen, dokumentiert werden.

Qualitätssicherung

Für Intensivbegrünungen muss der abnahmefähige Zustand gemäß den Vorgaben der DIN 18916 bzw. der DIN 18917 „Vegetationstechnik im Landschaftsbau – Rasen und Saatarbeiten“ (2018) festgestellt werden. Bei Extensivbegrünungen gelten ergänzend zu oder abweichend von diesen Normen sowie der VOB/C ATV DIN 18320 „Landschaftsbauarbeiten“ (2019) die Kriterien der aktuellen FLL-Dachbegrünungsrichtlinie. Zur Überwachung der Dachbegrünungen, beispielsweise zur Überprüfung der Vitalität und des Deckungsgrads durch die genehmigenden Behörden, können Infrarot- und Luftbildaufnahmen dienlich sein.

Hinweis

Die in diesem Kapitel zusammengefassten Kriterien basieren auf den FLL-Dachbegrünungsrichtlinien, die als umfassende Grundlage für die Planung, Ausführung und Pflege von Dachbegrünungen dienen (Dachbegrünungsrichtlinien, 2018). Weitere technische Regelwerke wurden bereits erwähnt: die Flachdachrichtlinie (FR Flachdach, 2016), die DIN 18916, DIN 18917 und DIN 18919 sowie die DIN 18531, die DIN 18195, die DIN 1986-30 und die DIN 4102-7. Darüber hinaus gilt die DIN 18532-1 „Abdichtung von befahrbaren Verkehrsflächen aus Beton – Teil 1: Anforderungen, Planungs- und Ausführungsgrundsätze“ (2017).

7 Lösungen für Dachbegrünungen

Dachbegrünungen finden wegen ihrer gestalterischen und ökologischen Potenziale, vor allem aber aufgrund der multifunktionalen Flächennutzung, zunehmend Beachtung. Mögliche Varianten werden nachfolgend beschrieben.

Extensive Dachbegrünungen

Dabei handelt es sich um naturnah gestaltete Vegetationsformen, die sich weitgehend selbst erhalten und weiterentwickeln und mit geringem Aufwand herstellbar und zu unterhalten sind. Die extensive Begrünung ist kostengünstig und wartungsarm. Sie lässt sich in verschiedenen Varianten ausführen:

- Spontanbegrünung,
- Sedum-/Moosmatten (Vegetationsmatten),
- Begrünung in Textil-Substrat-Bauweise (Vegetationsmatten auf Substrat),
- Begrünung auf Substratschüttung 5 bis 15 cm.

In Anlehnung an Spontanbegrünungen gibt es eine Reihe geeigneter Trägersysteme mit oder ohne Substrat, die einerseits dem Anspruch an Gewichtsreduktion sowie andererseits dem Wunsch nach einer größeren Pflanzenbandbreite gerecht werden. Die Vielfalt von Begrünungslösungen ist auf den meisten flachen und schrägen Bestandsdachflächen umsetzbar (statische Prüfung erforderlich). Auch Extensivbegrünungen dienen dem heute zunehmenden Anspruch der Flächenmultifunktionalität, z. B. als Solar- oder Biodiversitätsgründach.

Intensive Dachbegrünungen

Für Begrünungen von nutzbaren Dachgärten besteht die Forderung nach einer möglichst wenig eingeschränkten Pflanzenwahl, da diese, zumal in öffentlichen Bereichen, höheren mechanischen und klimatischen Belastungen sowie Vorgaben für Gestaltung und Nutzung der Oberfläche gerecht werden muss. Es gibt flächige Lösungen sowie auch punktuelle Lösungen ohne flächigen Begrünungsaufbau:

- Begrünung auf einer Substratschüttung > 15 cm,
- Begrünung in Pflanzgefäßen.

Der Aufbau verlangt jeweils eine qualitative Nachbildung des gewachsenen Bodens. Mit der Speicherfähigkeit von geeigneten Substraten beginnt die Schütthöhe mit 15 cm, kann aber flächig oder stellenweise (Standorte für Gehölze/Bäume) deutlich darüber liegen (Bäume ab 80 cm). Wo solche Aufbauhöhen wegen der örtlichen Verhältnisse nicht flächig realisiert werden können, besteht die Möglichkeit, mit Modulation oder Pflanzgefäßen bzw. flächig begrenzten, punktuellen Begrünungen bereichsweise Raum für ein ausreichendes Substratvolumen als Wurzelraum zu schaffen.

Multifunktionsdächer

Neben den häufig ausgeführten klassischen Begrünungen gibt es inzwischen bewährte multifunktionale Lösungen, die im Folgenden zusammengefasst und als Unterkategorien ebenfalls ausführlich beschrieben werden:

- Retentionsdach,
- Wassergründach,
- Solargründach,
- Biodiversitätsdach,
- gebäudeintegrierte Farmwirtschaft.

Der Aufbau eines Retentionsdachs ist z. B. für eine möglichst große Abflussrückhaltung des Regenwassers optimiert. Wasserdächer bieten zudem mit ihrer sichtbaren Wasserflächen zusätzliche Gestaltungspotenziale und Biodiversität. Weitere Lösungen sind Solar- und Biodiversitätsgründacher. 360 Millionen m^2 Dachfläche in Deutschland eignen sich für den Anbau von Obst/Gemüse (Gassmann, 2015). Diese Varianten sind zum Teil untereinander und mit extensiven/intensiven Begrünungen kombinierbar.

Mögliche Zielsetzungen der Dachbegrünung (Ökologie/Umweltaspekte , Umfeldverbesserung, Imagefaktor, Pflege-/Wartungsanspuch und Kostenvorteile) werden im Folgenden zum Vergleich der Varianten mittels Piktogrammen dargestellt.

7.1 Varianten mit Priorität Gewichtseinsparung (extensive Dachbegrünungen)

Extensive Begrünung ist die Bezeichnung für kostengünstige, wartungsarme Flachdachbegrünungen. Sie lässt sich in verschiedenen Varianten ausführen: Neben einer Direktbegrünung von Stein-/Ziegelflächen mit Moosen und Flechten in Anlehnung an Spontanbegrünungen gibt es Lösungen ohne oder mit Substrat. Je mehr Substrat der einfachen Begrünung (auch mit heimischen Arten) zur Verfügung steht, desto größer ist die Gestaltungsbandbreite.

Die Vielfalt erfolgreicher Begrünungslösungen ist auf flachen und schrägen Dachflächen mit geringem Wartungs- und Pflegeaufwand einsetzbar.

7.1.1 Spontanbegrünung

Gestalterische Kriterien

Spontanbegrünungen in der Natur (siehe Abb. 7.1) sind dafür das Vorbild: Moosdecken auf Felsen oder Decken aus unterschiedlich farbigen Flechten bilden sich spontan – unmittelbar von selbst – aus ihren Standortbedingungen. Dieser Entwicklung haben Forscher der Politecnica de Catalunya in Barcelona nachgespürt und entwickeln daraus Techniken aus begrünbaren mehrschichtigen Betonteilen („Biological Concrete"). Diese Begrünungstechnik bietet die seltene gestalterische Möglichkeit, Flach- oder Steildachflächen mit einer einheitlichen Begrünungsgestaltung herzustellen. Sogar Muster werden durch das Verhindern einer Wasserraufnahme partieller Bereiche auf Flächen möglich.

Abb. 7.1: Spontanbegrünung einer Mauerkrone aus Naturstein mit Moosen, Flechten und Sedum

Vegetationstechnische Kriterien

Moose (ca. 125 Arten) ernähren sich von den in den Luftstäuben enthaltenen mineralischen und organischen Partikeln. Sie sind langlebig (>100 Jahre) und äußerst widerstandsfähig gegen Trockenheit, Sonnenstrahlung, Kälte und Hitze (70 °C). Sie besitzen keine Wurzeln, sondern Halteorgane. Sie passen ihren Wassergehalt an die Feuchtigkeit ihrer Umgebung an. Die Oberflächenabwicklung von Moosen ist durch mikrofeine Furchungen um das 30-Fache vergrößert. Dies ermöglicht ihnen eine sehr gute Wasserspeicherung (bis zu 20 l/m^2), eine entsprechend wirksame Verdunstungskühlung und eine gute Schallabsorption. Moose unterscheiden sich von anderen Pflanzen dadurch, dass sie Wasser und Nährstoffe aus der Luft aufnehmen und nicht aus dem Boden/Substrat.

Durch einen antistatischen Effekt können sie Feinstaub binden, durch Ionenaustausch adsorbieren und verstoffwechseln, ebenso Giftstoffe und Schwermetalle. Sie brauchen keine Nährstoffzuführung, haben ein geringes Gewicht und sind pflegeleicht. Sie regulieren sich selbst, indem sie bei mangelnder Feuchtezufuhr ihre Stoffwechselfunktion einstellen und im Ruhestadium rostrot/braun werden. Der Prozess ist bei erneuter Befeuchtung nach nicht allzulanger Trockenzeit (je nach Art Wochen bis Monate/Jahre) reversibel (BOTT-Produktkatalog, 2012; Brandhorst/Siemens, 2012). Moose dürfen ausschließlich mit Regenwasser oder Wasser aus einer Umkehrosmoseanlage versorgt werden, da sie kein kalkhaltiges Wasser vertragen.

Flechten (ca. 25.000 Arten) steigern ihren Wassergehalt mit der zunehmenden Luftfeuchte der Abend- und Nachtstunden. Nach Sonnenaufgang erfolgt durch Fotosynthese die CO_2-Aufnahme. Mit der Erhöhung der Lufttemperatur vermindert sich die Umgebungsluftfeuchte, die Flechten geben Wasser ab und fallen in eine Trockenstarre (Lange/Bertsch, 1965). Die maximalen Nettosyntheseraten subalpiner Flechten liegen zwischen 1,2 und 1,7 mg $CO_2/(g \cdot h)$ bei optimalen Temperatur-, Feuchte- und Lichtbedingungen (Türk, 1981). Flechten kommen mit den Nährstoffen aus, die Luft und Wasser bieten, sie vertragen ebenfalls Umgebungstemperaturen bis zu 70 °C sowie direkte Sonneneinstrahlung und können in getrocknetem Zustand Jahre in einer stoffwechsellosen Ruhepause überdauern. Nur bei Flechten ist die Fotosynthese noch weit unterhalb des Gefrierpunkts möglich. Flechten sind abhängig von der Luftfeuchte, von Regen oder Tau und saugen sich voll wie ein Schwamm. Der pH-Wert ist ein Unterscheidungsmerkmal für verschiedene Arten, von denen es sonnen- und schattensuchende gibt (Hesse, 2005).

Bautechnische Kriterien

Eine bauseitige wasserableitende Flächenabdichtung ebener und leicht geneigter Dachflächen ist die Voraussetzung für den Aufbau eines flächenbündigen Plattenaufbaus. Bei Neigungen ab 25 ° (Schrägdach) können überlappende Ziegel angewandt werden, die die Anforderungen an eine übliche Dachsteindeckung erfüllen. Die Betonstein-/Ziegelelemente werden mit einer begrünungsfördernden rauen, porösen Oberflächenschicht ausgestattet, um Regenwasser so zurückzuhalten, dass eine ausreichende Oberflächenfeuchte für die Moosbildung zur Verfügung steht. Damit dieser Vorgang auf die Oberfläche begrenzt bleibt, sind die Materialien mit einer eigenen innenliegenden Wassersperre auszustatten, um einer Zerstörung durch Frost vorzubeugen. Die Dachstatik muss für einen vollflächigen Belag aus Platten bzw. für eine Eindeckung mit Betondachsteinen/Ziegeln ausreichend dimensioniert sein. Die Begrünungsentscheidung kann insoweit bauaufsichtlich relevant sein. Bei Warmdächern muss auf eine lückenlose Dampfsperre geachtet werden, da die Feuchteverhältnisse des begrünten Belags auch in der warmen Jahreszeit eine kühle Oberfläche des Dachaufbaus bewirken. Die begrünten Belagsmodule werden wie Terrassenplatten bzw. auf Schrägdächern wie Dachziegel montiert.

Wirtschaftliche Kriterien

Die Kleinteiligkeit der Formate und ihre Eingliederung in marktübliche Bauweisen ist eine gute Voraussetzung für eine hohe Wirtschaftlichkeit, besonders bei einer Flachdachbelegung auf der ohnehin nötigen Abdichtungsebene. Bei Schrägdächern sind die Deckelemente zugleich die wasserableitende Schicht. Dabei wird die Anordnung einer zweiten Dichtungsebene unterhalb der Eindeckung erforderlich, weil die starke Wasserbindung von Moosen und die verlangsamte Wasserableitung zu einem Rückstau in die Elementfugen führen können. Da diese Art der Begrünung sich in Forschung befindet bzw. als Prototyp einer experimentellen Entwicklung entspricht, liegen keine Kostenrichtwerte vor. Die Wartungs- und Pflegekosten werden wegen des autarken Bewuchses im unteren Bereich liegen.

Systemtypische Vorteile

- Besondere Pflegeleichtigkeit
- positive Flächenwirkung unabhängig vom Grad der Begrünung sofort gegeben, Vorkultur möglich
- Widerstandsfähigkeit gegen Witterung und Trockenheit
- ohne künstliche Bewässerung bis ca. 85 ° Neigung möglich (dann bei Trockenheit orangefarbene/rostrote Färbung)
- ebene Textur und monochrome Farbwirkung
- Ausprägung eines natürlichen ganzjährigen Farbenspiels
- Moose und Flechten auch für Steildachflächen geeignet
- Feinstaubbindung und Verstoffwechselung von bis zu 75 % (Frahm, 2008)
- durch das Trägermaterial Schutz der Abdichtungsebene gegen UV-Strahlen

Hinweise für einen größtmöglichen Begrünungserfolg

Vorkulturen auf Trägermaterialien ermöglichen ein sofortiges Begrünungsbild. Moose sind jedoch standorttreu – es kann daher am Installationsort zu Ausfällen kommen. Zur Ansiedelung von Moosen und Flechten dienen raue, poröse und feuchtespeichernde Oberflächen, die karg, nährstoffarm und ungestört sind.Chemikalien, wie Herbizide und Pestizide (auch Reinigungsmittel), schädigen Moose und Flechten.

Findet eine Bewässerung statt, muss diese mit Regenwasser oder alternativ mit entkalktem Wasser (Umkehrosmoseanlage) erfolgen.

Vögel schätzen Moose für den Nestbau (siehe Abb. 7.2). Aus diesem Grund können bemooste Flächen im Frühjahr größere Lücken aufweisen. Die Moose wachsen dort jedoch wieder nach.

Abb. 7.2: Meise mit Moos für den Nestbau im Schnabel

7.1.2 Moos-/Sedum-Matten (Textilbauweise)

Gestalterische Kriterien

Textilmattenbegrünungen bieten den Vorteil ihrer möglichen Vorkultivierung, sodass ein fertiger Moos-/Moos-Sedum-Teppich schon mit der Gebäudefertigstellung optisch wirksam und ökologisch einsatzbereit sein kann (siehe Abb. 7.3). Beim konventionellen Aufbau als Rohmatte mit eingebrachten Sprossen benötigt ein gestalterisch und ökologisch wirksamer Anwuchs der Fläche etwa drei bis vier Jahre. Gängig ist jedoch der Einsatz vorkultivierter Matten. Der Gestaltungsspielraum begrenzt sich auf die Flächenwahl, das Farbenspiel ergibt sich aus den gewählten Moos-/Sedum-Arten. Bei sichtbaren Flächen werden häufig Moos-Sedum-Matten verwendet, um gestalterisch von der Farbigkeit und der Blüte der Sedum-Pflanzen zu profitieren. Reine Moosmatten zeigen sich in Trockenperioden rostrot/braun. Im bewässerten Zustand reicht das Farbspektrum je nach Feuchtezustand bis hin zu hell-/dunkelgrün.

Abb. 7.3: Kongresshaus, Baden-Baden: extensive Dachbegrünung mit Moosmatten (Quelle: BOTT Begrünungssysteme GmbH, Bühl)

Vegetationstechnische Kriterien

Vorkultivierte Sedum-/Moosmatten bestehen aus einem Wasserspeichervlies und eventuell einem dreidimensionalen Wirrgewebe als Vegetationsträger. Sie werden mit ihrem Gewicht von ca. 20 kg/m² direkt auf der Dachabdichtung verklebt.

Für den Fall der Anforderung einer dauerhaften frischen Grünwirkung reiner Moosmatten ist die Entscheidung zugunsten einer künstlichen Bewässerung zu treffen (mit Regenwasser bzw. kalkfreiem Wasser).

Bautechnische Kriterien

Der Einsatz von Moos-/Sedum-Matten ist im Bestand eine gute Lösung, wenn nur eine geringe zusätzliche Auflast möglich ist, wie z. B. im Industrie- und Gewerbebau. Es können aber auch herkömmliche Flach- und Schrägdachaufbauten mit dieser Technik begrünt werden.

In der Regel werden die Matten auf der vorhandenen Dachabdichtung verklebt (Verträglichkeit prüfen). Sind genug Lastreserven vorhanden, können die Matten auch über eine Kiesdeckung auflastgesichert werden. Die Dachstatik muss unabhängig von der Art der Lagesicherung (auch für die „leichte" Form der Begrünung) ausreichend dimensioniert sein. Die Entscheidung zur Begrünung ist insoweit bauaufsichtlich relevant.

Bei Warmdächern muss auf eine lückenlose Dampfsperre geachtet werden, da die Feuchteverhältnisse des begrünten Belags auch in der warmen Jahreszeit eine kühlere Oberfläche des Dachaufbaus bewirken können. Die Entwässerung von flachen und schrägen Flächen erfolgt über die Mattenoberfläche, unkorrekte Gefälleausbildungen würden daher zu anstauenden Pfützenbildungen führen. Eine zusätzliche mechanische Fixierung der Dachabdichtung ist gegebenenfalls erforderlich – wegen möglicher Sogkräfte, besonders bei Attikaaufbauten. An Traufen von Schrägdächern ist eine sorgfältige, linear durchlaufende Befestigung der Mattenabschlüsse in der einliegenden Kehlrinne nötig, damit Windverwirbelungen den Aufbau nicht unterfahren können.

Wirtschaftliche Kriterien

Der Investitionsaufwand der reinen Begrünungstechnik (ohne künstliche Bewässerung und eventuelle Nährstoffversorgung) liegt im unteren Bereich, ebenso der Wartungs- und Pflegeaufwand. Insbesondere sonnenexponiert wird durch Trockenphasen kein Fremdbewuchs aufwachsen. Dennoch sind Abläufe zu prüfen, und Wildwuchs muss entfernt werden.

Die Kosten für den Begrünungsaufbau sind abhängig von der Bauweise, vom Trägermaterial und dessen Wasserrückhaltekapazität, von der Pflanzenauswahl, der Gesamtgröße und Erreichbarkeit sowie von Dachdurchdringungen und einem möglicherweise erforderlichen Bewässerungssystem.

Systemtypische Vorteile

- Vorkultivierung möglich (Kunst-/Kokosfasermatte)
- geringes Gewicht (30 kg/m²)
- geeignet für alle Dachneigungen
- ökologische Relevanz nach Vorkultur sofort verfügbar
- preisgünstige Herstellung
- besonders schnelle Fertigstellung
- geringer Pflege-/Wartungsaufwand
- ebene Textur
- Schutz der Abdichtungsebene gegen UV-Strahlen
- Feinstaubbindung und Verstoffwechselung von bis zu 75 %
- Wasserrückhalt von bis zu 24 l/m²

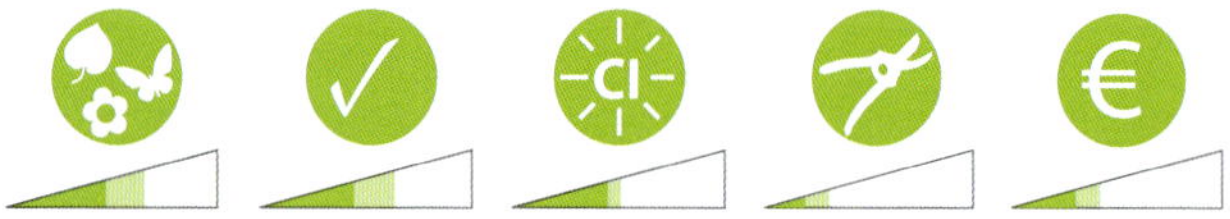

Hinweise für einen größtmöglichen Begrünungserfolg

Es stehen reine Moosmatten und Moos-Sedum-Matten zur Verfügung. Ist die Fläche einsehbar, hat sich die Kombination bewährt, da Moose in Trockenzeiten austrocknen und braun/rostrot werden. Die Fläche kann daher trist wirken. In Kombination mit Sedum (Moos-Sedum-Matten) bleibt dagegen selbst in Trockenperioden ein grüner, blühender und farbenfroher Aspekt erhalten.

Die Trägermaterialien von Vegetationsmatten (Kunstfaser-/Kokosfasermatten) speichern Feuchtigkeit und leiten überschüssiges Wasser ab. Die Wasserrückhaltefähigkeit der Matten ist entsprechend dem Standort und der Dachneigung festzulegen.

Eine regelmäßige Bewässerung ist insbesondere in den ersten Wochen nach der Verlegung für die Etablierung der Matten unerlässlich. Moose vertragen kein kalkhaltiges Wasser. Deshalb muss eine Bewässerung mit Regenwasser oder entkalktem Wasser erfolgen.

Die Matten sind äußerst pflegeleicht. Dennoch ist eine jährliche Pflege erforderlich, um das Wachstum zu fördern und die Matten gesund zu halten (Entfernen von Laub, Schmutz und unerwünschtem Aufwuchs sowie Kontrolle der Feuchte). Auf übermäßiges Düngen sollte verzichtet werden, da Moos und Sedum nährstoffarme Bedingungen bevorzugen. Vögel, insbesondere Amseln, schätzen Moose für den Nestbau. Daher können die Flächen im Frühjahr größere Lücken aufweisen. Die Moose wachsen jedoch langsam wieder nach.

Fixierungen der Matten mit dem Untergrund sind zu prüfen. Die Wartungsarbeiten (z. B. Entwässerungseinrichtung, eventuell Bewässerungsanlage) entsprechen den allgemeinen Wartungsarbeiten von Gründächern.

7.1.3 Begrünung in Textil-Substrat-Bauweise

Gestalterische Kriterien

Die Bauweise ist mit der Textilbauweise (Moos-/Sedum-Matten) verwandt, jedoch nicht gleichartig. Der Einfluss auf die Gestaltung ist infolge einer möglichen umfangreicheren Pflanzenauswahl infolge einer enthaltenen Substratschicht größer. Als ebenfalls leichter Begrünungsaufbau ist diese Begrünungsbauweise, vorbehaltlich einer statischen Klärung, auf allen bestehenden Dachkonstruktionen mit geeigneter Neigung anwendbar. Da die Vegetationsmatten unterschiedlich bepflanzt werden können, ergeben sich weitere gestalterische Möglichkeiten (z. B. Streifen, Raster), der Pflegeaufwand nimmt dann aber zu.

Vegetationstechnische Kriterien

Vorkultivierte Sedum-Matten (siehe Abb. 7.4) kommen bei dieser Begrünungsform zum Einsatz. Zusätzlich befindet sich darunter eine Substratschicht auf einem Schutz- und Speichervlies. Der höhere Systemaufbau führt durch die Rückhaltefähigkeit des Substratschicht in trockenen Phasen zu einer temporär überbrückenden Feuchtespeicherung.

Abb. 7.4: Extensive Dachbegrünung: Vorkultur der Sedum-Matten (Quelle: BOTT Begrünungssysteme GmbH, Bühl)

Bautechnische Kriterien

Es gelten prinzipiell die für die Textilbauweise aufgeführten Kriterien. Auch bei dieser Variante ist die mechanische Fixierung des Aufbaus an der Dachabdichtung erforderlich. Vorkultiviert mit einer Sedum-Bepflanzung, wiegt der Begrünungsaufbau etwa 30 bis 50 kg/m², bei Bepflanzung mit Sedum und Flachballenstauden etwa 60 bis 90 kg/m². Die zusätzliche Substratschicht verbessert die Versorgungsbedingungen der Begrünung und führt zu einem widerstandsfähigeren, dichteren Bewuchs. Aufgrund der zunehmend längeren Trockenperioden ist dennoch über eine künstliche Wasser- und Nährstoffversorgung nachzudenken oder zumindest ein Wasseranschluss über Dach für eine Notbewässerung vorzusehen.

Wirtschaftliche Kriterien

Mit der zusätzlichen Substratschicht steigt der Investitionsaufwand in den mittleren Bereich. Der Pflegeaufwand sowie der Wartungs- und Instandhaltungsaufwand sind gering bis mittel einzustufen. Durch ihr Auflagegewicht kann die sonst übliche Flächenauflast gegen Windsogkräfte eingespart werden. Der Kostenrichtwert des Begrünungsaufbaus ist abhängig von der Pflanzenauswahl, von Dachdurchdringungen, von der Gesamtgröße und Erreichbarkeit und einem eventuell erforderlichen Bewässerungssystem. Kosten für Wartung und Pflege entstehen u. a. durch Nährstoffversorgung und gegebenenfalls durch Bewässerung sowie für das Freihalten von Fremdaufwuchs.

Systemtypische Vorteile

- Zeitsparende Herstellung
- sofortige gestalterische Flächenwirkung bei Vorkultur
- größere Pflanzenauswahl (Stauden, insbesondere Sukkulenten, Kleingehölze, Moose)
- Substratfeuchte, dadurch zusätzliche Wasser- und Nährstoffversorgung auch in Trockenphasen
- ökologische Relevanz sofort verfügbar (Bindung von Staub- und Luftschadstoffen, Verbesserung des Mikroklimas)
- Schutz der Dachabdichtung vor starken Temperaturschwankungen und UV-Belastung)
- geringe Pflege- und Wartungskosten
- Witterungs-/UV-Schutz der Dachabdichtung
- Wasserrückhalt von bis zu 20 l/m²
- Begrünung bei Dachneigung von 0 bis 35 ° möglich, bei Dachneigung bis 85 ° nur bedingt
- Gewicht ca. 30 bis 90 kg/m²

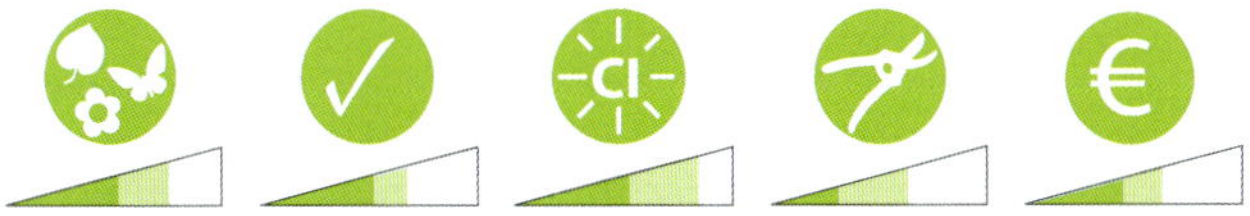

Hinweise für einen größtmöglichen Begrünungserfolg

Der Erfolg hängt von der Auswahl des Substrats ab, das eine optimale Balance zwischen Nährstoffversorgung, Wasserspeicherung und Drainage gewährleisten muss. Dabei stellen Vegetationsmatten einen möglichen Lösungsansatz zur nachträglichen Begrünung minderwertiger Substrate dar, die einen Flächenschluss der Begrünung zuvor nicht erlaubt haben.

Die Textil-Substrat-Bauweise ist eine gute Lösung für Schrägdächer, um Substratverwehungen durch Wind zu vermeiden und einen sofortigen Begrünungserfolg zu erzielen. Ein integriertes Bewässerungssystem ist nicht erforderlich, kann jedoch sicherstellen, dass in langanhaltenden Trockenperioden Trockenstress vermieden wird. Durch Erwärmung schrumpfen die Vegetationsmatten. Daher sind sie in der Installation überlappend zu verlegen, um die Abdichtungsebene dauerhaft vor Temperaturextremen und UV-Belastung zu schützen.

7.1.4 Begrünung auf Substratschüttung 5 bis 15 cm

Gestalterische Kriterien

Die Gestaltung der klassischen Extensivbegrünung zeigt sich in der Flächenwirkung mittelfristig je nach Pflanzenauswahl (Art, Textur, Farbgebung, Belaubungsphase; siehe Abb. 7.5).

Abb. 7.5: Wohnanlage Fideleopark, München: extensive Dachbegrünungen

Vegetationstechnische Kriterien

Die Auswahl der Pflanzen erfolgt nach Winterhärte, Herkunft des Pflanzguts (autochthones, regionales Saat- und Pflanzgut, gegebenenfalls auch lokales Druschgut) und seinen Umweltanforderungen (Lichtverhältnisse, Wasserbedarf, pH-Wert) sowie Geselligkeit, Blatt-, Blüh- und Farbaspekten. Aufgrund der niedrigen Substratschüttung sind bei Staudenverwendung Flachballenstauden zu wählen. Der Aufbau besteht aus einer höhenvariablen Substratschüttung sowie einer Schutz-, Speicher- und Entwässerungslage oberhalb der Abdichtungsebene. Aufgrund der wasserspeichernden Substratschicht und der robusten Pflanzenauswahl ist in der Regel keine künstliche Bewässerung erforderlich. Um die Vitalität in langanhaltenden Trockenperioden zu erhalten, sollte jedoch zumindest ein Wasseranschluss vorgesehen werden.

Bautechnische Kriterien

Alle Dachkonstruktionen mit entsprechender Neigung können unter Berücksichtigung der Bauphysik und der erhöhten Dachlast begrünt werden. Der Aufbau mit Substratschüttung kann infolge seines höheren Gewichts eine bestehende Kies- oder Plattenbeschwerung ersetzen. Daher ist eine Fixierung der Dachabdichtung nicht erforderlich. Kostengünstig ist eine extensive einschichtige Dachbegrünung (Substrat über Schutzlage, ohne Entwässerungslage). Dies stellt hohe Ansprüche an die Substratqualität (z. B. an die Wasserspeicherfähigkeit und Durchlässigkeit).

Wirtschaftliche Kriterien

Der Pflege- sowie der Wartungs- und Instandhaltungsaufwand sind als gering bis mittel einzustufen.

Die Investition für den Begrünungsaufbau ist abhängig von der Pflanzenauswahl, der Gesamtgröße und Erreichbarkeit und der eventuellen Installation eines Bewässerungssystems zur Unterstützung in langanhaltenden Trockenperioden. Kostenrichtwerte für den Begrünungsaufbau sowie für Wartung und Pflege sind Abb. 6.1 zu entnehmen.

Systemtypische Vorteile

- Einfacher, kostengünstiger Aufbau
- Begrünung bei Dachneigung von 0 bis 35 ° möglich, bei Dachneigung bis 45 ° nur bedingt
- Gewicht 50 bis 190 kg/m²
- durch einfache Aufbringtechnik schnelle Fertigstellung
- Flächenwirkung mittelfristig
- robuste, langlebige Begrünungsvariante
- Substratfeuchte und Wasserspeicherschicht
- selten Zusatzbewässerung erforderlich (nur in Trockenphasen)
- Schutz der Abdichtungsebene gegen Witterung und UV-Belastung
- Verminderung der Auskühlung durch Pufferwirkung
- Wirkungsgradverbesserung von Photovoltaik durch Kühlung
- guter Wasserrückhalt 30 bis 50 l/m² (30 bis 70 % N/a)

Hinweise für einen größtmöglichen Begrünungserfolg

Verschiedene Arten von Schäden können bei dieser Begrünungsform auftreten. Zu den häufigsten Schadensfällen zählen Probleme durch eine unzureichende Abdichtung (Durchwurzelung in der vorgeschädigten Fläche oder im nicht fachgerecht verklebten Nahtbereich), die Wasserschäden zur Folge haben.

Potenzielle Fehler können durch eine zu dünne Schutzschicht über der Dachabdichtung entstehen (mögliche Beschädigung der Dachabdichtung) sowie auch in der Dränschicht. Fehlendes Gefälle, eine zu geringe Drainagehöhe sowie eine Drainagestörung des Dachbegrünungsaufbaus führen zu einer zu geringen Ableitkapazität, damit zu Wasseranstau und zu erhöhten Lasten, lückenhaftem Bewuchs, Ausfall von Pflanzen und insgesamt zu einer gestörten Vegetationsentwicklung. Auch eine Filterschicht mit zu geringer Wasserdurchlässigkeit verursacht Vernässung und Vegetationsumbildung.

Abb. 7.6: Schrägdachbegrünung mit vorkultivierten Vegetationsmatten auf Substrat (Quelle: Oswald gARTen, Wendisch-Evern)

Weist die Vegetationstragschicht eine zu geringe Wasserdurchlässigkeit auf, entstehen höhere Flächenlasten, und die Vegetation entwickelt sich anders als geplant. Ist die Wasserspeicherkapazität der Vegetationstragschicht zu gering, erschwert dies die Etablierung der Vegetation, erhöht den erforderlichen Pflegeaufwand und führt, im schlimmsten Fall zu Erosion. Das eingesetzte Substrat muss daher eine optimale Wasserdurchlässigkeit bei ausreichender Wasser- und Luftspeicherfähigkeit gewährleisten und die erforderlichen Lastannahmen erfüllen. Es muss zudem frei von Pilzbefall, Sporen und unerwünschten Samen sein. Der pH-Wert des Substrats sollte an die Bedürfnisse der Pflanzen angepasst werden, oder die Pflanzen sind entsprechend nach dem pH-Wert des Substrats auszuwählen. Ungeeignete Schubsicherungen von Schrägdachbegrünungen (z. B. aus Holz) und ungeeignete (z. B. nicht UV-stabile) Befestigungsmaterialen wie Kabelbinder können für das Abrutschen einer Dachbegrünung verantwortlich sein. Sind die einzelnen Schichten oder Pflanzen nicht ausreichend gegen Windsog gesichert, kann Wind die Begrünung ruinieren. Erhöhte Windbelastungen treten in den Rand- und Eckbereichen auf. Sicherheitsstreifen sind dort sinnvoll. Ist die Qualität der Pflanzen ungenügend oder die Aufwandsmenge pro Quadratmeter zu gering, sind die Zielvegetation und die Flächendeckung gefährdet und damit die Abnahme. Im Schrägdachbereich sind Vegetationsmatten sinnvoll, um vor Substratverwehungen zu schützen (siehe Abb. 7.6). Wird dort stattdessen eine konventionelle Bepflanzung vorgenommen, kann die Etablierung der Vegetation mehr Zeit in Anspruch nehmen, mit den Risiken von Erosion und erhöhtem Pflegeaufwand.

Auch eine unzureichende Instandhaltung (Kontrolle, Nährstoffversorgung, Rückschnitt und Freihalten von Sicherheitsstreifen, Entfernen unerwünschter Vegetation, Nachpflanzen und Wässern) wird als häufige Ursache für Schäden identifiziert. Substraterosionen, eine unzureichende Vegetationsentwicklung, aber auch Überwucherungen (Problem nicht eingeplanter Lasten), Aufwuchs von Fremdvegetation (Einwuchs in die Dränageebene, Unterwanderung von Abdichtungen und Wurzelschutzfolien durch rhizombildende Pflanzen, wie z. B. Quecke) und das Zusetzen von Entwässerungen bis hin zum Verlust der Dachbegrünung können die Folgen sein. Einer Beanspruchung oder einem Vegetationsausfall der Begrünung durch Reflexionen und Wärmeabstrahlungen durch nahe Fassaden (reflektierende Fenster, weiße Anstriche) kann durch eine vorausschauende Pflanzenauswahl und gegebenenfalls durch zusätzliche Bewässerung vorgebeugt werden.

Diese Punkte unterstreichen die Bedeutung einer kompetenten Planung und die Notwendigkeit regelmäßiger Inspektionen und Instandhaltungsmaßnahmen, um eine langfristige Funktionalität der Dachbegrünung zu sichern (Mann, 2016).

7.1.5 Begrünung in modularer Bauweise

Gestalterische Kriterien

Ein schneller Weg zu einer dauerhaften oder temporären Begrünung unterbauter Flächen bzw. Dächer ist die Verlegung vorkultivierter, modularer Elementeinheiten aus Körben bzw. Kassetten, die, bereits fertig begrünt, termingenau die Baustelle fertigstellen. Alternativ gibt es substrattragende Rinnen. Die Gestaltungsfreiheit ist besonders groß und behält ihre Flexibilität hinsichtlich Lage und Bepflanzung der Module. Die Artenvielfalt ist in vollem Umfang der geeigneten Pflanzen gegeben. Die Module können, die Lebensbereichkriterien in der Auwahl berücksichtigend, je nach Gestaltungswunsch unterschiedlich bepflanzt werden (Textur, Struktur, Farbaspekte) und bieten so eine große gestalterische Bandbreite. Ein sinnvoller Anwendungsbereich dieser materialintensiveren Variante sind vor allem Interimslösungen, wie z. B. die Begrünung von Schul- oder Wohncontainerbauten, da die Module mit den Containern weiterziehen können.

Vegetationstechnische Kriterien

Die Bauweise ist mit der modularen Wand-/Fassadenbegrünung verwandt. Dementsprechend können neben einfachen Sedum-Modulen (siehe Abb. 7.7) je nach Bauweise auch andere Stauden (u. a. auch Gräser und Farne) sowie Kleingehölze und Moose eingesetzt werden. Eine Wasser- und Nährstoffversorgungsanlage ist möglicherweise erforderlich.

Bautechnische Kriterien

Diese Lösung ist auf Flachdächern sowie auch bei um bis zu 20 ° geneigten Flächen nachträglich einsetzbar. Ein- und mehrschalige Dachkonstruktionen aller Art, flach oder flach geneigt, können mit dieser Bauweise begrünt werden. Die Begrünung steilerer Dachneigungen erfordert aufwendige Unterkonstruktionen, z. B. eine Fixierung des Aufbaus. Der bestehende Unterbau muss auf gegebenenfalls einwirkende Punktlasten unter den Modulen vorbereitet sein. Der Einbau ist zu jeder Jahreszeit möglich, eine Installation direkt über der Abdichtung (auf einem Schutzvlies) ist möglich.

Wirtschaftliche Kriterien

Der Herstellungs-, Pflege-, Wartungs- und Instandhaltungsaufwand liegt, u. a. wegen eventuell erforderlicher Bewässerungskosten, im mittleren und im Falle einer nötigen Unterkonstruktion im hohen Bereich.

Abb. 7.7: Modulare Dachbegrünung mit vorkultivierten Sedum-Kisten (Quelle: BOTT-Begrünungssysteme GmbH, Bühl)

Systemtypische Vorteile

- Vorkultivierung
- geringes Gewicht (50 kg/m^2)
- Begrünung bei Dachneigung von 0 bis 20 ° möglich, bei Dachneigung bis 85 ° nur bedingt
- ökologische Relevanz nach Vorkultur sofort verfügbar
- preisgünstige Herstellung
- besonders schneller Aufbau
- geringer Pflege-/Wartungsaufwand
- temporäre Begrünung möglich
- Schutz der Abdichtungsebene gegen UV-Strahlen
- Sonderform, immergrün/wintergrün
- Substitution einer Gewichtsauflage

Hinweise für einen größtmöglichen Begrünungserfolg

Die Pflanzmodule müssen korrosions- und witterungsbeständig sowie UV- und chemikalienbeständig sein. Die Elemente sollten zur Schichtensicherung genügend Auflast bieten und leicht austauschbar sein. Sie müssen eine ausreichende Verformungsstabilität aufweisen und schadstofffrei sein. Recycelbarkeit ist im Sinne der Nachhaltigkeit von Vorteil. Der durchwurzelbare Raum bzw. die Vegetationstragschicht muss ausreichend dimensioniert sein, um optimales Pflanzenwachstum und Langlebigkeit zu fördern. Die verwendeten Module und das Substrat müssen den erforderlichen Lastannahmen entsprechen und auf eine optimale Wasserdurchlässigkeit bei ausreichender Wasser- und Luftspeicherfähigkeit abgestimmt sein. Eine gute Durchwurzelbarkeit sowie Strukturstabilität und Schadstofffreiheit sind ebenfalls erforderlich. Der pH-Wert des Substrats sollte an die Bedürfnisse der Pflanzen angepasst sein, oder die Pflanzauswahl muss entsprechend dem pH-Wert des Substrats erfolgen.

Die Standortbedingungen und die Versorgung müssen den Lebensraumkriterien der Pflanzen entsprechen. Die Pflanzengesellschaften sollten aufeinander abgestimmt sein. Die Pflanzen müssen gesund, gut entwickelt und frei von Schädlingen sein. Regelmäßige Pflege und Wartung sind erforderlich.

7.2 Varianten mit Priorität Nutzung (intensive Dachbegrünungen)

Das Potenzial bestehender ungenutzter Flachdächer als begrünter Dachgarten, als Spielraum, als gewerbliches Angebot oder hochwertige Wohnungserweiterung usw. ist groß. Ein wertvoller Gebrauchsnutzen ist eine gute Grundlage für Erhalt und Pflege.

Die Nutzung begrünter Dächer umfasst meist befestigte Wege und Terrassenflächen. Eine gesamtflächige Nutzung der Dachbegrünung setzt entsprechend belastbare Gras-/Wiesenflächen voraus. Umwehrungen zum Schutz gegen Absturz und Durchsturz (z. B. durch Lichtkuppeln) sind bei Nutzung erforderlich. Zu beachten sind die Regelwerke zum barrierefreien Bauen DIN 18040-1 „Barrierefreies Bauen – Planungsgrundlagen – Teil 1: Öffentlich zugängliche Gebäude" (2010), DIN 18040-2 „Barrierefreies Bauen – Planungsgrundlagen – Teil 2: Wohnungen" (2011) und DIN 18040-3 „Barrierefreies Bauen – Planungsgrundlagen – Teil 3: Öffentlicher Verkehrs- und Freiraum" (2014) (Dachbegrünungsrichtlinien, 2018). Bautechnische Gesichtspunkte zur Nutzung werden in DIN EN 1991-1-1 „Einwirkungen auf Tragwerke – Teil 1-1: Allgemeine Einwirkungen auf Tragwerke – Wichten, Eigengewicht und Nutzlasten im Hochbau" (2010), DIN 18531-1 „Abdichtung von Dächern sowie von Balkonen, Loggien und Laubengängen – Teil 1: Nicht genutzte und genutzte Dächer – Anforderungen, Planungs- und Ausführungsgrundsätze" (2017), DIN 18195 und, soweit relevant, in der Fachregel für Abdichtungen (FR Flachdach, 2016) vorgegeben (Dachbegrünungsrichtlinien, 2018). Zur statischen Berechnung und Ermittlung der Nutzlasten in Abhängigkeit von den Nutzungskategorien nach DIN EN 1991-1-1 ist die vorgesehene Nutzung festzulegen. Nutzungsänderungen der Dachbegrünung sind zu beachten (Dachbegrünungsrichtlinien, 2018). Voraussetzungen einer sicheren Nutzung sind eine ganzjährige gefahrlose Begehbarkeit (Nachweis zur Tragfähigkeit, Verkehrssicherheit/Absturzsicherung), die Berücksichtigung der Unfallverhütungsvorschriften, der Brandschutz sowie die Einhaltung nachbarrechtlicher Regelungen. Nutzungsumfang, Erhaltungsbeitrag und Pflegezuständigkeit sind zu klären. Für spätere Pflege- und Wartungsarbeiten ist ein Anseilschutz nach DIN EN 795 oder besser ein Geländer oder eine Brüstung vorzusehen. Es sind bauseits entsprechende Anschlagpunkte erforderlich.

Da im Bestandsbau die Dachabdichtung bereits fertiggestellt ist, empfiehlt sich für den Einbau das Anbringen von Anschlagpunkten unter Vermeidung einer Durchdringung der Dachhaut (z. B. Befestigung an tragenden aufgehenden Bauteilen oder durch Auflast gehaltene Sicherungssysteme) (Dachbegrünungsrichtlinien, 2018).

Für eine Dachbegrünung baulicher Anlagen, die in die Denkmalliste eingetragen bzw. als Denkmal anerkannt sind, ist im Einzelfall eine vorausgehende denkmalschutzrechtliche Genehmigung erforderlich (Dachbegrünungsrichtlinien, 2018). Zu prüfen ist die Vereinbarkeit einer Dachbegrünung mit dem Schutzziel und dem Schutzumfang. Kann der Begrünungsaufbau nicht hinter einer Bestandsattika (von außen nicht sichtbar) untergebracht werden, ist er so weit vom Dachrand zurückzusetzen, dass die Gebäudeansichten unverändert bleiben. Die konstruktive Eignung der geschützten Substanz für die Aufnahme von Zusatzlasten (Gründachaufbau/Wasserrückhalt) und Sicherheitsbauteilen (Absturzsicherung) ist zur Genehmigung nachzuweisen.

7.2.1 Begrünung auf Substratschüttung > 15 cm

Gestalterische Kriterien

Der Pflanzenauswahl sind bei dieser Form von Intensivdächern bei entsprechender Substrathöhe keine Grenzen gesetzt. Es ist die Variante mit der größtmöglichen Pflanzenauswahl (standortabhängig). Auch Baumpflanzungen sind möglich, vorausgesetzt, die Substratstärke ist ausreichend (mindestens 80 cm; siehe Abb. 7.8). Die geplante Flächenwirkung wird mittelfristig erreicht, je nach Pflanzenauswahl, Art, Textur, Farbgebung sowie Belaubungsphase. Gestalterisch reicht die Bandbreite von Wildblumenwiesen über Gartendächer bis hin zu Landschaftsdächern (Substrathöhen, Bewässerung und Gesamt-Endgewicht beachten).

Abb. 7.8: Bunker St. Pauli, Hamburg: intensive Dachbegrünung

Vegetationstechnische Kriterien

Die Pflanzenauswahl stellt hohe Ansprüche an den Schichtaufbau. Intensivbegrünungen sind nur durch intensive Pflege und regelmäßige Wasser- und Nährstoffversorgung dauerhaft zu erhalten. Die Pflanzenauswahl wird je nach Winterhärte, Lebensform, Geselligkeit, Blatt-, Blüh- und Farbaspekten getroffen. Eine künstliche Bewässerung ist empfehlenswert. Zumindest sollte eine Einrichtung zur Notbewässerung für Trockenzeiten (möglichst als Regenwasser) vorhanden sein.

Bautechnische Kriterien

Geeignete Dachkonstruktionen sind Massivbauten mit flachen oder flach geneigten Betondecken (0 bis 5 °), unterirdische Betonbauwerke oder andere statisch stabile Konstruktionen. Der Aufbau hat folgende Lagen (von unten nach oben):

- wurzelfeste Dachabdichtung,
- Schutz- und Speichervlies,
- Drain- und Wasserspeicherelemente (optional Wurzelschutzbahn, Speichervlies, mineralisches Drainsubstrat),

- Filtervlies,
- Substratschichten auf Vegetation abgestimmt (Rasen, Stauden und Gehölze, Bäume bei einer Substrathöhe ab 80 cm).

Das Aufbaugewicht ist statisch relevant und muss bei der Planung berücksichtigt werden.

Wirtschaftliche Kriterien

Der Pflege-, Wartungs- und Instandhaltungsaufwand ist hoch und, wie auch die Nutzungsmöglichkeiten und die Gestaltungsvielfalt, mit dem Aufwand bei bodengebundenen Freiräumen vergleichbar. Anfallende Kosten für die Installation, Pflege und Wartung sind abhängig von der gewählten Substratstärke, der Pflanzenauswahl, von Gestaltungsvorgaben (artifiziell/naturnah), der Gesamtgröße und Erreichbarkeit der Fläche sowie der Versorgung mit Wasser und Nährstoffen.

Systemtypische Vorteile

- Begrünung bei Dachneigung von 0 bis 5 ° möglich
- Gewicht 190 bis 700 kg/m², gegebenenfalls mehr
- Ausbildung als „Garten" bis hin zu Landschaftsdächern möglich (Substrathöhen, Bewässerung und Gesamt-Endgewicht beachten)
- vielfältigste Pflanzenauswahl (lediglich standortabhängig)
- Baumpflanzungen möglich (bei ausreichender Substrathöhe)
- Nutzertrag möglich (Urban Farming)
- Schutz der Abdichtungsebene gegen Witterungs- und UV-Belastung
- besonders gute Schallabsorption
- besonders ausgeprägtes ökologisches Leistungspotenzial, u. a. Lebensraum und Nahrung für Insekten und Vögel
- hoher Wasserrückhalt von 30 bis 160 l/m² und mehr (60 bis 90 % N/a)

Hinweise für einen größtmöglichen Begrünungserfolg

Die Tragfähigkeit des Daches samt Begrünungsaufbau muss gewährleistet sein. Windsog ist sowohl für die Substratlage als auch für Pflanzen nachzuweisen, denn Bäume stellen z. B. hohe Punktlasten mit zusätzlicher Windangriffsfläche dar. Alle exponierten Materialien sowie auch Leitungen müssen korrosions-, witterungs-, UV- und chemikalienbeständig sein. Thermische Längenausdehnungen sind zu berücksichtigen. Die Vegetationstragschichten sollten so ausgeführt werden, dass sie verrottungsstabil und wasserdurchlässig sind, mit einer ausreichenden Wasser- und Lufthaltefähigkeit. Die Gütesicherung für Substrate ist zu beachten (RAL-GZ 250, 2018). Des Weiteren müssen eine gute Durchwurzelbarkeit und Strukturstabilität gewährleistet sein. Der pH-Wert des Substrats und der durchwurzelbare Raum sollten auf die gewählten Pflanzen abgestimmt werden, um das Wachstum, die Vitalität und die Langlebigkeit der Pflanzen zu fördern. Wildwiesen benötigen etwa 15 cm Substrathöhe, Stauden, Rasen und Kleingehölze (bis 1,5 m Höhe) etwa 20 cm, Sträucher (bis 3 m) ca. 30 cm, Großsträucher 40 cm, Kleinbäume 60 cm und Bäume mindestens 80 cm Substrat. In den ausgewählten Bereichen sind aber auch Substratanhügelungen oder flächige Substraterhöhungen möglich.

Eine automatisierte künstliche Bewässerung und Nährstoffversorgung ist unumgänglich, um die Pflanzen optimal zu versorgen. Be- und Entwässerung müssen den Normen E DIN EN 1717 und E DIN 1988-100 zur Sicherung des Trinkwassers entsprechen. Eine Vorfilterung, VDE-geprüfte Steuerungseinheiten, Düngevorrichtungen und Druckminderungen sind erforderlich. Eine automatische Abschaltung und Notüberläufe sind zu installieren. Frostschutzmaßnahmen sowie eine Winterautomatik mit Leitungsentleerung sind zu berücksichtigen. Tropfrohre sollten druckkompensiert und mit Wurzelschutz sowie Spülvorrichtungen ausgestattet sein. Die Austauschbarkeit einzelner Komponenten der Bewässerung (Leitungen, Tropfrohre) muss sichergestellt sein, Be- und Entwässerungsquerschnitte müssen ausreichend dimensioniert sein. Pflanzabstände, Standortbedingungen und Versorgungsanforderungen müssen den Lebensbereichkriterien der Pflanzen entsprechen, die Pflanzengesellschaften sollten aufeinander abgestimmt sein. Regelmäßige Pflege und Wartung sind ebenfalls sicherzustellen.

7.2.2 Begrünung mit Pflanzgefäßen

Gestalterische Kriterien

Das große Potenzial der Begrünung mit Pflanzgefäßen liegt in der flexiblen Handhabung und Veränderbarkeit. Intensivbegrünungen sind so ohne flächigen Gründachaufbau (siehe Abb. 7.9) oder zur Ergänzung extensiver Gründächer möglich (Erhöhung der Biodiversität). Diese Lösung hat aber nicht nur gestalterischen Nutzen, sondern eignet sich auch für Absperrungen, Einfassungen und den Sichtschutz von Bereichen. Über eine Leitbepflanzung und Begleitpflanzen kann eine jahreszeitlich abgestimmte Gestaltung erreicht werden.

Abb. 7.9: Wagnis 4, München: Dachbegrünung ohne flächigen Gründachaufbau (Hochbeete zur Selbstversorgung)

Vegetationstechnische Kriterien

Vorkultivierte Füllungen mit Stauden, Gräsern, dichtem Buschwerk aus Gehölzen und Bäumen sind möglich. Substratfeuchte, Wasserspeicherschicht, Drainage, Wasser- und Nährstoffversorgung sind der Pflanzenauswahl anzupassen. Staunässe in den Behältern muss vermieden werden. Eine Drainage, abgedeckt mit einem Vlies, ist daher zu empfehlen. Die Exposition (Licht- und Windverhältnisse) sowie die Pflege- und Wartungszugänglichkeit sind bei der Planung zu berücksichtigen. Die geplante Bepflanzung hat direkten Einfluss auf die Behälterhöhe (für ca. 2 m hohe Sträucher mindestens 50 cm).

Bautechnische Kriterien

Zur Begrünung eignen sich alle statisch ausreichend dimensionierten ebenen Flächen (maximal ca. 5 ° Gefälle). Bei druckempfindlichen Materialien, wie Flachdächern mit Dämmungsaufbau, müssen druckverteilende Platten untergelegt werden. Wichtig ist die Beachtung der Standfestigkeit auch unter Sturmeinfluss. Bei einem Einsatz auf Umkehrdächern oder nachträglich mit Perimeterdämmung gedämmten Flächen sollte für eine Durchlüftung der Standflächen gesorgt werden.

Wirtschaftliche Kriterien

Kosten resultieren vor allem aus der Gefäß- und Pflanzenwahl sowie aus der gewählten Bewässerungslösung und dem nötigen Wartungs- und Pflegeaufwand (bei dieser Begrünungsform vor allem Wasser- und Nährstoffversorgung sowie Pflanzenschnitt).

Systemtypische Vorteile

- Begrünung bei Dachneigung von 0 bis 5 ° möglich
- Gewicht abhängig von Gefäß- und Pflanzenwahl
- große Pflanzenauswahl, durch mögliche Wintereinlagerung nicht winterharter Pflanzen erweiterbar
- sofortige Begrünungswirkung bei Vorkultur
- Intensivbegrünung ohne flächigen Gründachaufbau möglich (manuelle/künstliche Versorgung erforderlich)
- durch Umsetzen Gestaltungsänderungen erreichbar (Statik beachten)
- auch als Interimslösung mit vorkultivierten Pflanzencontainern denkbar
- Nutzertrag möglich (Urban Farming)

Hinweise für einen größtmöglichen Begrünungserfolg

Die Tragfähigkeit der darunter liegenden Struktur muss gesichert sein, Stand- und Windsogsicherheit sind nachzuweisen. Pflanzgefäße sowie Wasserleitprofile müssen korrosions-, witterungs-, UV- und chemikalienbeständig sowie wasserdicht sein. Thermische Längenausdehnungen sind zu berücksichtigen. Die Pflanzcontainer müssen verformungsstabil, schadstofffrei und recycelbar sein. Vegetationstragschichten sind so zu gestalten, dass sie verrottungsstabil und wasserdurchlässig sind, mit einer ausreichenden Wasser- und Lufthaltefähigkeit.

Die Gütesicherung für Substrate ist zu beachten (RAL-GZ 250, 2018). Zudem müssen eine gute Durchwurzelbarkeit und Strukturstabilität gewährleistet sein. Der pH-Wert des Substrats sollte auf die gewählten Pflanzen abgestimmt werden. Der durchwurzelbare Raum der Behälter muss mindestens 60 cm × 60 cm groß sein, um optimales Pflanzenwachstum und Langlebigkeit sicherzustellen (je breiter, desto besser). Eine Anstaubewässerung ist von Vorteil. Wurzelstaunässe ist durch eine geeignete Drainage zu vermeiden. Die Be- und Entwässerung muss den Normen E DIN EN 1717 und E DIN 1988-100 zur Sicherung des Trinkwassers entsprechen.

Die Bewässerung sollte automatisiert erfolgen und mit einer Vorfilterung sowie Steuerungseinheiten (VDE-geprüft), Düngevorrichtungen und Druckminderung ausgestattet sein. Eine automatische Abschaltung ist für Notfälle erforderlich, Notüberläufe sind zu installieren. Zudem ist Frostschutz zu berücksichtigen bzw. es ist eine Winterautomatik mit Leitungsentleerung zu installieren. Eine Dämmung der Pflanzbehälter ist vorteilhaft, um Überhitzung zu vermeiden. Tropfrohre sind druckkompensiert mit Wurzelschutz und Spülvorrichtungen auszustatten. Die Austauschbarkeit der Bewässerungsleitungen und Tropfrohre muss sichergestellt sein. Be- und Entwässerungsquerschnitte sind ausreichend zu dimensionieren.

Standortbedingungen und die Versorgung müssen den Pflanzen entsprechen, Pflanzengesellschaften und Pflanzabstände sollten aufeinander abgestimmt sein. Regelmäßige intensive Pflege und Wartung sind sicherzustellen.

7.3 Multifunktionsdächer

Die zunehmende bauliche Dichte erfordert alternative Lösungswege. Eine konsequente Durchgrünung und Entsiegelung zur Maximierung der Verdunstungsleistung, um städtischer Überhitzung und Starkregenereignissen entgegenzuwirken, sowie eine maximale Nutzung des Hüllflächenpotenzials von Gebäuden sollten das Leitbild zukünftiger Planungen prägen.

Ziel ist es, zugunsten von Begrünungen den Platzbedarf für Gebäudetechnik möglichst zu begrenzen. Im Folgenden werden multifunktionale Flächenlösungen vorgestellt.

7.3.1 Solargründach

Gestalterische Kriterien

Um die Begrünungsfläche nicht unnötig einzuschränken, können Anlagen zur solaren Energiegewinnung aufgeständert in die Dachbegrünung integriert werden. Verschattender Pflanzenaufwuchs im Bereich von niedrigen Solaranlagen ist zu vermeiden. Dafür kann die zu erwartende Pflanzenhöhe vor energieaktiven Paneelvorderseiten durch eine reduzierte Substrathöhe (bis 7 cm) oder durch eine geringere Wasserhaltung in diesem Bereich geregelt werden. Zur Bepflanzung eignen sich niedrigwachsende Arten ohne Blütenstände bzw. solche mit kurzen Blütenständen.

Zur Unterstützung einer höheren Artenvielfalt am Standort kann die Substrathöhe unter und hinter den Paneelen höher aufgebaut werden (12 cm). Damit wird in der Regel auch der Pflanzenaufwuchs kräftiger (Naturschutz auf Dachbegrünungen in Verbindung mit Solaranlagen, 2013).

Vegetationstechnische Kriterien

Es gelten die zuvor beschriebenen vegetationstechnischen Kriterien des geplanten Begrünungsaufbaus. Eine technisch funktionale und sichere Bündelung der Energieversorgung kommt auch der Instandhaltung der Begrünung zugute. Abstände der Paneelreihen sind in Abhängigkeit von Substratdicke, Pflanzenart, Wuchshöhe und Wartungszugänglichkeit festzulegen. Das Pflanzenwachstum wird über die Substratdicke und die Bewässerung gesteuert. Der Aufwand für Pflege und Wartung der Dachbegrünung kann durch eine gute Planung wirtschaftlich gestaltet werden (Naturschutz auf Dachbegrünungen in Verbindung mit Solaranlagen, 2013). Pflege- und Wartungsintervalle sind festzulegen und einzuhalten. Ziel ist eine optimierte PV-Anlage auf einem vitalen Gründach mit all seinen Leistungsfaktoren zur Gebäudeoptimierung und Umfeldverbesserung.

Bautechnische Kriterien

Die Dachkonstruktion ist auf ihre Eignung für ein Solargründach zu prüfen, die Tragfähigkeit bzw. mögliche Punkte zur Lasteinleitung sind zu ermitteln. Auflast und Windsog müssen dabei berücksichtigt werden.

Alle Dachkonstruktionen mit entsprechender Neigung von 0 bis 5 ° können unter Berücksichtigung der Bauphysik sowie der erhöhten Dachlast mit einer Kombination aus Dachbegrünung und Solaranlagen ausgestattet werden. Neben den Richtlinien zur Dachbegrünung ist dabei die DIN VDE 0100-712 „Errichten von Niederspannungsanlagen – Teil 7-712: Anforderungen für Betriebsstätten, Räume und Anlagen besonderer Art – Photovoltaik-(PV)-Stromversorgungssysteme" (2016) zu beachten.

Außerdem ist zu klären, ob und auf welche Weise umgebende Gebäude und Vegetation die geplante Installation beeinflussen. Die Entwässerung des Daches muss optimal gewährleistet sein (Gefälle, Drainage, Entwässerung), um einen höheren Pflanzenwuchs durch Überbewässerung zu vermeiden (siehe Abb. 7.10). Aus dem gleichen Grund müssen Vegetationsschichten (Schichtstärken) sorgfältig geplant werden: Je höher das Substrat, desto höher ist der Pflanzenaufwuchs.

Folgende Anwendungen sind in der Kombination Solargründach möglich:

- Flachkollektoren bieten eine flächenanteilige Nutzung (monofunktional). Die Module liegen benachbart zur Begrünung (extensive oder einfache, nicht verschattende Intensivbegrünungen) direkt auf einer Kiesschicht auf. Die Vorteile sind ein geringer Windangriff und eine klare Gewerketrennung (Pflege/Wartung).
- Sheddächer mit PV-Nutzung in flächenanteiliger Nutzung (monofunktional), als Aufdachlösung oder gebäudeintegriert (semitransparente Photovoltaik), haben den Vorzug einer klaren Gewerketrennung (Pflege/Wartung). Extensiv- oder einfache Intensivbegrünungen können benachbart angelegt werden, z. B. auf dazwischen liegenden Wartungsgängen.

Abb. 7.10: Solargründach mit Kiesstreifen vor den Paneelen, um ankommendes Wasser schneller abzuführen

Abb. 7.11: Ufa-Fabrik, Berlin: neigungsoptimierte PV-Module auf Stahlträgern und lichtgesteuert nachgeführte Module

- Neigungsoptimierte PV-Module können mit extensiven und einfachen Intensivbegrünungen kombiniert werden. Große freigespannte Distanzen mit minimierter Durchdringung der Abdichtungsebene sind realisierbar und ermöglichen die Kombination/Überlagerung auch auf Dächern mit geringen Lastreserven. Die Auflast der Solaranlagen wird dabei direkt in darunter liegende tragende Strukturen abgetragen (Stützen, Wände/Außenwände). Ein weiterer Vorteil ist die gute Pflege- und Wartungszugänglichkeit (keine regelmäßigen Abstützungen der Anlage).
- Lichtgesteuert nachgeführte PV-Module ermöglichen eine bifunktionale Flächenbelegung mit Extensiv- bis hin zu Intensivbegrünungen (siehe Abb. 7.11). Zwar sind punktuelle Durchdringungen der Abdichtungsebene nötig, die nachträglich eingedichtet werden müssen. Ein Vorteil ist jedoch die gute, uneingeschränkte Zugänglichkeit für Pflege- und Wartungsarbeiten.
- Aufgeständerte Paneele in Kombination mit ausschließlich extensiven Dachbegrünungen in bifunktionaler Flächenbelegung haben einen entscheidenden Vorteil: keine Durchdringung der Abdichtungsebene. Es ist eine ver-

Abb. 7.12: Dachpergola mit semitransparenten PV-Modulen (Quelle: Irene Zluwa, BOKU Wien)

breitete Anwendungsart, die zudem eine Lagesicherheit der Paneele gegen Wind bietet.
- Ost-West-Anlagen (bestenfalls semitransparent) machen ebenfalls eine bifunktionale Flächenbelegung möglich. Von Vorteil ist dabei eine Vermeidung von Durchdringungen der Abdichtungsebene, zudem eine Minimierung der Wartungswege. In der Kombination sind extensiv begrünte Flächen möglich.
- Bifaziale Paneele mit senkrechter Aufständerung sind ebenfalls eine Lösung für eine bifunktionale Flächenbelegung in Kombination mit Extensivbegrünungen. Die Abdichtungsebene bleibt dabei durchdringungsfrei. Eine gute Zugänglichkeit (Pflege/Wartung) und die in der Regel gegebene Staub- und Schneefreiheit sind wesentliche Vorteile dieser Lösung.
- Semitransparente Paneele auf Dachpergolen bieten eine Mehrfachnutzung des Daches: nutzbarer Freiraum, Vegetationsfläche (auch Intensivbegrünungen) und Solarenergiegewinnung zugleich (siehe Abb. 7.12). Größere freigespannte Distanzen sind möglich, um die Last in vorhandene tragende Strukturen abzuleiten und die Zahl punktuell notwendiger Durchdringungen der Abdichtungsebene zu minimieren. Größere Abstände der Vegetation zu den Modulen und eine uneingeschränkt gute Zugänglichkeit (Pflege/Wartung) der Begrünung sind weitere Vorteile.

Wirtschaftliche Kriterien

Die Kombination aus solarer Energiegewinnung und Dachbegrünung bietet bei der Flächennutzung diverse Vorteile. Diese liegen, je nach Art der Kombination, in der Leistungssteigerung der PV-Module durch eine Senkung der Betriebstemperatur infolge der Verdunstungskühlung durch die Pflanzen, in der Sicherung der Module gegen Kippen durch Beschweren der Aufständerung mit Substrat und Begrünung sowie in einer einfachen und schnellen Montage. Eine Kosteneinsparung bei Dacheindichtungsarbeiten durch die Vermeidung von Durchdringungen der Dachabdichtung und Punktlasten sowie der Schutz der Dachabdichtung vor UV-Belastung, Temperaturextremen und Witterungseinflüssen bilden die wesentlichen Vorteile der Begrünung für das Bauwerk.

Systemtypische Vorteile

- Begrünung bei Dachneigung von 0 bis 5 ° möglich
- Gewicht extensiv: ca. 80 bis 180 kg/m² zuzüglich Auflast der Solarmodule und Aufständerung, Gewicht intensiv: ab 180 kg/m² zuzüglich Auflast der Solarmodule und Aufständerung, jeweils zuzüglich Windsog, Schnee- und Nutzlast
- Ausbildung als Extensivdach oder als Intensivdach bis hin zum nutzbaren Gartendach (Solarpergola) möglich
- Leistungssteigerung der Solarstrommodule durch Senkung der Betriebstemperatur infolge Verdunstungskühlung durch die Pflanzen
- Sicherung der Module gegen Kippen durch Beschweren der Aufständerung mit der Begrünung
- einfache und schnelle Montage
- Dachbegrünung als Auflast zur Windsogsicherung geeignet (keine Durchdringung der Dachabdichtung erforderlich)
- Vermeidung von Punktlasten
- Kosteneinsparung bei Dacheindichtungsarbeiten
- Schutz der Dachabdichtung vor UV-Belastung, Temperaturextremen und Witterungseinflüssen

Hinweise für einen größtmöglichen Begrünungserfolg

Für die nachhaltige Umsetzung von Solargründächern sind mehrere Grundsätze zu beachten: Zur Vermeidung von sogenannten Hot Spots auf der Anlage ist es wichtig, die Verschattung von Solarmodulen oder deren Teilbereichen durch Dachaufbauten und Pflanzen zu vermeiden. Dies kann andernfalls zu Ertragseinbrüchen bis hin zu Moduldefekten führen (siehe Abb. 7.13). Die Auswahl eines sterilen Substrats ist deshalb von Vorteil (kein anfänglicher Fremdaufwuchs). Vorsicht ist geboten bei Substraten aus Recyclingmaterialien und/oder Bauaushub.

Verwendung semitransparenter bzw. besser bifazialer Solarmodule fördert insbesondere bei Schmetterlingsausfüh-

Abb. 7.13: Durch Vegetation verschattete Photovoltaik

rung die Vegetation und einen Mehrertrag. Eine Verwendung von Halbzellenmodulen ist eine Lösung zum Schutz vor Ertragseinbrüchen bei Teilverschattungen. Senkrecht aufgeständerte bifaziale Module sind zunächst zwar kostenintensiver, bieten jedoch den Vorteil, dass auf ihnen kein Staub und Schnee liegenbleiben kann.

Die Module und Modulreihen sollten so aufgestellt werden, dass eine gute Instandhaltung gewährleistet ist. Regelmäßige, fachgerechte Instandhaltungsarbeiten (Pflege und Wartung) sind unerlässlich. Zum Schutz der Bausubstanz empfiehlt es sich, auflastgehaltene Solarmodulträger zu verwenden. Dabei müssen sowohl die Tragfähigkeit der Dachkonstruktion als auch Wind-, Schnee- und Verkehrslasten berücksichtigt werden.

Die Höhe der Aufständerung der Module, die Substrathöhe und die Auswahl der Pflanzen sind sorgfältig aufeinander abzustimmen. Zudem ist es notwendig, die verschiedenen Gewerke und Ausführungsschritte, wie Dachaufbau und -abdichtung, Be- und Entwässerung, Dachbegrünung sowie Gebäudetechnik (einschließlich Solaranlage, Blitzableitung, Klima und Lüftung), im Vorfeld entsprechend zu koordinieren. Die Nutzung vorkultivierter Vegetationsmatten unter den Modulen hat sich als vorteilhaft erwiesen.

Für Unterhalt und Pflege sollte die Zugänglichkeit für die Bereitstellung und den Transport von Materialien sowie für Pflege und Wartung sichergestellt sein. Es sind konsequent Absturzsicherungen für Installation und Zugänglichkeit vorzusehen. Die Pflanzenauswahl sollte möglichst die biologische Vielfalt unterstützen. Die Abstände der Paneelreihen müssen in Abhängigkeit von der Substratstärke, der Pflanzenart, der Wuchshöhe und der Wartungszugänglichkeit festgelegt werden. Schließlich sind die Pflege- und Wartungsintervalle vertraglich zu vereinbaren und einzuhalten.

7.3.2 Biodiversitätsgründach

Gestalterische Kriterien

Biodiversitätsdächer sind Extensivbegrünungen mit Anhügelungen, Zonen einfacher Intensivbegrünungen mit einer Wildstauden-Gehölze-Vegetation und/oder intensiv begrünten Bereichen. Unterschiedliche Substrathöhen mit einer hohen Pflanzendiversität, Wasserflächen, vegetationsfreie Bereiche, Totholz und Insektennisthilfen bieten zusätzlichen Arten Heimat. Auf dem Dach entstehen somit ungestörte Lebensräume mit geringem Konkurrenzdruck zur Biotopvernetzung und zur Förderung der Artenvielfalt am Standort (siehe Abb. 7.14).

Vegetationstechnische Kriterien

Ziel ist eine Erfüllung möglichst vollständiger Lebensraumansprüche durch die Einbindung von Bauwerken in Ökosysteme, die Bildung eines „urbanen Biotopverbunds" aus u. a. Parkanlagen, Fassadenbegrünungen, Baumalleen und Dachbegrünungen sowie stadtnahen Grünflächen.

Höhere Vegetationen (z. B. Grasbestände), die niedrigwüchsigere Arten verschatten, müssen gekürzt/gemäht werden. Das Kürzen/Mähen darf erst nach der Blüte durchgeführt werden. Fremdbewuchs, insbesondere unerwünschte Gehölze, sowie anfallendes Mähgut müssen vom Dach entfernt werden. Biodiversitätsbausteine, wie Steinhaufen,

Abb. 7.14: Aufgrund der große Biodiversität gibt es auf dem Dach des Wagnis 4 besondes viele Wildbienen, Hummeln, Schmetterlinge und Vögel.

Sandlinsen und Wasserflächen, sollten von überwucherndem Bewuchs und Verunreinigungen befreit werden. Eventuell ist eine Erhaltungsdüngung notwendig, um die Artenvielfalt zu fördern. Je nach Gründachaufbau kann bei langanhaltender Trockenheit eine zusätzliche Bewässerung notwendig werden (Frischwasser, Grauwasser, Regenwasser oder Grundwasser). Nisthilfen müssen kontrolliert und gegebenenfalls gesäubert bzw. ausgetauscht werden. Ein Biodiversitätsdach unterliegt der natürlichen Entwicklung, es bilden sich mit der Zeit also andere Vegetationsformen aus (BuGG-Marktreport Gebäudegrün, 2021).

Bautechnische Kriterien

Ein Biodiversitätsgründach mit unterschiedlichen Substrathöhen ist eine äußerst sinnvolle Möglichkeit der Begrünung eines Bestandsdachs. Extensiv begrünte Bereiche finden Platz über Dachflächen, die wenig zusätzliche Auflast tragen. Anhügelungen bis hin zu Intensivbegrünungen können über tragenden Wänden, Trägern und Stützen installiert werden. Diese Variante kann als Vermeidungs- und Minimierungsmaßnahme und möglicherweise auch als Ausgleichsmaßnahme für Eingriffe in die Naturschutzgüter geeignet sein, wenn folgende Bausteine der Biodiversität umsetzt werden (Dachbegrünungsrichtlinien, 2018):

- passende Substratauswahl, Oberflächenmodulation für Begrünungsziel und Artenreichtum,
- vegetationsfreie Areale (z. B. Sand- oder Lehmlinsen, Kiesbeete, Schotterflächen),
- Rückzugsmöglichkeiten für Bodentiere (Substratanhügelungen, Gehölzpflanzungen, höhere Pflanzbeete,
- Einbeziehung von Futterpflanzen für Insekten und Vögel in das Bepflanzungskonzept (ganzjährig),
- Einbringen von Totholz (Haufen aus Ästen, Wurzelstöcken, Baumscheiben),
- Einsatz von wind- und wassersicheren Nisthilfen für Vögel und Insekten,
- Platzierung von Wasserelementen, gegebenenfalls mit geeigneter Flora (z. B. Wassertränken, Teiche).

Ein detaillierter Ausführungsplan ist möglichst unter Einbeziehung von Biologen zu erstellen. Als Beitrag zur Artenvielfalt sowie nach dem Grad der vorgesehenen Anrechnung der Dachbegrünung für Minderung oder Ausgleich kann die Verwendung von standortgerechtem Pflanzenmaterial bzw. gebietseigenem Saatgut gefordert werden (Dachbegrünungsrichtlinien, 2018).

Das Bundesnaturschutzgesetz (BNatSchG), städtische Biodiversitätsziele, der städtische Aktionsplan Biodiversität, die örtliche Bauordnung sowie die Strategie zur biologischen Vielfalt sind zu berücksichtigen.

Wirtschaftliche Kriterien

Die Erweiterung der Nahrungs- und Lebensraumangebote und damit die Vorbeugung des Artensterbens (z. B. Sicherung von Nahrungskette/Bestäubung) stellen einen unbezahlbaren Wert dar.

Systemtypische Vorteile

- Gewicht ca. 60 bis 140 kg/m² zuzüglich Gewicht der Substratanhügelungen (12 bis 14 kg/m² pro Zentimeter Substratstärke)
- Biotopvernetzung (Verknüpfung/Erweiterung der städtischen Nahrungs- und Lebensraumangebote)
- Pflanzen- und Strukturvielfalt
- ungestörte Lebensräume
- geringer Konkurrenzdruck
- Förderung der Artenvielfalt am Standort
- Sicherung der Nahrungskette/Bestäubung
- Kompensation städtischer Bodenversiegelungen

Hinweise für einen größtmöglichen Begrünungserfolg

Stimmen die baulichen und vegetationstechnischen Voraussetzungen, lässt sich der blühende, artenreiche Vegetationsaspekt mit wenig Pflegeaufwand erhalten. Je nach Vegetations- und Pflegeziel sollte das Biodiversitätsdach zwei- bis viermal im Jahr begangen werden. Nisthilfen und Entwässerungseinrichtungen sind regelmäßig zu kontrollieren und gegebenenfalls zu reinigen oder auszutauschen. Um die Artenvielfalt zu erhalten und zu fördern, kann eine Düngung notwendig sein. Bei langanhaltender Trockenheit sollte eine Bewässerung erfolgen. Dafür kann Regenwasser, aufbereitetes Grauwasser, Frischwasser oder Grundwasser verwendet werden.

Hinweis

Das Ergebnis eines Biodiversitätsdachs ist abhängig vom Deckungsgrad und Abwechslungsreichtum der Vegetation sowie von der resultierenden Individuenzahl und -dichte der Fauna, der Art der Dachbegrünung, der Lage bzw. der städtischen Situation, der Flächengröße, der Rückzugsfläche (Boden-, Wasser-, Wind-, Temperatur-, Nährstoffverhältnisse) und vom Alter des Lebensraums (Reifezeit) (Zimmermann, 1987; Mann, 1996).

7.3.3 Retentionsdach

Gestalterische Kriterien

Wasser ist eine unverzichtbare Ressource und im Klimasystem gleichzeitig ein wichtiger Energieträger. Das Ableiten von Regenwasser in die Kanalisation hat erhebliche Nachteile für das Klima. Daher gilt es, Wasserrückhalt, Verdunstung und Kondensation zu fördern (Konzepte der Regenwasserbewirtschaftung, 2010). Retentionsdächer unterscheiden sich optisch nicht von Extensiv- oder Intensivdächern. Der Unterschied liegt lediglich in der Rückhaltefunktion/Drainage sowie in der Art, Stärke- und Zusammensetzung des Substrats.

Vegetationstechnische Kriterien

Das Pflanzenwachstum entspricht dem klassischer Gründächer. Hinweise zur Versorgung gelten entsprechend. Der Fokus kann jedoch auf einer höheren Verdunstungsleistung ausgewählter Pflanzen liegen. In Trockenphasen ist dann eine Mindestwasserversorgung (z. B. über eine Regenwasserzisterne) zu gewährleisten (Köhler et al., 2022). Spezielle Drainagen halten Wasser mittel- oder längerfristig zurück (bis zu 80 l/m²). Über einen kapillaren Anschluss kann das Substrat so langfristig freuchtgehalten und die Pflanzen können mit Regenwasser versorgt werden (siehe Abb. 7.15).

Abb. 7.15: GKR Hydro, München: Retentionsdach-Musterflächen

Bautechnische Kriterien

Eine erhöhte Speicherfunktion extensiver oder intensiver Dachbegrünungen wird zunächst über eine dickere Substratschicht erreicht. Größere Drainschichten, gegebenenfalls mit besonderen Vorrichtungen zur Wasserstandsregulierung, verstärken die Rückhaltung wesentlich (Köhler et al., 2022). Im Grundzustand wird Regenwasser für Trockenzeiten gespeichert und steht der Vegetation zur Verfügung. Vor starken Regenereignisssen kann, je nach Bauweise, gespeichertes Wasser kontrolliert an die Kanalisation abgegeben werden, um dann wiederum Niederschläge aufnehmen zu können. So kann bei Starkregenspitzen ein zusätzlicher Abfluss in die Kanalisation verhindert werden. Der erhöhten Wasserspeicherkapazität ist mit einer ausreichend statisch dimensionierten Primärkonstruktion Rechnung zu tragen. Retentionsräume sind inzwischen in Form von nicht rostenden Aufständerungen oder auch aus recycelten oder Biokunststoffen verfügbar.

Wirtschaftliche Kriterien

Die Regenwasserverdunstung unterstützt nicht nur die Kühlung von Gebäuden, sondern spielt auch eine unmittelbare Rolle bei der Vermeidung von Hitzeinseln in Stadträumen. Ein weiterer Vorteil liegt, je nach Aufbau, in der Einsparung von Trinkwasser zur Bewässerung der Pflanzen.

Systemtypische Vorteile

- Flächenwirkung mittelfristig
- Begrünung bei Dachneigung von 0 bis 5 ° möglich, bei Dachneigung bis 15 ° nur bedingt
- Gewicht 20 bis 210 kg/m² und mehr, je nach Pflanzenauswahl und möglicher Anstauhöhe
- durch einfache Aufbringtechnik schnelle Fertigstellung
- robuste, langlebige Begrünungsmöglichkeit
- Substratfeuchte durch Wasserspeicherschicht
- Zusatzbewässerung nur in extremen Trockenphasen
- Schutz der Abdichtungsebene gegen Witterung und UV-Belastung
- Verminderung der Auskühlung durch Pufferwirkung (vor allem durch Lufteinschluss im Aufbau)
- Wirkungsgradverbesserung von Photovoltaik durch Kühlung der Pflanzen
- hoher Wasserrückhalt, Verzögerung der Einleitung in die Kanalisation von 30 bis 80 l/m² (50 bis 90 % N/a)

Hinweise für einen größtmöglichen Begrünungserfolg

Pflege und Wartung sind grundsätzlich wie bei allen anderen Formen der Dachbegrünung durchzuführen. Jedoch sollte aufgrund der gesteigerten Feuchte bei Retentionsdächern mit einem üppigeren Wachstum gerechnet werden, sodass eventuell häufiger gemäht und unerwünschter Fremdbewuchs entfernt werden muss. Bei Retentionsdächern, die mit einem Wasseranstau und einem Drosselablauf ausgestattet sind, können neben den üblichen Wartungsarbeiten zusätzliche Maßnahmen erforderlich sein, wie etwa eine Absenkung des Wasseranstaus (Anstaurohr manuell hochziehen), um das Wasser kontrolliert ablaufen zu lassen. Der Drosselablauf ist regelmäßig zu prüfen und, falls nötig, zu reinigen. Dabei ist es wichtig, die vorgegebenen Abflussverhältnisse nicht zu verändern, um die Funktionsfähigkeit des Systems dauerhaft zu gewährleisten.

7.3.4 Wassergründach

Gestalterische Kriterien

Die Artenvielfalt der Fauna wird durch Wasserflächen und Repositionspflanzen erhöht. Wassergründächer bieten einen andersartigen Lebensraum und damit eine positive Erweiterung für die städtische Fauna. Die gewünsche Flächenwirkung entsteht kurzfristig, bei Vorkultur sofort.

Vegetationstechnische Kriterien

Bei Bauweisen mit einer Wasserführung oberhalb der Substratschicht werden Repositionspflanzen feuchter Lebensbereiche verwendet (Seggenarten, Binsen, Sumpfdotterblumen usw.; siehe Abb. 7.16). Der Pumpenkreislauf muss immer aufrechterhalten werden. Die Pflege von Wasserdächern beschränkt sich auf das regelmäßige Entfernen unerwünschter Spontanvegetation.

Abb. 7.16: Kelterei Possmann, Frankfurt a. M.: Wasserdach

Bautechnische Kriterien

Die Dachoberfläche als Aufbaugrund muss dauerhaft und zuverlässig dicht sein. Dachflächen als Umkehrdach mit nachträglich aufgebrachter Dämmung sind ungeeignet für diese Begrünungsform. Aufschwimmende Bauteile müssen vermieden werden.

Gebäudebegrünung kann an dieser Stelle sichtbar zur Nutzung von Regenwasser beitragen. Über Wasserdächer wird Regenwasser zurückgehalten (50 bis 90 % N/a). Bestenfalls dient es zur direkten Kühlung des Bauwerks bzw. zur indirekten Kühlung über die Nutzung des Regenwassers für technische Kühlzwecke. Wasserdächer können demnach bei Gebäuden zum Einsatz kommen, bei denen ein hoher Bedarf an Klimatisierung von Räumen oder an Energieeinsparung bei der Rückkühlung von Energiekreisläufen besteht (Dörries/Zens, 2003).

Regenwasser ist für Kühlzwecke besonders geeignet, da es im Vergleich zu Trinkwasser aus dem Versorgungsnetz einen geringeren Anteil gelöster Stoffe enthält und eine Aufbereitung (Entsalzen/Enthärten) entfallen kann (Kaiser, 2008). Bei Einsatz von Betriebswasser (technische, gewerbliche oder hauswirtschaftliche Anwendung) wird dieses durch die Begrünung gereinigt, Schadstoffe werden herausgefiltert.

Wirtschaftliche Kriterien

Das Ziel dieser Bauweise ist die Regenwasserrückhaltung zu klimatischen, pflanzenspezifischen oder verfahrenstechnischen Zwecken. Auch die Regenwasserableitung insgesamt und besonders ihrer Spitzenwerte bei Starkregen können im Umfang des Retentionsvermögens des jeweiligen Daches verbessert werden.

Anfallende Kosten für die Begrünung, Pflege und Wartung sind äußerst gering (Pflanzenkosten nach Pflanzenauswahl).

Systemtypische Vorteile

- Flächenwirkung kurzfristig, bei Vorkultur der Pflanzen sofort
- Begrünung bei Dachneigung von 0 bis 5 ° möglich
- Gewicht abhängig von der Anstauhöhe des Wassers
- zusätzliche Kühlwirkung durch die offene Wasserfläche
- gebäudenahe Umgebungskühlung (Kleinklima)
- Direktkühlung von Produktionsprozessen möglich
- Klärungseinsatz möglich (Chemie, Grauwasser)
- Abführung überschüssiger Energie (Wärmetauscher) möglich
- Wasserspeichervolumen (Wasserrückhalt je nach möglicher Anstauhöhe)
- erweiterte Flora und Fauna im Wasserbiotop (durch z. B. Wasser-/Sumpfpflanzen)
- Schutz der Abdichtungsebene gegen Witterung und UV-Belastung

Hinweise für einen größtmöglichen Begrünungserfolg

Für Wassergründächer, die zur Prozesskühlung oder als Pflanzenkläranlage genutzt werden, ist die Auswahl geeigneter Pflanzen entscheidend. Dabei sollten Arten gewählt werden, die sowohl an wechselnde Wasserstände als auch an feuchte Umgebungen gut angepasst sind (Wasserpflanzen, Repositionspflanzen).

Zusätzlich sind eine gelegentliche Pflege und Wartung unerlässlich, um das System langfristig funktionsfähig zu halten. Dazu gehören die Kontrolle des Wasserstands und die Entfernung von Pflanzenresten, die die Effizienz beeinträchtigen könnten. Schließlich muss die Bewässerungsanlage in allen Teilen regelmäßig gewartet werden (Zuleitungen, Technik). Der Wasserzufluss (in der Regel Pumpenkreislauf) muss reguliert werden, um sicherzustellen, dass die Pflanzen gut versorgt sind und der Kühl- bzw. der Klärprozess optimal funktioniert.

7.3.5 Gebäudeintegrierte Farmwirtschaft

Gestalterische Kriterien

Die Zukunftsfähigkeit von Städten ist u. a. abhängig von ihrer Energie- und Ressourceneffizienz. Ein sinnvoller Ansatz ist die In-Wert-Setzung ungenutzter Flächen. Anbauflächen unter freiem Himmel und Dachgewächshäuser können u. a. auf Flachdächern von Supermärkten, Kulturzentren, Schulen, Restaurants, Industrie- und Wohngebäuden errichtet werden (siehe Abb. 7.17).

Deutschlands Städte bieten nach Einschätzung von Fraunhofer-Forschern rund 360 Millionen m^2 an Flachdächern von Nichtwohngebäuden, die für den Anbau von Pflanzen in Gewächshäusern genutzt werden können (Landwirtschaft auf dem Dach der Forschung, 2011). Das entspricht

Abb. 7.17: Gewächshaus und Anbauflächen für Obst und Gemüse auf dem Dach des Genossenschaftswohnbaus Wagnis 4 in München

in etwa einem Viertel der Größe von Deutschlands Ackerflächen, die für den Gemüseanbau verwendet werden. Zusätzlich stehen vertikale Gebäudeflächen für die Nahrungsmittelproduktion zur Verfügung.

Vegetationstechnische Kriterien

Abhängig von der Art gebäudeintegrierter Farmwirtschaft (Anbau auf Dächern bzw. in Dachgewächshäusern, Nutzung von Fassaden) sind die Bereitstellung und der Transport von Materialien für Pflege und Wartung zu klären, ebenso der Abtransport von Erzeugnissen und nicht kompostierbarem Abfall. Details zur Wasserver- und -entsorgung sind festzulegen. Einzelne Produkte stellen unterschiedliche Ansprüche an den Aufbau. So benötigen beispielsweise Kräuter andere Substratstärken, als Wurzelgemüse. Substratstärken ab 8 cm sind geeignet für Salate und Kräuter, ab 20 cm u. a. für Zucchini, Auberginen, Kürbis, Kohl, Melonen und Erdbeeren. Ab 40 cm Substratstärke gedeihen u. a. Tomaten, Bohnen und Beerenfrüchte sowie Wurzelgemüse (Pfoser, 2015). Auch ein gewerblicher Anbau ist möglich, insbesondere in Dachgewächshäusern. Grundsätzlich muss abgewogen werden, welches Anbauverfahren (Anbau in Erde, in Substrat, Hydroponik, Aquaponik) und welcher Gewächshaustyp für die jeweilige Zielsetzung geeignet ist (Es wächst etwas auf dem Dach, 2013).

Bautechnische Kriterien

Relevante Standortkriterien für eine gebäudeintegrierte Farmwirtschaft sind Flächengröße, Aufbau und Belastbarkeit der Primärkonstruktion, die Zugänglichkeit, die Belichtung sowie rechtliche Aspekte (Es wächst etwas auf dem Dach, 2013). Anbauflächen auf dem Dach unterscheiden sich im Aufbau nicht von flächigen Intensivbegrünungen.

Eine Schutzlage schützt den Dachaufbau vor mechanischer Einwirkung. Das Substrat sollte den Kriterien des Nahrungsmittelanbaus genügen. Pflanztröge und Hochbeete auf dem Dach sind heute keine Seltenheit mehr. Die Größe der Anbaufläche ist abhängig vom Nutzungskonzept (Pfoser, 2015). Die Personensicherheit muss gegeben sein, die Versorgung mit Wasser und Nährstoffen sowie deren Entsorgung sind sicherzustellen.

Dachgewächshäuser kommerzieller Projekte haben, abhängig von der Produktions- und Vertriebsplanung, in der Regel eine Mindestfläche von ca. 1.000 m². Eine umweltgerechte Optimierung von Dachgewächshäusern kann beispielsweise durch den Einsatz von Kraft-Wärme-Koppelungen, Wärmepumpen, Solarenergie, adiabate Abluftkühlung, Abwasserwärmerückgewinnung und Betriebswassernutzung erfolgen (Es wächst etwas auf dem Dach, 2013). Es gelten die Richtlinien der Gebäudebegrünung sowie zusätzlich DIN EN 13031-1 „Gewächshäuser – Bemessung und Konstruktion – Teil 1: Produktionsgewächshäuser" (2021) und DIN EN 1991-1-1.

Wirtschaftliche Kriterien

Innerstädtischer Obst- und Gemüseanbau auf, an oder in Gebäuden ist durch kurze Versorgungswege, Wasser-, Energie- und Stoffkreisläufe energie- sowie ressourcenschonend und CO_2-reduzierend. Multifunktionale, nachhaltige Infrastrukturentwicklung und urbane Resilienz sind wesentliche Zukunftsthemen.

Systemtypische Vorteile

- Gewicht extensiv: ca. 100 bis 200 kg/m², Gewicht intensiv: ab 200 kg/m² zuzüglich Windsog, Schnee- und Verkehrslasten, gegebenenfalls zuzüglich der Auflast des Gewächshausaufbaus
- Substrathöhen: ab 8 cm für Salate und Kräuter, ab 20 cm u. a. für Zucchini, Auberginen, Kürbis, Kohl, Melonen und Erdbeeren, ab 40 cm u. a. für Tomaten, Wurzelgemüse, Bohnen und Beerenfrüchte
- intensive Dachbegrünung zur lokalen Nahrungsmittelversorgung (Anbau von Gemüse und Obst)
- Vegetation gegenüber Sonne und Regen exponiert
- energie- und ressourcenschonend (Wasser-/Energiekreisläufe, kurze Versorgungswege)
- stadtökologischer Beitrag (Biodiversität statt Monokultur, Artenvielfalt)
- Regenwasserrückhalt, Kühlung, Verdunstung
- Schutz der Dachabdichtung vor UV-Strahlen und Witterungseinflüssen
- Einsparung ökologisch wertvoller Bodenflächen
- Energie- und Ressourceneinsparung durch kurze Versorgungs- und Transportwege
- Erholung/Umweltbildung, soziale Stadtentwicklung

Hinweise für einen größtmöglichen Begrünungserfolg

Abhängig von der Art gebäudeintegrierter Farmwirtschaft (Anbau auf Dächern bzw. in Dachgewächshäusern; siehe Abb. 7.18) sind die Bereitstellung und der Transport von Materialien für Pflege und Wartung zu klären, ebenso wie der Abtransport von Erzeugnissen und nicht kompostierbarem Abfall. Die Versorgung und Pflege der Anbauflächen sowie Produkte entsprechen denjenigen in Klein-, Saisongärten und Gewächshäusern am Boden. Der saisonale Anbau von Produkten ist sinnvoll, um kostengünstig zu produzieren. Fruchtwechsel und Mischkulturen vermindern Anbauprobleme durch Nährstoffmangel, Parasiten und Krankheiten. Aussaat-, Anbau- und Erntezeiträume sind zu berücksichtigen. Gute Bestäuber sind z. B. Bienen- und Hummelvölker sowie Schmetterlinge. Entsprechend sind ungestörte Lebensräume auch für den Winter zu schaffen (z. B. Substratmodulation, Pflanzenstängel, hohle Äste oder Insektennisthilfe), damit sie die kalte Jahreszeit überstehen. Die lange Winterpause ist zudem mit Nahrungsangeboten zu überbrücken (z. B. mit Erika, Krokus, Huflattich) bzw. mit frühblühenden Pflanzen, wie z. B. Winterlingen, Märzenbechern und anderen Frühblühern, zu verkürzen. Ressourcen- und Stoffkreisläufe sind sinnvolle Strategien (z. B. Speicherung und Einsatz von Regenwasser, Nutzung von Solarenergie, Kompostierung organischer Abfälle).

7.4 Entscheidungshilfe für Lösungen zur Dachbegrünung im Vergleich

Die Übersicht in Abb. 7.19 fasst die konstruktiven und vegetationstechnischen Merkmale der aktuellen Begrünungslösungen für Flach- und Steildächer zusammen. Darüber hinaus werden gestalterische, konstruktive und wirtschaftliche Aspekte sowie die ökologischen Potenziale der verschiedenen Bauweisen vergleichend dargestellt.

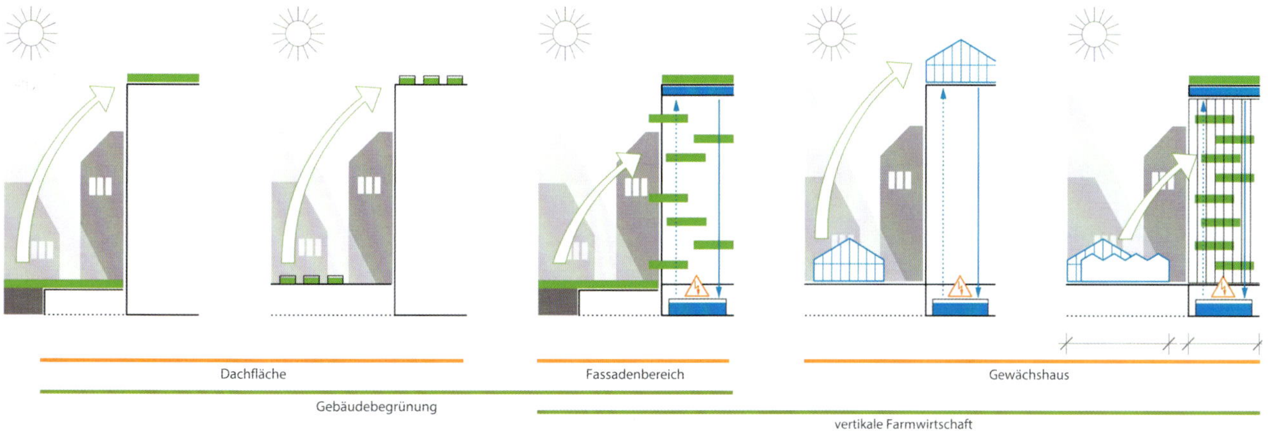

Abb. 7.18: Lösungen gebäudeintegrierter Farmwirtschaft mit Dach- und Fassadennutzung

Extensivbegrünung

Direktbegrünung	Textilsystem	Textil-Substrat-System	Substratschüttung 5-15 cm
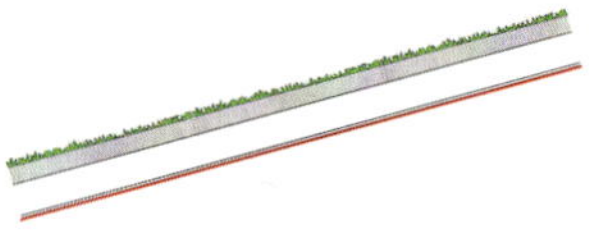			
Moose, Flechten	Moos / Moos und Sedum	Stauden (u. a. Sedum, Gräser, Kräuter), Kleingehölze, Moose	Stauden (u. a. Sedum, Gräser, Kräuter), Kleingehölze, Moose
• direkt begrünte Ziegel/Steinplatten mit begrünungsfördernder Oberflächenplastizität	• Kunstfasermatte • Kokosfasermatte	• organische Fasermatte auf Substratschicht	• Aufbau mit einer in der Höhe variablen Substratmischung (5-15 cm)

gestalterische Kriterien

- Flächenwirkung: mittel- bis langfristig, bei Vorkultur sofort
- Flächenwirkung: kurzfristig bis mittelfristig, bei Vorkultur sofort
- Flächenwirku
- Gestaltungsspielraum: gering
- Gestaltungsspielraum: mittel

bautechnische Ausführungen

- Begrünung Flachdach bis Steildach (0-35 ° (-85 ° bedingt))
- Begrünung Flachdach bis Steildach (0-35 ° (-45 ° bedingt))
- Wasserversorgungsanlage standortbezogen / bei Bedarf
- Wasserversorgung, Dränung und Entwässerung vorsehen, Wasserversorgungsanla
- bauaufsichtlich relevant, statischer Nachweis erforderlich; Bauteile nicht rostend
- ggf. bauaufsichtlich relevant und statischer Nachweis erforderlich; Bauteile nicht rostend
- bauaufsichtlich relevant, statischer Nachweis erforderlich; tragende Baute
- Sturmsicherheit von Konstruktion, Substratverankeru
- Schutz des Dachaufbaus gegen Feuchte und Durchwurzelung erforderlich

geeignete Dachkonstruktionen

Direktbegrünung
- einschalig ungedämmt (bedingt)
- zweischalig ungedämmt, belüftet (bedingt)
- einschalig, gedämmt, unbelüftet (Warmdach - auf hochwertige Dampfsperre achten! / bedingt)
- einschalig, gedämmt, unbelüftet (Umkehrdach - keine dampfsperrenden Schichten oder flächiger Wasseranstau!)
- einschalig, gedämmt, unbelüftet mit Zusatzdämmung (keine dampfsperrenden Schichten oder flächiger Wasseranstau!)
- zweischalig, gedämmt, belüftet (Kaltdach - Tragkraft beachten! / bedingt)

Textilsystem
- einschalig ungedämmt (bedingt)
- zweischalig ungedämmt, belüftet (bedingt)
- einschalig, gedämmt, unbelüftet (Warmdach - auf hochwertige Dampfsperre achten! / bedingt)
- einschalig, gedämmt, unbelüftet (Umkehrdach - keine dampfsperrenden Schichten oder flächiger Wasseranstau!)
- einschalig, gedämmt, unbelüftet mit Zusatzdämmung (keine dampfsperrenden Schichten oder flächiger Wasseranstau!)
- zweischalig, gedämmt, belüftet (Kaltdach / bedingt)

Textil-Substrat-System
- einschalig ungedämmt (bedingt)
- zweischalig ungedämmt, belüftet (bedingt)
- einschalig, gedämmt, unbelüftet (Warmdach - auf hochwertige Dampfsperre achten! / bedingt)
- einschalig, gedämmt, unbelüftet (Umkehrdach - keine dampfsperrenden Schichten oder flächiger Wasseranstau!)
- einschalig, gedämmt, unbelüftet mit Zusatzdämmung (keine dampfsperrenden Schichten oder flächiger Wasseranstau!)
- zweischalig, gedämmt, belüftet (Kaltdach - Tragkraft beachten! / bedingt)

Substratschüttung 5-15 cm
- einschalig ungedämmt (bedingt)
- zweischalig ungedämmt, belüftet (bedingt)
- einschalig, gedämmt, unbelüftet (Warmdach - auf hochwertige Dampfsperre achten! / bedingt)
- einschalig, gedämmt, unbelüftet (Umkehrdach - keine dampfsperrend Schichten oder flächiger Wasseransta
- einschalig, gedämmt, unbelüftet mit Zusatzdämmung (keine dampfsperrenden Schichten oder flächiger Wasseranstau!)
- zweischalig, gedämmt, belüftet (Kaltdach - Tragkraft beachten! / bedingt)

wirtschaftliche Kriterien

- Investitionsaufwand: gering bis hoch
- Investitionsaufwand: gering
- Investitionsaufwand: mittel
- Substitution Gewichtsauflage (Platten oder Kies)
- Substitution Gewichtsaufl
- Pflegeaufwand: gering
- Pflegeaufwand: gering bis mittel
- Wartungs- und Instandhaltungsaufwand: gering bis hoch
- Wartungs- und Instandhaltungsaufwand: gering bis mittel

ökologische Potenziale

- Kühlung/Dämmwirkung: ganzjährige energetische Releva
- mögliche Artenvielfalt am Standort: gering
- mögliche Artenvielfalt am Standort: mittel
- sofortige mikroklimatische Relevanz bei Vorkultur
- mikroklimatis
- Wasserrückhalt/Abflussverzögerung: gering
- Wasserrückhalt/Abflussverzögerung: gering bis mittel
- Wasserrückhalt/Abflussverzögerung: mittel

Abb. 7.19: Systematische Übersicht über Dachbegrünungslösungen

Intensivbegrünung		Sonderformen	
Substratschüttung > 15 cm	**Pflanzgefäße**	**modulare Systeme**	**Retentions-/Wasserdächer**
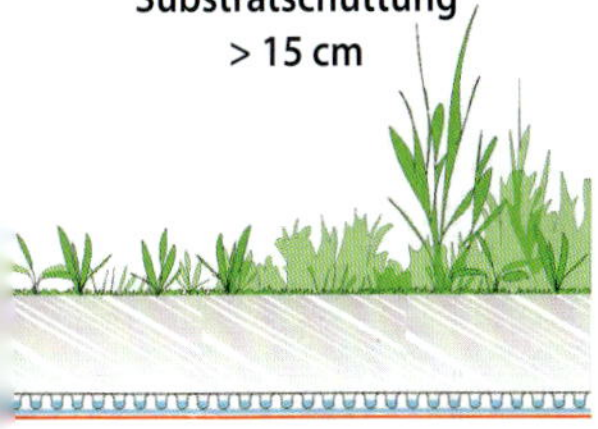	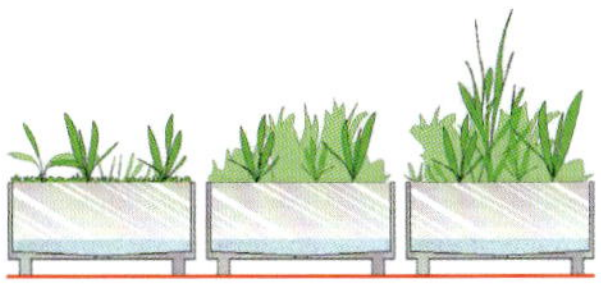		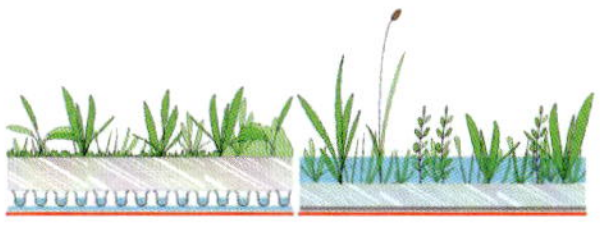
ısen, Stauden (u. a. Sedum, Gräser, Kräuter, vıebel- und Knollengewächse), Gehölze edingt Bäume; Substrataufbau > 80 cm)	Stauden (u. a. auch Gräser, Farne, bedingt Zwiebel- und Knollengewächse), Gehölze (bedingt Bäume), Moose	Stauden (u. a. Sedum, auch Gräser und Farne), Kleingehölze, Moose	Stauden (u. a. Sedum, Gräser, Kräuter), Kleingehölze, bedingt Moose
ɅAufbau mit einer in der Höhe ariablen Substratmischung > 15 cm	• Substrat in Gefäßen (Einzel- oder Linearbehälter)	• Substrat in Elementeinheiten aus Körben/Kassetten • Mattensysteme • substrattragende Rinnensysteme	• regulierte Wasserführung auf Substrat • regulierte Wasserführung in Substrat • regulierte Wasserführung unter Substrat
telfristig	Flächenwirkung: kurzfristig, bei Vorkultur sofort		
Gestaltungsspielraum: groß			Gestaltungsspielraum: mittel bis groß
Begrünung Flachdach bis flachgeneigtes Dach (0-5 °)	Begrünung Flachdach (0-5 °)	Begrünung Flachdach bis Steildach (0-20 ° (-85 ° bedingt))	Begrünung Flachdach bis flach geneigtes Dach (0-5 ° (-15 ° bedingt))
dortbezogen / bei Bedarf	Dränung, Wasserversorgungsanlage standortbezogen / bei Bedarf	Dränung, Wasserversorgungsanlage standortbezogen / bei Bedarf	Wasserpumpenkreislauf/ Dränung ggf. erforderlich
ɾosionsschutz oder rostfreies Material	ggf. statischer Nachweis erforderlich; Verankerungen nicht rostend	bauaufsichtlich relevant, statischer Nachweis erforderlich; Bauteile: rostfreies Material	
Bepflanzung (Winddruck/Windsog)			
			Schutz des Dachaufbaus gegen Feuchte und Durchwurzelung erforderlich
ınschalig ungedämmt (bedingt) weischalig ungedämmt, belüftet ɔedingt) ınschalig, gedämmt, unbelüftet Warmdach - auf hochwertige ampfsperre achten! / bedingt) nschalig, gedämmt, unbelüftet ɪmkehrdach - keine dampfsperrenden ːhichten oder flächiger Wasseranstau!) nschalig, gedämmt, unbelüftet mit ɹsatzdämmung (keine dampf- ɔerrenden Schichten oder flächiger ʼasseranstau! weischalig, gedämmt, belüftet (Kalt- ach - Tragkraft beachten! / bedingt)	• einschalig ungedämmt (bedingt) • zweischalig ungedämmt, belüftet (bedingt) • einschalig, gedämmt, unbelüftet (Warmdach - auf hochwertige Dampfsperre achten! / bedingt) • einschalig, gedämmt, unbelüftet (Umkehrdach - auf Hinterlüftung der Pflanzgefäße achten!) • einschalig, gedämmt, unbelüftet mit Zusatzdämmung (auf Hinterlüftung der Pflanzgefäße achten!) • zweischalig, gedämmt, belüftet (Kaltdach - Tragkraft beachten! / bedingt)	• einschalig ungedämmt (bedingt) • zweischalig ungedämmt, belüftet (bedingt) • einschalig, gedämmt, unbelüftet (Warmdach - auf hochwertige Dampfsperre achten! / bedingt) • einschalig, gedämmt, unbelüftet (Umkehrdach - keine dampfsperrenden Schichten oder flächiger Wasseranstau!) • einschalig, gedämmt, unbelüftet mit Zusatzdämmung (keine dampfsperrenden Schichten oder flächiger Wasseranstau!) • zweischalig, gedämmt, belüftet (Kaltdach - Tragkraft beachten! / bedingt)	• einschalig ungedämmt (bedingt) • zweischalig ungedämmt, belüftet (bedingt) • einschalig, gedämmt, unbelüftet (Warmdach - auf hochwertige Dampfsperre achten! / bedingt) • zweischalig, gedämmt, belüftet (Kaltdach - Tragkraft beachten! / bedingt)
Investitionsaufwand: mittel bis hoch			
ːten oder Kies); Bautenschutz		Substitution Gewichtsauflage (Platten oder Kies); Bautenschutz	Kühlung, Grauwasserklärung; Bautenschutz
Pflegeaufwand: mittel bis hoch		Pflegeaufwand: gering bis hoch	Pflegeaufwand: mittel bis hoch
Wartungs- und Instandhaltungsaufwand: hoch	Wartungs- und Instandhaltungsaufwand: mittel bis hoch		
		Kühlung/Dämmwirkung: ganzjährige energetische Relevanz	Kühlenergie: ganzjährige energetische Relevanz
mögliche Artenvielfalt am Standort: groß			
vanz: mittelfristig	sofortige mikroklimatische Relevanz bei Vorkultur		
Wasserrückhalt/Abflussverzögerung: mittel bis hoch	Wasserrückhalt/Abflussverzögerung: gering bis mittel	Wasserrückhalt/Abflussverzögerung: mittel	Wasserrückhalt/Abflussverzögerung: hoch

7.5 Hinweise zu Verträgen und Ausschreibungen

7.5.1 Vorbemerkungen

Verdingungsordnung für Bauleistungen

Bestimmte Auftraggeber sind verpflichtet, bei der Vergabe von Instandhaltungsarbeiten die VOB/A (Vergabe- und Vertragsordnung für Bauleistungen) Teil A (Allgemeine Bestimmungen für die Vergabe von Bauleistungen) anzuwenden und die Teile B (Allgemeine Vertragsbedingungen für die Ausführung von Bauleistungen) und C (Allgemeine technische Vertragsbedingungen für Bauleistungen) in den Vertrag aufzunehmen. Auch privaten Auftraggebern wird dies empfohlen, um rechtliche Klarheit und Vertragssicherheit zu gewährleisten.

Insbesondere betrifft dies die bereits erwähnte VOB/C ATV DIN 18320 zu den Landschaftsbauarbeiten sowie die VOB/C ATV DIN 18299 „Allgemeine Regelungen für Bauarbeiten jeder Art" (2023), VOB/C ATV DIN 18336 „Abdichtungsarbeiten" (2023) und VOB/C ATV DIN 18338 „Dachdeckungsarbeiten" (2019).

Besondere Leistungen

Gemäß VOB sind besondere Leistungen solche, die nur Teil des Vertrags sind, wenn sie explizit in der Leistungsbeschreibung aufgeführt werden. Besondere Leistungen ergänzen die Regelungen aus Abschnitt 4.2 der VOB/C ATV DIN 18299, DIN 18320 und DIN 18338. Beispiele für besondere Leistungen gemäß Abschnitt 6 der genannten VOB/C ATV DIN-Normen:

- Bereitstellung von Versorgungsleitungen bis zu den Dachflächen (Wasser, Energie)
- Errichtung und Wartung von Absturzsicherungen
- Beseitigung und Entsorgung von Unrat/Abfall
- Entfernung von Kalkablagerungen

Abnahme und Gewährleistung von Pflege und Wartung

Nach Abschluss der Pflege- und Wartungsarbeiten ist der Auftraggeber entsprechend zu informieren. Zum Ende der vereinbarten Pflege- und Wartungsperiode oder nach dem letzten Arbeitsdurchgang sollte eine gemeinsame Begehung als Vorbereitung auf die Abnahme stattfinden. Für die Entwicklungs- und Unterhaltungspflege sowie die Wartung wird keine Gewährleistung über die Endabnahme hinaus übernommen, wenn der Pflege- oder Wartungsvertrag endet (vgl. § 13 Abs. 1 VOB/A).

Für Intensivbegrünungen gelten für den abnahmefähigen Zustand DIN 18916 und 18917. Extensivbegrünungen mit vereinbarter Fertigstellungspflege (siehe Abb. 7.20) regeln die aktuellen FLL-Dachbegrünungsrichtlinien (Dachbegrünungsrichtlinien, 2018). Diese sind zu berücksichtigen. Ergänzend bzw. abweichend gelten DIN 18916 und DIN 18917.

Inspektions- und Wartungsvertrag

Dachflächen sind stark der Witterung ausgesetzt, UV- und Infrarotstrahlung beschleunigen ihre Alterung. Chemische Umweltbelastungen können die Dachabdeckung schädigen, Staub-, Kalk- und Schmutzablagerungen beeinträchtigen die Entwässerung. Flugsamen und Sameneinträge durch Vögel verursachen Fremdaufwuchs. Die damit verbundenen Risiken können durch regelmäßige, fachgerechte Inspektion, Pflege und Wartung vermieden werden. Vertragliche Regelungen für eine jährliche Inspektion sowie für Wartungen und Instandsetzungen im Frühjahr und im Spätherbst (pauschal in €/m² zuzüglich Mehrwertsteuer abzurechnen) sichern den ordnungsgemäßen Zustand der Dachabdichtung und der Dachbegrünung. Die Pauschale umfasst die vereinbarten Inspektionen der Dachfläche, die Erstellung von Zustandsberichten, die Ausarbeitung von Empfehlungen für Pflege- und Instandsetzungsmaßnahmen sowie entsprechende Kostenübersichten. Wartungs- und Instandsetzungsarbeiten müssen vom Auftraggeber separat beauftragt werden.Die Vertragsdauer ist festzulegen. Der Vertrag verlängert sich jeweils um ein weiteres Jahr, sofern er nicht von einer der Parteien mit einer Frist von drei Monaten vor Ablauf schriftlich gekündigt wird. Der Vertrag kann vorzeitig gekündigt werden, wenn eine der Parteien mit ihren vertraglich vereinbarten Leistungen länger als sechs Wochen in Verzug gerät. Beide Parteien haben das Recht, eine jährliche Anpassung der Wartungspauschale entsprechend den tariflichen Lohnerhöhungen im Dachdeckerhandwerk zu verlangen. Änderungen des Vertrags bedürfen der Schriftform. Vertragsbestandteile der Wartung sind z. B.:

Abb. 7.20: Pflege einer Extensivbegrünung (Quelle: Oswald gARTen, Wendisch-Evern)

- Überprüfung der Dichtheit von An- und Abschlüssen, Übergängen, Durchdringungen und Einbauteilen,
- Kontrolle der mechanischen Stabilität von Profilen, Lüftungselementen, Lichtkuppeln und anderen Bauelementen,
- Reinigen aller Entwässerungselemente (u. a. Dachrinnen, Fallrohre, Dachabläufe/Schächte),
- Beseitigung von Schmutzablagerungen auf der Fläche sowie an Rändern, Ecken und Kanten,
- Entfernen von Pflanzeneinwuchs.

In der Pauschale enthaltene Vertragsbestandteile der Instandsetzung (maximal drei Stunden) sind u. a.:

- Nachschweißen oder Nachkleben von Nähten (siehe Abb. 7.21),
- Pflege des Oberflächenschutzes,
- Nachziehen mechanischer Befestigungen von Lichtkuppeln und anderen Bauelementen,

Abb. 7.21: Instandsetzung: Nachschweißen/Nachkleben von Nähten, Beseitigung von Undichtigkeiten

- Beseitigung kleinerer Undichtigkeiten mit dauerelastischen Kunststoffen oder anderen geeigneten Mitteln.

Der Auftraggeber erhält ein Wartungsprotokoll sowie einen Zustandsbericht über notwendige und empfohlene Instandsetzungsarbeiten. Sofern diese nicht in der Instandsetzungspauschale enthalten sind, erfolgt ein detailliertes Angebot mit einer Kostenübersicht. Eventuelle Stundensätze für zusätzliche Arbeiten werden festgelegt. Weist der Zustandsbericht keine Mängel auf, haftet der Unternehmer bis zur nächsten Begutachtung für die Dichtigkeit des Daches sowie für alle Folgeschäden, jedoch maximal bis zu einem Betrag, der dem Fünffachen der im Vertrag vereinbarten Wartungspauschale entspricht. Der Unternehmer haftet jedoch nicht für Folgeschäden, die durch versteckte Mängel verursacht wurden, sofern diese bei der Wartung trotz Anwendung üblicher Sorgfalt nicht erkennbar waren. Sollte der Auftraggeber vorgeschlagene, als notwendig erachtete Instandsetzungsarbeiten ablehnen, kann er sich später nicht auf eine unzureichende Beratung im Rahmen des Wartungsvertrags berufen.

Vertragliche Regelungen der Entwicklungs-/Unterhaltungspflege

Für Verträge zur Entwicklungs- und Unterhaltungspflege von Dachbegrünungen dienen die VOB/B und VOB/C sowie das Standardleistungsbuch für das Bauwesen (StLB) bzw. die darauf aufbauende STLB-Bau, Leistungsbereich 003 „Landschaftsbauarbeiten" (STLB-Bau-Ausschreibungstexte, 2024), sowie die aktuellen FLL-Dachbegrünungsrichtlinien für Extensivbegrünungen und einfache Intensivbegrünungen (Dachbegrünungsrichtlinien, 2018) als Grundlage.

Für Intensivbegrünungen sind Art, Umfang und Ausführungszeiten in gleicher Art wie bei entsprechenden Grünanlagen mit Bodenanschluss auf die jeweilige Begrünung abzustimmen. Folgende Beschreibungen sollten Bestandteil der vertraglichen Regelung der Entwicklungs-/Unterhaltungspflege sein:

- Lage: Art und Lage des Objekts, Anzahl der Geschosse, Höhe über Gelände in m, Zugänglichkeit und eventuelle Nutzungseinschränkungen,
- Dach: Dachneigung (Grad/Gefälle in %), Art der Dachkonstruktion und Wärmedämmung, Art der Dachabdichtung, Art der vorhandenen Dachdeckung, zulässige Verkehrslast in kN/m^2, Anzahl, Art und Größe der Dachdurchdringungen,
- Entwässerungseinrichtungen: Art und Anzahl der Dachabläufe, Kontrollschächte und Sicherheitsrinnen in m,
- Versorgung: Angaben zu Strom- und Wasseranschlüssen (ja/nein) und zu einer gegebenenfalls vorhandenen Bewässerungsanlage,
- Dachbegrünung: Angaben zu Begrünungsart (extensiv/intensiv), zur Vegetationsform, zum Zustand der Vegetation, zur Art der Dachabdichtung und zum Wurzelschutz (wurzelfest / nicht wurzelfest nach FLL) und Art der Schutzlage, zudem zum Schichtaufbau (einschichtig/mehrschichtig) und zu dessen Zustand sowie zur durchwurzelbaren Schichtdicke in cm, zur Gesamtgröße der zu pflegenden begrünten Fläche in m^2 sowie zur Anzahl und Größe von Einzelflächen in m^2,
- Rand- und Sicherheitsstreifen: Beschreibungen zu Art (z. B. Kies, Platten) und Abmessungen (Länge, Breite) und zur zu pflegenden Gesamtgröße in m^2 der Sicherheitsstreifen,
- verschließbare Aufenthalts-, Sanitär- und Lagerräume: Lage, Abmessungen,
- Sicherheitseinrichtungen: Art, Zustand und Lage gegebenenfalls vorhandener Sicherheitseinrichtungen.

Vertragsbedingungen:

- Wasser und Strom können an vorhandenen Anschlüssen unentgeltlich entnommen werden.
- Behälter für die Beseitigung von anfallendem Material stellt der Auftraggeber. Die Lage ist anzugeben.
- In einem Einheitspreisvertrag festgelegte Arbeitsgänge basieren auf durchschnittlichen Standardannahmen. Abweichende Leistungen (sowohl Mehr- als auch Minderleistungen) werden zu den vereinbarten Einheitspreisen abgerechnet.
- Bei der Ausführung vereinbarter Pflegeleistungen ist zu prüfen, ob zusätzliche Maßnahmen erforderlich sind, um das angestrebte Begrünungsziel zu erreichen oder aufrechtzuerhalten (z. B. Pflanzenschutzmaßnahmen, Nachsaaten, Nachpflanzungen, Substrataufüllungen, Überprüfung und Funktionskontrolle technischer Einrichtungen). Die erforderlichen Leistungen müssen abgestimmt und gesondert vergütet werden.
- Der Einsatz von Pflanzenschutzmitteln ist nur mit Zustimmung des Auftraggebers zulässig.
- Erschwernisse und Beeinträchtigungen bei der Durchführung sind anzugeben.
- Notwendige Teilleistungen sind ohne spezielle Anweisung termingerecht durchzuführen.
- Die durchgeführten Pflegearbeiten sind zu protokollieren. Das Protokoll ist vom Auftraggeber innerhalb von drei Arbeitstagen zu bestätigen, Einwände sind schriftlich zu melden. Protokolle, die nicht fristgerecht bestätigt werden, gelten als akzeptiert.
- Vertragsänderungen müssen schriftlich erfolgen.

Sonstige individuelle Beschreibungen zur vertraglichen Regelung der Entwicklungs- und Unterhaltungspflege sind zu ergänzen.

Abb. 7.22: Bunker St. Pauli, Hamburg: Vorfeld und Baustelleneinrichtung der Begrünung

Zusätzliche technische Vertragsbedingungen

Allgemeine Aspekte

Allgemeine zusätzlichen Vertragsbedingungen sind Bestandteil der Leistungsbeschreibung und enthalten folgende Angaben (Auf die Dächer – fertig – grün!, 2024):

- Ausführungsunterlagen: Diese müssen mit einem Vermerk zur Freigabe des Auftraggebenden (AG) und dessen Architekten (A) oder Landschaftsarchitekten (LA) versehen sein. Nicht freigegebene Unterlagen dürfen nicht verwendet werden.
- Bauvorbereitung inklusive Materialbestellung: Diese erfolgt auf der Grundlage freigegebener Zeichnungen und Unterlagen.
- Zulassungen/Nachweise: Bauaufsichtliche Zulassungen sowie die Herstellerrichtlinien der zur Verwendung vorgesehenen Baustoffe sind vor Ausführung der Objektüberwachung zu übergeben. Sie werden Vertragsbestandteil. Der Nachweis der Gleichwertigkeit angebotener Produkte obliegt dem Anbietenden.
- Baustelleneinrichtung: Der Umfang zur Nutzung des Geländes (z. B. Stell- und Lagerfläche) wird gemäß Baustelleneinrichtungsplan festgelegt (siehe Abb. 7.22). Dieser beinhaltet Angaben zu folgenden Punkten:
  - Räume für Personalunterkünfte und Materiallagerung (Aufenthalts- und Lagerräume) sowie Sanitärcontainer sind für die Dauer der vertraglich vereinbarten Leistungen vorzuhalten und zu betreiben.
  - Die Versorgung der Baustelle mit Baustrom muss bauseits sichergestellt sein.
  - Eine Baustellenbeleuchtung ist entsprechend der Baustellenordnung bauseits zu errichten.
  - In der Nähe zum Baustellenbereich befindliche Oberflurhydranten sind für die Feuerwehr freizuhalten.
  - Die Versorgung der Baustelle mit Bauwasser wird bauseits sichergestellt. Die Entsorgung anfallenden Schmutzwassers ist bauseits zu regeln.
  - Erforderliche Gerüste werden bauseits gestellt.
  - Die Baustelle wird durch einen Bauzaun begrenzt (verschraubter Drahtgitterzaun).
- Materiallieferungen und Transport auf das Dach: Der Auftragnehmer ist dafür verantwortlich, die Lieferung von Materialien und Baustoffen so zu koordinieren, dass diese bedarfsgerecht auf der Baustelle bereitgestellt werden. Der Baustelleneinrichtungsplan o. Ä. dient als Kalkulationsgrundlage. Erhöhte Transportaufwendungen (z. B. durch erschwerte Zugänglichkeit) sind in Einheitspreise einzukalkulieren.

Spezielle Aspekte: Landschaftsbauarbeiten und Dachbegrünung

Die Ausführung erfolgt auf Grundlage der VOB/C ATV DIN 18320 für Landschaftsbauarbeiten sowie der darin aufgeführten weiterführenden Normen. Zusätzlich gelten die aktuellen FLL-Dachbegrünungsrichtlinien (Dachbegrünungsrichtlinien, 2018; Auf die Dächer – fertig – grün!, 2024):

- Baustoffe, Bauteile, Bauarten, Konstruktionen: Ein Nachweis der Überwachung (Güteüberwachung) ist dem Arbeitgeber oder dem Bauleitenden als Arbeitgebervertreter zu übergeben. Der fortlaufend zu führende Gütenachweisbericht beinhaltet Übergabedatum, Übergabebestätigung der Bauleitung und produktspezifische Daten (Produkt, Hersteller sowie u. a. Herkunftsnachweis, Zuschlagsstoffe). Für die Vegetationstragschicht ist ein Prüfzeugnis von einem anerkannten Prüfinstitut vorzulegen (nicht älter als ein Jahr).
- Muster: Für die Materialien sind vor der Ausführung Handmuster (mindestens 20 cm × 20 cm groß) zur Freigabe durch den Auftraggeber vorzulegen. Für alle weiteren Einbauteile sind Katalogauszüge, Fotos und Datenblätter einzureichen.
- Werkstatt- und Montageplanung: Die Pläne müssen nach Detaillierungsgrad und Maßstab alle zur Bestellung und Prüfung erforderlichen Inhalte und Maßangaben enthalten. Für folgende Bauteile ist der Bauüberwachung vor Bestellung zur Genehmigung eine Werkstatt- und Montageplanung vorzulegen, die in Abstimmung mit den Ausführungsplänen der Landschaftsarchitekten erstellt wurde:
  - Fallschutzeinrichtungen,
  - statische Berechnung des Windsogs (insbesondere wenn Photovoltaik-/Solarthermieanlagen geplant sind).
- Holz: Bei Hölzern, die bis zu zwei Jahre gelagert werden (Baustellensicherung), ist, sofern nicht anders angegeben, auf eine Behandlung mit Holzschutzmitteln zu verzichten. Alle zu verwendenden Holzprodukte müssen nach Forest Stewardship Council (FSC) und Programme for the Endorsement of Forest Certification Schemes (PEFC) zertifiziert sein oder die jeweiligen Kriterien des FSC oder PEFC für das Herkunftsland erfüllen.
- Terminabstimmung, Koordination und Bauzeitenplan: Die Arbeiten sind in verschiedenen Bereichen abschnittsweise durchzuführen. Diese abschnittsweise Ausführung erstreckt sich über den gesamten Ausführungszeitraum. Dabei ist mit Arbeitsunterbrechungen zu rechnen. Die endgültige Reihenfolge der Arbeitsabschnitte wird nach Auftragserteilung in Abstimmung mit den Gewerken (Dachdecker, gegebenenfalls Photovoltaik) festgelegt. Darauf basierend ist der Auftragnehmer verpflichtet, innerhalb von fünf Werktagen nach Beauftragung einen Bauzeitenplan vorzulegen.
- Abnahme und Beweissicherung: Nach der Herstellung der Vegetationsflächen wird eine technische, informelle Begutachtung zur Beweissicherung durchgeführt, gefolgt von einer Endabnahme nach Abschluss der Fertigstellungspflege. Die Fertigstellungspflege endet mit der Abnahme der Pflanzung gemäß VOB/C ATV DIN 18320

bzw. nach Erreichen der Deckungsgrade gemäß den FLL-Dachbegrünungsrichtlinien, jedoch frühestens nach einer vollen Vegetationsperiode. Anschließend folgt eine zweijährige Instandhaltungsphase zur Entwicklung und Pflege der Vegetation gemäß DIN 18919.
- Dokumentation: Folgende Unterlagen sind dem Arbeitgeber bei Fertigstellung der Leistung in zweifacher Form in Papierform zu übermitteln:
  - Inhaltsverzeichnis,
  - Produktlisten sämtlicher Baumaterialien,
  - endgültige Fassung der Werkstattpläne,
  - endgültige Fassung der Werkstattstatik für Windsog,
  - Angaben zu Wartung und Prüfung innerhalb der Gewährleistung,
  - Pflegeanweisungen für die Bepflanzungen.

Abrechnung

Gemäß VOB/C ATV DIN 18320 ist Folgendes zu berücksichtigen:

- Bei der Pflege von Dachbegrünungen wird die tatsächliche Vegetationsfläche einschließlich eventueller Randstreifen zur Leistungsermittlung herangezogen.
- Bei der Abrechnung nach Flächenmaß in m² werden Aussparungen, die größer als 2,5 m² sind, von der Fläche abgezogen.

7.5.2 Leistungsbeschreibung

Eine Leistungsbeschreibung zur Dachbegrünung im Bestand sollte detailliert einzelne Arbeitsschritte und Anforderungen für die Umsetzung einer Dachbegrünung auf Bestandsflächen beschreiben. Die im Folgenden angegebenen allgemeinen Hinweise sind individuell zu prüfen und dem jeweiligen Bauvorhaben anzupassen (z. B. bezüglich Erreichbarkeit, Dachgröße, Statik, baulichen Gegebenheiten). Gemäß VOB/A ist der Auftraggeber gehalten, die geforderten Leistungen „*eindeutig und so erschöpfend zu beschreiben, dass alle Unternehmen die Beschreibung im gleichen Sinne verstehen müssen und ihre Preise sicher und ohne umfangreiche Vorarbeiten berechnen können*“ (§ 7 Abs. 1 Nr. 1 VOB/A).

Musterleistungsbeschreibungen zur extensiven Dachbegrünung, für Retentionsdächer mit extensiver Begrünung, für intensive Dachbegrünungen sowie extensive Dachbegrünung in Kombination mit Solarnutzung (Solargründach) werden in der Broschüre der Stadt Hamburg „Auf die Dächer – fertig – grün!“, präsentiert. Leistungsbeschreibungen zur Dachbegrünung enthalten beispielhaft die in den folgenden Textabschnitten aufgezählten Positionen.

Einrichtung der Baustelle

> **Hinweis**
>
> In den Einheitspreisen der nachfolgend beschriebenen Baustelleneinrichtung ist eine einmalige, vollständige Bauunterbrechung von bis zu zwei Monaten einzukalkulieren.

Baustelleneinrichtung

- Baustelle einrichten/räumen inklusive Gestellung von Wasser und Strom
- Mobilkran an- und abtransportieren (Bedarfsposition)
- Mobilkran einsetzen, einschließlich Fahrerin oder Fahrer (Bedarfsposition)

Stundenlohnarbeiten

Stundenverrechnungssätze werden unter Beachtung der preisrechtlichen Vorschriften ermittelt. Sie gelten unabhängig von der Anzahl der abzurechnenden Stunden. Stundenlohnarbeiten werden nur vergütet, wenn ihre Ausführung von der Bauüberwachung angeordnet wurde (§ 2 Abs. 10 VOB/B). Zuschläge für Mehr-, Nachts-, Sonntags- und Feiertagsarbeit sowie Erschwerniszuschläge sind nicht in die Stundenverrechnungssätze einzubeziehen, sondern sind im Bedarfsfall zu vereinbaren und gesondert nachzuweisen. Aufgeführt werden die Stundenlohnarbeiten von Vorarbeitenden, von Landschaftsgärtnern und -gärtnerinnen sowie Bauhelfenden inklusive Kosten und Zuschlägen.

Extensive Dachbegrünung (einschichtiger Aufbau, Warmdach)

Vorarbeiten

- Vorbereitende Maßnahmen (Untergrund reinigen, Dachabdichtung prüfen)
- Schutzschichten aufbringen (Schutzlage über der Dachbahn, mindestens 300 g/m², Schutzlage hochführen)
- Vegetationstragschicht aufbringen (Angabe von Material, Körnung und Dicke, Kornverteilungsbereich nach FLL-Dachbegrünungsrichtlinien sowie Wasserhaltekapazität, Flächenlast bei maximaler Wassersättigung und Mengenanteil organischer Substanzen)
- Vegetationsschicht aufbringen (Angabe von Material, Körnung und Dicke, Kornverteilungsbereich nach FLL-Dachbegrünungsrichtlinien sowie Wasserhaltekapazität, Flächenlast bei maximaler Wassersättigung und Mengenanteil organischer Substanzen)
- Maßnahmen zur Erhöhung des Artenreichtums (Zulagen für Herstellung von z. B. Planum, Sandlinsen, Totholz)
- Kiesschüttung herstellen (Sicherheitsstreifen für die Dachbegrünung)
- Kontrolleinrichtungen vorsehen (Kontrollschächte aus nicht rostendem Stahl oder aus Kunststoff; siehe Abb. 7.23)
- Sicherungseinrichtungen anbringen (Anschlageinrichtungen oder Geländer)
- Nachweise sicherstellen (Werkstatt- und Montageplanung für Fallschutzeinrichtungen)

> **Hinweis**
>
> Sofern Schutzstreifen nicht aus brandschutzrechtlichen Gründen erforderlich sind, sollten ihr Einsatz, ihre Breite und ihr Aufbau projektspezifisch geprüft werden. Dabei sind insbesondere der Typ der Attika sowie Aspekte der Instandhaltung zu berücksichtigen.

Abb. 7.23: Kontrolleinrichtungen aus nicht rostendem Stahl, in Sicherheitsstreifen integriert

Abb. 7.24: Behörde für Umwelt, Energie, Klima und Agrarwirtschaft (BUKEA), Hamburg: extensive Dachbegrünung

Pflanz- und Saatarbeiten

Ansaat und Bepflanzung (z. B. Sedum-Sprossen, Ansaat/Aussaat unter Berücksichtigung regionalen Saatguts bzw. heimischer Arten, Zulage für Keimsubstrat, gegebenenfalls Pflanzung von Flachballenpflanzen/-stauden, gegebenenfalls Verwendung von Vegetationsmatten; siehe Abb. 7.24)

Fertigstellungspflege

Die Fertigstellungspflege von Extensivbegrünungen (u. a. Pflegen inklusive Entsorgung, Wässern [Angabe in l/m²], Düngen; zeitliche Angaben zu den Jahresgängen) regeln DIN 18916 und DIN 18917. Ergänzend gelten die FLL-Dachbegrünungsrichtlinien (Dachbegrünungsrichtlinien, 2018). Darin ist der abnahmefähige Zustand/Deckungsgrad einer Extensivbegrünung definiert.

Instandhaltungspflege

Diese Leistung (u. a. Pflegen inklusive Entsorgung, Wässern und Düngen) beginnt nach der Abnahme und endet nach zwei Vegetationsperioden. Ziel ist ein Deckungsgrad von 90 %. Es gelten die VOB, die FLL-Dachbegrünungsrichtlinien (Dachbegrünungsrichtlinien, 2018) sowie die STLB-Bau als Weiterentwicklung des STLB (STLB-Bau-Ausschreibungstexte, 2024).

Retentionsgründach (Warmdach)

Vorarbeiten

- Vorbereitende Maßnahmen (Untergrund reinigen, Dachabdichtung prüfen)
- Schutzschichten aufbringen (Schutzlage über der Dachbahn, mindestens 300 g/m², Schutzlage hochführen)
- Drainageschicht aufbringen (aus Kunststoff oder Schüttstoffen oder in Form einer Aufständerung, Filtervlies mit Angaben zur Überlappungsbreite, des Massegewichts pro Quadratmeter sowie der Wasserdurchlässigkeit)
- Vegetationstragschicht aufbringen (Angabe von Material, Körnung und Dicke, Kornverteilungsbereich nach FLL-Dachbegrünungsrichtlinien sowie Wasserhaltekapazität, Flächenlast bei maximaler Wassersättigung und Mengenanteil organischer Substanzen)
- Kiesschüttung herstellen (Sicherheitsstreifen für Dachbegrünung)
- Kontrolleinrichtungen vorsehen (Kontrollschächte aus nicht rostendem Stahl oder aus Kunststoff)
- Sicherungseinrichtungen anbringen (Anschlageinrichtungen oder Geländer)
- Nachweise sicherstellen (Werkstatt- und Montageplanung für Fallschutzeinrichtungen)

> **Hinweis**
>
> In einigen Kommunen ist der Einsatz von PVC-Produkten nicht zulässig.

Pflanz- und Saatarbeiten

Ansaat und Bepflanzung (z. B. Sedum-Sprossen, Ansaat/Aussaat unter Berücksichtigung regionalen Saatguts bzw. heimischer Arten, Zulage für Keimsubstrat, gegebenenfalls Pflanzung von Flachballenpflanzen/-stauden, gegebenenfalls Verwendung von Vegetationsmatten; siehe Abb. 7.25)

Fertigstellungspflege

Die Fertigstellungspflege von Extensivbegrünungen (u. a. Pflegen inklusive Entsorgung, Wässern [Angabe in l/m²] und Düngen [Angabe in Arbeitsgang pro Quadratmeter) regeln DIN 18916 und DIN 18917. Ergänzend gelten die FLL-Dachbegrünungsrichtlinien (Dachbegrünungsrichtlinien, 2018). Darin ist der abnahmefähige Zustand/Deckungsgrad einer Extensivbegrünung definiert.

Instandhaltungspflege

Diese Leistung (u. a. Pflegen inklusive Entsorgung, Wässern und Düngen) beginnt nach der Abnahme und endet nach zwei Vegetationsperioden. Ziel ist ein Deckungsgrad von 90 %. Es gelten die VOB, die FLL-Dachbegrünungsrichtlinien (Dachbegrünungsrichtlinien, 2018) sowie die STLB-Bau als Weiterentwicklung des STLB (STLB-Bau-Ausschreibungstexte, 2024).

Abb. 7.25: Bunker St. Pauli, Hamburg: extensiver und intensiver Gründachaufbau als Retentionsdach mit Einleitbeschränkung/Drossel

Abb. 7.26: Ackermannbogen, München: Intensive Dachbegrünung und Garten auf einem Supermarktgebäude

Abb. 7.27: Die Schutzstreifen sind regelmäßig von Fremdaufwuchs zu befreien.

Intensivgründach (Warmdach)

Vorarbeiten

- Vorbereitende Maßnahmen (Untergrund reinigen, Dachabdichtung prüfen)
- Schutzschichten aufbringen (Schutzlage über der Dachbahn, mindestens 300 g/m², Schutzlage hochführen)
- Drainageschicht aufbringen (aus Kunststoff [falls in dieser Kommune die Verwendung von PVC erlaubt ist] oder Schüttstoffen oder in Form einer Aufständerung, Filtervlies mit Angaben zur Überlappungsbreite, des Massegewichts pro Quadratmeter, der Wasserdurchlässigkeit und der Stempeldurchdrückkraft)
- Ausgleichsschichten aufbringen (mehrschichtiges Untersubstrat)
- Vegetationstragschicht aufbringen (Angabe Material, Körnung und Dicke, Kornverteilungsbereich nach FLL-Dachbegrünungsrichtlinien sowie Wasserhaltekapazität, Flächenlast bei maximaler Wassersättigung und Mengenanteil organischer Substanzen, Zulage für Planum zur stellenweisen Erhöhung des Wurzelraums für z. B. Gehölzpflanzungen [siehe Abb. 7.26]; Substrat auf Schwermetalle und auf eventuell vorhandene Wassertrübung/-färbung untersuchen, wenn das durchfließende Regenwasser zur Toilettenspülung gespeichert wird)
- Kiesschüttung herstellen (Sicherheitsstreifen für Dachbegrünung; siehe Abb. 7.27)
- Kontrolleinrichtungen vorsehen (Kontrollschächte aus nicht rostendem Stahl oder aus Kunststoff)
- Sicherungseinrichtungen anbringen (Anschlageinrichtung oder Geländer)
- Nachweise sicherstellen (Werkstatt- und Montageplanung für Fallschutzeinrichtungen)

> **Hinweis**
>
> Sind Schutzstreifen nicht aus brandschutzrechtlichen Gründen erforderlich, sollten ihre Verwendung und ihre Dimension projektspezifisch festgelegt werden. Dabei sind insbesondere bauliche Gegebenheiten (z. B. Fassadenattika, Brüstungen, aufgehende Bauteile) sowie Instandhaltungsaspekte zu berücksichtigen.

Pflanz- und Saatarbeiten

Ansaaten und Bepflanzungen sind objektabhängig. Detaillierte Vorgaben werden durch den Fachplaner festgelegt.

Fertigstellungspflege

Die Fertigstellungspflege von Intensivbegrünungen regeln die DIN 18916 und DIN 18917 (u. a. Pflege der Dachgartenfläche inklusive Entsorgung, Wässern [Angabe in l/m²] und Düngen [Angabe in Arbeitsgang pro Kilogramm]). Ergänzend gelten die FLL-Dachbegrünungsrichtlinien (Dachbegrünungsrichtlinien, 2018). Darin ist der abnahmefähige Zustand/Deckungsgrad einer Extensivbegrünung definiert.

Instandhaltungspflege

Diese Leistung (u. a. Pflege inklusive Entsorgung, Wässern mit z. B. Nachweis durch dokumentiertes Ablesen der Wasseruhren und Düngen mit Angabe von Art des Düngers in g/m²) beginnt nach der Abnahme und endet nach zwei Vegetationsperioden. Ziel ist ein Deckungsgrad von 90 %. Es gelten die VOB, die FLL-Dachbegrünungsrichtlinien (Dachbegrünungsrichtlinien, 2018) sowie die STLB-Bau als Weiterentwicklung des STLB (STLB-Bau-Ausschreibungstexte, 2024).

Hinweis

Die Pflege intensiver Dachbegrünungen und Bepflanzungen ist objektabhängig. Detaillierte Vorgaben sind durch den Fachplaner im Detail festzulegen. Die aufgeführten Positionen sind entsprechend zu ergänzen. Insbesondere sind Pflegeintervalle abgestimmt auf die Gestaltung und eventuelle Vorgaben durch Festsetzungen/ Forderungen festzulegen.

Solargründach (Warmdach)

Vorarbeiten

- Vorbereitende Maßnahmen (Untergrund reinigen, Dachabdichtung prüfen)
- Schutzschichten aufbringen (Schutzlage über der Dachbahn, gegebenenfalls bitumenverträglich, mindestens 300 g/m², Schutzlage hochführen; Angabe der Dicke und Wasserspeicherkapazität als mechanische Schutzlage gemäß DIN 18531 ff. mit ausreichender Stoßüberdeckung, vollflächig verlegt)
- Drainageschicht aufbringen (auch zur Rückhaltung von Regenwasser; Drainageschicht aus Kunststoff [PVC in einigen Kommunen nicht zulässig], Schüttstoffen oder in Form einer Aufständerung, Filtervlies mit Angaben zur Überlappungsbreite, des Massegewichts pro Quadratmeter, der Wasserdurchlässigkeit und der Stempeldurchdrückkraft)
- Solarunterkonstruktion installieren (Solarbasisplatte, Solargrundrahmen, Solarwindverband und Solarmontageprofile)
- Vegetationstragschicht aufbringen (Angabe von Material, Körnung und Dicke, Kornverteilungsbereich nach FLL-Dachbegrünungsrichtlinien sowie Wasserhaltekapazität, Flächenlast bei maximaler Wassersättigung und Mengenanteil organischer Substanzen; Zulage für Herstellung von Planum zur stellenweisen Erhöhung des Wurzelraums bei modellierten Substrathöhen; Substrat auf Schwermetalle und auf eventuell vorhandene Wassertrübung/-färbung untersuchen, wenn das durchfließende Regenwasser zur Toilettenspülung gespeichert wird)
- Kiesschüttung herstellen (Sicherheitsstreifen für Dachbegrünung aus gewaschenem kalkfreiem Kies; Angabe der Körnung und Schichtdicke; projektspezifische Prüfung von Einsatz, Breite und Aufbau, sofern Schutzstreifen nicht aus brandschutzrechtlichen Gründen erforderlich sind; Typ der Attika sowie Aspekte der Instandhaltung berücksichtigen)
- Kontrolleinrichtungen vorsehen (Kontrollschächte aus nicht rostendem Stahl oder aus Kunststoff)
- Sicherungseinrichtungen anbringen (gemäß DIN EN 795, Klasse E, als auflastgehaltenes System ohne Dachdurchdringung oder auflastgehaltenes Geländer; Auflast bei 0 bis 2 ° Dachneigung mindestens 90 kg/m², bei 2 bis 5 ° mindestens 110 kg/m²)
- Nachweise sicherstellen (Werkstatt- und Montageplanung für Fallschutzeinrichtungen)
- statischen Nachweis für die Auflast der Photovoltaikanlage auf der Grundlage der Normenreihe DIN 1055 „Einwirkungen auf Tragwerke" in der jeweils gültigen Fassung und der DIN EN 1991-1-4/NA „Nationaler Anhang – National festgelegte Parameter – Eurocode 1: Einwirkungen auf Tragwerke – Teil 1-4: Allgemeine Einwirkungen – Windlasten" (2010) erbringen

Hinweis

Aus Gewährleistungsgründen ist vor Bestellung und Ausführung die Eignung der Schutzlage für beide Einsatzzwecke (Solar- und Gründach) mit dem Dachdeckergewerk abzustimmen und schriftlich freigeben zu lassen.

Die Planung der Solarunterkonstruktion ist objektspezifisch (siehe Abb. 7.28). Detaillierte Vorgaben sind vom Fachplaner für die Dachbegrünung (Landschaftsarchitekt) in enger Zusammenarbeit mit dem Fachplaner für Elektrotechnik (Solarmodule) festzulegen. Die aufgeführten Positionen sind an das jeweilige Objekt anzupassen. Nach der Montage der Solargrundrahmen sind Modultragschienen unverzüglich zu montieren.

Pflanz- und Saatarbeiten

Ansaat und Bepflanzung (z. B. Sedum-Sprossen, Ansaat/ Aussaat unter Berücksichtigung regionalen Saatguts bzw. heimischer Arten, Zulage für Keimsubstrat, gegebenenfalls Pflanzen von Flachballenpflanzen/-stauden, gegebenenfalls Einsatz von Vegetationsmatten)

Fertigstellungspflege

Die Fertigstellungspflege von Intensivbegrünungen regeln die DIN 18916 und DIN 18917 (u. a. Pflege der Dachgartenfläche inklusive Entsorgung, Wässern [Angabe in l/m²] und Düngen [Angabe in Arbeitsgang pro Kilogramm]). Ergänzend gelten die FLL-Dachbegrünungsrichtlinien (Dachbegrünungsrichtlinien, 2018). Darin ist der abnahmefähige Zustand/Deckungsgrad einer Extensivbegrünung definiert.

Instandhaltungspflege

Diese Leistung (u. a. Pflege inklusive Entsorgung, Wässern mit z. B. Nachweis durch dokumentierte Ablesung der Wasseruhren und Düngen mit Angabe von Art des Düngers in g/m²) beginnt nach der Abnahme und endet nach zwei Vegetationsperioden. Ziel ist ein Deckungsgrad von 90 %. Es gelten die VOB, die FLL-Dachbegrünungsrichtlinien (Dachbegrünungsrichtlinien, 2018) sowie die STLB-Bau als Weiterentwicklung des STLB (STLB-Bau-Ausschreibungstexte, 2024).

Abb. 7.28: Ufa-Fabrik, Berlin: Solargründach

8 Schlussbetrachtung

Die Begrünung von Bestandsgebäuden bietet eine Vielzahl an ökologischen, ästhetischen und funktionalen Vorteilen. Sie trägt zur Verbesserung des Mikroklimas, zur Erhöhung der Energieeffizienz und zur Aufwertung des Stadtbilds bei. Gleichzeitig wird durch die gestalterischen Möglichkeiten ein zusätzlicher Mehrwert geschaffen (siehe Abb. 8.1).

Jedoch erfordert die Begrünung von Bestandsgebäuden eine sorgfältige Planung und individuelle Lösungen, um technischen Herausforderungen, wie der Integration in bestehende Dämmebenen, oder statischen Anforderungen gerecht zu werden. Es müssen Materialien und Begrünungslösungen verwendet werden, die auf die vorhandenen Bauweisen abgestimmt sind, um Schäden, wie Wärmebrücken oder Feuchtigkeitsprobleme, zu vermeiden. Die langfristige Wartung und Pflege der Begrünung sollten dabei stets mitbedacht werden.

Inzwischen gibt es immer bessere Möglichkeiten für das Monitoring von Gebäudebegrünungen, um deren Leistungsfaktoren zu messen und zu bewerten (siehe Abb. 8.2). Da auch der Aspekt des Lebenszyklus und der Ökobilanz von Baumaterialien immer mehr Beachtung findet, werden Bauwerksbegrünungen zukünftig weiter in den Fokus rücken.

Bauherren und Planer werden zunehmend klimarelevante Entscheidungen in ihre gestalterischen und technischen Konzepte einbeziehen. Dabei können mit Gebäudebegrünungen im Bestand potenzielle Synergien mit baulichen Maßnahmen zur Energieeinsparung, zu gestalterischen Aspekten und stadtökologischen Vorgaben berücksichtigt werden. Eine interdisziplinäre Planung ist bereits in den frühen Entwurfsphasen eines Modernisierungs- oder Sanierungsprojekts unerlässlich, um sicherzustellen, dass stadtplanerische Ziele und die Effizienz der eingesetzten Ressourcen im Hinblick auf die klimatischen und ökologischen Anforderungen ebenso zuverlässig erfüllt werden wie die üblichen Abstimmungen zwischen Architektur, Bauphysik und Tragwerksplanung.

Interdisziplinarität ist notwendig, um zeitgemäß zu handeln und die ökologischen, wirtschaftlichen und gestalterischen Ziele bestmöglich zu erreichen. Dazu gehören technische und vegetationstechnische Entscheidungen zur ganzjährigen Versorgung der Pflanzen, Klärungen zur Instandhaltung sowie die optimale Gestaltung der Flächen, auch hinsichtlich Multifunktionalität. Dies erfordert die Zusammenarbeit von Landschaftsarchitekten, Botanikern, Ökologen, Architekten, Fassadenplanern, Gebäudetechnikern, Tragwerksplanern und Systemherstellern. Eine frühzeitige Teamarbeit führt zur Entwicklung system- und anwendungsgerechter Lösungen, um die jeweiligen Projekte effizient und angepasst an die spezifischen Anforderungen zu realisieren.

Maßnahmen im Bestand betreffen in erheblichem Umfang auch öffentliche Gebäude, die Vorbildfunktion einnehmen werden, aber auch das private Eigentumsrecht. Ähnlich wie

Abb. 8.1: DESY, Hamburg: Ertüchtigung der statisch unterdimensionierten Bestandsfassade durch die Wuchsvorkonstruktion zur Fassadenbegrünung. Dadurch wurde der Erhalt der Laborhalle möglich.

Abb. 8.2: DESY, Hamburg: extensive Dachbegrünung mit umfassendem Monitoring

der Denkmalschutz, der ohne Einwilligung des Eigentümers gelten kann, aber zugleich steuerliche Vorteile bietet, sollten auch zur Begrünung attraktive Anreizprogramme geschaffen werden. Informationen über nationale und internationale Entwicklungen sowie erfolgreiche Best-Practice-Projekte beeinflussen die öffentliche Wahrnehmung positiv und steigern das Interesse an blau-grüner Infrastruktur in der Stadt.

Mit diesem Buch konnte das Thema Gebäudebegrünung weiter vertieft werden. Es soll helfen, Vorurteile, Informationslücken, Anwendungsfehler und Fehlinvestitionen zu vermeiden. Angesichts der zunehmenden urbanen Verdichtung, der klimatischen Herausforderungen und des Bedarfs an Einsparungen von Primärenergie gewinnt die Gebäudebegrünung weiter an Bedeutung.

Eine fehlerfreie Anwendung wird die Akzeptanz erhöhen und gleichzeitig den wirtschaftlichen Nutzen steigern. Dies ist eine Voraussetzung für die frühzeitige Berücksichtigung von Gebäudebegrünungen in der Weiterentwicklung des Gebäudebestands sowie deren kontinuierliche Integration in die zukünftige Stadtentwicklung.

Durch die vielen Vorteile, die Begrünungen von Gebäudeflächen bietet, eröffnen sich umfangreiche Einsatz- und Nutzungsmöglichkeiten in städtischen Gebieten. Der öffentliche Sektor wird sich der Vorbildrolle zunehmend bewusst, während für den privaten und gewerblichen Bereich die Strategie „Forderung und Förderung“ erfolgversprechend ist. Durch den konsequenten Einsatz von Begrünungen im Gebäudebestand, mit oder ohne Erdbodenkontakt, kann der Grünanteil in urbanen Gebieten erheblich erweitert werden. Dies leistet einen wertvollen Beitrag zu einer gesünderen Umwelt und einer nachhaltigeren Stadtentwicklung. Der Blick in die Zukunft zeigt, dass die Stadtbegrünung eine Schlüsselrolle in der nachhaltigen Stadtentwicklung einnimmt. In Zeiten zunehmender Verdichtung und Urbanisierung bieten dabei grüne Fassaden und Dächer die Möglichkeit, Grünflächen in urbane Räume zurückzubringen und Umweltbelastungen zu reduzieren. Darüber hinaus können zukünftige Technologien und fortschrittliche Materialien (z. B. Recyclingmaterialien und Biokunststoffe) die Integration von Begrünungssystemen noch ökologischer und effizienter gestalten (siehe Abb. 8.3 und 8.4). Insgesamt ist und bleibt die Bauwerksbegrünung eine zukunftsweisende Maßnahme für ökologische und ästhetische Verbesserungen im urbanen Raum.

Abb. 8.3: Botanic Horizon, Boxom: Saatschnüre (Quelle: Niklas Weisel, Cranzahl)

Abb. 8.4: Einsatz von wasserspeichernden Secalflor Panels aus 100 % natürlichen, regionalen Rohstoffen anstelle herkömmlicher Kunststoffdrainagen (Quelle: Oswald gARTen, Wendisch-Evern)

9 Anhang

9.1 Literaturverzeichnis

Normen

DIN 1045 Tragwerke aus Beton, Stahlbeton und Spannbeton [Normenreihe]

DIN 1055 Einwirkungen auf Tragwerke [Normenreihe]

DIN 1986-30:2012-02 Entwässerungsanlagen für Gebäude und Grundstücke – Teil 30: Instandhaltung

E DIN 1988-100:2024-07 Technische Regeln für Trinkwasser-Installationen – Teil 100: Schutz des Trinkwassers, Erhaltung der Trinkwassergüte

DIN 4033:1963-05 Entwässerungskanäle und -leitungen aus vorgefertigten Rohren – Richtlinien für die Ausführung [zurückgezogen]

DIN 4095:1990-06 Baugrund; Dränung zum Schutz baulicher Anlagen; Planung, Bemessung und Ausführung

DIN 4102-7:2018-11 Brandverhalten von Baustoffen und Bauteilen – Teil 7: Bedachungen – Anforderungen und Prüfungen

DIN 18040-1:2010-10 Barrierefreies Bauen – Planungsgrundlagen – Teil 1: Öffentlich zugängliche Gebäude

DIN 18040-2:2011-09 Barrierefreies Bauen – Planungsgrundlagen – Teil 2: Wohnungen

DIN 18040-3:2014-12 Barrierefreies Bauen – Planungsgrundlagen – Teil 3: Öffentlicher Verkehrs- und Freiraum

DIN 18134:2012-04 Baugrund – Versuche und Versuchsgeräte – Plattendruckversuch

DIN 18195:2017-07 Abdichtung von Bauwerken – Begriffe

DIN 18531:1991-09 Dachabdichtungen; Begriffe, Anforderungen, Planungsgrundsätze [zurückgezogen]

DIN 18531-1:2017-07 Abdichtung von Dächern sowie von Balkonen, Loggien und Laubengängen – Teil 1: Nicht genutzte und genutzte Dächer – Anforderungen, Planungs- und Ausführungsgrundsätze

DIN 18531-3:2024-02 Abdichtung von Dächern sowie von Balkonen, Loggien und Laubengängen – Teil 3: Nicht genutzte und genutzte Dächer – Abdichtungsbauarten, Ausführung und Details

DIN 18532-1:2017-07 Abdichtung von befahrbaren Verkehrsflächen aus Beton – Teil 1: Anforderungen, Planungs- und Ausführungsgrundsätze

DIN 18915:2018-06 Vegetationstechnik im Landschaftsbau – Bodenarbeiten

DIN 18916:2016-06 Vegetationstechnik im Landschaftsbau – Pflanzen und Pflanzarbeiten

DIN 18917:2018-07 Vegetationstechnik im Landschaftsbau – Rasen und Saatarbeiten

DIN 18919:2016-12 Vegetationstechnik im Landschaftsbau – Instandhaltungsleistungen für die Entwicklung und Unterhaltung von Vegetation (Entwicklungs- und Unterhaltungspflege)

DIN 19580:2010-07 Entwässerungsrinnen für Verkehrsflächen – Dauerhaftigkeit, Einheitsgewicht und Bewertung der Konformität

DIN 31051:2019-06 Grundlagen der Instandhaltung

DIN EN 124 Aufsätze und Abdeckungen für Verkehrsflächen [Normenreihe]

DIN EN 206-1:2001-07 Beton – Teil 1: Festlegung, Eigenschaften, Herstellung und Konformität [zurückgezogen]

DIN EN 795:2012-10 Persönliche Absturzschutzausrüstung – Anschlageinrichtungen

DIN EN 1097-3:1998-06 Prüfverfahren für mechanische und physikalische Eigenschaften von Gesteinskörnungen – Teil 3: Bestimmung von Schüttdichte und Hohlraumgehalt

DIN EN 1338:2003-08 Pflastersteine aus Beton – Anforderungen und Prüfverfahren

DIN EN 1339 Berichtigung 1:2006-11 Platten aus Beton – Anforderungen und Prüfverfahren

DIN EN 1433:2005-09 Entwässerungsrinnen für Verkehrsflächen –Klassifizierung, Bau- und Prüfgrundsätze, Kennzeichnung und Beurteilung der Konformität

DIN EN 1610:2012-12 Einbau und Prüfung von Abwasserleitungen und -kanälen

E DIN EN 1717:2023-07 Schutz des Trinkwassers vor Verunreinigungen in Trinkwasser-Installationen und allgemeine Anforderungen an Sicherungseinrichtungen zur Verhütung von Trinkwasserverunreinigungen durch Rückfließen

DIN EN 1991-1-1:2010-12 Einwirkungen auf Tragwerke – Teil 1-1: Allgemeine Einwirkungen auf Tragwerke – Wichten, Eigengewicht und Nutzlasten im Hochbau

DIN EN 1991-1-4/NA:2010-12 Nationaler Anhang – National festgelegte Parameter – Eurocode 1: Einwirkungen auf Tragwerke – Teil 1-4: Allgemeine Einwirkungen – Windlasten [zurückgezogen]

DIN EN 13031-1:2021-12 Gewächshäuser – Bemessung und Konstruktion – Teil 1: Produktionsgewächshäuser

DIN EN 13948:2008-01 Abdichtungsbahnen – Bitumen-, Kunststoff- und Elastomerbahnen für Dachabdichtungen – Bestimmung des Widerstandes gegen Wurzelpenetration

DIN EN 14758-1:2023-11 Kunststoff-Rohrleitungssysteme für erdverlegte drucklose Abwasserkanäle und -leitungen – Polypropylen mit mineralischen Additiven (PP-MD) – Teil 1: Anforderungen an Rohre, Formstücke und das Rohrleitungssystem

DIN EN ISO 1461:2022-12 Durch Feuerverzinken auf Stahl aufgebrachte Zinküberzüge (Stückverzinken) – Anforderungen und Prüfungen

DIN VDE 0100-712:2016-10 Errichten von Niederspannungsanlagen – Teil 7-712: Anforderungen für Betriebsstätten, Räume und Anlagen besonderer Art – Photovoltaik-(PV)-Stromversorgungssysteme

DIN V ENV 1187:2006-10 Prüfverfahren zur Beanspruchung von Bedachungen durch Feuer von außen [zurückgezogen]

VOB/C ATV DIN 18299: 2023-09 Allgemeine Regelungen für Bauarbeiten jeder Art

VOB/C ATV DIN 18300: 2019-09 Erdarbeiten

VOB/C ATV DIN 18318: 2019-09 Pflasterdecken und Plattenbeläge, Einfassungen

VOB/C ATV DIN 18320: 2019-09 Landschaftsbauarbeiten

VOB/C ATV DIN 18336: 2023-09 Abdichtungsarbeiten

VOB/C ATV DIN 18338: 2019-09 Dachdeckungsarbeiten

Rechtsvorschriften

Allgemeine Vertragsbedingungen für die Ausführung von Bauleistungen (VOB/B Ausgabe 2016), geändert durch Bekanntmachung vom 07.01.2016 (BAnz AT 19.01.2016 B3; ber. BAnz AT 01.04.2016 B1)

Baugesetzbuch (BauBG) in der Fassung der Bekanntmachung vom 03.11.2017 (BGBl. I S. 3634), das zuletzt durch Artikel 3 des Gesetzes vom 20.12.2023 (BGBl. 2023 I Nr. 394) geändert worden ist

Bauordnungsnovelle 2023: Gesetz, mit dem die Bauordnung für Wien, das Wiener Kleingartengesetz 1996 und das Wiener Garagengesetz 2008 geändert werden, Inkrafttreten am 14.12.2023 und 13.03.2024

Bekanntmachung der Vergabe- und Vertragsordnung für Bauleistungen Teil A (VOB/A) vom 31.01.2019 (Banz AT 19.02.2019 B2), geändert durch die Verwaltungsvorschriften vom 16.06.2023 (BAnz AT 04.07.2023) und vom 06.09.2023 (BAnz AT 25.09.2023 B4)

Bürgerliches Gesetzbuch (BGB) in der Fassung der Bekanntmachung vom 02.01.2002 (BGBl. I S. 42, 2909; 2003 I S. 738), das zuletzt durch Artikel 14 des Gesetzes vom 23.10.2024 (BGBl. 2024 I Nr. 323) geändert worden ist

[Bundesnaturschutzgesetz]: Gesetz über Naturschutz und Landschaftspflege (BNatSchG) vom 29.07.2009 (BGBl. I S. 2542), das zuletzt durch Artikel 48 des Gesetzes vom 23.10.2024 (BGBl. 2024 I Nr. 323) geändert worden ist

Musterbauordnung (MBO) in der Fassung vom November 2002, zuletzt geändert durch Beschluss der Bauministerkonferenz vom 23./24.11.2023

Verordnung (EG) Nr. 1069/2009 des Europäischen Parlaments und des Rates vom 21.10.2009 mit Hygienevorschriften für nicht für den menschlichen Verzehr bestimmte tierische Nebenprodukte und zur Aufhebung der Verordnung (EG) Nr. 1774/2002 (Verordnung über tierische Nebenprodukte)

Versammlungsstättenverordnung: Verordnung des Wirtschaftsministeriums über den Bau und Betrieb von Versammlungsstätten (VStaettVO) vom 28.04.2004 (GBl. S. 311, ber. S. 653), in Kraft getreten am 01.07.2004, zuletzt geändert durch Verordnung vom 21.12.2021 (GBl. 2022 S. 1) m.W.v. 08.01.2022

Wohnungseigentumsgesetz: Gesetz über das Wohnungseigentum und das Dauerwohnrecht (WEG) in der Fassung der Bekanntmachung vom 12.01.2021 (BGBl. I S. 34), das zuletzt durch Artikel 1 des Gesetzes vom 10.10.2024 (BGBl. 2024 I Nr. 306) geändert worden ist

Literatur

Althaus, C.; Kiermeier, P.; Schuppler, E.: Empfehlungen zur Fassadenbegrünung an öffentlichen Bauwerken. Düsseldorf: MBW Ministerium für Bauen und Wohnen des Landes Nordrhein-Westfalen, 1991

Ansel, W.: Leitfaden Dachbegrünung für Kommunen – Nutzen, Fördermöglichkeiten, Praxisbeispiele. Nürtingen: Deutscher Dachgärtner Verband e. V., 2011

Auf die Dächer – fertig – grün! Hamburger Gründachförderung. Dachbegrünung – Mustertexte für Ausschreibungen [online]. Hamburg: Behörde für Umwelt, Klima, Energie und Agrarwirtschaft (BUKEA), 2024. Internet: https://www.hamburg.de/resource/blob/997998/d3d97923033744f5d07ea7cfe904f395/d-dachbegruenung-mustertexte-fuer-ausschreibungen-broschuere-data.pdf [Zugriff: 01.01.2025]

Bambach, G.: Feuchtigkeit in Grünen Wänden messen und steuern. In: Tagungsband 5. FBB-Symposium Fassadenbegrünung 2012 [online]. Ditzingen: Fachvereinigung Bauwerksbegrünung e. V. (FBB), 2012, S. 23–29. Internet: https://www.gebaeudegruen.info/fileadmin/website/downloads/bugg-symposien/Fassadenbegruenungssymposium/5_FBB-Fassadenbegruenungssymposium_2012.pdf [Zugriff: 28.12.2024]

Basel – Schwarzplan & Stadtplan [online]. Schwechat (Österreich): Figuregrounds, 2024. Internet: https://www.figuregrounds.com/de/product/schwarzplan-basel/ [Zugriff: 12.12.2024]

Becker, A.; Deutschländer, T.; Friedrich, K. et al.: Nationaler Klimareport [online]. Offenbach am Main: Deutscher Wetterdienst; 2022. Internet: https://www.dwd.de/DE/leistungen/nationalerklimareport/download_report.pdf;jsessionid=DE33C3A061FB63CEC38CA4F03155ADED.live21071?__blob=publicationFile&v=15 [Zugriff: 01.12.2024]

Berlin – Schwarzplan & Stadtplan [online]. Schwechat (Österreich): Figuregrounds, 2024. Internet: https://www.figuregrounds.com/de/product/schwarzplan-berlin/ [Zugriff: 09.12.2024]

Bewässerungsrichtlinien – Richtlinien für die Planung, Installation und Instandhaltung von Bewässerungsanlagen in Vegetationsflächen. Bonn: Forschungsgesellschaft Landschaftsentwicklung Landschaftsbau e. V. (FLL), 2015

BOTT-Produktkatalog 4. Neustadt: BOTT Begrünungssysteme GmbH, 2012

Brandhorst, S.: Zertifizierungslehrgang Gebäudebegrünung. Weihenstephan: Akademie Landschaftsbau Weihenstephan, 2024

Brandhorst, S.; Siemens, M.: Besondere Begrünungsformen an Wänden, Fassaden und Konstruktionen. Mooswände: Aufbau und Funktionsweise. In: Tagungsmappe 5. FBB-Fassadenbegrünungssymposium 2012. Ditzingen: Fachvereinigung Bauwerksbegrünung e. V. (FBB), 2012, S. 40–42

Brandschutz großflächig begrünter Fassaden. München: Fachausschuss Vorbeugender Brand- und Gefahrenschutz der deutschen Feuerwehren, 2020

BuGG-Marktreport Gebäudegrün 2021. Dach-, Fassaden- und Innenraumbegrünung Deutschland. Berlin: Bundesverband GebäudeGrün e. V., 2021 [online]. Internet: https://www.gebaeudegruen.info/fileadmin/website/downloads/bugg-fachinfos/Marktreport/BuGG-Marktreport_Gebaeudegruen_2021.pdf [Zugriff: 18.11.2024]

Dachbegrünung – Leitfaden zur Planung. Begründungsunterlagen für Dachbegrünungen in der verbindlichen Bauleitplanung sowie in der Baugenehmigungspraxis. Hamburg: Freie Hansestadt Hamburg, Behörde für Umwelt und Energie, 2018

Dachbegrünung – Leitfaden zur Planung [online]. Hamburg: Freie und Hansestadt Hamburg, Behörde für Umwelt und Energie, 2023. Internet: https://www.hamburg.de/resource/blob/281294/35d14726744a3f9082d2fd4265b85576/d-leitfaden-dachbegruenung-data.pdf [Zugriff: 06.11.2024]

Dachbegrünungsrichtlinien – Richtlinien für die Planung, Bau und Instandhaltungen von Dachbegrünungen. Bonn: Forschungsgesellschaft Landschaftsentwicklung Landschaftsbau e. V. (FLL), 2018

Der Biotopflächenfaktor. Berlin: Senatsverwaltung für Umwelt, Verkehr und Klimaschutz, 2021 [online]. Internet: https://www.berlin.de/sen/uvk/_assets/natur-gruen/landschaftsplanung/bff-biotopflaechenfaktor/broschuere_bff_als_oekologisches_planungsinstrument.pdf [Zugriff: 31.01.2025]

Dettmar, J.; Pfoser, N.; Sieber, S.: Gutachten Fassadenbegrünung. Darmstadt: Technische Universität Darmstadt, 2016 [online]. Internet: https://dontwastemy.energy/wp-content/uploads/2020/01/gutachten_fassadenbegruenung.pdf [Zugriff: 18.11.2024]

Dettmar J.; Drebes, C.; Sieber, S.: Energetische Stadtraumtypen. Strukturelle und energetische Kennwerte von Stadträumen. Stuttgart: Frauenhofer IRB Verlag, 2020

Deutschlandwetter im Jahr 2018 [online]. Offenbach am Main: Deutscher Wetterdienst, 2018. Internet: https://www.dwd.de/DE/presse/pressemitteilungen/DE/2018/20181228_deutschlandwetter_jahr2018_news.html [Zugriff: 01.12.2024]

DGUV Information 202-023 „Giftpflanzen" [online]. Berlin: Deutsche Gesetzliche Unfallversicherung (DGUV), 2006. Internet: https://www.unfallkasse-nrw.de/fileadmin/server/download/Regeln_und_Schriften/Informationen/202-023.pdf [Zugriff: 16.12.2024]

DGUV Vorschrift 38 (BGV C22) „Unfallverhütungsvorschrift Bauarbeiten". Köln: BG ETEM, 2019

Dörries, J.; Zens, U.: Multifunktionale Dachvegetation. In: Garten und Landschaft 113 (2003), Nr. 10, S. 22 ff.

Dong, J.; Lin, M.; Zuo, J.; Lin, T.; Liu, J.; Sun, C.; Luo, J.: Quantitative study on the cooling effect of green roofs in a high density urban area – a case study of Xiamen, China. In: Journal of Cleaner Production 255 (2020), S. 120152

Eingriffsregelung. Ziele und Grundprinzipien der Eingriffsregelung [online]. Bonn: Bundesamt für Naturschutz (BfN), 2024. Internet: www.bfn.de/eingriffsregelung [Zugriff: 18.11.2024]

Empfehlungen für Baumpflanzungen – Teil 2: Standortvorbereitung für Neupflanzungen; Pflanzgruben und Wurzelraumerweiterung, Bauweisen und Substrate. Bonn: Forschungsgesellschaft Landschaftsentwicklung Landschaftsbau e. V. (FLL), 2010

Empfehlungen für Planung, Bau und Instandhaltung der Übergangsbereiche von Freiflächen zu Gebäuden. Bonn: Forschungsgesellschaft Landschaftsentwicklung Landschaftsbau e. V. (FLL), 2012

Engel, T.: Brandschutz für Fassadenbegrünungen. Ergebnisse des Forschungsvorhabens FireSafeGreen zu begrünten Fassaden. In: Bauen+ 5 (2024), S. 17–22

EnOB: GreenFaBS – Einsatz von Grünfassaden zur Reduzierung des Kühlenergiebedarfs fassadenintegrierter dezentraler Gebäudetechnik (Schul- und Verwaltungsgebäude). Nürnberg: Technische Hochschule Nürnberg, 2022 [online]. Internet: https://www.ibp.fraunhofer.de/content/dam/ibp/ibp-neu/de/dokumente/publikationen/eer/greenfabs-sb-endfassung-220224-cc22-vk.pdf [Zugriff: 19.11.2024]

Es wächst etwas auf dem Dach: Dachgewächshäuser. Müncheberg: Leibniz-Zentrum für Agrarlandschaftsforschung (ZALF) e. V., 2013

Everding, D.: Solarer Städtebau – vom Pilotprojekt zum planerischen Leitbild. Stuttgart: Kohlhammer, 2007

Fabbrizzi, F.: Architettura verso natura. Natura verso architettura. Florenz: Alinea, 2003

Fachbericht zu Planung, Bau und Instandhaltung von Wassergebundenen Wegen. Bonn: Forschungsgesellschaft Landschaftsentwicklung Landschaftsbau e. V. (FLL), 2007

Fassadenbegrünungsrichtlinien – Richtlinien für die Planung, Bau und Instandhaltung von Fassadenbegrünungen. Bonn: Forschungsgesellschaft Landschaftsentwicklung Landschaftsbau e. V. (FLL), 2018

FloraWeb [online]. Bonn: Bundesamt für Naturschutz, 2024. Internet: https://www.floraweb.de/index.html [Zugriff: 13.12.2024]

Förderrichtlinie Dach- und Fassadenbegrünung – Machbarkeitsstudie. Endbericht Kurzfassung [online]. Bonn: Bundesinstitut für Bau-, Stadt- und Raumforschung (BBSR), 2022. Internet: https://www.bbsr.bund.de/BBSR/DE/forschung/programme/weitere/gruen-in-der-stadt/machbarkeitsstudie-gebaeudegruen/endbericht.pdf?__blob=publicationFile&v=5 [Zugriff: 18.11.2024]

Frahm, J. P.: Feinstaubreduktion an Straßenrändern durch Moosmatten. In: Tagungsband. Fachtagung Luftqualität an Straßen 2008. Bergisch Gladbach: Bundesanstalt für Straßenwesen (bast), 2008, S. 46–47

Freiburg im Breisgau – Machbarkeitsstudie Dach- und Fassadenbegrünung. Freiburg im Breisgau: Stadt Freiburg, Umweltschutzamt, 2020 [online]. Internet: https://www.freiburg.de/pb/site/Freiburg/get/params_E623397766/1734486/201220_Ergebnisbericht%20Freiburg_Endfassung.pdf [Zugriff: 18.11.2024]

FR Flachdach. Fachregel für Abdichtungen – Flachdachrichtlinie, Ausgabe: Dezember 2016 einschließlich Änderungen vom Mai 2019 und März 2020. Köln: Zentralverband des Deutschen Dachdeckerhandwerks, 2016

Gassmann M.: Die grüne Revolution oder der nächste Ökoflop? In: Welt, 17.01.2015 [online]. Internet: https://www.welt.de/wirtschaft/article136475654/Die-gruene-Revolution-oder-der-naechste-Oekoflop.html [Zugriff: 01.01.2025]

Gebäude Begrünung Energie – Potenziale und Wechselwirkungen. Bonn: Forschungsgesellschaft Landschaftsentwicklung Landschaftsbau e. V. (FLL), 2014

Globalstrahlung in der Bundesrepublik Deutschland [online]. Hamburg: Deutscher Wetterdienst, Klima- und Umweltberatung, 2012. Internet: https://www.dwd.de/DE/leistungen/solarenergie/strahlungskarten_mvs.html?nn=16102 [Zugriff: 01.12.2024]

Gohlke, R.: Dach- und Fassadenbegrünung im Rahmen der Eingriffsregelung. Ökopunkte und Ökokonto. In: GebäudeGrün 2 (2021), S. 21–24

Gohlke, R.: Gesetzgebungsinitiativen für Gebäudebegrünungen in Deutschland. In: Pfoser, N. (Hrsg.): Grüne Fassaden. Detail Praxis. München: Detail, 2023, S. 20–25

Gorbachevskaya, O.; Schreiter, H.; Kappis, C.: Wissenschaftlicher Erkenntnisstand über das Feinstaubfilterungspotential von Pflanzen (qualitativ und quantitativ). Ergebnisse der Literaturstudie. In: Berliner geographische Arbeiten (2007)

Graf, C.: Programmatische Gestaltungsstile in der Landschaftsarchitektur, Masterthesis. Weihenstephan-Triesdorf: International Master of Landscape Architecture (IMLA), 2008

Greenpass Vorzertifizierung [online]. Wien, Österreich: Greenpass, 2024. Internet: https://www.greenpass.io/de/vorzertifizierung [Zugriff: 10.12.2024]

Gütebestimmungen für Stauden. Bonn: Forschungsgesellschaft Landschaftsentwicklung Landschaftsbau e. V. (FLL), 2015

Hämmerle, F.: Die Wirtschaftlichkeit von Gründächern aus Sicht des Bauherrn – eine Kosten-Nutzen-Analyse. In: Tagungsband 2. EFB-FBB-Gründachsymposium 2004 [online]. Ditzingen: Fachvereinigung Bauwerksbegrünung e. V. (FBB), 2004, S. 18–19. Internet: https://www.gebaeudegruen.info/fileadmin/website/downloads/bugg-symposien/Gruendachsymposium/2_FBB-Gruendachsymposium_2004.pdf [Zugriff: 01.12.2024]

Haeupler, H.; Muer, T.: Bildatlas der Farn- und Blütenpflanzen Deutschlands. Stuttgart: Ulmer, 2007

Handbuch Grüne Wände [online]. Hamburg: Behörde für Umwelt, Klima, Energie und Agrarwirtschaft, 2020. Internet: https://www.hamburg.de/resource/blob/281650/53695980cc5825fe9bfdf3b15f3817ab/d-fassadenguide-data.pdf [Zugriff: 06.11.2024]

Handbuch Stadtklima – Maßnahmen und Handlungskonzepte für Städte und Ballungsräume zur Anpassung an den Klimawandel. Düsseldorf: Ministerium für Klimaschutz, Umwelt, Landwirtschaft, Natur- und Verbraucherschutz des Landes Nordrhein-Westfalen (MUNLV-NRW), 2011 [online]. Internet: https://www.lanuv.nrw.de/fileadmin/lanuv/klimaanpassung/dokumente/handbuch_stadtklima.pdf [Zugriff: 18.11.2024]

Hansen, R.; Stahl, F.: Die Stauden und ihre Lebensbereiche in Gärten und Grünanlagen. Stuttgart: Ulmer, 1997

Hegger, M.; Fuchs, M.; Stark, T.; Zeumer, M. et al.: Energie Atlas. Nachhaltige Architektur. Detail Atlas. München: Birkhäuser, 2007

Heinze, W.; Schreiber, D.: Eine neue Kartierung der Winterhärtezonen für Gehölze in Mitteleuropa. In: Mitteilungen der Deutschen Dendrologischen Gesellschaft 75 (1984), S. 11–56

Herfort, S.; Tschuikowa, S.; Ibanez, A.: Die Wahrheit zur CO_2-Bindung durch begrünte Dächer. Aktuelle Untersuchungsergebnisse und Diskussion. Dietzingen: 11. Internationales FBB-Gründachsymposium, 2013

Hesse, T. A.: Bioindikator „Flechte“, Diplomarbeit. München: Universität der Bundeswehr, 2005

Jocher, T.; Loch, S.: Raumpilot – Grundlagen. Stuttgart: Krämer, 2010

Kaiser, D.; Köhler, M.; Schmidt, M.; Wolf, F.: Increasing evapotranspiration on extensive green roofs by changing substrate depths, construction, and additional irrigation. In: Buildings 9 (2019), S. 173

Kaiser, M.: Kühlen mit Regenwasser. In: Erneuerbare Energie 2 (2008)

Karlsson, M.; Ziebarth, N.: Population health effects and health-related costs of extreme temperatures: comprehensive evidence for Germany. In: Journal of Environmental Economics and Management 91 (2018), S. 93–117

Kiermeier, P.: Pflanzenkatalog und Selektion. 3. Aufl. Hamburg: Lorenz von Ehren, 2005

Kiessl, K.; Rath, J.; Gertis K.: Auswirkungen von Fassadenbegrünung auf den Wärme- und Feuchtehaushalt von Außenwänden und Schadensrisiko. Bauforschungsbericht. Stuttgart: Fraunhofer-Institut für Bauphysik, 1989

Kletterpflanzen – Übersicht [online]. Leipzig: Fassaden-Grün, 2024. Internet: https://www.fassadengruen.de/uw/kletterpflanzen/kletterpflanzen.html [Zugriff: 13.12.2024]

Köhler, M.: Fassaden- und Dachbegrünung. Stuttgart: Ulmer Fachbuch, 1993

Köhler, M.; Malorny, W.: Wärmeschutz durch extensive Gründächer. In: Europäischer Sanierungskalender 2009. Hrsg.: Venzmer, H. Berlin: Beuth, 2009, S. 195–212

Köhler, M.; Oettelé, M.; Ansel, W.; Mann, G.; Wünschmann, M. S.; Betzler, F.; Appl, R.: Handbuch Bauwerksbegrünung. Planung – Konstruktion – Ausführung. Köln: Verlagsgesellschaft Rudolf Müller, 2012

Köhler, M.; Nistor, C. R.: Wandgebundene Begrünungen – Quantifizierungen einer neuen Bauweise der Klima-Architektur. Neubrandenburg: Forschungsgesellschaft Landschaftsentwicklung Landschaftsbau e. V. (FLL), 2015

Köhler, M.; Kaiser, D.; Wolff, F.: Bewässerte Gründächer [online]. Bonn: Bundesinstitut für Bau-, Stadt- und Raumforschung (BBSR) im Bundesamt für Bauwesen und Raumordnung (BBR), 2022. Internet: https://www.bbsr.bund.de/BBSR/DE/veroeffentlichungen/bbsr-online/2022/bbsr-online-33-2022-dl.pdf?__blob=publicationFile&v=3 [Zugriff: 09.01.2025)

König, H.; Kohler, N.; Kreißig, J.; Lützkendorf, T.: Lebenszyklusanalyse in der Gebäudeplanung. München: DETAIL, 2009

Konzepte der Regenwasserbewirtschaftung. Gebäudebegrünung, Gebäudekühlung. Leitfaden für Planung, Bau, Betrieb und Wartung. Berlin: Berlin Bauen, Senatsverwaltung für Stadtentwicklung, 2010 [online]. Internet: http://www.gebaeudekuehlung.de/SenStadt_Regenwasser_dt_gross.pdf [Zugriff: 18.11.2024]

Krupka, B.: Dachbegrünung. Pflanzen- und Vegetationsanwendung an Bauwerken. Stuttgart: Ulmer, 1992

Kunstmann, H.; Dietrich, F.: Messtechnische Bestimmung der Schalldämmung einer Lärmschutzwand von Typ „COMPACTA“ der Firma Helix-Pflanzensysteme GmbH. Gutachten. Berlin: Bundesverband GebäudeGrün e. V. (BuGG), 2009

Kuttler, W.: Urbanes Klima. Teil 2. In: Gefahrstoffe – Reinhaltung der Luft 70 (2010), S. 378–382

Landwirtschaft auf dem Dach der Forschung; Pressemitteilung vom 23.02.2011 [online]. Oberhausen: Fraunhofer-Institut für Umwelt-, Sicherheits- und Energietechnik (UMSICHT), 2011. Internet: https://www.umsicht.fraunhofer.de/de/presse-medien/pressemitteilungen/2011/infarming.html [Zugriff: 09.01.2025]

Lange, O.; Bertsch, A.: Photosynthese der Wüstenflechte Ramalina maciformis nach Wasserdampfaufnahme aus dem Luftraum. In: Naturwissenschaften 52 (1965), S. 215–235

Leitfaden Fassadenbegrünung [online]. Wien: ÖkoKauf Wien, 2013. Internet: https://www.gruenezukunftschulen.at/wp-content/uploads/2017/10/Leitfaden-Fassadenbegruenung.pdf [Zugriff: 19.11.2024]

Liesecke, H. J.: Untersuchungen zur Wasserrückhaltung extensiv begrünter Flachdächer. In: Zeitschrift für Vegetationstechnik 2 (1988), S. 56–66

Litschike, T.; Kuttler, W.: On the reduction of urban particle concentration by vegetation – a review. In: Meteorologische Zeitschrift 17 (2008), Nr. 3, S. 229–240

Ludwig, K.: Kletterpflanzen. Auswahl, Pflanzung, Pflege. München: BLV, 1994

Mann, G.: Faunistische Untersuchungen von drei Dachbegrünungen in Linz. Dachbegrünungen als ökologische Ausgleichsflächen. In: Öko-L Zeitschrift für Ökologie, Natur- und Umweltschutz 18 (1996), S. 5 ff.

Mann, G.: Schadensfälle bei Gründächern [online]. München: Garten + Landschaft, 2016. Internet: https://www.garten-landschaft.de/dachschaden/ [Zugriff: 19.12.2024]

May, H.: Herbstlicher Lebensspender. Blühenden Efeu nicht beschneiden [online]. Berlin: NABU, 2024. Internet: https://www.nabu.de/tiere-und-pflanzen/pflanzen/pflanzenwissen/11635.html [Zugriff: 02.12.2024]

Merkblatt für die Anwendung von Geotextilien und Geogittern im Erdbau des Straßenbaus. Köln: Forschungsgesellschaft für Straßen- und Verkehrswesen, 1994

MF P 1. Merkblatt für Flächenbefestigungen mit Pflasterdecken und Plattenbelägen in ungebundener Ausführung. Köln: Forschungsgesellschaft für Straßen- und Verkehrswesen, 2024

Mustererlass der ARGEBAU. Brandverhalten begrünter Dächer. Bonn: ARGEBAU, 1989

MVAS 99. Merkblatt über die Rahmenbedingungen für erforderliche Fachkenntnisse zur Verkehrssicherung von

Arbeitsstellen an Straßen. Bonn: Bundesministerium für Verkehr, Bau- und Wohnungswesen, 1999

Naturschutz auf Dachbegrünungen in Verbindung mit Solaranlagen [online]. Basel: Baudepartment des Kantons Basel-Stadt, 2013. Internet: https://www.yumpu.com/de/document/view/10719826/naturschutz-auf-dachbegrunungen-in-verbindung-mit-solaranlagen [Zugriff: 28.12.2024]

Nebel, M.: Die Mooswand in Stuttgart. Mit Moosen gegen Luftschadstoffe? In: Umweltzeitung September/Oktober (2018), S. 26–27

[Nutzungsdauern von Bauteilen]: Nutzungsdauern von Bauteilen für Lebenszyklusanalysen nach Bewertungssystem Nachhaltiges Bauen (BNB), Stand: 24.02.2017 [online]. Bonn: Bundesinstitut für Bau-, Stadt- und Raumforschung (BBSR), 2017. Internet: https://www.nachhaltigesbauen.de/fileadmin/pdf/Nutzungsdauer_Bauteile/BNB_Nutzungsdauern_von_Bauteilen_Änderungsübersicht_2017-02-24.pdf [Zugriff: 18.11.2024]

Oettelé, M.: The Green Building Envelope, Dissertation. Delft: Universität Delft, 2011

Oswalt, P.: Implantationen. Natur in der zeitgenössischen Architektur. In: Arch+ 142 (1998), S. 74–78

Pfoser, N.: Gestaltungspotenzial Fassadenbegrünung. Optimierung architektonischer und stadtplanerischer Entscheidungen. In: 3. FBB-Symposium Fassadenbegrünung 2010, Berlin. Saarbrücken: Fachvereinigung Bauwerksbegrünung e. V. (FBB), 2010

Pfoser, N.: Grüne Fassaden, DETAIL Praxis. München, 2023

Pfoser, N.: Vertikale Begrünung, Fachbibliothek Grün, Eugen Ulmer Verlag. Stuttgart, 2018

Pfoser, N.: Warum Gebäude begrünen? Motivation aus Sicht von Planern, Unterhaltsverantwortlichen und Nutzenden. In: Neue Landschaft 12 (2015), S. 23–27

Pfoser, N.: Fassade und Pflanze. Potenziale einer neuen Fassadengestaltung, Dissertation. Darmstadt: Technische Universität Darmstadt, 2016 [online]. Internet: https://tuprints.ulb.tu-darmstadt.de/5587/1/Dissertation_Pfoser.pdf [Zugriff: 18.11.2024]

Preiss, J.: Programm Fassadenbegrünungen in Wien, Vortrag. Vilm: BfN ExpertInnenworkshop Vilm, 2013

[Pressemitteilung Hitzewarnsystem]: Hitzewarnsystem des Deutschen Wetterdienstes seit 2005 erfolgreich im Einsatz – überdurchschnittlich viele Hitzewarnungen im Sommer 2018. Pressemitteilung vom 12.09.2018 [online]. Offenbach: Deutscher Wetterdienst, 2018. Internet: https://www.dwd.de/DE/presse/pressemitteilungen/DE/2018/20180912_hitzewarnungen.pdf?__blob=publicationFile&v=6 [Zugriff: 06.11.2024]

RAL-GZ 250. Technische Regel. Substrate für Pflanzen. Bonn: RAL, 2018

RAL-GZ 580. Technische Regel. Vertikalbegrünungen – Gütesicherung. Bonn: RAL, 2021

Rath, J., Kiessl, K., Gertis K.: Bauforschungsbericht. Auswirkungen von Fassadenbegrünung auf den Wärme- und Feuchtehaushalt von Außenwänden und Schadensrisiko. Stuttgart: Fraunhofer IRB, 1989

Richtlinie für die Planung, Ausführung und Pflege von Fassadenbegrünungen mit Kletterpflanzen. Bonn: Forschungsgesellschaft Landschaftsentwicklung Landschaftsbau e. V. (FLL), 2000

Rosso, P.: Präsentation. In: Weltkongress Gebäudegrün. Berlin: Bundesverband GebäudeGrün e. V. (BuGG), 2024

RStO 12/24. Richtlinien für die Standardisierung des Oberbaus von Verkehrsflächen, Ausgabe 2012, Fassung 2024. Köln: Forschungsgesellschaft für Straßen- und Verkehrswesen, 2024

Scharf, B.; Pitha, U.; Trimmel, H.: Thermal performance of green roofs [online]. Copenhagen: World Green Roof Congress, 2012. Internet: https://www.academia.edu/6649533/Thermal_performance_of_green_roofs [Zugriff: 19.11.2024]

Schenk, D.: Vision für die Dachbegrünung des 21. Jahrhunderts. In: Zukunftskonzepte der Dachnutzung. Internationaler Gründach-Kongress, Hamburg. Nürtingen: Deutscher Dachgärtner Verband (DDV), 2013

Schlößer, S.: Zur Akzeptanz von Fassadenbegrünung. Meinungsbild Kölner Bürger – eine Bevölkerungsbefragung, PhD-Thesis. Köln: Universität Köln, 2003

Schmidt, M.: Energy saving strategies through the greening of buildings. The example of the Institute of Physics of the Humboldt-University in Berlin-Adlershof, Germany [online]. In: Rio de Janeiro, Brasilien: Proceedings of the World Energy and Climate Event, 2003, S. 481–487. Internet: http://www.rio12.com/rio3/proceedings/RIO3_481_M_Schmidt.pdf [Zugriff: 09.01.2024]

Schmidt, M.: Begrünte Fassaden als Baustein des energieeffizienten Bauens, Vortrag. Lemgo: Hochschule Ostwestfalen-Lippe, 2015

Slama, S.: Anlage 1. Mustererlass der ARGEBAU „Brandverhalten begrünter Dächer" von Juni 1989 [online]. Internet: https://www.gebaeudegruen.info/fileadmin/website/gruen/Dachbegruenung/Basiswissen/FBB_Brandschutz_Gruendach_Anlage.pdf [Zugriff: 28.12.2024]

Stadtgrün im Klimawandel. Wiesbaden: Hessisches Landesamt für Naturschutz, Umwelt und Geologie, Fachzentrum Klimawandel und Anpassung, 2024 [online]. Internet: https://www.hlnug.de/fileadmin/dokumente/klima/klimprax/Stadtgruen/Broschuere_Stadtgruen_im_Klimawandel.pdf [Zugriff: 08.11.2024]

Stadtraumtypen-Katalog „Solare Flächenpotenziale Berlin". Köln: Ecofys GmbH, 2008

STLB-Bau-Ausschreibungstexte [online]. Bonn: Gemeinsamer Ausschuss Elektronik im Bauwesen (GAEB), 2024. Internet: https://www.stlb-bau-online.de/Ausschreibungstexte/Leistungsbereiche/1 [Zugriff: 20.12.2024]

Stocker, M.: Biodiversität: Tiere in/an Fassadenbegrünungen, Vortrag. Wien: Technische Universität Wien, 2013

Thönnessen, M.: Elementdynamik in fassadenbegrünendem Wilden Wein (Parthenocissus tricuspidata). In: Kölner geographische Arbeiten 78 (2002)

TL-Baumschulpflanzen. Technische Lieferbedingungen für Baumschulpflanzen (Gütebestimmungen). Bonn: Forschungsgesellschaft Landschaftsentwicklung Landschaftsbau e. V. (FLL), 2020

TL SoB-StB 04. Technische Lieferbedingungen für Baustoffgemische und Böden zur Herstellung von Schichten ohne Bindemittel im Straßenbau, Ausgabe 2004, Fassung 2007. Köln: Forschungsgesellschaft für Straßen- und Verkehrswesen, 2007

Tomik, S.: Lungenärzte für Luftreinhaltung – Grenzwerte aber umstritten. In: Frankfurter Allgemeine Zeitung vom 25.01.2019 [online]. Internet: https://www.faz.net/aktuell/politik/inland/hunderte-lungenaerzte-fuer-luftreinhaltung-grenzwerte-aber-umstritten-16008522.html [Zugriff: 18.11.2024]

Traut, S.: Dachbegrünung. Pflanzung, Pflege, Bewässerung. In: Schulungsunterlagen Zertifikatslehrgang Dach- und Fassadenbegrünung. Weihenstephan: Akademie Landschaftsbau, 2024

Türk, R.: Laboruntersuchungen über den CO_2-Gaswechsel von Flechten aus den mittleren Ostalpen. In: Phyton (Austria) 21 (1981), S. 203–234

Valappil, A. K.; Kumar, P.; Gallagher, J.; McNabola, A.: Air pollution abatement performances of green infrastructure in open road and built-up street canyon environments – a review. In: Atmospheric Environment 162 (2017), S. 71–86

Van Groeningen, I.: Praktische einjährige Kletterpflanzen für raschen Wuchs und Sichtschutz [online]. Berlin: Königliche Gartenakademie, 2022. Internet: https://koenigliche-gartenakademie.de/blog/einjaehrige-kletterpflanzen.html [Zugriff: 13.12.2024]

van Lier, K.: Bauwerksbegrünung als Maßnahme zur Gesundheitsförderung. Bindung von Luftschadstoffen durch wandgebundene Fassadenbegrünungen, Dissertation [online]. Darmstadt: Technische Universität Darmstadt, 2024. Internet: https://tuprints.ulb.tu-darmstadt.de/27750/1/Dissertation_vanLier.pdf [Zugriff: 19.11.2024]

VSG 4.2. Unfallverhütungsvorschrift Gartenbau, Obstbau und Parkanlagen. Fassung 2000. Stuttgart: Sozialversicherung für Landwirtschaft, Forsten und Gartenbau, 2021

Wasserhärte [online]. In: Wasser.de Lexikon. Hagen a. T.W.: Fa. A. Klaas, 2018. Internet: https://lexikon.wasser.de/index.pl?begriff=Wasserh%E4rte&job=te [Zugriff: 10.11.2024]

Weber, M.: Positive Wirkungen begrünter Dächer – Zusammenstellung positiver Fakten aus aller Welt, Diplomarbeit im Studiengang Landschaftsarchitektur. Erfurt: Fachhochschule Erfurt, 2011

Wong, N. H.; Tan, A. Y. K.; Tan, P. Y.; Chiang, K.; Wong, N. C.: Acoustics evaluation of vertical greenery systems for building walls. In: Building and Environment 45 (2010), Nr. 2, S. 411–420

Zahl der Hitzetage [online]. Offenbach am Main: Deutscher Wetterdienst, 2024. Internet: https://www.dwd.de/DE/presse/pressemitteilungen/DE/2018/bilder/20180912_pm_grafik_hitze1.html [Zugriff: 01.12.2024]

Zimmermann, P.: Dachbegrünung. Eine ökologische Untersuchung auf Kiesdach, extensiv und intensiv begrünten Dächern. In: Veröffentlichungen für Naturschutz und Landschaftspflege in Baden-Württemberg 62 (1987), S. 545–547

ZTV E-StB 09. Zusätzliche Technische Vertragsbedingungen und Richtlinien für Erdarbeiten im Straßenbau. Köln: Forschungsgesellschaft für Straßen- und Verkehrswesen, 2009

ZTV P-StB 2000. Zusätzliche Technische Vertragsbedingungen und Richtlinien für den Bau von Pflasterdecken und Plattenbelägen, Ausgabe 2000. Köln: Forschungsgesellschaft für Straßen- und Verkehrswesen, 2000

ZTV-SA 97. Zusätzliche Technische Vertragsbedingungen und Richtlinien für Sicherungsarbeiten an Arbeitsstellen an Straßen, Ausgabe 1997. Bonn: Kirschbaum, 2001

ZTV SoB-StB 04. Zusätzliche Technische Vertragsbedingungen und Richtlinien für den Bau von Schichten ohne Bindemittel im Straßenbau, Ausgabe 2004, Fassung 2007. Köln: Forschungsgesellschaft für Straßen- und Verkehrswesen, 2007

ZTV T-StB 95. Zusätzliche Technische Vertragsbedingungen und Richtlinien für Tragschichten im Straßenbau, Ausgabe 1995, Fassung 2002. Köln: Forschungsgesellschaft für Straßen- und Verkehrswesen, 2002

ZTV-Vegtra-Mü. Zusätzliche Technische Vorschriften für die Herstellung und Anwendung verbesserter Vegetationstragschichten. München: Landeshauptstadt München, Baureferat Gartenbau, 2018

9.2 Stichwortverzeichnis

As per NCF 2023

QR code-enabled digital content access

REVISED

HELLO, EARTH!

A course on The World Around Us

Vaishali Gupta

PREPARATORY STAGE
Class 3

INTERACTIVE RESOURCES FOR TEACHERS AND STUDENTS

Oxford Educate

- Explores the natural and social environments through observation, interaction and experience
- Develops sensitivity towards the environment through various themes
- Gains knowledge, skills and attitude to contribute towards a healthy planet
- Learns ways to create a sustainable world by making the right decisions

OXFO

OXFORD
UNIVERSITY PRESS

Oxford University Press is a department of the University of Oxford. It furthers the University's objective of excellence in research, scholarship, and education by publishing worldwide. Oxford is a registered trade mark of Oxford University Press in the UK and in certain other countries.

Published in India by
Oxford University Press
22 Workspace, 2nd Floor, 1/22 Asaf Ali Road, New Delhi 110002, India

First Edition published in 2012
Second Edition published in 2017
Third Edition published in 2022
Fourth Edition published in 2026

ISBN-13: 9789367250662

Typeset in Calibri Regular
by Educatup Learning Pvt. Ltd.
Printed in India by Thomson Press India Ltd.

Acknowledgements

Shutterstock images: Pg 27 © Mila Supinskaya Glashchenko/Shutterstock; Pg 28 (top right) © Shutterstock / StockImageFactory.com; Pg 28 (centre left) © Shutterstock / vm2002; Pg 28 (bottom right) © Shutterstock / SMDSS; Pg 29 © Shutterstock / Olena Zasko-chenko; Pg 30 © Shutterstock; Pg 33 © Shutterstock / NH; Pg 37 © Shutterstock / CHEN WS; Pg 41 (left) © Shutterstock / paffy; Pg 41 (centre) © Shutterstock / imaged; Pg 41 (right) © Shutterstock / kiuikson; Pg 44 © Shutterstock / Matt Mohd; Pg 68 © Shutterstock / Patrick Foto; Pg 77 © Shutterstock / Saikat Paul; Pg 78 © Shutterstock / Iakov Filimonov; Pg 80 © Abhisheklegit/ Shutterstock; Pg 86 (left) © Shutterstock / Beata Becla; Pg 86 (centre) © Shutterstock; Pg 86 (right) © Shutterstock / Krzysztof Slusarczyk; Pg 87 (right) © Shutterstock / Skylines; Pg 87 (left) © Shutterstock / vsl; Pg 89 © Shutterstock / espies; Pg 106 © Shutterstock / Amelia Martin; Pg 113 (top right) © Shutterstock / Grobler du Preez; Pg 117 © Shutterstock / Cococinema; Pg 118 © Shutterstock / laur7410; Pg 121 © Shutterstock / Alexandra Morrall; Pg 128 (left) © Shutterstock / Dudarev Mikhail; Pg 128 (right) © Shutterstock / Rawpixel.com; Pg 129 (top) Shutterstock / Maximchuk; Pg 129 (second from top) © Shutterstock / ms. Octopus; Pg 131 © Shutterstock / Rybalka; Pg 132 © Shutterstock; Umberto Shtanzman; Pg 133 © Shutterstock / Scanrail1; Pg 137 © Shutterstock; Eillen; Pg 138 (top right) Shut-terstock / Lisa S.; Pg 140 (bottom) Shutterstock / Jerome.Romme;Pg 145 © Shutterstock / kaband;
123RF images: Pg 115 © kalcutta © 123RF.com

Illustrations by Educatup Learning Pvt. Ltd.
Cover illustratons by Educatup Learning Pvt. Ltd.

Although we have made every effort to trace and contact copyright holders before publication,this has not been possible in all cases. If notified, the publisher will rectify any errors or omissions at the earliest opportunity.

Preface

Hello, Earth! for Classes 1-5 is based on the new curriculum area, The World Around Us. It focusses on the foundational and preparatory stages of learning and is based on the National Curriculum Framework (NCF) 2023. The series works on the principle that education must develop not only cognitive capacities but also social, ethical, and emotional capacities and dispositions.

The main objective of the series is to help learners observe, engage with, and understand their immediate social and natural environments. The interdisciplinary approach will ensure learners develop a holistic view of the world, with an understanding of relationships and interdependencies. The series is well-graded, and special emphasis has been laid on making the text simple and level-appropriate. It steers away from rote learning and helps learners develop 21st century skills such as critical thinking, analytical reasoning, real-world application and problem-solving skills.

A sincere attempt has been made to fulfil the needs of educators as well as learners today. It is, thus, hoped that through this endeavour, the teaching-learning of the World Around Us will be a joyful experience.

Vaishali Gupta

National Curriculum Framework for School Education 2023 (NCF 2023)

- **Competencies:** Assessment tools are aligned with the learning outcomes, capabilities and dispositions as specified for The World Around Us.
- **Integrated Learning**: A teaching and learning approach that involves connecting knowledge and skills across the curriculum
- **Experiential Learning:** Learners construct their knowledge based on what they know, through experience or by doing.
- **21st century Skills:** All activities are designed to develop and enhance various learning skills like critical thinking, communication, creativity, collaboration
- **Knowledge of India:** Combining pedagogy with knowledge of Indian culture and traditions
- **Sustainable Development Goals (SDG):** A framework of global goals for achieving a sustainable future for all
- **Digital Integration:** Digital tools are integrated to aid and enhance the learning-teaching experience. QR codes at the beginning of each chapter gives instant access to various digital resources. Scan the QR code to access the digital resources.

For students

- Interactive E-book
- 10+ Animations
- 10+ Quizzes
- 5+ Interactivities
- 5+ Videos
- 100+ Pronunciation of difficult words
- 10+ Reference weblinks

For teachers

- 10+ Worksheets
- Comprehensive Lesson plan
- 10+ Lesson plans
- 10+ Answer keys
- 350+ Practice questions in the Dynamic Question Bank

Key Features

Hello, Earth!**,** a series on The World Around Us, encourages learners to explore and learn about their environment by using effective features and methodologies to acquire key concepts and skills. Pedagogical strategy is based on using various modes of learning such as stories, poems, case studies, visuals, oral narratives, field trips, games, etc. Exercises and activities are aligned to SAFAL-based assessment guidelines and are included to evaluate learners' competency-based learning, focussing on higher-order thinking skills and real-world application.

LEARNING TOOLS

- Learning Outcomes for teachers to plan the lesson.
- Warm-up to arouse interest in the chapter
- Let's Remember summarizes the main points of the chapter.
- New Words help in building vocabulary.

ASSESSMENT TOOLS

- Exercises reinforce learning through a variety of questions.
- Sample Unit Tests and Worksheets help in quick revision.
- Self-review and Holistic Progess Card evaluates a learner's progress that helps in self-assessment.

INTERESTING INFORMATION

- Fact Finder provides interesting snippets of information.
- My India highlights interesting facts about India.

EXTENDED INFORMATION

- Picture reading/textual analysis facilitate learning through diverse sources.
- Unit opening pages enable learning through vibrant artwork and storytelling approach.
- Discuss develops observation and communication skills through classroom discussion and Think and Answer in Reflect and Learn develops Higher Order Thinking Skills (Hots) and reinforces analysis-based learning.
- Our Values emphasize the importance of value education through introspection.
- My Eco Club highlights the need for being sensitive towards the environment.
- Problem Solving and Life Skills focusses on life skills and quick-thinking abilities.
- Project and Portfolio containing individual, group, interdisciplinary activities and field/outdoor activities provides hands-on experience and develops collaborative skills.
- Activity Corner motivates them beyond the classroom and develops creative skills.

Each book of the series has a **Teacher's Handbook**, which includes day-wise lesson plans, a comprehensive lesson plan, the complete answer key to the coursebook and worksheets given in the Oxford Educate, additional sample term papers with answer keys. The Teacher's Handbook is accompanied by digital teaching and learning aids: **Oxford Educate** and an interactive **Dynamic Question Bank**.

Oxford Educate provides an e-book with interactive teaching tools such as animations, videos, lesson plans, worksheets, answer keys, interactive games, quizzes, pronunciations and more.

An easy-to-use **Dynamic Question Bank** which generates test papers.

QR Codes, at the beginning of each chapter, gives access to various digital resources. Scan the QR code to access the digital resources.

These resources will help teachers in creating meaningful learning-teaching experiences.